国家林业和草原局普通高等教育"十四五"规划教材

作物学通论

张学林 主编

中国林业出版社
China Forestry Publishing House

内容提要

"作物学通论"是面向农林高校非农学专业开设的一门专业选修课,内容主要包括绪论,作物的起源、分类与分布,作物生物学特性,作物的产量和品质,作物生产与生态环境,作物育种与种子产业,作物栽培技术,作物种植制度,作物病虫草害防治,农产品收获、贮藏与加工,作物学研究方法等方面。本教材为非农学专业人员了解作物生物技术、智慧农业技术、贮藏加工技术和作物调查数据基本分析方法,掌握作物生长发育特性,采用合理的栽培管理技术提高作物产量、改善作物品质、增强作物抗性提供了参考依据。本教材涉及的领域较广,适合农林院校农学专业和非农学专业学生选作教材,同时也可供广大农业工作者、大专院校教师和研究生参考。

图书在版编目(CIP)数据

作物学通论/张学林主编. —北京:中国林业出版社,2023.12
国家林业和草原局普通高等教育"十四五"规划教材
ISBN 978-7-5219-2525-8

Ⅰ. ①作… Ⅱ. ①张… Ⅲ. ①作物-高等学校-教材 Ⅳ. ①S5

中国国家版本馆 CIP 数据核字(2024)第 004555 号

策划编辑:肖基浒
责任编辑:肖基浒
责任校对:苏 梅
封面设计:睿思视界

出版发行	中国林业出版社
	(100009,北京市西城区刘海胡同7号,电话 83223120)
电子邮箱	cfphzbs@163.com
网 址	https://www.cfph.net
印 刷	北京中科印刷有限公司
版 次	2023年12月第1版
印 次	2023年12月第1次印刷
开 本	787 mm×1092 mm 1/16
印 张	20.25
字 数	506 千字
定 价	60.00 元

《作物学通论》编委会

主　　编　张学林

副 主 编　王　浩　余　燕　杜　雄　张小全

编写人员（按姓氏拼音排序）

　　　　　　敖　雪（沈阳农业大学）
　　　　　　杜　雄（河北农业大学）
　　　　　　焦念元（河南科技大学）
　　　　　　李丹丹（云南农业大学）
　　　　　　吕建华（河南工业大学）
　　　　　　潘圣刚（华南农业大学）
　　　　　　田景山（石河子大学）
　　　　　　王　浩（河南农业大学）
　　　　　　文建成（云南农业大学）
　　　　　　吴艳琴（石河子大学）
　　　　　　姚兴东（沈阳农业大学）
　　　　　　余　燕（安徽农业大学）
　　　　　　袁海滨（吉林农业大学）
　　　　　　张仁和（西北农林科技大学）
　　　　　　张小全（河南农业大学）
　　　　　　张学林（河南农业大学）

主　　审　宁海龙（东北农业大学）
　　　　　　张旺锋（石河子大学）

前　言

作物生产是国民经济建设的基础。新时代赋予高等农林教育培养什么人、怎样培养人、为谁培养人的重要使命。新农科通过"安吉共识""北大仓行动"和"北京指南"三部曲，构建了专业建设体系，提出了多学科交叉融合人才培养模式。随着新农科教育体系的构建，迫切需要构建能够服务于现代植物生产产前、产中、产后的新型课程体系和知识结构，打造跨学科、跨院系、跨专业学习的教材，建立课程学习、科学研究、生产实践、产业需求有机融合的多元复合型知识体系，为新农科课程线上、线下、线上线下混合式、虚拟仿真实验教学以及社会实践提供依据，以培养多学科背景、创新实践能力强、紧跟农业产业需求、引领未来农林发展和乡村振兴战略需求的综合型人才。

本教材编写过程中全面贯彻落实党的教育方针，以立德树人为根本，以强农兴农为己任，扎根中国大地，体现中国特色，厚植爱国情怀，为学生打好中国底色。教学目标以提高人才培养质量，满足学生个体发展、学科建设和市场社会需求为导向。本教材内容围绕"以学生为中心"人才培养目标，构建基础理论与生产实际、经典案例相结合的教材体系，彰显专业特色和时代特征。统筹新农科专业人才培养的知识、能力、素质要求，根据植物生产类专业知识体系逻辑性，设计教材内容与结构，坚持产、教、学相结合，保障教材质量，着力提高学生综合素养与实践能力，推动学生全面发展，为培养懂农业、爱农村、爱农民的新型人才奠定坚实的基础。

《作物学通论》是为植物生产类和非植物生产类专业学生的专业基础课提供的新教材和参考书。在结构体系上既涵盖了作物生产产前、产中主要内容，又增加了作物产后加工和作物调查数据的基本分析方法，实现了一、二、三产业全产业链的有机融合和数理统计的归纳总结。章节编排上，依据作物生产过程，理论与实践有机结合，并辅以生产案例，由浅入深，由易及难；理论知识的构建以阐述基本问题为主，通俗易懂。具体教材内容方面，充分体现作物学最新理论成果和最新技术进展，同时融合生物技术、信息技术、数据统计分析等交叉学科在农业生产上的应用，突出基础性、理论性、实践性和可操作性。通过课程小结和课后问题对学生进行过程性评价，形成过程性评价与终结性评价相结合的评价体系。

本教材由来自全国11所高校常年工作在教学一线的教师通力合作编写而成，

具备理论体系完整、生产事例翔实等特点，可以作为农业院校植物生产类专业教学的首选教材，也可作为非植物生产类专业学生的主要选修课程，还可以作为农业科技、管理、教育以及人员培训的一本基础性参考用书。

全书共分 11 章，主要内容为：第 1 章绪论 1.1~1.3、1.4.1~1.4.2 由王浩撰稿，1.4.3 由张学林撰稿；第 2 章作物的起源、分类与分布由田景山、吴艳琴撰稿；第 3 章作物生物学特性 3.1 由李丹丹撰稿、3.2 由文建成撰稿、3.3 由王浩撰稿；第 4 章作物的产量和品质由张仁和撰稿；第 5 章作物生产与生态环境 5.1~5.4 由姚兴东撰稿、5.5~5.6 由焦念元撰稿、5.7 由敖雪撰稿；第 6 章作物育种与种子产业由张小全撰稿；第 7 章作物栽培技术 7.1、7.3、7.5 由潘圣刚撰稿，7.2、7.4、7.6 由余燕撰稿、7.7 由王浩撰稿；第 8 章作物种植制度由杜雄撰稿；第 9 章作物病虫草害防治由袁海滨撰稿；第 10 章农产品收获、贮藏与加工由吕建华撰稿；第 11 章作物学研究方法由张小全撰稿；第 1~5 章案例由王浩撰稿，第 6~8、11 章案例由张小全撰稿，第 9 章案例由袁海滨撰稿，第 10 章案例由吕建华撰稿。

本教材由东北农业大学宁海龙教授和石河子大学张旺锋教授主审。在编写和出版过程中，承蒙各位编者学校及中国林业出版社的大力协助和鼎力支持，在此谨表衷心感谢！

由于编者水平有限，加之对新教材理解和把握的难度，书中难免有缺点和不足，恳请读者提出宝贵意见和建议。

编　者

2023 年 3 月

目 录

前 言

第1章 绪 论 　1
1.1 作物学的概念 　1
1.2 作物学的性质和特点 　1
1.2.1 作物学的性质 　1
1.2.2 作物学的特点 　2
1.3 作物学的发展历程 　3
1.3.1 中国古代作物学的发展 　3
1.3.2 近代中国作物学的发展 　5
1.3.3 作物学体系的形成 　5
1.3.4 1979年至今作物学的快速全面发展 　7
1.4 作物学现状与发展趋势 　8
1.4.1 作物学现状 　8
1.4.2 作物学发展取得的成就 　8
1.4.3 作物学未来的发展趋势 　12

第2章 作物的起源、分类与分布 　16
2.1 作物的起源与传播 　16
2.1.1 作物的概念 　16
2.1.2 作物的起源与进化 　16
2.1.3 作物的传播 　18
2.2 作物的分类与分布 　19
2.2.1 作物的分类 　19
2.2.2 中国作物的分布 　24
2.2.3 世界作物的分布与生产 　31

第3章 作物生物学特性 　38
3.1 作物的生育进程 　38
3.1.1 作物生长发育概念及进程 　38
3.1.2 作物生育期 　40

		3.1.3 作物的生育时期	40
		3.1.4 作物物候期	41
	3.2	作物器官发育与进程	42
		3.2.1 作物的根	42
		3.2.2 作物的茎、芽、分蘖与分支	44
		3.2.3 作物的叶	46
		3.2.4 作物的花	48
		3.2.5 作物的种子和果实	49
	3.3	作物器官生长相关性	51
		3.3.1 作物器官生长的同伸关系	51
		3.3.2 作物营养器官与生殖器官的关系	52
		3.3.3 作物地上部与地下部生长的相互关系	52

第4章 作物的产量和品质 55

	4.1	作物产量及其形成	55
		4.1.1 生物产量与经济产量	55
		4.1.2 作物产量构成	56
		4.1.3 作物产量形成过程	57
		4.1.4 作物高产的调控途径	60
	4.2	作物品质及其形成	61
		4.2.1 作物产品品质及其评价指标	61
		4.2.2 作物产品品质的形成	63
		4.2.3 作物产品品质的影响因素	65
		4.2.4 作物产品品质的调控途径	66

第5章 作物生产与生态环境 69

	5.1	作物的生态因子与生长调节	69
		5.1.1 作物生态因子	69
		5.1.2 生态因子的作用机制	69
		5.1.3 生态因子的限制方式	70
		5.1.4 作物对生态因子的适应性	71
	5.2	作物与光照	71
		5.2.1 光照强度对作物的影响	71
		5.2.2 日照长度对作物的影响	73
		5.2.3 光谱成分对作物的影响	73
	5.3	作物与温度	74
		5.3.1 温度变化规律对作物的影响	74
		5.3.2 温度对作物的影响	75
		5.3.3 积温及无霜期对作物的影响	76

		5.3.4 温度逆境对作物的危害及防御措施	76
5.4	作物与水分		78
	5.4.1	作物对水分的需求特点	79
	5.4.2	水分逆境对作物的影响	80
5.5	作物与大气		82
	5.5.1	作物与二氧化碳的关系	82
	5.5.2	作物与氧气的关系	83
	5.5.3	大气中其他气体与作物的关系	83
5.6	作物与土壤		85
	5.6.1	土壤和土壤肥力	85
	5.6.2	土壤的主要性质及其对作物的影响	86
	5.6.3	我国主要低产田土壤的改良	89
5.7	作物与营养		91
	5.7.1	作物必需的矿质营养元素	91
	5.7.2	矿质元素的生理作用	91
	5.7.3	大量矿质营养元素在植物体内的含量和分布	96
	5.7.4	缺素多素	98

第6章 作物育种与种子产业　　102

6.1	作物品种及其在生产中的作用		102
	6.1.1	作物的繁殖方式	102
	6.1.2	作物品种的概念	102
	6.1.3	作物品种的类型	103
	6.1.4	作物优良品种在生产中的作用	104
6.2	品种选育的基本原理和程序		105
	6.2.1	作物育种目标	105
	6.2.2	作物育种的基本原理	106
	6.2.3	育种技术发展的几个阶段	107
6.3	作物育种的主要方法		108
	6.3.1	传统作物育种方法	109
	6.3.2	现代育种技术	122
	6.3.3	传统育种与现代育种的关系	127
6.4	种子产业及管理		127
	6.4.1	我国种子产业及其发展	127
	6.4.2	品种审定	130
	6.4.3	良种繁育	131
	6.4.4	种子检验	133
	6.4.5	种子经营	135

第 7 章 作物栽培技术　　139

7.1　土壤耕作 …………………………………………………………………… 139
7.1.1　土壤耕作的作用 ………………………………………………………… 139
7.1.2　土壤耕作方法 …………………………………………………………… 141
7.2　作物播种与移栽 ……………………………………………………………… 143
7.2.1　种子处理与播种技术 …………………………………………………… 143
7.2.2　育苗移栽技术 …………………………………………………………… 147
7.3　地膜覆盖技术 ………………………………………………………………… 150
7.3.1　地膜覆盖技术的作用 …………………………………………………… 150
7.3.2　地膜的种类与性能 ……………………………………………………… 151
7.3.3　地膜覆盖的效应与增产原理 …………………………………………… 153
7.3.4　地膜覆盖栽培管理 ……………………………………………………… 153
7.4　科学施肥 ……………………………………………………………………… 154
7.4.1　施肥方式 ………………………………………………………………… 154
7.4.2　机械化施肥技术 ………………………………………………………… 155
7.4.3　测土配方施肥技术 ……………………………………………………… 156
7.5　作物水分管理技术 …………………………………………………………… 157
7.5.1　合理灌溉 ………………………………………………………………… 157
7.5.2　节水栽培技术 …………………………………………………………… 158
7.5.3　排水 ……………………………………………………………………… 159
7.6　作物化学调控技术 …………………………………………………………… 160
7.6.1　植物生长调节剂的种类 ………………………………………………… 160
7.6.2　植物生长调节剂的施用技术 …………………………………………… 161
7.7　智慧农业技术 ………………………………………………………………… 162
7.7.1　智慧农业概述 …………………………………………………………… 162
7.7.2　智慧农业发展现状 ……………………………………………………… 163
7.7.3　智慧农业主要支撑技术 ………………………………………………… 165
7.7.4　智慧农业技术的应用 …………………………………………………… 168

第 8 章 作物种植制度　　175

8.1　作物种植制度 ………………………………………………………………… 175
8.1.1　种植制度的概述 ………………………………………………………… 175
8.1.2　种植制度的功能 ………………………………………………………… 176
8.1.3　种植制度发展的目标 …………………………………………………… 176
8.2　作物布局 ……………………………………………………………………… 178
8.2.1　作物布局的概念与意义 ………………………………………………… 178
8.2.2　作物布局的依据或原则 ………………………………………………… 179
8.2.3　作物布局的制定 ………………………………………………………… 181

8.2.4　作物布局设计的一般程序 · 183
8.3　复种 · 185
　　　8.3.1　复种的相关概念与实施意义 · 185
　　　8.3.2　复种的条件 · 186
　　　8.3.3　复种模式和技术 · 189
8.4　间混套作 · 192
　　　8.4.1　间混套作的有关概念及生产意义 · 192
　　　8.4.2　间混套作的效益原理 · 195
　　　8.4.3　间混套作的关键技术 · 198
8.5　轮作、连作与休闲 · 201
　　　8.5.1　轮作 · 201
　　　8.5.2　连作 · 204
　　　8.5.3　休闲 · 207

第9章　作物病虫草害防治　　209

9.1　概述 · 209
　　　9.1.1　有害生物与生物灾害 · 209
　　　9.1.2　有害生物及生物灾害对农业生产的威胁 · 209
　　　9.1.3　有害生物防治策略 · 210
9.2　作物病害及其防治 · 211
　　　9.2.1　作物病害及其症状 · 211
　　　9.2.2　作物病害的类型 · 211
　　　9.2.3　植物病害的病状和病症类型 · 213
　　　9.2.4　病原物的侵染过程和病害循环 · 213
　　　9.2.5　作物病害防治方法 · 215
9.3　作物虫害及其防治 · 217
　　　9.3.1　昆虫的器官 · 217
　　　9.3.2　害虫危害症状及其特点 · 221
　　　9.3.3　环境因素与害虫 · 225
　　　9.3.4　害虫主要防治方法 · 227
9.4　作物草害及其防除 · 231
　　　9.4.1　农田杂草种类 · 232
　　　9.4.2　农田杂草的生物学特性 · 232
　　　9.4.3　农田杂草的综合防除 · 232

第10章　农产品收获、贮藏与加工　　236

10.1　农产品收获 · 236
　　　10.1.1　小麦适时收获 · 236
　　　10.1.2　稻谷适时收获 · 236

10.1.3　大豆适时收获 ………………………………………………………… 236
10.1.4　花生适时收获 ………………………………………………………… 237
10.1.5　芝麻适时收获 ………………………………………………………… 237
10.1.6　向日葵适时收获 ……………………………………………………… 237
10.2　粮食产品的贮藏与加工 …………………………………………………………… 237
10.2.1　小麦的贮藏与加工 …………………………………………………… 237
10.2.2　稻谷的贮藏与加工 …………………………………………………… 255
10.3　油料产品的贮藏与加工 …………………………………………………………… 258
10.3.1　油料产品的贮藏 ……………………………………………………… 258
10.3.2　油料产品的加工 ……………………………………………………… 266

第 11 章　作物学研究方法　　269

11.1　作物学研究的一般方法 …………………………………………………………… 269
11.1.1　农业观察方法与工具 ………………………………………………… 269
11.1.2　农业科学实验 ………………………………………………………… 269
11.1.3　调查研究 ……………………………………………………………… 270
11.1.4　数学模式识别方法 …………………………………………………… 270
11.1.5　模拟方法 ……………………………………………………………… 270
11.2　试验设计方法 ……………………………………………………………………… 271
11.2.1　试验设计的意义与任务 ……………………………………………… 271
11.2.2　田间试验的基本要求 ………………………………………………… 271
11.2.3　试验设计的常用术语 ………………………………………………… 272
11.2.4　试验误差及其控制 …………………………………………………… 273
11.2.5　试验设计的基本原则 ………………………………………………… 273
11.2.6　常用的试验设计 ……………………………………………………… 274
11.3　统计分析方法 ……………………………………………………………………… 274
11.3.1　数据的描述性分析 …………………………………………………… 274
11.3.2　统计假设检验 ………………………………………………………… 276
11.3.3　方差分析 ……………………………………………………………… 283
11.3.4　回归与相关分析 ……………………………………………………… 298
11.3.5　其他多元统计分析 …………………………………………………… 307
11.3.6　数据分析中常用的软件 ……………………………………………… 307

第1章 绪 论

作物生产是农业生产系统的主体,为人类生产生活提供最基本的物质保障,在国民经济发展中担负着重要作用。作物学是研究作物生产理论与技术的核心学科,其研究理论与成果被广泛运用于农业经济学、农业资源学、环境科学等相关学科,是农业发展的战略基础学科。

1.1 作物学的概念

作物学是农业科学的核心学科之一,是一门古老而重要的农业科学。早期狭义的农业主要是指粮食生产;随着经济作物的出现,农业主要指粮食作物和经济作物种植业;随着动物生产的发展,农业则包括种植业和畜牧业,称为小农业;后来又把农(种植业)、林、牧、副、渔五业称为大农业。作物学主要指有关农田作物生产和改良的科学理论与技术。作物科学的根本任务是探索和揭示作物生长发育规律、产量与品质形成规律和作物重要性状遗传变异规律;研究作物育种技术和培育优良品种,创新集成高产、优质、高效、生态、安全栽培技术体系,为保障我国粮食安全和农产品有效供给、生态安全、现代农业可持续发展提供可靠的技术支撑。

作物学包括作物栽培学与耕作学、作物遗传育种学两个二级学科。作物栽培学是研究作物生长发育、产量和品质形成规律及其与环境条件的关系,并在此基础上采取栽培技术措施,达到既获得作物高产、优质、高效,又保护生态环境,还保证食品安全目的的一门应用科学。作物育种学是研究选育和繁育农作物优良品种的理论和方法的科学。作物学的相关学科涉及植物学、植物生理学、生物化学、植物遗传学、土壤学、植物营养学、农业生态学、农业气象学、植物病理学、昆虫学等学科。因此,作物学知识创建与应用中,必须加强与相关学科的交叉和渗透,不断拓展和创造新的生长点和学科方向,相关学科的成果和进展也必须通过与作物学的联系而应用于作物生产实践。

1.2 作物学的性质和特点

1.2.1 作物学的性质

作物学是以大田作物为主要研究对象的学科,因此其性质由种植业的性质决定,主要有以下3个方面:

第一，作物学是以自然科学和社会科学为基础的一门应用学科。作物生产是人类利用作物获取自身所需要的物质的过程，也是将自然资源转化为人类需求的产品资源的过程。作物生产的核心为物质生成与能量运移，即将太阳能转换为化学能并贮存在农产品中为人类所利用，这一过程涉及品种资源、栽培技术等方面，决定了作物学的研究必须借助化学、数学、生物学、遗传学、生态学等自然科学的基本原理和方法。作物生产过程与自然条件如土壤、光、温、水、肥等因素密切相关；还取决于生产的社会条件，如生产规模、生产方式、农机具条件、劳动质量等。因此作物生产是自然再生产和经济再生产相结合的过程，与社会经济水平和农业资源环境紧密相连。

第二，作物学是服务于种植业的一门综合学科。在有限的耕地上不断提高作物产量和品质，直接关系到国家粮食安全，是种植业面临的首要任务。高产、优质、高效是作物学研究的主要目标，但其主次关系也会随着社会经济发展水平而变化。作物生产是由作物-环境-社会组成的复杂系统，涉及多学科的知识。因此，从系统科学的观点认识作物学体系，综合运用和集成各个相关学科的研究成果，使作物学的研究符合种植业的发展方向，满足国民经济发展的需求。

第三，作物学是以可持续农业发展为目标的一门综合学科。资源过耗、环境污染、耕地质量下降是我国乃至世界农业生产面临的主要难题。如何实现农业绿色、生态、可持续和资源高效生产是农业科研面临的重大挑战，既要绿水青山也要金山银山。因此，作物学研究和生产发展中必须牢固树立生态系统平衡意识，在维持生态系统平衡和环境安全的前提下发展作物生产，实现农业的可持续发展。

1.2.2 作物学的特点

作物生长以土地为基本生产资料，受光、热、水等自然条件的影响，并且作物生长周期较长，受到季节变化和地区的影响，具有鲜明的特点：

(1) 复杂性

多种多样的作物都是有机体，而且各自有其不同的特征特性。每种作物又有不同类型的品种，每个品种也有不同的特征特性。气象条件、土壤条件和生物条件等条件的差异，栽培措施的变化都会对作物生长发育产生影响。因此，作物学的研究对象，如作物、环境、栽培管理措施等方面都是极其错综复杂的。

(2) 季节性

作物生产具有严格的季节性。天时和农时不可违背，违背了天时和农时，就是违背了自然规律，可能影响到全年的生产，有时甚至影响到下一年或下一季的生产。因此，在作物生产上，应遵循"不违农时"的原则。当前，由于设施农业的出现，蔬菜甚至部分果品生产上均产生了"反季节栽培"，但是大田作物在自然条件下生产是作物栽培的主要方式，因此依然要注意"不违农时"。

(3) 地区性

作物生产具有严格的地区性。不同的地区适宜于栽培的作物不同，即使是同一地点的县、乡、村，其不同的地块所处的阳坡、阴坡、高燥、平缓、低洼地等不同，所种植的作物也不应当强求一律。尽管新品种不断推陈出新，作物生产的环境条件不断得到改善，作物栽培的地区性可能会有所变动，但作物生产的地区性这个大原则仍然是起作用的。

(4)应用性

作物学的研究与服务对象决定了其属于应用技术科学，即在农业领域的自然科学理论和应用基础理论指导下，研究集成作物生产的实用技术，直接服务于作物生产。作物学的应用性还体现在，生产技术的制定应综合考虑国情、社情和民情，做到能大面积推广、能快速转化为生产力，达到简便易行、高产高效、环境安全的效果。农业机械化、农业信息化将是我国农业发展的方向，随着机械化、信息化程度的不断提高，新的农业技术能否适用于机械操作，实现农机、农艺、信息三者融合，也将是体现其应用性的重要方面。

1.3 作物学的发展历程

1.3.1 中国古代作物学的发展

作物学是一门古老而又不断更新的学科，伴随着农业发展的悠久历史，作物学也在不断进步。远古时代，人类通过对野生动植物的驯化，开启了最早的人类文明，创造了刀耕火种的原始农业。对野生植物驯化并开始栽种植物，开创了生产技术改进原始作物栽培及选种留种的先河；通过作物栽培及选种留种，开创和发展了早期的农耕文明并推动了社会进步，因此，作物学在农业文明史及人类社会发展史上功不可没。

作物生产在我国有几千年的历史，稻、菽、粟、稷等多种作物都起源于我国，我国古代作物生产具有很高的水平。早在公元前10 000—前4 000年的新石器时代，我国就有石制和骨制的斧、铲、刀、镰等作物生产用具。6 000—7 000年前，我们的祖先开始有选择地栽培黍、稷、粟、稻等作物，如在长江流域开田种稻，在黄河流域辟地植粟。公元前2000年左右出现了犁耕，春秋时期出现了青铜器和铁犁，用牛耕代替人拉犁，栽培技术不断向前推进。

从有文字起，我国就有关于农作物生产技术及品种性状改良的记载。中国古代作物生产经验丰富，集约化程度高，总结农作物品种及其种植方法的宝贵经验，成为历代古农书的主要内容。在商代甲骨文中，就有关于黍、稷、粟、稻、禾等种植作物最早的记载。据《尚书》记载，在周代，我国农业在生产实践上已采用选择优良单株的方法；《诗经》中已提到"地力常新壮"。

春秋战国时期的《吕氏春秋》，收集有《上农》《任地》《辨土》《审时》4篇农学论文，《上农》泛论重农，《任地》《辨土》为耕作栽培通论，《审时》是论述禾、黍、稻、菽等多种农作物的栽培各论，其中《任地》《辨土》《审时》3篇，是对当时谷物种植技术的总结，被视为中国传统农学形成的标志。《吕氏春秋》也被认为是我国现存最早的作物栽培学论著。《吕氏春秋》主张"天人合一"，对当时作物和环境条件的关系有了较为深刻地认识。《审时》中"夫稼，为之者，人也，生之者，地也，养之者，天也"，指出农作物生长需要的基本条件和这些条件的地位与作用。西汉的《氾胜之书》是对黄河流域农业生产经验和操作技术的总结，明确了农作物达到丰产丰收的6个栽培基本环节，"凡耕之本，在于趣时和土，务粪泽，早锄早获"，指出耕作要适时，调和土壤，要施肥、保墒灌溉，及时中耕除草，及时收获。书中第一次记载了适宜于抗旱丰产耕作的区田法，区田"不耕旁地，庶尽地力""以粪气为美，非必良田也"，是等距穴播或条播，实现少种多收、抗旱高产的精耕细作栽培方式。《氾胜之书》对冬小麦栽培技术的论述尤为详细，阐明了适应黄河流域中游地区相对干旱条件下冬小麦栽培技术措施；第一次记载了种子穗选法以及作物种子保藏技术。后魏《齐民要术》是中国现存最早、最完整的一部农书，包含作物栽培、耕作、选种、播种等方面，被誉为我国古代的"农业百科全书"，也是最早记载水稻品种的农书。书中记述有"二稻一麦"，提出"盗天地时利"，采用易田法（耕地休闲）和代田法（换垅种植）的耕作制度，轮换作物品种，恢复、提高土壤肥力。该书提到"秋耕欲深，春夏欲浅"和"初耕欲深，转地欲浅"，介绍了耕作的深度。在土壤培肥方面提到绿肥，"若粪不可得者，五、六月中概种绿豆，至七月、八月犁掩杀之，如以粪粪田，则良美与粪不殊，又省功力"。书中记载了许多作物产量形成的知识，谷子"早熟者，苗短而收多；晚熟者，苗长而收少"，大豆"地过熟者，苗茂而实少"。书中系统、详细地提出了选育良种的重要性，记载了种子贮藏、保存的方法，认为种子的优劣对作物的产量和质量有举足轻重的作用；初步意识到生物和环境的相互关系问题，认识到生物遗传特性因外界条件作用而改变。

宋代《陈旉农书》是论述我国江南地区农事的综合性农书，也是最早记载南方水稻栽培技术的专著。书中强调掌握天时地利对于农业生产的重要性，指出"凡种植，先治其根苗以善其本，本不善而末善者鲜矣。欲根苗壮好，在夫种之以时，择地得宜，用粪得理"。认为要掌握自然规律，指出"法可以为常，而幸不可以为常"。提出了著名的"地力常新壮"的论点，是对中国古代农学史上土壤改良经验的高度概括，批驳了前人所说的"田土种三五年，其力已乏"的观点，主张"若能时加新沃之土壤，以粪治之，则益精熟肥美，其力当常新壮矣"，认为不管土壤种类、肥力高低，都可以改良。同时，还介绍了整地和耕作的要领，都是中国精耕细作传统农业的继承和发展。

元代《农桑辑要》是中国现存最早的官修农书，是对北方地区精耕细作技术的提高和发展，包括耕垦、播种、选种和种子处理等，是当时一本实用性较强的农书。《王祯农书》兼论中国北方农业技术和南方农业技术，认为"自北至南，习俗不同，曰垦曰耕，作事亦异"。无论是耕作技术，还是农具的使用，要顾及南北的差别，根据南北地区和条件的不同，分别加以对待，促进南北技术的交流。作者第一次对所谓的广义农业生产知识作了较全面系统的论述，提出了中国农学的传统体系。书中明确表明广义农业的内容，将农作物分为若干属（类），然后一一介绍各属（类）的具体作物，具有农作物分类学的雏形。书中论述了开垦、耕种、田间管理和收获等，以及时宜、地宜的问题。明代《农政全书》首次提到"农学"一词，徐光启在书中评价元朝《王祯农书》时说："王君之诗学胜农学，其农学绝不及苗好谦、畅师文辈也。"他认为农学应该是读书人研究的，在明万历三十二年（1604年）所写《拟上安边御虏疏》中提出根本之计在于"务农贵粟"，感慨"唐宋以来，国不设农官，官不庀农政，士不言农学，民不专农业"。明代《天工开物》记载了水稻栽培的一些独特技术：秧田本田比、秧龄、施肥、耘田、早晚稻需水量、稻田复种制、供水和结实的关系等。清代《授时通考》是我国古代最后一部官方编纂的大型农书。这些经典古农书是对我国古代农业中的深耕细锄、用地养地、抗逆栽培、多施肥料、少种多收、选种、育种、因地制宜和因时制宜等经验的总结，为之后作物科学的发展奠定了理论基础和实践经验，至今对中国和世界农业科技的发展仍具有指导意义。

中国古代的作物生产一直走在世界农业发展的前列，尤其是作物栽培与耕作创造了日臻成熟的技术，精耕细作成为中国历代种植业的传统，积累总结了宝贵的技术和经验，丰富了作物科学的内涵。

1.3.2 近代中国作物学的发展

中国古代作物学,经历了原始社会的"刀耕火种"到明清时期的"精耕细作",从最原始的留种选种到完全凭经验的农民育种,栽培和培育了很多的农作物,各方面都达到了很高的水平,取得了惊人的成就。近代以来,由于长期闭关锁国,传统农业和科技开始逐渐落后于西方国家。19世纪60~90年代随着中国洋务运动和改良主义的兴起,中国开始传播和引进国外近代农业科学技术,建立农业科研、推广体系,取得一些研究成果,促进了近代中国农业科学技术的发展。

20世纪50年代以前的中国农科只有作物学,早期的作物学称为农艺学,内容综合了农业各学科,以作物生产技术和作物育种为主,也包括土壤、病理、农业机械等,这些方向后来均逐步发展成为独立的学科。

孙中山于1895年在广州首创农学会,提倡"以农桑新法启民"。罗振玉等于1896年在上海倡议成立了农学会,创办中国第一个农业专业科技期刊《农学报》,编译出版"农学丛书",传播西方的农学知识和技术,介绍近代农业科学知识,是当时唯一专门编译外国农业文章的书报,代表着中国传统农学同西方实验农学的结合,是中国正式推行近代农业科学技术的标志。陈嵘、王舜成等于1917年在上海发起创立中华农学会,成立农事试验场,联络农学留学学子,促进我国农业改良和科技进步。中国近代作物学伴随着近代农学逐步成长。1932年1月,中国近代国家级农业科研机构——中央农业实验所成立,其引领着中国近代作物学发展进入一个新阶段。它征集优良作物品种,进行品种分类,改进作物栽培耕作方法,选育稻麦等优良品种,在农业生产上积极推广,有力地推动了中国近代作物学的发展。

20世纪上半叶,中国主要沿用传统的栽培耕作方式,同时也开始探索新型作物栽培耕作方法,作物学家研究作物种植时期、田间株距行距等,开展栽培耕作方面的科学试验,积极推广两熟稻与再生稻栽培技术,论证两熟稻栽培在西南各省的适应区域。20世纪最初十年,孟德尔遗传学说开始传入中国,创造新品种的工作才有了科学的依据,作物育种技术有了巨大的进步。随着遗传研究的深入、育种知识的积累和相关学科的发展,20世纪二三十年代中国的作物育种开始逐步摆脱主要凭经验和技巧的初级状态,具有了系统理论与科学方法,运用遗传变异理论指导育种试验,采用生物统计学分析试验结果。选择育种是最悠久的育种方法,作物品种主要从地方品种中系统选育而成,在20世纪上半叶一直发挥着主导作用。

20世纪上半叶,作物栽培耕作技术的改进和良种推广面积的扩大,增加了作物产量,缓解了广大劳动人民的温饱问题。但在新中国成立前,由于处在半殖民地半封建社会,加上连年战争,以及历届政府重文轻技,高等农业院校开设作物栽培与耕作学、遗传学课程很少,仅有少数人做了一些科学研究工作,技术力量相对薄弱,水平低,发展缓慢,作物学没有得到广泛的传播与深入的研究。

1.3.3 作物学体系的形成

20世纪50年代以前的作物学学科中,既有作物学概论或作物生产通论,又有栽培和育种兼顾的稻作学、麦作学、棉作学等，栽培和育种仅作为稻作学、麦作学等的一个生产技术部分，作物栽培学与耕作学、作物遗传育种仅是作物学的一个分支，并没有自身的理论体系。

随着科技的发展、生产的需要，20世纪50年代，在轮作理论和技术的影响下，作物的生产技术研究由定性观察向定量分析方向发展，逐步形成了我国作物学的栽培耕作方向。在50年代我国农业院校新开设作物栽培学，并作为一门专业主干课，出版了第一部《作物栽培学》，中国由此诞生了作物栽培学，作物栽培学从此成为一门独立的学科。作物栽培学作为一个学科，既包含论述作物栽培一般原理和技术的总论，也包含分述各个单项作物栽培特殊原理和技术的各论。作物栽培学围绕农作物增产的主题，针对中国各地差异极大的自然条件和生产条件以及复杂的多熟种植制度，开展了各种作物栽培问题的研究、推广和应用。

20世纪50年代，我国栽培学家们开始了创建学科自身理论体系的探索，最早开始侧重于总结农民群众的作物生产经验。广大农业科技人员深入农村，对农民生产经验进行调查、学习、总结和推广农民丰产栽培经验，尤其是农民劳模的栽培经验，改进栽培技术。以党中央和毛泽东主席总结出的"土、肥、水、种、密、保、工、管"为主要内容的农业生产"八字宪法"为基本依据，总结和创造栽培技术，如50年代末开展的以江苏陈永康"三黄三黑"的单季晚粳看苗诊断、河南刘应祥"马耳朵、驴耳朵、猪耳朵"的小麦叶片诊断为代表的劳模高产经验的理论总结，开始了作物高产栽培理论的研究，为建立中国特色作物栽培科学理论体系找到了途径，推动粮食亩产从不足70 kg提高到150 kg以上。之后的六七十年代，中国作物栽培学主要围绕育苗移栽、合理密植、覆盖栽培、土壤耕作等单项高产栽培技术开展研究。经过国内作物高产栽培规律的探索研究，同时汲取国外作物产量形成机理的研究成果，于70年代初步形成了中国特色作物栽培的科学理论体系框架，明确了作物栽培学是研究作物高产形成规律及其调控的应用科学。

新中国成立后，作物遗传育种的传播与发展进入了一个新的时期，全国作物遗传育种工作取得长足进展，先后育成了水稻、小麦、玉米、大豆等数以万计农作物良种。20世纪50年代是作物种质资源的搜集、保存和评选利用阶段。通过联合攻关，在全国范围内收集了大量主要农作物的种质资源，选出一批优良品种，改变了生产上品种多、杂、乱的现象。全国共收集水稻品种约4万份，经整理、鉴定、筛选出推广应用的有160余个优良品种；搜集玉米种质资源2万余份，育成了400多个品种间杂交种，在生产上得到应用有60多个。但是这些良种多表现为秆高易倒伏和不抗病，增产潜力有限。20世纪60年代以前，作物生产水平低，几乎没有化学防治措施，制约作物高产的主要限制因素是病虫害，作物育种的主要目标是选育抗病虫品种。1953年，Watson和Crick发现遗传物质脱氧核糖核酸的双螺旋结构，从此开启了分子生物学的新时代，分子育种开始兴起。

20世纪60年代以来，水稻、小麦等作物的矮化和抗病虫育种掀起第一次"绿色革命"，作物产量潜力大幅度增加，有力地推动了作物育种学的发展。杂交育种成了当时最主要最有效的育种方法，20世纪六七十年代，50%以上的水稻品种、70%~80%的小麦品种都是通过杂交育种方法育成的。1964年，袁隆平开始水稻杂种优势利用研究，利用发现的野败材料，育成水稻细胞质雄性不育系（CMS 不育系），1973 年实现了籼型杂交水稻的"三系"配套，1976 年在南方稻区大面积推广。中国是世界上第一个将杂种优势应用于水稻生产的国家。李振声院士通过远缘杂交培育的小偃麦系列品种，较好地解决了小麦条锈病的持久抗性问题。粮食品种的选育与推广利用，提高了粮食的产量，为世界和中国粮食生产做出了重要贡献。

20 世纪 70 年代开始种质资源的改良和创新工作，培育出一大批各具特色的种质资源群体。组织培养技术开始兴起，轮回选择方法改良群体广泛开展，选育出一大批优良的自交系。作物生产条件逐步改善，农田灌溉面积不断扩大，化肥被广泛使用，抗倒、抗病、丰产成为作物育种的首要目标。农业院校陆续开设作物学专业课程，作物学下的主要学科作物栽培学、作物耕作学和作物遗传育种逐渐独立，成为一门独立的学科并不断发展，到 20 世纪 70 年代末初步形成了有中国特色的作物学体系。

1.3.4　1979 年至今作物学的快速全面发展

20 世纪 70 年代后期，中国作物学恢复并加速发展，从经验技术型向理论技术型转变，以作物高产增产为中心任务，围绕作物规范化、指标化进行综合栽培技术研究，重点研究作物器官发育特点、产量形成、立体多熟、高效抗逆高产，总结作物个体群体生长发育规律，建立理想株型和高光效群体，在作物生产信息采集与优化处理、模式化栽培、立体种植、机械化栽培等方面取得突破性进展，优化组装作物高产稳产丰产的栽培技术体系，在生产上大面积广泛应用，集成了"小麦精播高产栽培技术"等一批成果，中国作物栽培学得到了空前发展。

20 世纪 90 年代以来，我国粮食生产供求基本平衡且丰年有余，作物学进入巩固提高阶段，由单一目标向高效、高产、优质、安全、生态多目标发展，作物持续增产和优质高效栽培技术成为关注的重点。我国开展了一系列农作物可持续栽培技术体系研究，研究内容逐步渗入植物形态、生态、作物生理、生化等现代科学理论，应用生物统计和电脑模拟等技术手段，建立了作物生产管理计算机决策系统，集成了"优质强筋小麦高产节本增效栽培体系""小麦节水高产栽培技术""多元高效立体种植模式"等系列成果。

随着改革开放和国民经济的发展，作物品质已不能满足城乡居民改善生活的需要，品质改良成为迫在眉睫的任务。20 世纪 80 年代兴起的分子标记技术和转基因技术，围绕作物高产、优质、多抗综合育种目标，单倍体育种、抗性育种、诱变育种等手段，育成了一批有特色的作物良种，丰富了人民的生活，取得了显著的社会和经济效益。90 年代后，我国作物生产发展进入提高单产、改善品质的新阶段。根据市场需求，进行作物品质育种研究，提高作物品质，育成的品种不仅高产，而且能抗、耐病虫害或逆境。如'中香 1 号''中健 2 号'等稻米品种。近年来，作物遗传育种工作者加强群体改良工作，通过多种轮回选择的方法进行作物改良，为进一步开展作物育种奠定了良好的基础。

20 世纪以来，我国作物学研究取得显著成绩，取得了一大批重大科技成果并大面积应用于作物生产。而农业生产条件的改善、作物栽培和耕作技术的提高，以及优良品种的推广应用，极大地推动了作物生产的快速发展。中国作物学紧密结合生产实际，经过三个时期的发展，得到了全面充实和提升，通过学科交叉与创新实践，目前形成了具有中国特色的作物学体系，为我国农业生产的发展作出了贡献。

1.4 作物学现状与发展趋势

1.4.1 作物学现状

近年来，作物学不断创新发展，结合新形势、新要求，深入推进优质粮食工程，装配集成了优质高产协调栽培、农艺农机融合配套、肥水精确高效利用、保护性耕作栽培、逆境栽培生理、信息化与智慧栽培等技术，为我国粮食增产、增收、增效，助力乡村振兴提供了技术支撑与储备。进入新时代，农艺农机信息融合技术进一步发展，作物肥水资源利用进一步高效化、智能化；绿色栽培得到进一步发展应用。作物育种方面，功能基因组学与分子育种的遗传基础、植物倍性变化和杂种优势机理、信号转导与免疫反应、植物-微生物互作与抗性反应、害虫传播途径与阻断等研究领域取得了一系列重大突破性成果，为农作物产量提升和品质改善提供了重要支撑。

1.4.2 作物学发展取得的成就

进入 21 世纪，世界作物科学与技术发展形势发生巨大变化，生物技术和信息技术向作物科学领域不断渗透与转移，高新技术与传统技术相结合，促进了作物科学与技术的迅速发展。我国作物科学与技术发展以"高产、优质、高效、生态、安全"为目标，以品种改良和栽培技术创新为突破口，促进传统技术的跨越升级，推动现代农业的可持续发展。

1.4.2.1 作物栽培与耕作

近年来，作物栽培学紧扣"确保谷物基本自给、口粮绝对安全"的新粮食安全观，围绕作物生产现代化，农业供给侧结构性改革等国家重大需求，依托国家实施的绿色高产高效创建、优质粮食重大工程，以及粮食丰产增效科技创新、化学肥料和农药减施增效综合技术研发等国家重大科技专项，主动适应经济发展新常态，优化基于新型经营主体的作物生产体系、经营体系与服务体系，突出"调结构—转方式"与"稳粮增收、提质增效、创新驱动"的协调统一，在作物优质高产协调栽培、农艺农机融合配套、减肥减药降污绿色栽培、肥水精确高效利用、抗逆减灾栽培、专用特种栽培信息化、智慧栽培，以及作物栽培耕作基础理论等方面取得了重要研究进展，突破了提高土地产出率、资源利用率、劳动生产率的作物生产核心技术与关键适用技术，进一步提升了藏粮于地、藏粮于技的可持续发展与竞争能力。取得的成就主要表现在以下几个方面：

（1）作物高产理论和技术创新

创建了稻麦作物的"叶龄模式"和高产高效群体质量调控理论、质量指标及其技术体系，有效地指导了稻麦作物栽培与调控；基于作物产量构成、光合性能和源库关系研究，创建了作物产量形成"三合结构"理论模式和定量方程，提出了作物结构性挖潜、功能性挖潜和同步挖潜的高产途径，在指导作物可持续高产研究和实践中发挥了重要作用；实施国家粮食丰产科技工程项目，集成创建了适于三大平原的三大作物高产、超高产组合技术模式，创制出一批可持续高产、超高产典型和示范样板，并大面积推广。

（2）作物产量与品质同步提高技术创新

"小麦籽粒品质形成机理及调优栽培技术研究与应用"和"小麦品质生理和优势高产栽

培理论与技术"为我国小麦优质高产作出了重大贡献。此外，水稻、棉花、油菜和大豆的优质高产栽培理论与技术创新也取得了显著成效。

(3) 作物精准、简化、高效栽培技术创新

作物精准、简化、高效栽培一直是我国作物栽培的主要热点，在"水稻精准定量栽培理论与技术""小麦、玉米一体化节肥、省肥、简化、高产四统一栽培理论与技术体系""棉花无土育苗无载体移栽高产高效栽培技术体系"等领域取得新成就，节能、省工、高产、高效效果显著。

(4) 生态安全环境友好作物栽培技术与理论创新

维持农业生态良性循环、环境友好生产成为作物生产的新课题。"水稻遗传多样性控制稻瘟病原理与技术"研究成果显著降低了水稻稻瘟病的发病率和病情指数，减少了农药用量；此外，明确了裸露农田、弃耕沙质农田和退化草原是沙尘的重要来源，提出了农田保护性耕作和退化草地治理是防止土壤沙化、风蚀和沙尘的技术途径，分别建立了东北春玉米区，华北平原小麦、夏玉米两作区和西南稻作区的保护性耕作高效栽培技术模式，并大面积应用，取得了显著的生态效益和增产效果。

(5) 作物栽培信息化和数字化农作技术创新

现代信息技术在作物生产中应用越来越广泛，构建了一批服务于主要农作物生产的数据库及其管理系统，建立了主要作物生产信息化平台及服务体系，创新集成了数字化农作技术，作物栽培技术向着标准化、智能化、数字化和实用化方向发展。

1.4.2.2 作物遗传育种

我国在杂种优势利用、诱导有利基因变异的细胞工程技术，转移有益外源基因的转基因技术，分子标记辅助目标性状高效选择技术等方面进行了成果探索，提出一批育种新技术和新方法，初步形成了较为完整的现代育种技术体系。近年来，我国作物遗传育种学科取得了长足进步和全面发展，围绕作物遗传育种开展前沿基础、新品种选育与种质创制，创新完善了杂种优势利用、细胞及染色体工程、诱变、分子标记、基因组编辑等育种关键技术，提升了我国育种自主创新能力和水平，创制出一批育种新材料和新品种。取得的成就主要表现在以下几个方面：

(1) 杂种优势利用技术

提出了以茎蘖、粒间和根系顶端优势为中心的超高产水稻生理模式和"后期功能型"超级稻新概念；攻克了大豆雄性不育性的保持、大豆田间昆虫传粉等问题，初步实现"三系"配套；人工杂交棉花制种技术、核不育系杂交制种技术取得进展；建立了"纯合两用系、临时安全保持系、恢复系"三系油菜授粉控制系统。培育出的二系超级杂交水稻、杂交大豆、杂交抗虫棉和"双低"杂交油菜新品种，居国际领先水平。

(2) 分子标记育种技术

定位与紧密标记了控制抗水稻白叶枯病、抗稻飞虱、抗褐飞虱、耐贮藏、低垩白率基因，抗小麦白粉病、淀粉品质、抗穗发芽基因，抗大豆胞囊线虫基因，抗玉米矮花叶病、丝黑穗病、锈病基因，油菜种皮色素合成基因；建立了滚动回交与标记相结合的水稻、小麦、玉米、大豆等作物分子聚合育种技术体系。

(3) 转基因育种技术

采用农杆菌介导法、基因枪法及花粉管通道法，初步建立水稻、小麦、玉米、棉花、

油菜等主要作物转基因技术体系,在无选择标记、选择标记基因删除和目标基因产物定性降解、植物组织特异性优势表达等核心技术取得突破;在转基因抗虫棉、转基因植酸酶玉米、抗虫玉米、抗病虫水稻、抗除草剂水稻、抗黄枯萎病棉花、抗旱耐盐小麦、抗蚜虫小麦等方面均取得了重要成果,培育出转基因棉花新品种108个,创制出一批具有特殊性状的水稻、玉米、小麦、棉花、油菜等转基因新品系。

1.4.2.3 作物学研究存在的不足

随着我国农业生产方式的变革和经济水平的不断提高,农产品品质、营养健康、功能性食品等方面的需求增长迅速,农业基础研究由增产导向向提质导向快速转变。农业领域基础研究逐渐突破单要素思维,呈现多维尺度、多元融合、跨学科、系统化的特征。总体表现为从"微观—个体—群体—环境"多尺度演进,重点围绕农业生物精准育种理论创新、智慧农业装备与信息网络构建、环境复建与资源高效利用、农业生物疫病快速预警与防控、农产品加工与质量安全技术体系强化等方向开展研究。呈现出基础研究越来越深入、理论创新越来越迅速、多学科理论体系日趋完善的发展态势。但作物学目前存在的不足主要表现在以下几个方面:

(1) 作物栽培理论与技术体系薄弱

近年来,国内外科研机构将传统作物栽培学与现代分子生物学理论与技术有机结合,利用基因组学、蛋白组学等新技术,从激素、酶学、分子、纳米等微观角度开展作物生长发育、产量品质形成及其生理生化机制的研究,拓宽了作物栽培理论的深度与广度。我国在主要粮食作物尤其是水稻、小麦、玉米栽培基础理论研究方面开展了卓有成效的工作,取得了一系列有影响力的成果,但在其他作物方面的基础理论研究明显滞后,制约了作物栽培学基础研究整体水平的进步和发展。

(2) 生产关键技术创新与应用不足

当前,我国作物栽培技术缺乏关键原始创新,现代高新技术在作物生产技术上的创造性成果偏少,技术更新换代不明显,特别是基于高产、优质、高效、生态、安全多目标的作物栽培技术研究创新与应用方面,突破性进展较为缓慢。此外,超高产突破、中低产区作物抗逆与高产高效技术均有待进一步研发。

(3) 作物机械化、智能化栽培有待提高

我国农作物在栽培管理、病虫害防治和灾害预警等主要环节的机械化、信息化水平偏弱,首先体现在土壤、作物机械互作机理研究不足,原创性、突破性成果较少,难以满足我国地域多样性、作物多元化、农艺复杂性和可持续发展的需求。其次是发展路径不明确。耕作方面没有依据土壤类型、水田旱田和丘陵平原,分区域、分特点优化组合,大都采用旋耕、犁耕、深松和免耕等方式,造成土壤耕层"浅、实、少",有机质低且分布不均匀。种植方面,水稻插秧与直播、油菜移栽与直播、玉米种植平作与垄作等,不同地区适宜采取的种植方式不明确。第三是农机农艺信息技术的融合不紧密。适宜不同区域机械化生产的高产优质品种、高产高效标准化栽培模式和田间管理技术匹配度偏低,机械化与规模化结合不紧密;缺乏对农业机械化、农业信息化的系统研究。

(4) 作物优异种质资源和育种理论与技术创新不足

我国的野生植物资源和遗传多样性水平的丧失严重,拥有自主产权的分子标记少、新基因发掘和利用进展慢,作物育种面临知识产权保护的严峻挑战。与此同时,在作物育种理论与技术跟踪性研究多、原始创新少，缺乏关键性的创新与突破。

(5) 分子育种技术研究的实用化程度低

我国缺乏规模化基因发掘与克隆的技术平台和规模化高效安全的遗传转化体系，拥有自主产权的基因和实用分子标记少、分子育种技术研究的实用化程度低。

(6) 突破性重大品种缺乏，种子产业化水平低

我国育成的作物新品种数量不少，但具有高产、优质、多抗、高效、广适综合性状的突破性重大品种缺乏，不能充分满足作物生产发展和市场需求，缺乏国际竞争力。

1.4.2.4 作物学研究的主攻方向

(1) 以产量潜力为突破口的超高产技术

作物产量的持续高产、超高产成为国内外研究的重点。世界各国均把提高粮食产量作为农业的重中之重。我国也将作物栽培技术创新与集成应用作为研究重心，持续开展科技攻关，超高产栽培技术不断成熟，以期显著提高作物生产能力。

(2) 以品质、产量协同提高为重点的优质高产技术

作物产量与品质同步提高成为各国作物产业化发展的共同战略。发达国家把优质、专用农产品的生产技术研发和应用放在首位；我国以主攻单产兼顾优质、高效、质量安全的作物栽培技术创新和集成应用取得显著成效，并继续向纵深发展。

(3) 以现代技术应用为特色的精准定量技术

作物栽培定量化、精确化、数字化技术已成为作物生产和作物栽培科技发展的新方向。发达国家作物生产实行定量化设计、精确化与数字化栽培管理。我国开展了精确定量栽培、数字化农作技术和作物生产信息化服务技术的研发，在作物生产管理中正在发挥重要作用。

(4) 以资源节约为重点的简化高效技术

以资源节约为重点的简化高效栽培技术创新与应用成为现代农业发展的主要方向。我国在节约资源的基础上，开展大量的简化高效栽培技术研究，特别是主要农作物的节水、省肥、简化、高产的栽培技术取得了新的进展，并在生产上发挥重要作用。

(5) 以作物生理高效机制为突破口的栽培理论与技术

作物生理学与环境生态学研究相结合，在作物栽培中发挥了重要作用。以作物光合碳代谢为中心的光合性能、源库生理和产量构成研究为作物高产栽培奠定了理论基础；作物营养生理研究促进作物施肥技术进步；环境生理生态研究促进了作物抗逆高产栽培的技术创新。

(6) 以生物技术为特征的现代育种技术

依据生物遗传变异的原理，育种方法从杂交育种、诱变育种到多倍体育种、单倍体育种，再到细胞工程、基因工程、分子标记育种，生物育种技术在我国发展迅速，与发达国家在生物育种新技术方面的差距正在减小。生物育种技术正成为提高作物产量和改善品质的主要途径。

(7) 以关键性状改良为主的新品种选育

优良品种的选育正逐步由表现型选择向基因型选择、由形态特征选择向生理特性选择的转变，优质、高产、抗逆的有机结合已成为优良品种培育的发展目标和方向；品种改良取得大批具有显著应用效益的成果，推动了农业科技的进步。

(8) 以方法体系创建为核心的育种技术

通过生命科学及相关学科的渗透、交融和集成，作物遗传育种理论和方法不断拓展，在实现品种矮秆化和杂交化二次重大技术突破的基础上，细胞工程、分子标记、转基因以及分子设计等现代育种技术迅速发展。

1.4.3 作物学未来的发展趋势

我国是农业大国和人口大国，保障国家粮食安全和营养健康是关乎国民经济发展和社会稳定的战略性核心需求，是满足人们对美好生活向往的重要战略支撑。促进农业绿色可持续发展、推进农业供给侧结构性改革、实现乡村振兴将是未来我国农业发展的主题。农业生物智能设计育种的分子基础和农业绿色高质量发展中的科学问题将是我国未来基础研究的优先方向。重点在农业生物遗传规律研究与设计育种的前沿理论解析、绿色智能化农业的方法学基础、农业生物营养品质形成机理和食品安全的理论基础等方面布局。通过不断提升引领我国农业技术革命的基础理论水平，抢占农业科技制高点，跻身世界农业科技强国前列，支撑我国全面实现农业现代化。

(1) 现代科学技术创新引领农作物育种变革

生物组学、生物技术、信息技术、制造技术等现代科学技术飞速发展，将使农作物育种学科发生深刻变化，并催生崭新的育种体系。

①表型组学和基因组学技术深化种质资源鉴定与评价。表型组学技术的应用使种质资源和育种材料的重要性状表型鉴定精准化，如采用先进的移动式激光高通量植物表型成像系统，能在温室内或田间对主要农作物全生育期进行动态鉴定和数据分析，实现"规模化""高效化""个性化""精准化"综合评价，准确筛选出目标性状突出的优异资源和材料；高通量测序技术的应用实现了种质资源和育种材料在全基因组学水平的基因型鉴定和表达分析，其基因型和表达信息可广泛用于分子标记开发和全基因组预测。

②现代技术引领育种方向，育种科技创新呈高新化。农作物育种技术先后经历了优良农家品种筛选、矮化育种、杂种优势利用、细胞工程、分子育种等发展阶段。近年来，以转基因、分子标记、单倍体育种、分子设计等为核心的现代生物技术不断完善并应用于农作物新品种培育，引领生物技术产品更新换代速度不断加快，创制了一批大面积推广的农作物新品种。全基因组选择技术研发方兴未艾，将成为育种新技术研究内容。以基因组编辑技术为代表的基因精准表达调控技术逐渐成为育种技术创新热点，将实现对目标性状的定向改造。

(2) 农作物品种选育呈多元化发展

运用遗传育种新技术选育重大新品种，世界各国遵循着相似的农作物生产发展道路，即不仅要求高产、优质、高效、安全，还要求降低生产成本、减少环境污染。因此，农作物育种目标从原来的高产转向多元化，注重优质与高产相结合，增强抗病虫性和抗逆性，提高光温水肥资源利用效率，适宜机械化作业，保障农产品的数量和质量同步安全。

①高产新品种选育。耐密、高光效、杂种优势利用等仍是高产育种的主要技术途径。特别是杂种优势利用已在水稻、玉米、油菜、蔬菜等作物上取得巨大成功，在小麦、大豆等作物上取得重要进展，继续挖掘杂种优势利用潜力是今后重要的发展方向。

②优质新品种选育。在高产的基础上，培育具有良好的营养品质、加工品质、商品品

质、卫生品质、功能品质等性状的农作物新品种是未来的重点任务，如市场更易接受籽粒角质多、容重高、水分含量低、无黄曲霉毒素的玉米品种；高油或高蛋白大豆品种；高含油量、高油酸油菜品种以及营养价值高、商品性状优和耐贮运的蔬菜品种。

③抗病虫害新品种选育。由于全球气候变化和生物进化等因素的影响，各种新型病虫害不断出现并有可能给农业生产和农产品质量带来巨大影响，充分考虑过量使用农药对生态环境造成的危害，培育抗病虫农作物新品种成为必然的选择。

④抗逆新品种选育。我国自然条件复杂多变，干旱水涝、阴雨寡照、低温冷害、高温干热、盐渍化等自然灾害频发重发，土壤重金属污染严重，对农作物生产的可持续发展和效益提高造成严重威胁。针对不同环境培育抗逆新品种，尤其是培育抗旱新品种，是世界各国努力的重要方向。

⑤养分高效利用新品种选育。化肥对粮食增产的作用可达55%以上，但大量使用化肥往往带来负面影响。我国是世界上最大的氮肥和磷肥消费国，但氮肥和磷肥当季利用率分别不到27%和12%，这也是土壤酸化、水体和大气污染等普遍发生的主要原因之一。因此，培育养分利用效率高的农作物新品种是新时期我国农作物育种的重要目标。

⑥适宜机械化作业的新品种选育。培育满足机械化和轻简化农业生产的作物新品种已迫在眉睫。如在水稻上，选育苗期耐淹耐旱出苗快、后期耐密植抗倒伏的直播稻新品种和适于机械化制种的杂交稻组合显得十分紧迫。我国棉花生产一直沿袭以手工操作为主的劳动密集型、精细耕作型生产方式，不适应社会经济和现代农业发展的要求，培育吐絮集中不烂铃、适宜机械化作业的新品种是必然方向。适于机械收获的玉米品种则要求株高穗位适中，成熟时茎秆直立有弹性、果穗花叶松，收获时穗轴、籽粒脱水快，籽粒含水量降低到25%以下。

(3) 农业生物智能设计育种与农业绿色发展

面对全球人口持续增长、生态环境恶化、农业资源趋紧、食品安全等重大问题，农业生物的产量、品质、抗逆性、抗病性、养分利用等综合性状改良遇到技术瓶颈。我国农业生物育种形势面临日趋严峻的国际挑战和市场竞争，迫切需要创新育种理论与技术，突破性地提高产量、资源利用效率、品质以及抵抗环境胁迫的能力，保障我国粮食安全和增强农业绿色高质量发展。多组学技术的快速发展，使生物性状解析更加高效、准确、可控；基因编辑、全基因组选择育种等技术的发展，为农业生物智能设计育种提供了分子基础和条件保障。生物品种遗传改良正朝基因智能和精准控制的方向发展，推动品种设计向新一代智能育种转变，可望大幅度增强农业生物品种的生产性能，开创作物品种按需设计的新时代。作物育种学科重点研究重要农业生物关键性状形成与新品种培育的遗传学基础，研究农业生物基因型与环境互作的生理生态学和遗传学基础，研究农业生物重大病害虫害发生规律和绿色防控原理，研究农业人工智能和大数据技术的复杂系统信息处理理论及进一步发展设计育种以培养重大品种等。

(4) 农业丰产高效智能化栽培与绿色发展

当前，我国主要作物单产处于徘徊态势，探索实现可持续增产理论与技术，对于保障我国粮食安全生产和有效供给具有重要意义。以我国主要粮食作物水稻、小麦、玉米、大豆为研究对象，面向东北、黄淮海、长江中下游三大粮食主产区，重点明确限制作物产量潜力突破、资源利用效率提升的关键限制因子；解析作物光合作用光能传递、转化及调控机理，作物群体质量定量化调控机制与产量潜力突破的理想株型、群体结构及产量突破的技术途径；定量化作物产量形成过程，研究不同产量水平群体结构与功能特征及根冠协同、库源调控机理；阐明作物高产与资源高效形成的品种–环境–栽培措施间的互作及定量关系、协调机制与技术途径；作物4个产量水平层次（光温生产潜力、高产纪录、大面积高产和农户产量）与光、温、水、肥利用效率差异的区域变化特征、主控因子与关键技术调节机制，建立缩小产量及效率层次差异的技术途径，通过产量潜力突破与资源效率协同机制研究，为产量突破3倍且绿色生产提供关键技术支撑，实现"藏粮于技"，依靠不断提高单产实现总量稳步增长，保障国家谷物基本自给、口粮绝对安全。

（5）农田固碳减排土壤耕作制度及关键技术

在现代农业集约、高效、可持续发展的新形势下，构建资源高效利用、环境友好型的轻简化、机械化的土壤耕作制是我国农业发展的战略需求。针对不同区域气候、作物、土壤和种植制度的差异，通过农艺措施的改良带动农业机械全程化、规模化，改善土壤耕层结构、维持和促进作物生长、降低农业生产的环境代价、增强对气候变化的缓解和适应能力，以实现地力培育和农田生产的可持续性。解析作物高产高效的农田理想耕层特征；加强研究农田系统综合固碳减排效应，以及土壤碳周转对气候变化的反馈机制；开展区域土壤轮耕制的构建，建立适宜不同区域特点，以少耕、免耕技术为主体的翻、旋、免、松等多样化的土壤耕作制度；研究秸秆还田与耕作培肥技术效应，创新适宜不同主产区的秸秆还田与耕作培肥方式，构建合理的秸秆还田方式及培育健康耕层，并研究土壤、根系互作效应及作物增产、土壤耕层优化机理。加强保护性农业长期效应研究与评价，重点围绕保护性农业农田固碳减排、病虫草害变异规律及作物响应研究，探究免耕、秸秆还田、作物轮作、合理水肥管理等保护性农业技术的影响机理及其响应机制，在此基础上建立统一的评价机制，加快区域保护性农业技术的应用与推广。

（6）作物绿色高效栽培关键技术创新与集成

作物生产将以绿色高效为目标，向整体技术综合化、标准化、模型化及精确化方向发展。面向新型农业经营主体和规模化种植，加强作物生长实时监测诊断技术、水肥药智能精准化栽培技术研究；通过大数据、气象、遥感等技术准确分析感知农作物生长条件，及时预测天气变化与农作物信息，达到精细化科学种植；开展作物智能栽培、定向控制诱导、灌溉水高效利用、精准化施肥等关键技术研究，创新水肥一体化节水节肥关键技术与模式；提出区域作物优质丰产绿色高效栽培技术途径；集成区域性精简化、模式化、机械化栽培技术体系，为主产区提供绿色高效生产技术模式。

本章小结

本章首先介绍了作物学相关概念及其性质和特点，然后以时间为主线，简要介绍了作物学由古至今的发展历程和取得的主要成果，最后阐述了作物学的发展趋势以及今后的重点研究内容。

思考题

1. 简述作物学的概念。
2. 简述作物学的性质和特点。

3. 简述作物学发展取得的成就和目前的不足。
4. 简述进入 21 世纪作物学取得的成就。
5. 简述现代作物学研究的热点。
6. 简述作物学未来的发展趋势。

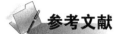
参考文献

邓丽群，盛邦跃，2018. 中国古代作物学发展研究[J]. 教育教学论坛(49)：113-114.

邓丽群，盛邦跃，2019. 20 世纪以来中国作物学发展历程研究[J]. 农业考古(3)：202-206.

董钻，沈秀瑛，王伯伦，2010. 作物栽培学总论[M]. 2 版. 北京：中国农业出版社.

方益民，1999. 作物栽培学[M]. 北京：气象出版社.

郭世华，马庆，逯晓萍，2001. 21 世纪作物科学的发展方向[J]. 内蒙古农业科技(6)：39-40.

胡立勇，瞿波，原保忠，等，2009. 改革作物学实践教学的思考与探索[J]. 华中农业大学学报(社会科学版)(4)：86-89.

李伶俐，张学林，朱伟，等，2010. "作物学通论"对话式教学的实践与探索[J]. 江西农业学报，22(2)：181-182.

李振基，陈小麟，郑海雷，等，2016. 生态学[M]. 北京：科学出版社.

梅家训，王耀文，1997. 农作物高产高效栽培[M]. 北京：中国农业出版社.

邱建军，李哲敏，张华，2000. 21 世纪我国农业生产面临的问题[J]. 农业信息探索(5)：11-15.

王传凯，刘天舒，杨学坤，2021. 精准农业应用技术[M]. 北京：中国农业大学出版社.

王婷，颜蕴，刘敏娟，等，2015. 中国作物学发展现状及策略研究[J]. 农业科技展望，11(12)：54-61.

王维金，1998. 作物栽培学[M]. 北京：科学技术文献出版社.

武兰芬，朱文珊，1999. 试论中国种植制度改革与发展[J]. 耕作与栽培(4)：1-4.

席章营，陈景堂，李卫华，2014. 作物育种学[M]. 北京：科学出版社.

第2章 作物的起源、分类与分布

作物是农业生产系统的核心,也是作物学研究的主要对象,与人类食品的数量和质量密切相关。了解不同作物的起源、传播、分类、分布和生产状况,掌握作物的传播以及在世界各地的分布情况,有助于认识和把握作物进化的特点、作物的生态适应性及在农业经济发展中的重要作用。

2.1 作物的起源与传播

2.1.1 作物的概念

作物是指野生植物经过人类不断地选择、驯化、利用、演化而来的具有经济价值的栽培植物。作物是人类劳动的产物,是人类改造利用自然的结果。广义的作物包括对人类有利用价值,为人类栽培的各种植物;狭义的作物指农田大面积栽培的农作物。地球上已被发现的植物种类约50万种,其中,被人类所利用的植物约5 000种,大面积种植的约200种。目前世界上栽培植物约1 500种,栽培的大田作物约90种,我国主要栽培的大田作物有60余种。

2.1.2 作物的起源与进化

人类聚居是栽培作物的前提。大约在10 000年前,随着亚洲、中东和欧洲部分地区冰河急剧融化,湖泊和鱼类随之增多,靠狩猎和采集野果为生、过着游猎生活的人类,开始围湖聚居,逐渐形成人类早期的定居生活方式。人们常常将所采集的植物带到居住地食用,其中一部分被遗弃或埋藏起来,那些具有繁殖能力的果实、种子、块根、块茎等在居住地附近开始生长繁殖。人们注意到这种现象和此类植物,逐渐从野生植物群落中将此类植物分离出来并加以保护,久而久之,在原始人类头脑中萌生出种植植物的意识。

人类在种植植物的过程中,不断改善栽培技术,逐渐积累生产经验,在此基础上通过长期的自然选择和人工选择,适合于人类需要的那些变异类型被保留下来,使野生植物逐步转变成为栽培作物。

作物的形成标志着原始社会生产力的飞跃发展和原始农业的诞生。它为人类提供了较多的食物和其他用品,使原始人类得以更加稳定地定居下来,进行社会分工,促进社会生产和文化的发展。

研究作物的起源,历来受到植物学家、作物遗传育种学家、作物栽培学家、生态学家的重视，研究结果对丰富作物的遗传变异"基因库"，改良作物的产量和品质性状、培育更多有价值的作物品种以及提高植物资源的种群生态利用效率都具有重要价值。从林奈（Carl von Linnaeus，1707—1778）到达尔文（Charles Robert Darwin，1809—1882）和孟德尔（Gregor Johann Mendel，1822—1884）先期都开展了作物起源的研究。瑞士植物学家阿方斯·德·康道尔（Alphonse de Candolle，1806—1893）提出人类栽培作物均来源于野生植物的观点。康道尔在1855年出版的《植物地理学》一书中，列出了157种栽培作物，其中125种均能找到相应的野生种。在1883年出版的《栽培植物的起源》一书中，对477种栽培植物的起源地进行了划分，并介绍了对247种作物与野生植物亲缘关系的考察结果，认为其中199种起源于旧大陆，45种起源于新大陆。20世纪二三十年代，苏联植物学家瓦维洛夫（Н. И. Вавилов，1887—1943）组织植物远征采集队，收集到各大洲60多个国家的30多万份野生植物和栽培作物材料，于1926年出版了《栽培植物的起源中心》一书，提出作物起源中心（又称基因中心）学说，认为地球上绝大多数作物的起源地集中在北纬20°~40°，各起源中心被高山、沙漠和大河等天然屏障分隔，形成了植物区系独立演化的不同区域。其后，为了更准确地确定作物起源和最初形态建成中心，他还补充查明遗传上相近的野生和栽培种的多样性地理分布中心，把遗传变异最丰富的地方作为该物种的起源中心。最后以考古学、历史和语言学的资料，对植物地理的划分加以修正，于1935年出版了《育种的植物地理基础》一书，认为全世界栽培植物的起源有八大中心，即中国—东部亚洲；印度—热带亚洲，包括马来西亚补充区；中亚西亚；西部亚洲；地中海沿岸及邻近区域；埃塞俄比亚；墨西哥南部和中美洲；南美洲，包括秘鲁、玻利维亚和智利奇洛埃岛补充区。1968年，茹可夫斯基（П. М. Жуковский）提出，有许多作物起源于瓦维洛夫的八大中心之外，因此有必要加大中心地理范围，在此基础上提出大基因中心观念，将瓦维洛夫确立的8个起源中心扩大到12个。1975年，芬兰的泽文（A. C. Zeven）和苏联的茹科夫斯基共同编写了《栽培植物及其变异中心检索》，重新修订了茹科夫斯基提出的12个基因中心，扩大了地理基因中心概念。12个基因中心主要是：

中国—日本中心：中国基因中心是主要的、初生的，由它发展了次生的日本基因中心。中国的中部和西部山区及其毗邻低地是世界第一个最大农业发源地和栽培植物起源中心。中国起源地的特点是栽培植物的数量极大，包括了热带、亚热带和温带作物的代表。主要农作物有黍、稷、粟、大麦、荞麦、大豆、赤豆、裸燕麦、山药、苎麻、大麻、苘麻、紫云英等。该学说确认中国是栽培稻（*Oryza sative* L.）的起源中心之一，纠正了瓦维洛夫认为水稻仅仅起源于印度的观点。

印度—印度尼西亚中心：是爪哇稻（*Oryza sative* L. ssp. *javanica*）和芋（*Colocasia esculenta* L. Schott）的初生基因中心，这里还具有丰富的热带野生植物资源。

澳大利亚中心：除美洲外，这里是烟草的初生基因中心之一，并有稻属（*Oryza*）的野生种。

印度次大陆中心：起源的作物主要有稻、甘蔗、绿豆、红豆、豇豆、棉花等，还有许多热带果树。

中亚中心：农作物主要有小麦、豌豆、山黧豆等。

近东中心：农作物主要有小麦、黑麦等。

地中海中心：从许多作物品种和野生种群组成来看，这里是次生起源地，很多作物在此区域被驯化，包括燕麦、甜菜、亚麻、三叶草、羽扇豆等，是这些作物的次生基因中心。

非洲中心：是高粱、棉花、稻等作物的初生基因中心，是小麦和大麦的次生基因中心。

欧洲西伯利亚中心：起源的作物主要有甜菜、苜蓿、三叶草等作物。

南美洲中心：起源的作物主要有马铃薯、花生、木薯、烟草、棉花、苋菜等。

中美洲—墨西哥中心：起源的作物主要有甘薯、玉米、陆地棉等。

北美洲中心：驯化的作物主要有向日葵、羽扇豆等。

2.1.3 作物的传播

各种作物均有其传播后代的方式，一种作物在其起源地经人工栽培和驯化后，其种子和植株会随风力、水力、地壳变动等自然力，以及自身力、动物活动等传播到其他区域。但这种传播活动距离极为有限，数量也较少。

人类活动是作物传播速度最快、最远的途径。随着农业的发展，人们通过有目的引种以及移民、战争、旅行、探险、贸易、外交等活动，将作物种子有目的、大规模引向另外地区，加速了作物的扩散和传播。

公元前139年—前119年，张骞先后两次奉汉武帝刘彻之命出使西域，又分遣副使持节到达大宛（今乌兹别克斯坦境内）、康居（今哈萨克斯坦东南）、大夏（今阿姆河流域）和大月氏等国，张骞等带回苜蓿、葡萄树等植物。汉朝派出的使者还到达安息（波斯）、身毒（印度）、奄蔡（在咸海与里海间）、条支（安息属国）、犁靬（附属大秦的埃及亚历山大城）。东西方交流，把汉朝的丝绸等物品输往波斯和罗马，同时把西方的香料、水果、矿物等输往中国。1877年，德国地质地理学家李希霍芬把"从公元前114年—公元127年间，中国与中亚、中国与印度间以丝绸贸易为媒介的这条西域交通道路"命名为"丝绸之路"。

"海上丝绸之路"是古代中国与外国交通贸易和文化交往的海上通道，该路主要以南海为中心，所以又称南海丝绸之路。海上丝绸之路形成于秦汉时期，发展于三国至隋朝时期，繁荣于唐、宋、元、明时期，是已知的最为古老的海上航线。公元1405（明永乐三年）—1433年（明宣德八年）期间，郑和先后七次下西洋，远航西太平洋和印度洋，拜访了30多个国家和地区，包括爪哇、苏门答腊、苏禄、彭亨、真腊、古里、暹罗、榜葛剌、阿丹、天方、左法尔、忽鲁谟斯、木骨都束等地，最远到达东非、红海。带回了五谷树、沉香木、紫檀木、香木、娑罗树、西府海棠、苍卜花等，加强了中国与外部世界的联系，中国"耀兵异域"，西洋诸国也纷纷前来进贡，出现了万国来朝的局面。

1492年，哥伦布发现新大陆，在作物传播历史长河中掀起了前所未有的轩然大波。哥伦布航海到达南美洲，把南美洲新大陆的作物带回了欧洲。16世纪，西班牙入侵南美洲后，又把南美洲古代印第安人的玉米、甘薯、马铃薯、陆地棉、烟草、辣椒和菜豆等作物陆续传入了旧大陆。同时，旧大陆的作物也陆续传入了新大陆。到了17世纪，美洲移民把欧洲的绝大部分作物带到了美洲大陆。1497年7月，达·伽马奉葡萄牙国王之命，从大西洋沿岸绕非洲南岸航抵印度，开辟了一条东西交往的新航路。达·伽马对非洲好望角航线的开辟，使东西方作物得以大量而频繁地互相传播。同样，17世纪英国人开始遣送犯人进出澳大利亚,也把新旧两大陆的大多数作物传播到该地区。

栽培作物传播到异地后,有些作物在新的地区比原产地生长更好,发展更快。如大豆原产于中国,但现在北美洲种植面积最大,单产最高;花生原产于南美,现在种植面积最大的是印度和中国;马铃薯原产于南美,现在已成为东欧、中国重要的粮食作物之一。

古代由于交通不便,农作物的传播需要几百甚至上千年。到中世纪,玉米、甘薯、棉等作物的传播只用了几十年。现代矮秆水稻、小麦等的传播仅用了几年至十几年。当今世界各国全球性的植物资源及种子征集活动的开展,将促进作物的广泛传播与交流,更加有利于世界作物生产的发展。

2.2 作物的分类与分布

2.2.1 作物的分类

目前世界上栽培的作物种类、品种繁多。我国收集保存有各种作物品种资源材料20多万份。为了便于比较、研究和利用,通常将作物进行分类,分类的方法很多,常见分类方法主要有以下四种。

2.2.1.1 按植物学分类

按作物所属的科、属、种等植物学系统分类,即按作物的亲缘关系分类。以界、门、纲、目、科、属、种为分类的各级单位,除界以外,其他各级单位根据需要再分成若干亚级。按植物学系统分类可明确作物所属科、属、种、亚种。一般用双名法对植物进行命名,称为学名。例如,小麦属禾本科,其学名为 *Triticum aestivum* L.,第一个词为属名(*Triticum*),第二个词为种加词(*aestivum*),第三个词为命名者的姓氏(可缩写,L.)。这种分类方法对了解和认识作物的植物学特征异同以及研究其器官发育有重要意义。常见作物的学名见表2-1。

表2-1 常见作物中文名、学名和英文名及主要用途

科名	中文名	学名	英文名	主要用途
禾本科 Gramineae	稻	*Oryza sativa* L.	rice	籽实食用
	小麦	*Triticum aestivum* L.	wheat	籽实食用
	大麦	*Hordeum vulgare* L.	barley	籽实食用、饲用
	黑麦	*Secale cereale* L.	rye	籽实食用
	燕麦	*Avena sativa* L.	oat	籽实食用
	玉米	*Zea mays* L.	corn; maize	籽实食用、饲用
	高粱	*Sorghum bicolor* (L.) Moench	broomcorn	籽实食用、饲用
	黍(稷)	*Panicum miliaceum* L.	proso millet	籽实食用
	粟	*Setaria italica* var. *germanica* (Mill.) Schred.	foxtail millet	籽实食用
	薏苡	*Coix lacryma-jobi* L.	jobstears	籽实食用

(续)

科名	中文名	学名	英文名	主要用途
禾本科 Gramineae	甘蔗	*Saccharum officinarum* L.	sugarcane	茎秆榨糖
	苏丹草	*Sorghum sudanense* (Piper) Stapf.	sudan grass	饲用
	黑麦草	*Lolium perenne* L.	perennial ryegrass	茎用
	芦苇	*Phragmites australis* (Cav.) Tvin. ex steud	common reed	茎造纸用
	石龙刍	*Lepironia articulata* Retz. Domin.	mat grass	全株编织用
蓼科 Polygonacese	荞麦	*Fagopyrum esculentum* Moench	buckwheat	籽实食用
豆科 Leguminosae	大豆	*Glycine max* (L.) Merrill.	soybean	种子油用、食用
	花生	*Arachis hypogaea* L.	peanut	种子油用、食用
	蚕豆	*Vicia faba* L.	broad bean	种子食用
	豌豆	*Pisum sativum* L.	garden pea	种子食用
	豇豆	*Vigna unguiculata* (L.) Walp.	cowpea	种子食用
	饭豆	*Vigna umbellata* (Thunb.) Ohwi & Ohashi	rice bean	种子食用
	绿豆	*Vigna radiata* (L.) R. Wilczek	mung bean	种子食用
	扁豆	*Lablab purpureus* (L.) Sweet	hyacinth bean	种子食用
	鹰嘴豆	*Cicer arietinum* L.	cicer arietinus	种子食用
	紫云英	*Astragalus sinicus* L.	milk vetch	全株绿肥、饲料
	苜蓿	*Medicago sativa* L.	alfalfa	全株绿肥、饲料
	田菁	*Sesbania cannabina* (Retz.) Pers.	sesbania	全株绿肥
	草木樨	*Melilotus officinalis* Pall.	sweet clover	茎叶绿肥
旋花科 Convolvulaceae	甘薯	*Ipomoea batatas* (L.) Lam.	sweet potato	块根食用
薯蓣科 Dioscoreaceae	山药	*Dioscorea polystachya* Turcz.	chinese yam	
天南星科 Araceae	芋	*Colocasia esculenta* (L.) Schott	taro dasheen	球茎食用
	水浮莲	*Pistia stratiotes* L.	water-lettuce	全株饲用
茄科 Solanaceae	马铃薯	*Solanum tuberosum* L.	potato	块基食用
	烟草	*Nicotiana tabacum* L.	tobacco	叶制烟
	枸杞	*Lycium chinense* Mill.	chinese wolfberry	籽实药用

(续)

科名	中文名	学名	英文名	主要用途
锦葵科 Malvaceae	棉花	*Gossypium* spp.	cotton	种子纤维纺织用
	陆地棉	*Gossypium hirsutum* L.		
	红麻	*Hibiscus cannabinus* L.	kenaf	韧皮纤维用
	苘麻	*Abutilon theophrasti* Medikus	abutilon	韧皮纤维用
	黄麻	*Corchorus capsularis* L.	jute	韧皮纤维用
荨麻科 Urticaceae	苎麻	*Boehmeria nivea* (L.) Gaudich.	ramie	韧皮纤维用
大麻科 Cannabiaceae	大麻	*Cannabis sativa* L.	hemp	韧皮纤维用
亚麻科 Linaceae	亚麻	*Linum usitatissimum* L.	flax	韧皮纤维用
天门冬科 Asparagaceae	剑麻	*Agave sisalana* Perr. ex Engelm.	sisal	叶纤维用
芭蕉科 Musaceae	蕉麻	*Musa textilis* Néss.	abaca	叶纤维用
十字花科 Cruciferae	芸薹	*Brassica rapa* var. *oleifera* DC.	rape	种子油用
胡麻科 Pedaliaceae	芝麻	*Sesamum indicum* L.	sesame	种子油用、食用
菊科 Compositae	向日葵	*Helianthus annuus* L.	sunflower	种子油用
	菊芋	*Helianthus tuberosus* L.	jerusalem artichoke	块茎食用
	甜叶菊	*Stevia rebaudiana* (Bertoni) Bertoni	sweet stevia	全株制糖
大戟科 Euphorbiaceae	木薯	*Manihot esculenta* Crantz	cassava	块茎食用
	蓖麻	*Ricinus communis* L.	castor	种子油用
苋科 Amaranthaceae	甜菜	*Beta vulgaris* L.	sugar beet	块根糖用

2.2.1.2 根据作物的生物学特性分类

(1) 按作物感温特性分类

可分为喜温作物和耐寒(喜凉)作物。喜温作物全生育期需要的积温相对较高,生长发育的最低温度为10℃左右,最适温度为28~30℃,最高温度为30~40℃,例如,水稻、玉米、高粱、甘薯、棉花、烟草、甘蔗、花生、粟等。这类作物一般春季或夏季播种,秋季收获。耐寒作物全生育期需要的积温相对较低,生长发育最低温度为1~3℃,最适温度为20~25℃,最高温度为28~30℃,例如,小麦、大麦、马铃薯、黑麦、油菜、蚕豆等。这类作物一般秋天播种翌年夏收,或早春播种夏季收获。

(2) 按作物对光周期反应特性分类

可分为长日照作物、短日照作物、中日照作物和定日照作物。长日照作物是指在日照长度必须大于某个时数(临界日长或者暗期必须短于一定时数)才能开花结实的作物,例如麦类作物、油菜、甜菜、萝卜等。短日照作物是指在日照长度短于其所要求的临界日长或者暗期超过一定时数才能开花结实的作物,例如,水稻、玉米、大豆、甘薯、棉花、烟草等。开花与日长没有关系,只要其他条件适宜,一年四季都能开花的作物称为中日照作物,例如荞麦。定日照作物要求有一定时间的日长才能完成其生育周期,例如甘蔗的某些品种只有在 12 h 45 min 的日长条件下才能开花,长于或短于这个日长都不开花结实。

(3) 按作物对二氧化碳同化途径分类

可分为 C_3 作物、C_4 作物和 CAM(景天酸代谢)作物。C_3 作物光合作用最先形成的中间产物是带 3 个碳原子的磷酸甘油酸,其光合作用的二氧化碳补偿点相对较高,有较强的光呼吸,例如水稻、麦类、大豆、棉花等。C_4 作物光合作用最先形成的中间产物是带 4 个碳原子的草酰乙酸等双羧酸,其光合作用的二氧化碳补偿点相对较低,光呼吸作用也低,在强光高温条件下光合作用能力比 C_3 作物高,例如玉米、高粱、甘蔗等。CAM 作物,除了凤梨科外,仅有龙舌兰麻、菠萝麻等少数纤维作物,但在花卉中却很多。

2.2.1.3 根据作物用途和植物学系统分类

(1) 粮食作物

禾谷类作物 是指以收获谷粒为栽培目的的作物,包括小麦、大麦、燕麦、黑麦、稻、玉米、高粱、粟、黍(稷)、薏苡等。蓼科的荞麦因其籽实可供食用,习惯上也列入此类。按其形态和生物学特征特性可分为两大组,一组是小麦、大麦、燕麦、黑麦等麦类作物;另一组是稻、玉米、高粱、谷子、黍、稷等粟类或黍类作物。两组禾谷类作物主要形态和生物学特性区别见表 2-2。禾谷类作物籽粒具有丰富的营养成分,而且蛋白质和淀粉的比例(1∶6~1∶7)适宜,最符合人类需要,是最重要的粮食作物。一般将稻谷、小麦以外的禾谷类作物称为粗粮。

表 2-2 麦类作物和粟类作物特征特性上的主要区别

麦类作物	粟类作物
1. 籽粒腹部有纵沟	1. 籽粒腹部无纵沟
2. 籽粒发芽时可长出数条种子根	2. 籽粒发芽时一般只长出一条种子根(玉米例外)
3. 小穗中下部小花能发育结实,上部小花不结实或者退化	3. 小穗中上部小花能发育结实,下部小花退化
4. 茎通常中空	4. 茎通常为髓所充实(稻例外)
5. 有冬性及春性类型	5. 仅有春性型
6. 对温度要求较低	6. 对温度要求较高
7. 对水分要求较高	7. 对水分要求较低(水稻除外)
8. 长日照作物	8. 短日照作物
9. C_3 作物	9. 除稻外,为 C_4 作物
10. 先进行穗分化,后拔节(伸长节间)	10. 先拔节(伸长节同),后进行穗分化(玉米,水稻早中熟种例外)

注:引自杨守仁和邓丕尧,1989。

豆类作物(菽谷类作物)　豆类作物种类繁多,按用途可分为食用豆类作物(蚕豆、豌豆、绿豆、小豆、菜豆等)、油用豆类作物(大豆等)、绿肥及饲料豆类作物(紫云英、苕子、苜蓿等)。不同豆类作物对温度和日照长短的要求不同。豆类作物中除大豆以外的其他豆类又称为杂豆类作物。豆类作物籽实中含有大量蛋白质和油分。食用豆类作物蛋白质含量为21%~25%,而大豆油分含量可达40%左右。豆类作物是人类生活中植物蛋白的主要来源。

薯芋类作物(根茎类作物)　是指利用其地下块茎和块根类的作物,主要有甘薯、马铃薯、木薯、豆薯、山药(薯蓣)、菊芋、芋、蕉藕等。其主要成分是淀粉,可食用和饲用,也是制造淀粉的工业原料。

(2)经济作物(工业原料作物)

纤维作物　纤维作物种类很多,包括种子纤维作物、韧皮纤维作物和叶纤维作物。种子纤维作物有棉花;茎部韧皮纤维作物有苎麻、亚麻、大麻等;叶纤维作物有龙舌兰麻、剑麻等。一般韧皮纤维作物的纤维较柔软,叶纤维的纤维较粗硬而强度大。

油料作物　是指以获得植物油脂为主要栽培目的的作物,其特征是种子或果实含油量较丰富。油料作物的种类很多,主要有油菜、花生、芝麻等食用油料作物,蓖麻、油桐等工业用油料作物,大豆、棉花、大麻等兼用油料作物。

糖料作物　主要是指含蔗糖多的作物,多用于制造食糖。主要有甘蔗、甜菜等。我国85%的食糖来自甘蔗,其余15%来自甜菜和其他制糖原料。

其他作物(有些是嗜好作物)　主要有烟草、茶叶、咖啡、可可、啤酒花等。烟草是我国重要的经济作物。此外,还有桑、橡胶、香料作物(例如薄荷、留兰香等)等,编织原料作物(例如席草、芦苇)等。

(3)饲料及绿肥作物

饲料作物种类很多,包括禾谷类、豆类、块根块茎类、饲用叶菜类和瓜类。我国人多地少,在农业区单纯种植饲料的面积并不大。作为绿肥而栽培的作物大多为豆科,许多豆科作物既可肥田又可作饲料,例如苕子、苜蓿、紫云英等。

(4)药用作物

产品用来作为药材原料的作物。主要有三七、天麻、人参、黄连、贝母、枸杞、白术、白芍、甘草、半夏、红花、百合、何首乌、五味子、板蓝根、灵芝等。

当一种作物的主产品具有两种以上的用途时,按上述作物的用途分类将出现交叉现象。例如玉米可食用,又可作优质饲料,也是油料作物;大豆可食用,又可榨油;马铃薯可作为粮食,又是蔬菜和食品加工原料;亚麻既是纤维,种子又是油料;红花种子是油料,其花是药材。因此,上述分类不是绝对的,同一作物,根据需要有时被划在这一类,有时又可归为另一类。

2.2.1.4　按农业生产特点分类

我国作物按播种季节可分为春播作物、夏播作物、秋播作物和冬播作物。由于不同播期会使作物处于不同的生态环境条件下,故不同播种季节应选用不同作物或不同品种类型。按收获季节分为夏熟作物和秋熟作物。生产上根据作物播种密度和管理情况,将其分为密植作物和中耕作物。按种植方式和目的有套播作物、填闲作物、覆盖作物等。填闲作物和覆盖作物多为生育期短的豆科作物或其他作物。

按作物生长习性可以分为很多类型。按作物对光照强度的反应分为喜光作物(例如水稻、玉米、棉花等)、耐阴作物(例如大豆、甘薯等)和喜阴作物(例如生姜等)等。按作物对水分的反应及需水等级分为水生作物(例如水花生、水葫芦等)、水田作物(例如水稻、莲藕等)、耐涝作物(例如高粱等)和耐旱作物(例如谷子等)。按作物茎秆生长特性分为高秆作物(例如玉米、高粱、黄麻等)、矮秆作物(例如稻、麦、粟、豆等)和匍匐作物(例如甘薯等)等。按作物根系生长特性分为直根系作物(例如棉花、油菜、大豆等)、须根系作物(例如稻、麦等)和块根块茎作物(例如甘薯、木薯等)等。按作物生长年限分为一年生作物(例如水稻、棉花、大豆等)、二年生作物(例如油菜、蚕豆、甜菜等)和多年生作物(例如苎麻、茶树等)等。

2.2.2 中国作物的分布

中国是世界农业和栽培作物最早和最为广泛的国家,世界上主要栽培的作物在中国都有分布。大面积种植栽培的作物中,种植面积依次为玉米、稻谷、小麦、大豆、油菜、花生、马铃薯、棉花、甘蔗、烟草、谷子、高粱、葵花、芝麻、胡麻、甜菜和麻类(表2-3)。粮食作物中玉米、稻谷、小麦栽培的面积最大、分布最广,2020年和2021年的播种面积分别占粮食作物播种面积的81.1%和82.3%。

表2-3 中国主要农作物的播种面积、产量和单产

作物	2020年			2021年		
	播种面积 (万 hm²)	总产量 (万 t)	每公顷产量 (kg)	播种面积 (万 hm²)	总产量 (万 t)	每公顷产量 (kg)
总播种面积	16 748.70			16 869.50		
粮食作物	11 676.80	66 949.2	5 733.5	11 763.10	68 284.7	5 805.0
谷物	9 796.40	61 674.3	6 295.6	10 017.70	63 275.7	6 316.4
玉米	4 126.43	26 066.5	6 317.0	4 332.40	27 255.1	6 291.0
稻谷	3 007.55	21 186.0	7 044.2	2 992.11	21 284.2	7 113.5
小麦	2 338.00	13 425.4	5 742.3	2 356.70	13 694.4	5 810.8
谷子	90.58	280.7	3 098.9	92.85	288.6	3 108.2
高粱	63.47	297.0	4 679.4	71.32	337.7	4 735.0
豆类	1 159.30	2 287.5	1 973.2	1 012.10	1 965.5	1 942.0
大豆	988.20	1 960.2	1 983.4	841.50	1 639.5	1 948.3
薯类	721.00	2 987.4	4 143.4	733.30	3 043.5	4 150.4
马铃薯	465.61	1 798.3	3 862.2	463.25	1 790.7	3 865.5
油料作物	1 312.90	3 586.4	2 731.7	1 310.20	3 613.2	2 757.7
花生	473.10	1 799.3	3 803.2	480.50	1 830.8	3 810.2
油菜籽	676.50	1 404.9	2 076.7	699.20	1 471.4	2 104.4
芝麻	29.20	45.7	1 565.1	28.50	45.5	1 596.5
胡麻籽	19.10	28.4	1 486.9	17.90	26.3	1 469.3
葵花籽	87.30	257.0	2 943.9	70.40	215.4	3 059.6
棉花	316.90	591.0	1 864.9	302.80	573.1	1 892.7

(续)

作物	2020年			2021年		
	播种面积 (万 hm²)	总产量 (万 t)	每公顷产量 (kg)	播种面积 (万 hm²)	总产量 (万 t)	每公顷产量 (kg)
麻类	6.90	24.9	3 608.7	5.70	21.1	3 701.8
糖料	156.80	12 014	76 619.9	145.80	11 454.4	78 562.4
甘蔗	135.30	10 812.1	79 912.0	131.60	10 666.4	81 051.7
甜菜	21.30	1 198.4	56 262.9	14.10	785.1	55 680.9
烟叶	101.40	213.4	2 104.5	101.30	212.8	2 100.7
烤烟	96.70	202.2	2 091.0	96.90	202.1	2 085.7

注：1. 数据引自2021年和2022年《中国统计年鉴》；2. 总播种面积为中国农作物的播种总面积，包括表格所列和未列出作物，粮食作物播种面积为中国所有粮食作物播种面积的总和，总产量为中国所有粮食作物产量的总和，其他作物统计方法相同。

2.2.2.1 禾谷类作物

玉米 玉米已成为我国第一大作物，是集粮食作物、饲料作物和工业原料三位一体的基础性作物。我国玉米种植面积和总产量在世界上居第二位，仅次于美国。玉米在我国分布很广，东西走向从东海到西藏，南北走向从海南三亚市到黑龙江漠河流域都有种植。但集中分布在黑龙江、吉林、辽宁、山东、河北、河南、内蒙古、四川、云南等省（自治区），形成了从东北经华北到西南地区的斜长弧形玉米分布带。黑龙江、吉林、山东、内蒙古、河南和河北是我国玉米主产省份，2021年播种面积和总产量分别占全国种植面积和总产量的60.8%和62.6%（表2-4），对我国粮食增产增收、粮食安全保障具有十分重要的意义。

表2-4 中国玉米主要种植地区播种面积、总产量和单产

地区	2020年			2021年		
	播种面积 (万 hm²)	总产量 (万 t)	每公顷产量 (kg)	播种面积 (万 hm²)	总产量 (万 t)	每公顷产量 (kg)
全国	4 126.40	26 066.5	6 317.0	4 332.42	27 255.1	6 291.0
黑龙江	548.07	3 646.6	6 653.5	652.42	4 149.2	6 359.7
吉林	428.72	2 973.4	6 935.5	440.12	3 198.4	7 267.1
山东	387.11	2 595.4	6 704.6	389.70	2 589.5	6 644.9
内蒙古	382.39	2 742.7	7 172.5	420.46	2 994.2	7 121.2
河南	381.80	2 342.4	6 135.1	385.33	2 051.7	5 324.5
河北	341.71	2 051.8	6 004.5	345.41	2 066.8	5 983.6
辽宁	269.93	1 793.9	6 645.8	272.42	2 008.4	7 372.4
四川	183.94	1 065.0	5 789.9	184.94	1 084.7	5 865.1
云南	180.25	938.0	5 203.9	187.94	992.6	5 281.5

注：1. 数据引自2020年和2021年《中国农业年鉴》；2. 全国为所有省份播种总面积，总产量为所有省份产量总和，其他作物统计方法相同。

小麦 小麦是我国基本口粮作物，在粮食安全、生态环境保护等方面有重要作用。小麦在我国分布较广，东起沿海诸岛，西至天山脚下，南部海南岛以及北部黑龙江省漠河市，无论是广阔的平原还是高山地带均有小麦的种植。但集中分布在华北平原的河南、山东、河北、安徽、江苏等省，河南和山东是我国小麦生产大省，两省播种面积和总产量分别占全国总播种面积和总产量的 41.1% 和 47.1%（表 2-5），2020 年、2021 年平均单产河南省最高，分别为 6 614.9 kg/hm² 和 6 682.5 kg/hm²。

表 2-5 中国小麦主要种植地区播种面积、总产量和单产

地区	2020 年			2021 年		
	播种面积（万 hm²）	总产量（万 t）	每公顷产量（kg）	播种面积（万 hm²）	总产量（万 t）	每公顷产量（kg）
全国	2 338.00	13 425.4	5 742.3	2 356.70	13 694.4	5 810.8
河南	567.37	3 753.1	6 614.9	569.07	3 802.8	6 682.5
山东	393.44	2 568.9	6 529.3	399.40	2 636.7	6 601.7
安徽	282.52	1 671.7	5 917.1	284.60	1 699.7	5 972.2
江苏	233.89	1 333.9	5 703.1	235.79	1 342.2	5 692.4
河北	221.69	1 439.3	6 492.4	224.66	1 469.1	6 539.2
新疆	106.90	582.1	5 445.3	113.53	639.8	5 635.5
湖北	103.14	400.7	3 885.0	105.21	399.3	3 795.3
陕西	96.42	413.2	4 285.4	95.51	424.6	4 445.6
甘肃	70.87	268.9	3 794.3	71.13	279.7	3 932.2

注：1. 数据引自 2020 年和 2021 年《中国统计年鉴》；2. 表中 9 个省份两年小麦播种面积占全国小麦总播种面积比例为 88.8%~89.1%。

稻谷 我国水稻主要分布在秦岭—淮河以南的亚热带地区，北方主要分布在水源充足的河流两岸和湖泊或者水源充足的灌溉区。湖南是中国最大的水稻生产省，其次是黑龙江省。2020 年和 2021 年湖南省稻谷的播种面积占全国的 13.3% 和 13.3%，总产量分别占全国总产量的 12.5% 和 12.6%（表 2-6）。

表 2-6 中国稻谷主要种植地区播种面积、总产量和单产

地区	2020 年			2021 年		
	播种面积（万 hm²）	总产量（万 t）	每公顷产量（kg）	播种面积（万 hm²）	总产量（万 t）	每公顷产量（kg）
全国	3 007.55	21 186.0	7 044.2	2 992.11	21 284.2	7 113.5
黑龙江	387.20	2 896.2	7 479.9	386.74	2 913.7	7 534.0
江苏	220.28	1 965.7	8 923.6	221.92	1 984.6	8 942.9
安徽	251.21	1 560.5	6 211.9	251.22	1 590.4	6 330.7
江西	344.18	2 051.2	5 959.7	341.92	2 073.9	6 065.5
湖北	228.07	1 864.3	8 174.2	227.26	1 883.6	8 288.3
湖南	399.39	2 638.9	6 607.3	397.11	2 683.1	6 756.6

(续)

地区	2020 年			2021 年		
	播种面积 (万 hm²)	总产量 (万 t)	每公顷产量 (kg)	播种面积 (万 hm²)	总产量 (万 t)	每公顷产量 (kg)
广东	183.44	1 099.6	5 994.3	182.74	1 104.4	6 043.6
广西	176.01	1 013.7	5 759.3	175.67	1 017.9	5 794.4
四川	186.63	1 475.3	7 904.9	187.50	1 493.4	7 964.8

注：1. 数据引自 2020 年和 2021 年《中国统计年鉴》；2. 表中为两年水稻播种面积超过 100 万 hm² 的省份。

2.2.2.2 薯类作物

我国种植的薯类作物主要是马铃薯和甘薯。马铃薯作为仅次于小麦、水稻和玉米的世界第四大作物，具有耐旱、耐寒、耐贫瘠等特点。我国马铃薯分布遍及全国，主要分布于西南山区以及东北、西北等北方冷凉地区，且以西南地区种植面积最大，约占全国种植面积的 49.9%。2020—2021 年在各省的分布，以四川的种植面积最大。甘薯属喜温作物，适应性广，我国甘薯以淮海平原、长江流域以及东南沿海各地种植较多，以一年两熟地区栽培较多，主要分布在四川、山东、河南、安徽、广东等省。

2.2.2.3 油料作物

油料是我国重要的大宗农产品，是食用植物油、蛋白饲料的重要原料。我国食用植物油构成中，豆油、菜籽油、花生油和茶油占八成以上，种植规模占 95% 以上。除大豆作为主要油料作物外，我国主要种植的油料作物还有油菜、花生、芝麻、胡麻、向日葵等，其中种植面积较大的为油菜和花生，2020 年、2021 年油菜和花生的播种面积占油料作物总播种面积的 87.6%、90.0%，总产量占油料作物总产量的 89.3%、91.4%。

大豆 我国是大豆原产地，曾是世界上最大的大豆生产国。大豆是重要的粮油兼用作物，在我国居民饮食结构中占有重要作用。大豆在我国分布极广，除青海省外全国各地均有种植，主要分布于东北和黄淮海地区及南方一些省份。我国大豆主要分布带为北方春大豆带和黄淮夏大豆带，其次是黄淮春大豆带和南方多作大豆带。我国大豆主产地是黑龙江省，2020 年、2021 年产量分别占全国总产量的 46.9%、43.8%，其次是内蒙古自治区，产量分别占全国总产量 12%、10.3%（表 2-7）。

表 2-7 中国大豆主要种植地区播种面积、产量和单产

地区	2020 年			2021 年		
	播种面积 (万 hm²)	总产量 (万 t)	每公顷产量 (kg)	播种面积 (万 hm²)	总产量 (万 t)	每公顷产量 (kg)
全国	988.25	1 960.2	1 983.5	841.54	1 639.5	1 948.2
黑龙江	483.21	920.3	1 904.6	388.78	718.8	1 848.9
内蒙古	120.17	234.7	1 953.1	89.32	168.5	1 886.5
安徽	60.51	92.9	1 535.3	58.72	90.9	1 548.0
四川	43.27	101.3	2 341.1	44.34	104.4	2 354.5
河南	37.52	93.4	2 489.3	33.32	74.8	2 244.9

(续)

地区	2020年			2021年		
	播种面积 （万 hm²）	总产量 （万 t）	每公顷产量 （kg）	播种面积 （万 hm²）	总产量 （万 t）	每公顷产量 （kg）
吉林	32.11	64.2	1 999.4	25.27	54.7	2 164.6
贵州	21.18	22.4	1 057.6	21.17	23.1	1 091.2
湖北	21.97	35.5	1 615.8	22.38	37.2	1 662.2
江苏	19.64	51.9	2 642.6	19.28	50.7	2 629.7
山东	18.87	55.5	2 941.2	18.28	53.5	2 926.7
云南	18.66	46.4	2 486.6	14.96	31.6	2 112.3

注：1. 数据引自 2020 年和 2021 年《中国统计年鉴》；2. 表中 11 个省份大豆面积占全国总播种面积比例为 87.4%~88.8%。

油菜 油菜在全国各省（自治区、直辖市）广泛种植，不同区域油菜品种类型可分为 3 大类：半冬性油菜、冬性油菜和春油菜，其对应的适宜种植区域分别为长江流域、黄淮流域和高海拔或高纬度地区。空间分布以长江沿岸冬油菜种植面积最大、分布广泛，春油菜种植区以内蒙古面积最大。2021 年全国油菜种植面积四川最大，其次为湖南和湖北，这三省油菜种植面积约占全国的 54.3%；油菜总产量以四川最高，达到 340 万 t。

花生 花生主要分布在黄淮平原和华南沿海地区，河南、山东、广东、辽宁、四川、河北、吉林、湖北、广西是我国花生的主要种植省（自治区），2020 年、2021 年 9 省（自治区）播种面积分别占全国总播种面积的 80.5%、80.3%，产量占全国总产量的 83.2%、82.7%，河南省总产量和平均单产最高，2020 年为 594.9 万 t、4 714.7 kg/hm²，2021 年为 588.2 万 t、4 549.5 kg/hm²（表 2-8）。

表 2-8 中国花生主要种植地区播种面积、产量和单产

地区	2020年			2021年		
	播种面积 （万 hm²）	总产量 （万 t）	每公顷产量 （kg）	播种面积 （万 hm²）	总产量 （万 t）	每公顷产量 （kg）
全国	473.10	1 799.3	3 803.2	480.50	1 830.8	3 810.2
河南	126.18	594.9	4 714.7	129.29	588.2	4 549.5
山东	65.09	286.6	4 403.1	63.17	281.8	4 461.0
广东	34.76	112.1	3 225.0	34.97	115.9	3 314.3
辽宁	30.62	98.7	3 223.4	33.23	115.5	3 475.8
四川	28.34	73.8	2 604.1	29.02	76.2	2 625.8
湖北	24.87	87.1	3 502.2	24.47	86.3	3 526.8
河北	24.60	96.8	3 935.0	24.73	96.3	3 894.1
吉林	23.92	78.3	3 273.4	24.26	83.3	3 433.6
广西	22.33	69.2	3 099.0	22.63	71.1	3 141.8

注：1. 数据引自 2021 年和 2022 年《中国统计年鉴》；2. 表中所列出花生播种面积均高于 20 万 hm² 省份。

2.2.2.4 纤维作物

纤维作物主要有棉花、黄麻、红麻、大麻、亚麻等，其中以棉花的生产为主。棉花作为我国第一大经济作物，是纺织工业重要原料，在国民经济中占有重要地位。我国适宜种植棉花的区域广阔，根据宜棉区域的不同生态条件和棉花生产特点，将全国棉区由南向北、自东向西依次划分为华南棉区、长江流域棉区、黄河流域棉区、北部特早熟棉区、西北内陆棉区。2000年以来，主要由长江流域棉区、黄河流域棉区及西北内陆棉区三大棉区构成。目前以新疆棉区为主，2020年、2021年播种面积占全国的78.9%、82.8%，其产量占全国总产量的87.3%、89.5%，是我国最大的产棉基地（表2-9）。

表2-9 中国棉花主要种植地区播种面积、产量和单产

地区	2020年			2021年		
	播种面积（万hm²）	总产量（万t）	每公顷产量（kg）	播种面积（万hm²）	总产量（万t）	每公顷产量（kg）
全国	316.90	591.0	1 864.9	302.80	573.1	1 892.7
新疆	250.19	516.1	2 062.8	250.61	512.9	2 046.6
河北	18.92	20.9	1 104.7	13.98	16.0	1 144.5
山东	14.29	18.3	1 280.6	11.02	14.0	1 270.4
湖北	12.97	10.8	832.7	12.07	10.9	903.1
湖南	5.95	7.4	1 243.7	6.02	8.0	1 328.9
安徽	5.12	4.1	800.8	3.44	2.9	843.0
江西	3.50	5.3	1 514.3	1.1	1.7	1 545.5
甘肃	1.66	3.0	1 807.2	1.62	3.1	1 913.6
河南	1.62	1.8	1 111.1	1.15	1.4	1 217.4

注：1. 数据引自2021年和2022年《中国统计年鉴》；2. 表中列出棉花播种面积大于1万hm²省份。

2.2.2.5 糖料作物

糖料作物主要包括南方的甘蔗和北方的甜菜。我国甘蔗主要分布在长江以南，其中以广西、云南、广东种植面积最大，2020年、2021年总播种面积占全国面积的93.8%、93.9%，总产量占全国总产量的比例均为96.0%。广西是甘蔗生产主要省份，播种面积、总产量均为全国最高，2021年播种面积占全国面积的65.2%，产量占全国总产量的69.0%（表2-10）。

甜菜主要分布于内蒙古、新疆、河北、甘肃、黑龙江、江苏、辽宁、吉林等地，其中以内蒙古、新疆、河北、甘肃、黑龙江为主，2020年、2021年总播种面积占全国面积的97.3%、97.7%，产量占全国总产量的98.7%、99.4%。内蒙古的播种面积和总产量均位于全国首位，2021年总播种面积占全国面积的54.0%，产量占全国总产量的46.1%（表2-11）。

表 2-10 中国甘蔗主要种植地区播种面积、产量和单产

地区	2020 年			2021 年		
	播种面积（万 hm²）	总产量（万 t）	每公顷产量（kg）	播种面积（万 hm²）	总产量（万 t）	每公顷产量（kg）
全国	135.30	10 812.1	79 912.0	131.60	10 666.4	81 051.7
广西	87.48	7 412.5	84 733.7	85.78	7 365.1	85 860.3
云南	23.57	1 597.2	67 764.1	22.78	1 583.9	69 530.3
广东	15.89	1 366.8	86 016.4	15.01	1 306.6	87 048.6
海南	1.79	105.8	59 106.1	1.68	94.4	56 190.5
江西	1.36	61.2	45 000.0	1.34	60.7	45 298.5
贵州	1.02	61.3	60 098.0	0.91	53.6	58 901.1
四川	0.97	37.8	38 969.1	0.96	38.6	40 208.3
湖南	0.76	34.9	45 921.1	0.75	35.0	46 666.7
浙江	0.72	46.4	64 444.4	0.67	42.4	63 283.6
湖北	0.66	28.2	42 727.3	0.63	27.2	43 174.6

注：1. 数据引自 2020 年和 2021 年《中国统计年鉴》；2. 表中列出甘蔗播种面积高于 0.5 万 hm² 省份。

表 2-11 中国甜菜主要种植地区播种面积、产量和单产

地区	2020 年			2021 年		
	播种面积（万 hm²）	总产量（万 t）	每公顷产量（kg）	播种面积（万 hm²）	总产量（万 t）	每公顷产量（kg）
全国	21.30	1 198.4	56 262.9	14.10	785.1	55 680.9
内蒙古	12.58	620.2	49 300.5	7.61	362.0	47 569.0
新疆	6.23	462.2	74 189.4	4.76	346.5	72 794.1
河北	1.26	63.7	50 555.6	0.81	39.6	48 888.9
甘肃	0.35	22.4	64 000.0	0.26	15.9	61 153.8
黑龙江	0.31	14.1	45 483.9	0.34	16.0	47 058.8
江苏	0.26	1.9	7 307.7	0.25	1.8	7 200.0
辽宁	0.15	9.1	60 666.7	0.02	1.3	65 000.0
吉林	0.11	4.2	38 181.8	0.03	1.3	43 333.3

注：1. 数据引自 2020 年和 2021 年《中国统计年鉴》；2. 表中列出甜菜播种面积均高于 0.1 万 hm² 省份。

2.2.2.6 嗜好类作物

烟草是嗜好类作物中高利润价值的工业作物，是我国目前烟草主产区重要的经济作物。根据生态类型和种植区域，全国划分为西南烟区、东南烟区、长江中上游烟区、黄淮烟区和北方烟区，主要播种烟草的省份有云南、贵州、湖南、河南、四川、福建、湖北、

重庆、陕西、山东、江西等，其中云南省播种面积最大，总产量也最高（表2-12），2020年、2021年播种面积占全国总面积的40.0%、40.3%，总产量占全国总产量的39.5%、39.8%。烟草中主要以烤烟为主，其次为晒烟、香料和白肋烟。云南和贵州是烤烟生产大省，播种总面积占全国面积的54.5%，总产量占全国总产量的51.6%，河南烤烟总产量相对较高。

表 2-12　中国烟草主要种植地区播种面积、产量和单产

地区	2020 年			2021 年		
	播种面积（万 hm²）	总产量（万 t）	每公顷产量（kg）	播种面积（万 hm²）	总产量（万 t）	每公顷产量（kg）
全国	101.40	213.4	2 104.5	101.30	212.8	2 100.7
云南	40.86	84.3	2 063.1	40.86	84.7	2 072.9
贵州	13.31	22.5	1 690.5	13.68	23.2	1 695.9
湖南	8.69	18.5	2 128.9	8.76	18.6	2 123.3
河南	8.05	21.0	2 608.7	7.64	19.3	2 526.2
四川	7.36	16.2	2 201.1	7.26	16.1	2 217.6
福建	4.75	10.0	2 105.3	4.91	10.5	2 138.5
湖北	3.64	6.3	1 730.8	3.91	6.9	1 764.7
重庆	2.74	5.3	1 934.3	2.70	5.3	1 963.0
陕西	2.22	5.3	2 387.4	2.27	5.1	2 246.7
山东	1.82	4.7	2 582.4	1.80	4.7	2 611.1
江西	1.32	2.7	2 045.5	1.27	2.6	2 047.2

注：1. 数据引自2021年和2022年《中国统计年鉴》；2. 表中列出烟草播种面积高于1万hm²省份。

2.2.3　世界作物的分布与生产

作物种类繁多，分布遍及世界各地，但不同国家和地区栽培种植的作物种类及面积各不相同。据联合国粮食及农业组织（FAO）统计，1500多种栽培作物中，谷物作为人类食物主要来源的粮食作物，栽培面积最大，分布最广，占世界粮食作物总面积的2/3以上。统计数据显示（表2-13），2019年谷物中以小麦、玉米和水稻种植面积最大，其次是大麦和高粱。油料作物的种植面积仅次于谷物，其中以大豆、油菜、花生、油棕、向日葵等栽培为主。经济作物中以棉花和甘蔗为最多，薯类作物以马铃薯和木薯为主。

亚洲、非洲、南美洲和欧洲是世界作物的主要种植地区，2019年种植面积占世界总面积的84.2%，其中亚洲的作物种植面积最大，占世界作物种植总面积的43.6%，其次是非洲，占18.4%。

表 2-13　世界主要农作物的种植面积分布　　　　　　　　　　　　万 hm²

作物	世界总计	亚洲	欧洲	非洲	北美洲	南美洲	大洋洲
小麦	21 590.20	9 863.84	6 238.54	976.52	2 469.47	938.17	1 044.74
玉米	19 720.43	6 647.41	1 835.32	4 071.19	3 440.19	2 814.57	8.11
水稻	16 205.60	13 860.52	62.34	1 711.08	100.04	406.25	1.19
大豆	12 050.16	2 119.88	557.05	247.06	3 262.27	5 844.95	1.34
大麦	5 114.99	1 258.30	2.42	411.62	361.05	176.81	449.20
高粱	4 007.47	563.62	32.25	2 842.67	189.19	164.64	55.14
籽棉	3 864.06	2 627.87	0.06	490.90	477.72	215.66	30.35
油菜籽	3 403.09	1 370.31	879.72	11.53	909.64	19.57	212.03
谷子	3 165.39	1 054.77	45.74	2 042.26	18.82	0.22	3.58
花生	2 959.70	1 111.41	0	1 714.62	56.32	63.31	1.00
油棕	2 831.26	2 091.87	0	557.72	0	101.42	22.05
木薯	2 752.00	386.60	0	2 163.65	0	167.55	2.08
向日葵	2 736.88	319.00	1 930.12	220.89	53.24	212.25	1.10
甘蔗	2 677.70	1 096.15	—	158.06	36.96	1 160.24	47.50
马铃薯	1 734.10	929.81	469.63	176.38	51.97	91.47	4.33
豇豆	1 444.73	17.08	0.77	1 420.52	0.52	1.59	0
鹰嘴豆	1 371.90	1 198.94	55.49	42.62	31.93	7.03	26.30
芝麻	1 282.18	366.11	—	873.73	0	27.62	0
天然橡胶	1 233.91	1 103.73	—	99.65	0	17.33	0

注：数据源自 2021 年《FAO 统计年鉴》。

2.2.3.1　谷类作物

小麦喜冷凉湿润气候，是人类最主要的粮食作物，适应性较广，自南纬 45°的阿根廷至北纬 67°的挪威、芬兰等国均有小麦种植。全世界主要种植的作物中小麦种植面积最大，FAO 统计数据显示（表 2-14），2019 年小麦种植面积 21 590.2 万 hm²，总产量 76 577.0 万 t，主要分布于亚洲、欧洲和北美洲，这 3 个地区种植面积占世界小麦种植面积的 86.0%，产量占世界总产量的 89.9%；其中又以印度、中国、俄罗斯和美国分布为最多，占世界小麦种植面积的 44.3%，其次是亚洲的哈萨克斯坦和大洋洲的澳大利亚，二者占世界小麦种植面积的 10.1%，而产量仅占世界总产量的 3.7%。中国是小麦总产量最高的国家，2019 年为 13 360.1 万 t，占世界总产量的 17.4%。小麦单产最高为爱尔兰的 9 378.1 kg/hm²。世界小麦平均单产为 3 533.4 kg/hm²，中国的单产远高于世界平均水平。

表 2-14　世界及主要国家小麦、玉米分布生产情况(2019 年)

小麦				玉米			
国别地区	播种面积(万 hm²)	总产量(万 t)	每公顷产量(kg)	国别地区	播种面积(万 hm²)	总产量(万 t)	每公顷产量(kg)
世界	21 590.20	76 576.96	354.68	世界	19 720.43	114 848.73	582.38
亚洲	9 863.85	33 788.96	342.55	亚洲	6 647.41	36 834.66	554.12
中国	2 373.26	13 360.11	562.94	中国	4 130.97	26 095.77	631.71
印度	2 931.88	10 359.62	353.34	印度尼西亚	564.48	3 069.34	543.75
土耳其	683.19	1 900.00	278.11	巴基斯坦	141.32	723.63	512.03
巴基斯坦	867.77	2 434.90	280.59	非洲	4 071.19	8 189.13	201.15
伊朗	803.59	1 680.00	209.06	肯尼亚	219.61	389.70	177.45
哈萨克斯坦	1 141.39	1 129.66	98.97	埃塞俄比亚	227.43	963.57	423.68
非洲	976.52	2 692.12	275.68	马拉维	170.00	303.00	178.24
摩洛哥	250.60	402.53	160.63	马里	143.22	381.65	266.49
阿尔及利亚	197.50	387.69	196.30	尼日利亚	685.75	7.86	160.41
埃塞俄比亚	178.94	531.53	297.05	坦桑尼亚	342.86	565.20	164.85
埃及	141.09	900.00	637.89	刚果	276.27	213.90	77.42
欧洲	6 238.54	26 612.27	426.58	安哥拉	264.27	281.87	106.66
俄罗斯	2 755.86	7 445.27	270.16	莫桑比克	261.96	208.50	79.59
法国	524.43	4 060.50	774.28	喀麦隆	142.00	230.95	162.64
罗马尼亚	216.84	1 029.71	474.88	加纳	141.83	276.00	194.59
英国	181.60	1 622.50	893.45	欧洲	1 835.32	13 277.32	723.43
德国	311.81	2 306.26	739.64	意大利	902.71	2 771.51	307.02
乌克兰	682.53	2 837.03	415.66	乌克兰	498.69	3 588.01	719.49
波兰	251.13	1 080.75	430.35	俄罗斯	250.62	1 428.24	569.87
西班牙	192.01	604.12	314.63	法国	150.61	1 284.50	852.87
意大利	175.46	673.95	384.09	罗马尼亚	268.19	1 743.22	649.99
北美洲	2 469.47	8 460.55	342.61	北美洲	3 440.19	36 045.15	1 047.77
美国	1 503.91	5 225.76	347.48	美国	3 295.07	34 704.76	1 053.23
加拿大	965.56	3 234.79	335.02	墨西哥	669.04	2 722.82	406.97
南美洲	938.17	2 898.92	309.00	加拿大	145.12	1 340.39	923.64
阿根廷	605.10	1 945.97	321.60	南美洲	2 814.57	17 275.20	613.78
巴西	209.80	560.42	267.12	巴西	1 751.81	10 113.86	577.34
大洋洲	1 044.74	1 799.58	172.25	阿根廷	723.28	5 686.07	786.15
澳大利亚	1 040.23	1 759.76	169.17	巴拉圭	108.50	557.69	514.00

注：数据源自 2021 年《FAO 统计年鉴》。

玉米是全球产量最大、用途最广、市场活跃度最高的谷物品种。玉米主要分布于亚洲和非洲，占世界玉米种植面积的54.4%，其次是北美洲、南美洲和欧洲，大洋洲分布很少。中国玉米种植面积最大，占世界玉米种植面积的20.9%，其次为美国、巴西和意大利。中国玉米的总产量占世界玉米总产量的22.7%。美国玉米单产水平最高，达10 532 kg/hm^2，其总产量居于世界首位，占世界玉米总产量的30.2%。

水稻主要分布于亚洲的东南亚和南亚等降水较多且温度较高的热带和亚热带国家和地区，整个亚洲的水稻种植面积占世界种植面积的85.5%，其中以印度的种植面积最大，占世界水稻种植面积的27.0%，其次是中国，占世界总种植面积的18.5%。非洲和南美洲水稻种植面积在亚洲之后，北美洲、欧洲、大洋洲水稻的种植较少。

大麦种植面积和产量仅次于小麦、玉米和水稻，是重要的粮食作物之一。大麦用途很广，不仅是优质饲料也是酿造啤酒的重要原料，还可以作为部分地区的主粮及保健用品原料。大麦种植区域较广、适应性强，在世界150多个国家和地区均有种植。大麦主要分布于欧洲，其次是亚洲，再次是大洋洲、非洲、北美洲、南美洲。俄罗斯是大麦主产国，占世界总种植面积的16.7%，产量占世界总产量的12.9%。单产较高的国家有比利时、爱尔兰、智利、荷兰、瑞士、法国、英国和新西兰等，平均单产均在6.9 t/hm^{2}以上。

高粱具有抗旱、耐涝、耐盐碱、耐贫瘠、耐高温等多重抗逆性，在平原、山丘、盐碱地、涝洼地都可以种植，是干旱、半干旱地区农业生产中重要作物之一，素有"救命之谷""生命之谷"等美誉。高粱适应性广，是世界第五大粮食作物，主要分布于热带、亚热带和温带地区，非洲是高粱的主要种植区域，其次是亚洲、北美洲和南美洲。2019年非洲高粱的种植面积占世界种植面积的70.9%，产量占世界总产量的49.4%。

谷子，又称粟，起源于我国黄河流域，是我国古代的主要粮食作物，是世界上最古老的农作物之一。谷子剥掉谷壳的米粒叫"小米"，小米具有很高的营养价值，主要含有碳水化合物、蛋白质及氨基酸、脂肪及脂肪酸、维生素、矿物质等，小米蛋白是甲硫氨酸、异亮氨酸、亮氨酸、苯丙氨酸和其他必需氨基酸的丰富来源，必需氨基酸的含量占总氨基酸的44.7%。目前谷子主要分布于非洲和亚洲，尤其是西非和南亚地区。据FAO数据统计结果显示，2019年世界谷子总种植面积316.5万hm^2，总产量2837万t，非洲种植面积占世界总种植面积的64.5%，产量占世界总产量的48.3%，亚洲种植面积占世界总面积的33.3%，产量占世界总产量的48.0%。

2.2.3.2 薯类作物

薯类作物集中分布在亚洲和非洲，栽培面积较大的薯类主要以木薯和马铃薯为主。木薯是世界三大薯类之一，起源于热带亚马孙河流域的巴西。主要种植于南纬30°到北纬30°之间，海拔2 000 m以下、年平均气温18℃、无霜期8个月以上的热带和亚热带地区。木薯块根富含淀粉，木薯淀粉可作为糖类、酒精、调味料、酱料等食品以及各种化工、制药产品的原材料，也是重要的饲料作物。2019年全世界木薯种植面积达到2 752.0万hm^2，非洲、亚洲和南美洲是木薯主要产区，三大洲的木薯产量分别为19 650.4万t、7 861.4万t及2 611.8万t；木薯种植面积最大的是非洲，达2 163.6万hm^2，占世界种植面积的78.6%，产量也最高，占世界总产量的50.7%。

马铃薯对环境适应性较强，从赤道到南北纬40°、海拔4 000 m以下的地区均能种植，涵盖了除南极洲外的各大洲。主要分布在亚洲和欧洲，其次是非洲。2019年亚洲种植面积占世界种植面积的53.6%,欧洲占世界种植面积的27.1%。亚洲以中国和印度的种植面积最大,占世界种植面积的40.9%,产量最高,占世界总产量的38.4%。欧洲种植马铃薯的国家主要分布于东欧,如俄罗斯、乌克兰、波兰和白俄罗斯等。非洲种植马铃薯的国家主要是尼日利亚。美洲主要为美国、秘鲁和加拿大等国家。

2.2.3.3 油料作物

在世界范围内,主要油料作物有大豆、油菜、花生、棉籽、油棕和向日葵,这几种油料作物生产量之和约占世界油料总生产量的90%,其他油料作物的生产量相对较小。

大豆营养价值高,籽粒中蛋白质含量37%~48%,是仅次于鸡蛋的优质蛋白来源,脂肪含量16.3%~25%,富含不饱和脂肪酸,磷、钾、钙等矿物元素含量丰富,素有"豆中之王""田中之肉""绿色牛乳"等美称。目前大豆的主产地在南美洲地区。2019年南美洲大豆种植面积占世界种植面积的48.5%,产量占世界总产量的55.2%;其次是北美洲和亚洲,占世界种植面积的27.1%,产量占世界总产量的40.3%。

油菜主要分布于气候冷凉的国家和地区,亚洲、北美洲和欧洲分布较多。2019年亚洲油菜种植面积占世界种植面积的40.3%,北美洲占26.7%,欧洲占25.9%。其中北美洲的加拿大油菜种植面积最大,占世界总种植面积的24.4%,其次是亚洲的中国和印度,两国占世界总种植面积的37.3%。加拿大的油菜总产量位居世界首位,占世界总产量的26.4%,其次是中国、印度、法国等。

花生主要分布在非洲和亚洲,2019年非洲的种植面积占世界种植总面积的57.9%,亚洲占37.6%。印度是世界上花生种植面积最大的国家,占世界总面积的16.0%,其次是中国,占世界总面积的15.2%。2019年中国花生的总产量居于世界首位,占世界总产量的36.0%,其次是印度、尼日利亚、苏丹、美国和缅甸,这5个国家的花生产量占世界总产量的37.2%。

油棕,又称油棕榈,是一种热带木本油料作物,高4~10m,果实含油量很高,因其形状像椰子,又称它"油椰子"。其鲜果肉和果仁含油量46%~55%,平均每公顷年产油量高约4.27t,是花生的5~6倍、大豆的9~10倍,故有"世界油王"之称。油棕主要分布于亚洲,尤其是东南亚地区,2019年亚洲种植面积占世界总种植面积的73.9%,其次是非洲、南美洲和大洋洲。印度尼西亚是世界上油棕种植面积和产量最大的国家,2019年种植面积占世界总面积的51.8%,产量占世界总产量的59.8%。棕榈油是世界上生产量、贸易量和消费量最大的植物油品。

向日葵原产于北纬30°~52°的北美洲南部和西部的广大地区及秘鲁、墨西哥北部地区,后经人工驯化,形成了适应不同生态类型的栽培种,在世界范围内广泛种植,具有耐干旱、耐盐碱、耐瘠薄、适应性强的特点。主要分布于欧洲,其次是亚洲、非洲和南美洲。据FAO数据统计显示,2019年世界向日葵种植面积为2 736.9万hm^2,总产量为5 607.3万t,欧洲占世界总种植面积的70.9%,产量占世界总产量的75.8%。其中俄罗斯种植面积为841.5万hm^2,占世界总种植面积的30.7%,总产量为1 537.9万t,占世界总产量的27.4%,为种植面积最大的国家。其次是乌克兰的595.9万hm^2,占世界总种植面积的21.8%,总产量为1 525.4万t,占世界总产量的27.2%。

2.2.3.4 纤维作物

世界纤维作物主要有棉花、黄麻以及其他麻类作物,以棉花的生产为主。棉花是世界上分布最广的纤维作物,自南纬32°至北纬47°都有种植,但主要分布于亚洲地区。2019年亚洲棉花种植面积占全球总面积的68.0%;其次是非洲、北美洲和南美洲。2019年亚洲籽棉产量占世界总产量的65.3%,其中印度是棉花种植面积最大的国家,植棉面积达1 600万 hm^2,占世界总植棉面积的41.5%,其次是中国、美国、巴基斯坦、巴西和乌兹别克斯坦,这5个国家占世界总植棉面积的38.3%。从籽棉产量角度看,中国的籽棉产量位居世界之首,达到了2 350万 t,占世界总产量的28.5%。籽棉单产以澳大利亚的5 361.1 kg/hm^{2}为最高,其次是中国的4 881.2 kg/hm^2。

2.2.3.5 糖料作物

世界糖料作物以甘蔗和甜菜为主。制糖原料有2/3来自甘蔗,1/3来自甜菜。甘蔗喜温热,主要分布在北回归线以南的热带和亚热带地区,以南美洲和亚洲分布最广,其次是非洲、北美洲和大洋洲。2019年南美洲甘蔗种植面积占世界总种植面积的43.3%,亚洲占40.9%。其中以巴西的种植面积最大,占世界总面积的37.6%,其次是印度、泰国和中国,3个国家的种植面积占世界总面积的31.1%。巴西的甘蔗总产量位居世界第一,占世界总产量的38.6%,其次是印度、泰国、中国、巴基斯坦、墨西哥和哥伦比亚,这6个国家总产量占世界总产量的41.3%。秘鲁的甘蔗单产最高,达125.5 t/hm^2。巴西是世界燃料乙醇生产大国,每年大约50%的原料甘蔗用于生产燃料乙醇,因此,巴西调整甘蔗制糖和乙醇生产的比例会对国际食糖市场产生重大的影响。

甜菜是中温带地区的主要糖料作物,具有耐寒、耐旱、耐盐碱的特性,是抗逆性强、适应性广的作物,主要种植区分布在欧洲、亚洲及北美洲一些国家。2019年世界甜菜总种植面积为460.9万 hm^2,总产量为27 848.8万 t,其中欧洲种植面积占世界总种植面积的68.7%,总产量占世界总产量的69.8%。俄罗斯的甜菜种植面积为113.3万 hm^2,占世界甜菜总种植面积的24.6%;总产量为5 435.0万 t,占世界总产量的19.5%,种植面积和总产量均位居世界首位。甜菜单产最高的国家为智利,达到101.7 t/hm^2。

本章小结

本章介绍了作物的概念、作物的分类方法,介绍了人类文明史上作物的起源和进化,作物的传播以及在世界各地的分布情况;重点介绍了中国作物的分布与生产、世界作物的分布与生产状况。

经典案例

'豫综5号'和'黄金群'优异玉米种质的创制与利用

针对玉米种质资源狭窄、育种方法单一、品种同质化严重等制约我国玉米生产发展的核心问题,河南农业大学发掘利用地方特异种质,引进消化国外优异种质,建立了杂种优势利用新模式,创建了玉米育种核心种质和杂交育种与种质创新紧密结合的新技术,培育和推广了高产优质多抗玉米新品种。其主要技术成果是:

(1)创制了'豫综5号'和'黄金群'两个优异玉米新种质,建立了杂优利用新模式。用美国Reid和Lancaster两大优势群的16个自交系构建'豫综5号'群体,用我国两大地方种质'唐四平头'12个自交系和'金皇后'构建'黄金群',经过4~5轮的轮回选择,促进了优异基因聚合,获得了平均每轮产量6.3%和3.8%的遗传进展,一般配合力效应值分别从-11.6和-8.6增长到9.8和6.9,抗7种主要病虫害。创制的种质具有高产优质、广适多抗、宽基础、富变异、强优势的特点。配合力测定和育种应用证明,

'豫综5号'和'黄金群'构成了一对杂优新模式,形成了具有中国特色自主创新的核心种质,丰富了我国玉米种质基础和杂优利用模式。

(2)创建了开放式"S1+半姊妹复合轮回选择"与分子评价的群体改良育种综合技术体系,解决了群体改良研究与应用的三个技术难题。首次提出S1法结合半姊妹复合选择技术,将群体改良与选系过程融为一体,3个季节完成1轮群体改良时获得S3选系;建立的杂优群内开放的遗传扩增技术,有效提高了改良群体的遗传变异;创建了基于优化的SSR分子标记与9个混合样品池的群体遗传分析技术,提高了群体遗传多样性研究评价的效率和准确性。集成的"四位一体"与分子评价的综合群体改良育种技术体系,解决了农艺性状与配合力难以同步改良、轮回选择与选系过程难以结合和群体遗传变异下降快三个技术难题。

(3)创制了一批高产优质多抗的优异种质,对玉米生产及遗传研究发挥了重要作用。从创新种质中选育出18个自交系,培育出通过7省(自治区)审定的15个品种。审定品种在区试和生产试验中比对照平均增产8.3%,高淀粉品种(75.1%~77.6%)5个,高蛋白品种(11.3%~12.2%)2个,耐旱品种(指数1.4)和高抗品种(接种鉴定7种病虫害均达高抗或抗)2个,用选自'豫综5号'的紧凑型自交系'豫82'为材料,揭示了玉米叶夹角形成的分子机制,研制了一套株型分子标记辅助选择育种技术,获得国家发明专利。

本项目经过32年群体改良的持续研究,创造了集合地方特异种质和外来优异种质的一对群体和新的杂优模式,创建了一套种质创新与杂交育种紧密结合的育种新技术,为我国玉米或其他作物采用群体改良的方法创造优异种质、拓宽育种遗传基础提供了新方法和新途径,实现了玉米育种源头的材料创新。

思考题

1. 作物的概念。
2. 作物的分类方法有哪几种?
3. 作物起源的基因中心包括哪几个,作物传播的途径主要有哪些?
4. 我国大面积栽培的作物主要有哪些?

参考文献

梅家训,王耀文,1997. 农作物高产高效栽培[M]. 北京:中国农业出版社.

曹卫星,2001. 作物学通论[M]. 北京:高等教育出版社.

董钻,王术,2010. 作物栽培学总论[M]. 2版. 北京:中国农业出版社.

曹永生,张贤珍,白建军,等,1999. 中国主要粮食作物野生种质资源地理分布[J]. 作物学报,25(4):424-432.

万能涵,杨晓光,刘志娟,等,2018. 气候变化背景下中国主要作物农业气象灾害时空分布特征(Ⅲ):华北地区夏玉米干旱[J]. 中国农业气象,39(4):209-219.

檀竹平,高雪萍,2018. 1997—2016年中国小麦种植区域比较优势及空间分布[J]. 河南农业大学学报,52(5):825-838.

许晖,2023. 植物在丝绸的路上穿行[M]. 桂林:广西师范大学出版社.

第 3 章　作物生物学特性

不同作物有着独特的生长发育进程。掌握作物生长、发育的概念以及生育时期的划分，理解作物不同器官的生长发育规律，了解作物不同器官生长发育进程中的关系，有助于认识不同作物的生物学特性，在实际生产上因地制宜采取措施，调控作物生长发育进程，协调不同器官之间的关系，取得更多有经济价值的农产品。

3.1　作物的生育进程

3.1.1　作物生长发育概念及进程

3.1.1.1　概念

（1）生长

生长是指作物个体、器官、组织和细胞在体积、重量和数量上的增加，是一个不可逆的量变过程。它是通过细胞分裂和伸长来完成的，其中，根、茎、叶器官的生长称为营养生长，花、果、种子器官的生长称为生殖生长。

（2）发育

作物的发育是指作物细胞、组织和器官的分化形成过程，也就是作物发生形态、结构和功能上质的变化，它的表现是细胞、组织和器官的分化，最终导致植株根、茎、叶、花、果实、种子的形成，通常难以用单位进行度量。有时这种过程是可逆的，如幼穗分化、花芽分化、维管束发育、分蘖芽的产生、气孔发育等。

（3）生长与发育的关系

作物的生活周期中，生长和发育是交织在一起的，而且遵循一定的规律。生长是发育的基础，没有生长便没有发育，没有发育也不会有进一步的生长，因此生长和发育是交替推进的。种子的萌发、叶片的增大、茎秆的伸长等为发育准备了物质条件，作物必须经过一定时间的生长，或生长到一定阶段后，才进行相应的发育。作物某些器官的生长和分化往往要通过一定的发育阶段后才能开始，例如花芽的分化、胚的分化等。

3.1.1.2　作物生长的一般进程

（1）"S"形生长进程

作物器官、个体、群体的生长通常是以大小、数量、重量来度量的。这种生长随时间的延长而变化的关系，在坐标图上可用曲线表示，称为生长曲线。作物植株个体或器官的

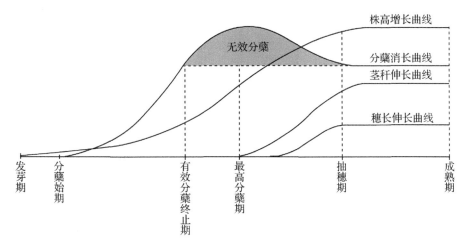

图 3-1 作物"S"形生长曲线(王荣栋和尹经章,2005)

生长过程、群体的建成及产量的形成过程均呈现出前期较慢、中期加快、后期又慢以至停滞衰落的过程。这一过程可用"S"形生长曲线来描述(图 3-1)。

"S"形生长曲线从作物种子萌发至新种子成熟可划分为：①初始期，也称指数增长期。作物生长初期，群体叶面积小，干物质生产少，而且新长出的器官还需消耗大量养分，所以生长缓慢，呈指数增长；②快速增长期，也称直线增长期。这一时期由于植株变大，叶面积增加，干物质积累加快，呈直线增长趋势；③缓慢停止期。随着叶片变黄衰老，机能衰退，以及同化产物向生殖器官转移调运，群体生长速度减慢，到成熟期，生长进入停止状态，干物质积累停止。

(2)"S"形生长进程的应用

作物群体、个体、器官、组织乃至细胞的生长发育过程，都符合"S"形生长曲线，这是客观规律。如果在某一阶段偏离了"S"形生长曲线的轨迹，或未达到，或超越，都会影响作物的生育进程和速度，最终影响产量。因此，作物生育过程中应密切注视苗情，使之达到该期应有的长势长相，向高产方向发展。"S"形生长曲线也可作为检验作物生长发育进程是否正常的依据之一。

各种促进或抑制作物生长的措施，都应在作物生长发育最快速度到来之前应用。例如，用矮壮素控制小麦拔节，应在基部节间尚未伸长前施用，如果基部节间已经伸长，再施矮壮素，就达不到控制该节间伸长的效果。水稻晒田可使基部 1~2 节间矮壮，若晒田推迟，不但达不到这一目的，反而可能影响穗的分化。

同一作物的不同器官，"S"形生长周期不同，生育速度各异，在控制某一器官生育的同时，应注意这项措施对其他器官的影响。例如，拔节前对稻麦施速效性氮肥，虽然能促进早、中稻的穗形大小或稻麦的小花分化，但也会促使基部 1~2 个节间的伸长，易引起后期植株倒伏。

作物生育是不可逆的过程，所以出苗到成熟的整个过程中，都应密切关注各时期的生长动态，注意各个同步生育的器官，协调它们之间的关系，达到各时期应有的长势和长相。

3.1.2 作物生育期

3.1.2.1 作物生育期

作物从出苗到成熟之间的总天数，即作物的一生，称为作物的生育期(以天为单位)。作物生育期的计算方法是从籽实出苗到作物成熟的天数。作物从播种到收获的整个生长发育所需时间为作物的大田生育期。根据收获对象的不同，有以下几种情况：

①一般以籽实为播种材料又以新的籽实为收获对象的作物，其生育期是指籽实播种后从出苗开始到成熟所经历的总天数。例如，小麦、水稻、玉米等。

②以营养体为收获对象的作物，例如，麻类、薯类、牧草、绿肥、甘蔗、甜菜、烟草等，是指播种材料出苗到主产品收获适期的总天数。烟草的生育期是从出苗到"工艺成熟"之间的天数。

③需要育秧或育苗移栽的作物，例如，水稻、甘薯、烟草等，通常还将其生育期分为秧田(苗床)期和大田期。秧田(苗床)期是指出苗到移栽的天数，大田期是指移栽到成熟的天数。

④棉花具有无限生长习性，一般将播种出苗至开始吐絮的天数为生育期，而将播种到全田收获完毕的天数称为大田生育期。

3.1.2.2 作物生育期长短

①不同作物生育期长短不同。例如，冬小麦 240~270 d，水稻 110~160 d，玉米 80~150 d 等。

②同一作物不同类型和不同品种生育期长短也不同。例如，春小麦为 100~150 d，冬小麦为 240~270 d；水稻早熟品种小于 110 d，中熟品种 110~130 d，晚熟品种要大于 130 d；春播玉米为 110~150 d，夏播玉米为 80~110 d 等。

③同一品种在不同环境条件下生育期长短也不同。例如，中熟玉米品种在山西大同生育期为 110 d 左右，在山西运城则为 100 d 左右。

3.1.2.3 影响作物生育期长短的因素

作物生育期长短不同，主要是由作物遗传性和所处的环境条件决定的。

①基因型对生育期的影响。基因型不同导致不同作物、同一作物不同类型及不同品种的生育期长短不同。例如，北京地区冬小麦生育期为 250 d 左右，而夏玉米只有 100 d 春小麦生育期仅 100 d 左右。同为冬小麦(或冬油菜等)又有早熟品种、中熟品种和晚熟品种之分。

②环境条件对生育期的影响。不同环境条件下同一品种的生育期会发生变化。温度和日照长度变化引起生育期变化。例如，水稻、玉米、大豆等喜温短日照作物，从南方向北方引种时，由于纬度增高，温度较低，日长较长，其生育期延长；相反，从北方向南方引种时，由于纬度降低，日长较短，温度较高，生育期缩短。

同一作物生育期长短的变化，主要是营养生长期长短的变化，而生殖生长期长短变化较小。

3.1.3 作物的生育时期

作物一生中，受遗传因素和环境因素的影响，其外部形态特征和内部生理特性上，都会发生一系列变化。生育时期是指作物一生中植株外部形态呈现显著变化的若干时期。依此显著变化可将每种作物划分为若干个生育时期。几种主要作物通用的生育时期划分如下：

冬小麦：划分为出苗期、分蘖期、越冬期、返青期、拔节期、孕穗期（挑旗）、抽穗期、开花期、灌浆期、成熟期。

水稻：划分为幼苗期、插秧期、返青期、分蘖期、穗分化期、拔节期、孕穗期、抽穗开花期、乳熟期、蜡熟期、黄熟期、完熟期。

玉米：划分为出苗期、拔节期、大喇叭口期、抽雄期、开花期、吐丝期、成熟期。

豆类：划分为出苗期、分枝期、现蕾期、开花期、结荚期、鼓粒期、成熟期。

花生：划分为苗期、开花下针期（始花至幼果膨大）、结荚期（幼果开始膨大至大部分荚果形成）和饱果成熟期（出现饱果至大部分荚果饱满成熟）。

棉花：划分为出苗期、现蕾期、花铃期、吐絮期。

油菜：划分为出苗期、现蕾抽薹期、开花期、成熟期。

马铃薯：划分为芽条生长期、苗期（团棵期）、块茎形成期（发棵期）、块茎增长期（结薯期）、淀粉积累期、成熟收获期。

烟草：划分为苗床期（出苗期、十字期、生根期和成苗期）、缓苗期（从移栽到成活）、伸根期（从成活到团棵）、旺长期（从团棵到现蕾）和成熟期（从现蕾到烟叶采收结束）。

目前对作物的生育时期的含义有两种解释，一种是把各生育时期视为作物全田出现形态显著变化的植株达到规定百分率的日期，如出苗期是指全田出苗的植株达到50%的那一天；另一种是把每个生育时期看成出现显著形态变化后持续的一段时期，并以该时期开始到下一生育时期开始的前一天为止之间的天数计算，例如分蘖期，是指从分蘖开始的那一天起至拔节期开始前一天止之间的天数。

3.1.4 作物物候期

作物生育时期是根据其起止的物候期确定的。所谓物候期是指作物生长发育在一定外界条件下所表现出的形态特征，人为制定一个具体的标准，以便科学把握作物的生育进程。以水稻、小麦、棉花、大豆单个植株的物候期为例加以说明：

(1) 水稻

出苗：不完全叶突破芽鞘，叶色转绿。

分蘖：第一个分蘖露出叶鞘 1 cm。

拔节：植株基部第一节间伸长，早稻达 1 cm，晚稻达 2 cm。

孕穗：剑叶叶枕全部露出下一叶叶枕。

抽穗：稻穗穗顶露出剑叶叶鞘 1 cm。

乳熟：稻穗中部籽粒内容物充满颖壳，呈乳浆状，手压开始有硬物感。

蜡熟：稻穗中部籽粒内容物浓黏，手压有坚硬感，无乳状物出现。

成熟：谷粒变黄，米质变硬。

(2) 小麦

出苗：第一片真叶出土 2~3 cm。

分蘖：第一个分蘖露出叶鞘 1 cm。

拔节：第一伸长节间露出地面约 2 cm。
抽穗：麦穗顶部(不包括芒)露出叶鞘。
开花：雄蕊花药露出。
乳熟：胚乳内主要为乳白色液体。
蜡熟：胚乳内呈蜡状，粒重达到最大值。
完熟：籽粒失水变硬。

(3) 棉花

出苗：子叶展开。
现蕾：第一朵花蕾的苞叶达 3 cm。
开花：第一果枝第一蕾开花。
吐絮：有一铃露絮。

(4) 大豆

出苗：子叶出土。
分枝：第一个分枝出现。
开花：第一朵花开放。
结荚：幼荚长度 2 cm 以上。
鼓粒：豆荚放扁，籽粒较明显凸起。
成熟：豆荚呈固有颜色，用手压有裂荚，或摇动植株有响声。

对于群体物候期的判断标准是：当 10% 左右的植株达到某一物候期的标准时称为这一物候期的始期，50% 以上植株达到标准时称为这一物候期的盛期。

3.2 作物器官发育与进程

3.2.1 作物的根

根的主要功能是吸收、输导、支持、合成和贮藏。

3.2.1.1 根的类型

作物的根系由初生根、次生根和不定根生长演变而成。作物的根系可分为两类：一类是须根系，如单子叶作物的根；另一类是直根系，如双子叶作物的根(图 3-2)。

(1) 须根系

单子叶作物如禾谷类作物的根系属于须根系。它由种子根(初生根或胚根)和茎节上发生的次生根(不定根、节根、永久根)组成。种子萌发时，先长出 1 条初生根，有的可长出 3~7 条侧根。随着幼苗生长，基部茎节上长出次生根，次生根是从地下接近土表的茎节上发生的，所以叫节根；

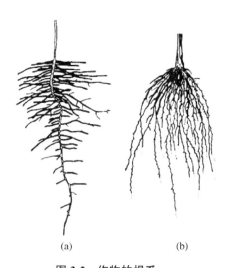

图 3-2 作物的根系
(a) 棉花的直根系 (b) 小麦的须根系

因为其数目不定，所以又叫不定根；由于其功能期比较长，又叫永久根。节根的出生顺序是自芽鞘节开始，渐次由下位节移向上位节，节根在茎节上呈轮生状态。当拔节以后，多数作物的茎节不再生出节根，但有些作物如玉米、高粱、谷子则在近地面茎节上常发生一轮或数轮较粗的节根，称为支持根，又叫气生根，这些根入土后，对植株抗倒伏和吸收水分、养分都有一定作用，还具有合成氨基酸的作用。由于气生根长在地面以上，故又称为地上节根，处于地面以下的节根叫地下节根。所有根系整个形状如胡须状，故称为须根系。

(2) 直根系

双子叶作物如豆类、棉花、麻类、油菜等的根系属直根系。它由1条发达的主根和各级侧(支)根构成。主根由胚根不断伸长形成，逐步分化长出侧根，主根较发达，侧根逐级变细，形成直根系。

3.2.1.2 根的生长

禾谷类作物根系随着分蘖的增加根量不断增加，并且横向生长显著。拔节以后转向纵深伸展，到孕穗或抽穗期根量达最大值，后逐步下降。根入土较深，水稻可达50~60 cm，小麦可达100 cm。小麦根系主要分布在0~20 cm耕层土壤中，占总根量的70%~80%，20~40 cm的土层中占10%~15%。水稻根系主要分布在0~20 cm土层，约占总根量的90%，20 cm以下仅占10%左右。

双子叶作物棉花、大豆等的根系也是逐步形成的，苗期生长较慢，现蕾后逐渐加快，至开花期根量达最大值，后又变慢。棉花根系入土深度80~200 cm，约80%的根量分布在0~40 cm土层中。大豆根系入土深度可达100 cm，但90%的根系分布在0~20 cm土层。

一般0~30 cm耕层根系分布最多，作物所吸收的养分和水分主要来自这一土层。

3.2.1.3 作物根系的深度类型

根系的深浅因作物而异，主要取决于遗传因素，也受环境条件的影响。按作物根系的深浅可分为3种类型：

①浅根系作物。根系深度1 m左右，如水稻、荞麦、大麻、亚麻、大豆等。

②深根系作物。根系深度2 m以上，如向日葵、甜菜、玉米、棉花等。

③中间类型。根系深度约1.5 m，如马铃薯、豌豆、麦类等。

3.2.1.4 根生长的几种趋性

①趋水性。根系入土深浅与土壤水分有很大关系。水田中水稻根系扎得较浅，而旱地作物根系较深。适度的表层土壤干旱，有利于根系下扎。当然土壤极度干旱或土壤淹涝，都不利于根系的生长。为了后期生长健壮，苗期要适当控制水分供应，促使根系向纵深发展。

②趋肥性。肥料集中的土层中一般根系比较密集。生产上强调深施肥，不仅可以提高肥料利用率，还可促进根系下扎。

③向氧性。根系具有向氧性，所以要求耕层土壤通气性要好，这是根系生长的必要条件。生产上经常中耕，使土壤疏松通气，是促根的常用措施之一。

生产上根据作物根的以上3个特性，采用不灌水、不施肥、勤中耕来控上促下实现"蹲苗"。

3.2.1.5 影响根生长的条件

①土壤阻力。根系生长受到阻力后,其长度和延长区减小、变粗,根的构造也发生变化,如维管束变小、表皮细胞数目和大小也发生改变、皮层细胞增大、数目增多。土壤耕作层比较疏松则有利于根系生长。

②土壤水分。土壤水分过少时,根系生长慢,同时根系木栓化,降低吸水能力;水分过多时,因土壤通气不良,导致根系短且侧根增多。

③土壤温度。根系生长的土壤最适温度一般为 20~30℃,温度过高或过低,根系吸水减少,生长缓慢甚至停滞。

④土壤养分。作物根系有趋肥性,在肥料集中的土层中,一般根系比较密集,施用磷钾肥能促进根系生长。

⑤土壤氧气。作物根系有向氧性,因此土壤通气性良好是根系生长的必要条件。

3.2.2 作物的茎、芽、分蘖与分支

茎的主要功能是支持和运输,其次也有贮藏和繁殖的功能。

3.2.2.1 茎的基本形态

一般作物的茎多为圆柱形,也有三棱形和四棱形。禾谷类作物的茎多数为圆形中空,如水稻、小麦等;但玉米、高粱、甘蔗的茎被髓所充满而成实心。双子叶作物的茎一般为圆形实心,但油菜中上部的茎以及芝麻的茎有棱。

茎上着生叶和芽的位置叫节,两节之间的部分为节间。各种作物茎的节间长短不一。禾谷类作物基部茎节的节间极短,密集于近地表处,称为分蘖节。油菜基部茎节也紧缩在一起,称为缩茎段。

3.2.2.2 芽的类型及构造

芽是幼态未伸展的枝、花或花序。按芽在茎上发生的位置不同可分为顶芽和腋芽。顶芽生于主干或侧枝顶端;腋芽生于叶腋处,也称为侧芽。顶芽和腋芽均为定芽。生长在茎的节间、老茎、根或叶上但没有固定位置的芽,称为不定芽,可用于营养繁殖。按芽所形成的器官不同可分为叶芽、花芽和混合芽。叶芽形成茎、枝和叶,花芽形成花或花序。按芽的生理状态又可分为活动芽和休眠芽。活动芽在当年可形成新枝、新叶、花和花序,一般一年生草本作物的芽都是活动芽。休眠芽为长期保持休眠状态而不萌发的芽。

3.2.2.3 茎的生长习性和分枝

一般垂直向上生长的直立茎是茎的普通形式。有些作物的茎为适应外界环境而产生变化,如丝瓜、葡萄、豌豆等为攀缘茎。牵牛、紫藤等植物的茎本身缠绕于其他支柱物上,成为缠绕茎。还有些作物的茎是平卧在地面上蔓延生长的匍匐茎,如草莓、甘薯等。

禾谷类作物茎的生长除了顶端生长外,每个节间基部的居间分生组织的细胞也进行分裂和伸长,使每个节间伸长而逐渐长高。双子叶作物茎的生长主要靠茎顶端分生组织的细胞分裂和伸长,使节数增加,节间伸长,植株长高。

分枝是植物茎生长时普遍存在的现象,每种植物有一定的分枝方式,种子植物常见的分枝方式有单轴分枝和合轴分枝两种。分枝由主茎叶腋的腋芽萌生而成。

双子叶作物主茎每个叶腋的腋芽都可长成分枝,一般称为第一次分枝,从第一次分枝上长出第二次分枝,依次还可长出第三次、第四次分枝。油菜、棉花、花生、豆类的分枝

性很强，分枝的多少对其单株产量影响很大。一般情况下，油菜第一次分枝角果数约占全株角果数的70%；花生第一对侧枝和第二对侧枝上的结果数占全株总果数的70%~80%。棉花主茎的下部5~7节分枝一般为单轴型的叶枝，不能直接结铃；主茎中上部的分枝一般为多轴型的果枝。不同作物形成分枝的能力及其利用价值各异，如棉花和留种用的红麻、黄麻、亚麻需要萌生较多而茁壮的分枝以提高产量，而纤维用红麻、苎麻、亚麻在栽培上则要抑制分枝发生。

分蘖是禾本科作物(如小麦、水稻等)特殊的分枝方式，是从靠近地面的茎基部产生的分枝，并在其基部产生不定根，它的分枝集中发生在接近地面或地面以下的茎节上，即分蘖节(图3-3)。分蘖节包括了几个节和节间，节与节间密集在一起，里面贮有丰富的有机养料，能在此产生腋芽和不定根。由腋芽形成的分枝称为分蘖，分蘖上又可以产生新的分蘖。节数因作物品种类型而异。冬性类型作物的节数多，春性类型作物的节数少；同一类型中早播品种比晚播种的多。分蘖节对秋播麦类幼苗顺利越冬有着重要作用。

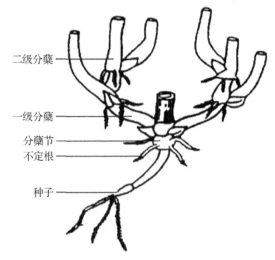

图3-3 禾本科植物的分蘖图解
(许嘉璐，彭奕欣，1990)

分蘖节上发生分蘖的顺序是自下而上逐个进行。由主茎上直接发生的分蘖叫一级分蘖，从一级分蘖上发生的分蘖叫二级分蘖(图3-3)。在环境适宜的条件下可达5~6级分蘖。每个节上的分蘖能否按时发生，视当时条件而定。干旱、低温或土壤通气不良，均抑制分蘖的发生；若以后条件得到改善，其上位分蘖可以继续发生，而被抑制的分蘖则不再发生，称为分蘖的"缺位"现象。

禾谷类作物出苗后，长出3~5片叶时，开始发生分蘖。随着生育的进展，分蘖数愈来愈多，约在拔节期达到顶峰。此后，因受生育时期和营养物质分配的限制，导致小分蘖逐个衰亡，大分蘖迅速生长，即发生分蘖的两极分化现象。凡能够抽穗结实的分蘖称为"有效分蘖"，凡不能抽穗或抽穗后不能完全成熟的分蘖称为"无效分蘖"。

根据分蘖发生的形式，可分为3种类型：
①密蘖型。地下或近地面茎的节间极短，每节上发生的分蘖间距甚近，呈密集状态。
②疏蘖型。地下茎的节间伸长，每节上生出分蘖的间距较远，分蘖呈疏散状态。
③合轴分枝型。地下茎为假轴生长，发生的分蘖以合轴分枝的形式进行，如具有地下茎的多年生禾本科作物。

一个单株产生分蘖多少的能力称为"分蘖力"。而分蘖中的有效分蘖所占的比率称为"分蘖成穗率"。分蘖力是作物品种的遗传特性之一，冬性品种的分蘖力较强，春性品种较弱。但也受环境条件和栽培措施影响，同一冬性品种，在冬前早播者分蘖多，晚播者分蘖少；栽培条件不良如缺水、播种过深、单株营养面积过小、肥料不足都有可能使分蘖减少。稀播、培肥地力及前期施用水肥等都是提高分蘖成穗率的途径。

农业生产上分蘖和产量有直接关系，如分蘖数目过少，则产量降低；若分蘖数目过多，则后期分蘖为无效分蘖，收获时穗成熟较迟，易引起病害，反而影响粮食的品质。适当的分蘖可以提高作物产量。分蘖的多少与施肥有关，适当施肥，争取植株初期生长快，分蘖多，对于增产有重大意义。分蘖的多少与以下几个因素有关：

①种植密度。合理或较稀的种植密度，有利于作物主茎的生长。对于分枝（或分蘖）的作物，种植密度影响分枝（或分蘖）的形成。一般苗稀、单株营养面积大、光照充足，植株分枝或分蘖力强；反之，苗密则分枝力或分蘖力弱。生产上为实现高产优质，作物应做到合理密植。

②施肥。施足基肥、苗肥，增加土壤氮素营养，可以促进主茎和分枝（分蘖）的生长。如氮磷钾施用比例得当，则更有利于主茎和分枝（分蘖）的生长。但氮肥过多，碳氮比例失调，对茎枝（分蘖）生长不利。

③选用矮秆和茎秆机械组织发达的品种。矮秆品种或茎秆机械组织发达的品种抗倒性好，有利于实现增产丰收。此外，矮秆品种适于密植，经济系数较高，对稻、麦等增产有利。

3.2.2.4 茎的变态

（1）地上茎的变态

地上茎的变态包括叶状枝（如芦笋的拟叶）、茎卷须（如黄瓜、南瓜、葡萄）、枝刺（如皂荚、山楂）、肉质茎（如莴苣）。

（2）地下茎的变态

地下茎的变态比较常见，包括：

①根状茎。匍匐生长在土壤中，有顶芽和明显的节与节间，节上有退化的鳞片状叶，叶腋有腋芽，可发育出地下茎的分枝或地上茎，有繁殖作用，节上有不定根，如芦苇、苎麻的根状茎。

②块茎。是作物基部腋芽伸入地下形成的分枝，一定长度后先端膨大形成，如马铃薯、菊芋等。块茎有顶芽和缩短的节和节间，叶退化为鳞片状叶，脱落后留下条形或月牙形的叶痕，叶痕内侧为凹陷的芽眼，其中有腋芽一至多个，叶痕和芽眼规则排列，相当于节的位置。

③球茎。为球形或扁球形的地下茎，短而肥大，节和节间明显，节上有退化的鳞片状叶和腋芽，顶端有一个显著的顶芽，茎内贮藏着大量的营养物质，有繁殖作用，如荸荠、芋等。

④鳞茎。为扁平或圆盘状的地下茎，节间极度缩短，顶端一个顶芽，称为鳞茎盘。鳞茎盘的节上生长有肉质化的鳞片状叶，叶腋可生腋芽，如洋葱、水仙、百合和大蒜等。

3.2.3 作物的叶

作物叶的主要功能是光合作用、蒸腾作用以及一定的吸收作用，少数作物的叶还具有繁殖功能。

3.2.3.1 叶的分类

作物的叶根据其来源和着生部位的不同，可分为子叶和真叶。子叶是胚的组成部分，着生在胚轴上。真叶简称叶，着生在主茎和分枝（分蘖）的各节上。

(1) 单子叶作物的叶

单子叶作物的叶(真叶)为单叶,一般包括叶片、叶鞘、叶耳和叶舌4部分,具有叶片和叶鞘的为完全叶,缺少叶片的为不完全叶,如水稻的第一叶为鞘叶。

(2) 双子叶作物的叶

双子叶作物有两片子叶,内含丰富的营养物质,供种子发芽和幼苗生长之用。其真叶多数由叶片、叶柄和托叶3部分组成,称为完全叶,如棉花、大豆、花生等;但有些双子叶作物缺少托叶,如甘薯、油菜等;有些缺少叶柄,如烟草等。很多双子叶作物为单叶,即一个叶柄上只着生一片叶,如棉花、甘薯等;有的在一个叶柄上着生两个或两个以上完全独立的小叶片,即为复叶。复叶又分为三出复叶,如大豆;羽状复叶,如花生;掌状复叶,如大麻。有的作物植株不同部位的叶片形状有很大的变化,如红麻基部叶为卵圆形不分裂,中部着生3、5、7裂掌状叶,越往上分裂又减少,顶部叶为披针状。

3.2.3.2 叶的生长

叶(真叶)起源于茎尖基部的叶原基。在茎尖分化成生殖器官之前,可不断地分化出叶原基,因此茎尖周围通常包围着大小不同、发育程度不同的多个叶原基和幼叶。主茎或分枝(分蘖)叶片数目的多少与茎节数有关,取决于作物种类、品种的遗传性,也受环境因素的影响。

从叶原基长成叶,需要经过顶端生长、边缘生长和居间生长3个阶段。顶端生长使叶原基伸长,变为锥形的叶轴。叶轴就是未分化的叶柄和叶片;具有托叶的作物,其叶原基部的细胞迅速分裂生长,分化为托叶,包围叶轴。当顶端生长停止后,分化出叶柄。经过边缘生长形成叶的雏形后,从叶尖开始向基性的居间生长,使叶不断长大直至成熟。禾谷类作物的叶片在进行边缘生长的过程中,形成环抱茎的叶鞘和扁平的叶片两部分,其连接处分化形成叶耳和叶舌。然后通过快速的居间生长,使叶片和叶鞘不断伸长直至成熟。作物的叶片平展后,即可进行光合作用,在叶片生长定型后不久达到高峰,后因叶片年龄老化而逐渐衰老,然后脱落或枯死。

叶片的光合产物除一部分用于本身的呼吸和生理代谢消耗外,大部分向植株其他器官输出。叶从开始输出光合产物到失去输出能力所持续时间的长短,称为叶的功能期。禾谷类作物叶片的功能期一般为叶片定长到1/2叶片变黄所持续的天数;双子叶作物则为叶平展至全叶1/2变黄所持续的天数。叶片功能期的长短因作物种类、叶位及栽培条件而不同。

3.2.3.3 影响叶生长的因素

叶的分化、出现和伸展受温、光、水、矿质营养等多种因素的影响。

①温度。较高的气温对叶片长度和面积增长有利,而较低的气温则有利于叶片宽度和厚度的增长。

②光照。光照强,则叶片的宽度和厚度增加;而光照弱,则对叶片长度伸长有利。充足的光照有利于叶绿素的形成,叶片光合效率高。

③水分。充足的水分促进叶片生长,叶片大而薄;缺水使叶片生长受阻,叶片小而厚。

④矿质营养。矿质营养中氮能促进叶面积增大,但过量的氮又造成茎叶徒长,对产量形成不利。在生长前期磷能增加叶面积,而后期却会加速叶片的老化。钾对叶有双重作用,一是可促进叶面积增大,二是能延迟叶片老化。

3.2.4 作物的花

3.2.4.1 花序

(1) 禾谷类作物的花序

禾谷类作物的花序通称为穗。其中，小麦、大麦、黑麦为穗状花序；稻、高粱、糜子以及玉米的雄花序为圆锥花序；粟的穗也属圆锥花序，但由于小穗轴短缩，其外形像穗状花序。禾谷类作物幼穗分化开始较早，稻、麦作物一般在主茎拔节前后或同时，粟类作物则在主茎拔节伸长以后进行。幼穗分化完成期大致在孕穗以后或抽穗时。

(2) 双子叶作物的花序

棉花的花是单生的，豆类、花生、油菜属总状花序；烟草为圆锥或总状花序；甜菜为复总状花序。这些作物的花均由花梗、花托、花萼、花冠、雄蕊和雌蕊组成。双子叶作物花芽分化一般也较早，如棉花在2~3叶期即开始花芽分化。大豆无限结荚习性品种'黑农11'在第一复叶全展开，第二、第三复叶初露时，腋芽即开始花芽分化；有限结荚习性品种'太谷'黄豆，则在第七复叶出现时，第一朵花的花芽开始分化。南方冬油菜一般10多片叶时开始花芽分化。有的花生品种在主茎只有3片真叶时（出苗后3~4 d），第一花芽即开始分化。由于双子叶植物花器比较分散，花芽分化开始和结束时间各不相同。以上花芽分化开始日期是指第一个花芽开始分化时期。

3.2.4.2 开花

开花是指花朵张开，已成熟的雄蕊和雌蕊（或两者之一）暴露出来的现象。禾本科作物由于花的构造较为特殊，开花时，浆片（鳞片）吸水膨胀，内、外颖张开，花丝伸长，花药上升，散出花粉。各种作物开花都有一定的规律性，具有分枝（分蘖）习性的作物，通常是主茎花序先开花，然后是第一次分枝（分蘖）花序、第二次分枝（分蘖）花序依次开花。同一花序上的花，开放顺序因作物而不同；由下而上的有油菜、花生和无限结荚习性的大豆等；中部先开花，然后向上向下的有小麦、大麦、玉米和有限结荚习性的大豆等；由上而下的有稻、高粱等。

3.2.4.3 授粉与授粉方式

成熟的花粉粒借助外力的作用从雄蕊花药传到雌蕊柱头上的过程，称为授粉。作物授粉有3种方式：

①自花授粉，异交率0~5%。例如，小麦、大麦、水稻、大豆、豌豆、花生等。

②异花授粉，异交率50%以上。例如，玉米、蓖麻、白菜型油菜等。

③常异花授粉，异交率5%~50%。例如，棉花、高粱、蚕豆等。

3.2.4.4 受精

作物授粉后，雌雄性细胞即卵细胞和精子相互融合的过程称为受精。其大体过程是：花粉落在柱头上后，通过相互"识别"或选择，花粉粒开始在柱头上吸水、萌发，长出花粉管，穿过柱头，经花柱诱导组织向子房生长，把两个精子送位于子房内的胚囊，分别与胚囊中的卵细胞和中央细胞融合，形成受精卵和初生胚乳核，完成"双受精"过程。

3.2.4.5 影响花器官分化、开花授粉受精的外界条件

①营养条件。作物花器官分化需要足够营养，否则会引起幼穗和花器官的退化。但氮肥过多对花器官分化也不利，这是由于幼穗分化或花芽分化期正处于营养生长期，如果氮

肥过多，则营养生长过旺，从而影响幼穗分化或花芽分化。

②温度。幼穗分化或花芽分化期间要求一定温度，如水稻幼穗分化适宜温度为26~30℃，临界温度是15~18℃，温度过低引起枝梗退化和影响颖花形成，甚至引起不育。对于异花授粉作物，温度低除对开花不利外，还会影响昆虫的传粉活动。

③水分。小麦、水稻在幼穗分化阶段是需水最多时期，若遇干旱缺水将造成颖花败育，空壳率增加。

④天气。天气晴朗，有微风，有利于作物开花传粉和受精。如果遇阴雨天，雨水会洗去柱头分泌物，花粉吸水过多会膨胀破裂，对传粉不利。

3.2.5 作物的种子和果实

3.2.5.1 种子的概念

生产上的作物种子泛指用于繁殖下一代的播种材料，包括植物学上的3类器官：第一类是由胚珠受精后发育而成的种子，即植物学上的种子，如豆类、麻类、棉花、油菜、烟草等作物的种子。第二类是由子房发育而成的果实，如稻、麦、玉米、高粱、谷子等的颖果，荞麦和向日葵的瘦果，甜菜的聚合果等。第三类为无性繁殖用的根或茎，如甘薯的块根，马铃薯的块茎，甘蔗的茎节等。

3.2.5.2 种子的组成

作物的种子一般由种皮、胚和胚乳（有时不明显）3部分组成。按胚乳有无，分为以下几类：

①小麦、玉米、高粱等禾谷类作物的种子不仅有种皮、胚、胚乳，还有果皮包被着，种皮和果皮紧密相连不易分开；而水稻、大麦、谷子等甚至还包括果实以外的内外稃（壳）。胚乳是种子养分的贮藏场所。有胚乳的种子，一般内胚乳比较发达，如禾谷类作物。

②有胚乳的双子叶作物种子由胚、胚乳、种皮组成，如蓖麻、荞麦、黄麻、苘麻、烟草等。

③无胚乳的作物种子有胚（含子叶）、种皮，但没有胚乳，养分贮藏于胚内，尤其是子叶内，例如棉花、油菜、芝麻、甜菜、大麻、大豆、花生等作物。由于胚乳或子叶中贮藏养分多少关系到种子发芽和幼苗初期生长的强弱，所以选用粒大、饱满、整齐一致的种子，对保证全苗壮苗有重要意义。

3.2.5.3 作物种子萌发过程

(1) 有性繁殖作物种子的萌发

有性繁殖作物种子的萌发分为吸胀、萌动和发芽3个阶段。

①吸胀。首先种子吸收水分膨胀达饱和，为物理过程。

②萌动。贮藏物质中的淀粉、蛋白质和脂肪通过酶的活动，分别水解为可溶性糖、氨基酸、甘油及脂肪酸等，这些物质运输到胚的各个部分，作为种子萌发的结构物质和能量物质；继而在适宜的温度和通气条件下，胚根伸长突破种皮，露出白嫩的根尖，即完成萌动阶段。此过程为生物化学过程。

③发芽。胚继续生长，当禾谷类作物的胚根长至与种子等长，胚芽长到种子长度一半时，即达到发芽阶段。田间条件下，胚根长成幼苗的种子根或主根，胚芽则生长发育成

茎、叶等。此过程为生物学过程。

(2) 无性繁殖作物种子的萌发

①以块根繁殖的甘薯，依靠块根薄壁细胞分化形成的不定芽原基的生长发育，突破周皮而发芽。

②马铃薯、甘蔗、苎麻等的发芽，则是由茎节上的休眠芽，在适宜条件下伸长并长出幼叶。

这类根、茎萌发的共同点是：一般都可萌发2个以上的芽，形成一种多芽，以后又可分离成独立的植株；根、茎都具有顶端优势，即在块根、块茎的顶部（开始膨大的一端）和上部茎节上的芽首先萌发，依次向下。一种多芽情况下，上部芽常常会抑制下部芽的萌发；块根、块茎内本身含水量较多，所以没有吸胀过程，只要有一定湿润的土壤环境，温度与空气合适时就可以萌发。

(3) 影响种子发芽的条件

种子和用以繁殖的营养器官能否发芽，首先决定于自身是否具有发芽能力；其次水分、温度和氧气是发芽的主要外部条件。

水分 制约种子发芽的首要因素是水分，种子只有在吸收足够的水分之后，其他生理作用才能逐渐开始。这是因为水分可以使种皮膨胀软化，氧气透过种皮，增强胚的呼吸，也使胚易于突破种皮；水分可使凝胶状态的细胞质转变为溶胶状态，加强代谢；在酶的作用下，贮藏物质转化为可溶性物质，促进幼芽、幼根的生长发育。不同作物种子萌发时吸水量不同，含淀粉多的种子吸水量较少，如小麦种子为150%~160%，水稻种子为110%~150%；含蛋白质、脂肪较多的种子则吸水量较多，如大豆为220%~240%。

温度 作物种子发芽是在一系列酶的参与下进行的，而酶的催化活力与温度密切相关。不同作物种子发芽所需最低、最适、最高温度不同，即使同一种作物，也因生态型、品种或品系不同而有差异。一般原产北方的作物需要温度较低，如小麦种子发芽的最低温度为3~5℃，最适温度为15~31℃，最高温度为30~43℃；原产南方的作物所需温度较高，如水稻种子萌发的最低温度为10~12℃，最适温度为30~37℃，最高温度为40~42℃。

氧气 种子发芽过程中，旺盛的物质代谢和物质运输等需要强烈的有氧呼吸作用来保证，因此氧气对种子发芽极为重要。各种作物种子萌发需氧程度不同。花生、大豆、棉花等种子含油较多，萌发时较其他种子要求更多的氧。水稻种子与一般作物种子有些不同，水稻正常发芽需要充足的氧气，但在缺氧情况下，水稻种子具有一定限度忍受缺氧的能力，可以进行无氧呼吸，但缺氧时间过久会影响幼根、幼叶生长，甚至导致酒精中毒。

此外，有些作物种子发芽还需要光，如烟草种子在间歇照光时萌发率较高。

3.2.5.4 种子的寿命和种子休眠

(1) 种子的寿命

种子的寿命是指种子从采收到失去发芽力的时间。一般贮存条件下，多数种子的寿命较短，为1~3年。如花生种子寿命为1年；小麦、水稻、玉米、大豆等种子为2年。少数作物种子寿命较长，如蚕豆、绿豆可达6~11年。种子寿命长短与贮存条件有密切关系，如低温贮存可以延长种子的寿命，保持种子密封干燥也可延长种子寿命。

(2) 种子的休眠

种子休眠概念 种子休眠是指具有生活能力的新种子，即使在适宜的萌发条件下亦不能发芽的现象。或者说在适宜萌发条件下，作物种子和供繁殖的营养器官暂时停止萌发的现象，称为种子休眠。休眠是植物对不良环境的一种适应，野生植物种子休眠现象比较普遍。

种子休眠的原因 ①胚的后熟。胚后熟是种子休眠的主要原因，即种子收获或脱落时，胚组织在生理上尚未成熟，因而不具备发芽能力。②硬实引起休眠。硬实种皮不透水、不透气，故不能发芽。例如，豆类作物在干燥、高温、氮肥多的环境下种植常易产生硬实。③种子或果实中含有某种抑制发芽的物质。脱落酸、酚类化合物、有机酸等能够抑制种子发芽，也是种子休眠的主要原因。

解除休眠的方法 解除种子休眠的方法因其休眠成因而异。因胚后熟引起休眠的种子，可采用层积法、变温处理和激素处理等方法促进胚的发育。层积法是将需处理的种子与湿沙分层堆积，适温多为 3~5℃。而激素处理较多使用赤霉素（GAs）、细胞分裂素（CTK）、乙烯、萘乙酸和乙烯利等。对于具有种皮障碍的种子，通常可采取机械摩擦、加温或强酸等处理方法增强种皮的透性。对于因抑制物质存在而引起休眠的种子，可采用水浸泡、冲洗、低温处理等方法解除其休眠。

3.2.5.5 子叶出土类型

作物种子在田间萌发出土过程中，因下胚轴伸长与否，可分为子叶出土、子叶不出土及子叶半出土类型。

①子叶出土的作物。如棉花、大豆等种子发芽时，其下胚轴生长、伸长速度较快，能将子叶带出地面，随后展开变绿，能进行光合作用，下胚轴成为幼茎，作物幼苗可以独立生长，种子萌发即告完成。此类作物要求土壤疏松，播种不能太深，否则不易出苗。

②子叶不出土（留土）的作物。如蚕豆、豌豆等种子发芽时，下胚轴不伸长，只有上胚轴伸长，将胚芽带出地面，而子叶残留在土中，直至养分耗尽，其幼茎由上胚轴转成。小麦、玉米等种子发芽时，首先钻出地面的是锥状的胚芽鞘，胚芽鞘露出地面见到光照后立即停止生长，包在里边的真叶则从胚芽鞘的孔口处伸出地面。

③还有的作物，如花生种子在萌发时，它的上胚轴和胚芽生长较快，同时下胚轴也相应生长。当播种较深时，子叶不出土；而播种较浅时则可见子叶露出地面，此种情况称为子叶半出土幼苗。

3.3 作物器官生长相关性

3.3.1 作物器官生长的同伸关系

作物各个器官的建成不是孤立的，营养器官的建成是基础，生殖器官的建成是目标，同类器官间、不同类器官间的生长都是密切相关的。作物器官、组织、细胞之间在生长发育上的相互影响，称为生长的相关性。

在同一时间内某些器官呈有规律地生长或伸长称为作物器官的同伸关系，这些同时生长的器官就是同伸器官。一般来说，环境条件和栽培措施对同伸器官有同时促进或抑制的作用。

(1) 禾谷类作物营养器官间的同伸关系

主茎和分蘖的关系 一般生长正常的小麦在不计算芽鞘蘖的情况下，主茎 3 叶时有 1 个茎（主茎），4 叶时有 1 个主茎和 1 个 1 级分蘖，共 2 个茎；5 叶时有 1 个主茎和 2 个 1 级分蘖，共 3 个茎；6 叶时有 1 个主茎、3 个 1 级分蘖及 1 个 2 级分蘖，共 5 个茎；7 片叶时有 1 个主茎、4 个 1 级分蘖和 3 个 2 级分蘖，共 8 个茎；8 叶时有 1 个主茎、5 个 1 级分蘖、6 个 2 级分蘖和 1 个 3 级分蘖，共 13 个茎。

叶片、叶鞘和节尖的关系 异名器官之间，第 N 叶叶片展开时，第 $N-1$ 叶叶鞘和 $N-2$ 叶至 $N-3$ 叶节尖为同伸器官。同名器官之间，当第 N 叶叶片展开时，第 $N+1$ 叶迅速伸长，第 $N+2$ 叶开始伸长，第 $N+3$ 叶等待伸长。

(2) 双子叶作物器官间的同伸关系

双子叶作物的器官同伸关系没有禾谷类作物那么明显。例如，蚕豆的主茎叶与一级分支的同伸关系，在生育前期基本保持 $N-3$ 的关系，但随后失去同伸关系。棉花不同果枝、不同节位的现蕾开花顺序也具有同伸关系，如第一果枝的第二节与第四果枝的第一节表现为同时现蕾开花。

3.3.2 作物营养器官与生殖器官的关系

作物各个器官的建成不是孤立的，同类器官间、不同类器官间的生长都是密切关联的。通常作物生殖器官分化前为营养生长，生殖器官开始分化后则进入营养生长和生殖生长并进期，然后进入生殖生长期。

营养器官的建成是生殖生长的基础。作物需要一定时间的营养生长才能进入生殖生长期。例如，小麦发育最快的春性品种需要长到 5~6 叶后开始幼穗分化；玉米早熟品种需要到 6 片叶时开始雄穗分化，晚熟品种需要 8~9 片叶；棉花需要 2~3 片叶时才能进行花芽分化；油菜早熟品种需要 3~5 叶期才能进行花芽分化。营养生长的优劣决定了生殖生长的优劣，最后直接影响作物的产量和品质。

营养生长与生殖生长也需要协调发展，在作物生长过程中存在时间位上的养分竞争，如果营养生长过旺，消耗了大量的水分和养分，便会影响生殖生长。例如禾谷类作物前期肥水过多，致使茎叶徒长，花芽分化缓慢。营养生长与生殖生长并进期，营养器官和生殖器官会形成一种此消彼长的竞争关系，加上彼此对环境条件及栽培措施的反应不尽相同，从而影响到营养生长与生殖生长的协调和统一。

3.3.3 作物地上部与地下部生长的相互关系

作物地下部分根系生长依靠地上部分茎叶制造的光合产物，而茎叶生长则依靠根系所吸收的水分、矿质营养和其他合成物质。

地下部（根部）和地上部（冠部）在各自的生长过程中，由于生理上的协调和竞争，以及对同化物的需求和积累，在干物重或长度上表现为一定的比例关系，称为根冠比。不同作物、不同品种的根冠比不同，同一作物、同一品种不同生育时期的根冠比也不一致。作物苗期根系生长相对较快，根冠比较大；随着冠部生长发育加快，根冠比越来越小。根冠比对于以根为收获对象的作物，如甘薯、甜菜等尤为重要。这类作物生长前期，应有繁茂的冠层，根冠比要小，后期根冠比应越来越大。以甘薯为例，其根冠比前期约为 0.5，中期约为 0.7，到了收获期约为 2。

作物生长过程中地下部和地上部的相互关系受到各种因素的影响，生产上应采取技术措施调节地下部和地上部的生长，使根冠比趋向合理。例如，土壤水分过多，则土壤中空气减少，根系呼吸作用受抑制，影响根系正常生长，降低根冠比；相反，土壤水分偏少，通气性好，则根系生长良好，对茎叶的生长不利，从而提高根冠比。大田作物生产过程中，为了培育壮苗，前期土壤水分不宜过多。氮素充足时，茎叶生长旺盛，根系分配到的光合产物相对较少，根冠比相对较小；氮素缺少时，茎叶生长受到抑制，根冠比增大。磷素有利于根系生长，供应充分可加大根冠比。钾素对块根、块茎作物的地下器官生长有促进作用。此外，土壤质地和耕层深浅也会调控根系分布，影响作物地下部和地上部之间的关系。

本章小结

本章首先介绍了作物生长与发育的相关概念，明确了作物生育期、生育时期和物候期的划分，重点介绍了作物根、茎、叶、花等不同器官的特征特性，强调了作物不同器官之间生长的相关性。

经典案例

水稻轻简化栽培：再生稻丰产高效技术

再生稻是水稻中稻收割后利用稻桩上存活的休眠芽，在适宜的环境条件下，再长一茬水稻，再收获一季。再生稻已成为提高复种指数、稳定稻谷总产量、调优粮食结构、提高稻米质量的一种重要稻作制度。但再生稻存在着丰产性不高、不稳定等现象，导致应用面积呈现徘徊下降趋势，针对这些问题，河南农业大学按照"理论探索与技术创新并举、突破单项关键技术再集成建立技术体系"的总体思路，在相关理论和技术研究上取得了重大突破，生产应用上得到了良好效果和经济效益。该技术主要技术要点是：

品种选择 选择再生能力强，能在头季收割后7~10 d就发足再生蘖，无缺丛，较少空茎，总蘖数为头季穗数的两倍以上，成穗数比头季多50%以上，每穗粒数不少于头季一半的优良品种。同时要求生育期长短适宜，稻穗能在完全抽穗期前齐穗，单茎总叶数不少于4片。

头季稻栽培 ①确定播期。根据品种全生育期确定头季稻播期，播期以确保晚季再生稻安全齐穗为原则，尽量适时早播早栽。按品种分蘖再生强弱确定播种量、用种量。②育秧移栽。再生稻育秧一年一次，关系到早晚两季稻产量，壮秧是基础，要下足肥料，配施磷钾肥，防好病虫，育出无病带2~5个大蘖的壮秧。施足基肥，适时移栽，掌握密度，插好秧苗。③肥水管理。做好前期促蘖、后期促根施肥灌水工作。要重施、早施分蘖肥，一般在返青后立即施分蘖肥，做到一哄而起，后看苗施好促花、保花肥。前期以灌为主，适当露田。在达到一定穗数时要搁田。搁田后以干为主，进行湿润灌溉，确保根系活力和休眠芽的活性，为再生芽萌发打下基础。④防治病虫害。加强生育后期病虫害防治，重点防治纹枯病和稻瘟病。

再生稻栽培 再生稻的生长是在头季稻还没有成熟前就已开始，它的生育特性是生育期短，叶片少，现青即进入生殖生长期，栽培上重点措施是：①促芽萌发。施好促芽肥，促进休眠芽成活萌发。在头季稻行内施肥，能起到促芽萌发和促进幼穗分化（促穗多、穗大）的作用。促芽肥一般在头季稻齐穗后15 d左右施7.5~10 kg尿素。具体用量视地块肥力高低酌定。②适时收割。头季稻应留好稻桩。再生稻再生萌动和前期生长，主要依靠头季稻茎秆中的营养物质。头季收获提前，再生蘖没有萌发或萌发不久，尚未形成叶绿素和新根，不能自养，所以收割过早，将影响再生能力。当头季成熟度达95%左右，休眠芽大部分开始生长并现青时，收获头季稻最适宜。收割时应留好稻桩，保证再生稻生长。所留稻桩高度依各品种而定：底部再生力强的可低一些；上部再生力强的应高一些；并力争割平割齐，以促再生稻多穗高产。③加强再生苗管理。由于再生稻生育期短，收割头季时，再生稻进入幼穗分化阶段，应抓紧施肥，于收割后 7~10 d 再生苗齐时施一次肥。因收割，再生苗有伤口且苗嫩，应防止病菌的侵入和害虫的密集危害。头季稻收割后到齐苗前，应灌薄皮水，湿润促齐苗，以使通气，萌发新根。

思考题

1. 作物的生育时期和物候期的区别是什么？
2. 作物"S"形生育进程在生产中的应用有哪些？
3. 影响作物根、茎、叶生长的主要环境因素有哪些？
4. 影响作物花器官分化、开花授粉受精的主要外界条件有哪些？
5. 什么是种子的休眠？如何打破种子休眠？
6. 简述作物营养器官与生殖器官之间的关系。
7. 简述作物地上部与地下部生长的相互关系。

参考文献

曹卫星，2001. 作物学通论[M]. 北京：高等教育出版社.
曹卫星，2011. 作物栽培学总论[M]. 2版. 北京：科学出版社.
董树亭，张吉旺，2018. 作物栽培学概论[M]. 北京：中国农业出版社.
董钻，王术，2018. 作物栽培学总论[M]. 北京：中国农业出版社.
关继东，2009. 园林植物生长发育与环境[M]. 北京：科学出版社.
李焕章，韩学信，1997. 作物栽培学[M]. 北京：中国农业科技出版社.
王荣栋，尹经章，2005. 作物栽培学[M]. 北京：高等教育出版社.
王忠，2015. 水稻的开花与结实：水稻生殖器官发育图谱[M]. 北京：科学出版社.
许嘉璐，彭奕欣，1990. 中国中学教育百科全书：生物卷[M]. 沈阳：沈阳出版社.
杨守仁，郑丕尧，1989. 作物栽培学概论[M]. 北京：中国农业出版社.
于振文，1995. 作物栽培学[M]. 北京：中国农业出版社.
于振文，2003. 作物栽培学各论（北方本）[M]. 北京：中国农业出版社.
周云龙，刘全儒，2016. 植物生物学[M]. 4版. 北京：高等教育出版社.

第4章 作物的产量和品质

作物栽培的目的是获得更多有经济价值的农产品，同时改善农产品的品质。掌握作物产量和品质的定义，理解作物产量形成规律、品质形成规律及其影响因素，生产上能够有针对性地采取措施，实现作物高产、优质，达到农业高质量发展的目的。

4.1 作物产量及其形成

作物产量是指单位土地面积上作物群体产品的数量，由个体产量或产品器官数量构成。栽培作物的目的是获得较多的有经济价值的产品。通常把作物的产量分为生物产量和经济产量，生物产量转化为经济产量的效率取决于经济系数。

4.1.1 生物产量与经济产量

4.1.1.1 生物产量

作物生育期内通过光合作用和呼吸作用，同化二氧化碳、水和无机物质，进行物质转化和能量积累，形成各种各样的有机物质，这些有机物质的总量，即根、茎、叶、花和果实等干物质总量，称为生物产量。生物产量通常不包括根系（块根作物除外）。

4.1.1.2 经济产量

经济产量，一般指产量，是指栽培目的所需要的主产品的收获量。由于人们栽培的目的作物不同，被利用为产品的部分就不同。如禾谷类、豆类和油料作物的主产品是籽粒；薯类作物的主产品是块根或块茎；棉花的主产品为种子纤维；黄麻、大麻、红麻、苘麻等为韧皮纤维；甘蔗的主产品为茎秆；烟草、茶叶的主产品为叶片；绿肥作物的主产品为鲜草等。同一作物因利用目的不同，其产量的概念也不同。如纤维用亚麻的产量是指麻皮收获量；油用亚麻的产量是种子收获量。玉米作为粮食作物时的产量是籽粒收获量，作为饲料作物时的产量包括叶、茎、果穗等全部有机物质。

4.1.1.3 经济系数

经济产量是生物产量中所要收获的部分。经济产量占生物产量的比例，即生物产量转化为经济产量的效率，称为经济系数或收获指数。三者的关系可以用下式表示：

$$经济产量 = 生物产量 \times 经济系数$$

经济系数的高低仅表明生物产量分配到经济产品器官中的比例，并不表明经济产量的高低。通常，经济产量的高低与生物产量的高低成正比。不同作物的经济系数有所不同，一般收获营养器官的作物，经济系数比收获籽实的作物要高；同为收获籽实的作物，产品以糖类化合物为主的比以蛋白质和脂肪为主的作物要高。其原因是营养器官的形成过程较简单，籽实的形成则须经历生殖器官的分化发育和结实成熟的复杂过程；糖类化合物如淀粉、纤维素等形成过程中需要能量相对少些，而蛋白质、脂肪的形成要经过同化物的进一步转化，需要能量较多。不同类型作物的经济系数见表4-1。

表 4-1 不同作物的经济系数

作物	经济系数	作物	经济系数
水稻、小麦	0.35~0.50	大豆	0.25~0.35
玉米	0.30~0.50	籽棉	0.35~0.40
薯类	0.70~0.85	皮棉	0.13~0.16
甜菜	0.60~0.70	烟草	0.60~0.70
油菜	0.28	叶菜类	1.00

注：根据董钻，沈秀瑛，王伯伦主编《作物栽培学总论》综合而成。

就品种而言，一般矮秆品种的经济系数大于高秆品种，早熟品种大于晚熟品种，高产品种大于低产品种。株高不同的小麦品种，其经济系数有明显差异。株高由 60 cm 增高到 100 cm 以上，经济系数由 0.51 下降到 0.34，两者呈负相关。生产上，即使是同一品种，也会因栽培技术、环境条件而有所变化，不合理的栽培技术和不利的气候条件都会降低经济系数。虽然不同作物的经济系数有其相对稳定的变化范围，但是通过改良品种、优化栽培技术及改善环境条件等，可以使经济系数达到高值范围，在较高的生物产量基础上获得较高的经济产量。

4.1.2 作物产量构成

4.1.2.1 作物产量构成因素

决定作物产量高低的直接参数，称为产量构成因素。由于作物产量是以土地面积为单位的产品数量，因此可以由单位面积上各产量构成因素的乘积计算。例如，禾谷类作物产量的高低主要取决于单位面积上的平均有效穗数、每穗平均结实粒数和每粒平均粒重的乘积。不同类型的作物，其构成产量的因素有所不同。不同作物的产量构成因素见表4-2。

表 4-2 各类作物的产量构成要素

作物种类	代表作物	产量构成因素
禾谷类	稻、麦、玉米、高粱	穗数、每穗粒数、粒重
豆类	大豆、蚕豆、豌豆、绿豆	株数、每株有效分枝数、每枝荚数、每荚结实粒数、粒重
薯类	山芋、马铃薯	株数、每株薯块数、单薯重
棉花	棉花	株数、每株有效铃数、单铃籽棉重、衣分
油菜	油菜	株数、每株有效分枝数、每枝角果数、每角果粒数、粒重
甘蔗	甘蔗	有效茎数、单茎重
烟草	烟草	株数、每株叶数、单叶重
绿肥作物	苜蓿、紫云英、苕子	株数、单株鲜重

注：引自曹卫星主编《作物栽培学总论》(第 2 版)，2011。

4.1.2.2 作物产量构成因素之间的关系

由于产量是各个产量构成因素的乘积，因此理论上任何一个因素增大，都能增加产量。但各个产量因素很难同步增长，它们之间有一定的制约和补偿关系。例如，增加小麦单位面积穗数，则穗粒数和粒重就会受到制约，表现出下降的趋势；相反，若单位面积的穗数较少时，穗粒数和粒重就会做出补偿性反应，表现出增加的趋势。大豆和油菜等分枝型作物，单位面积上的株数增至一定程度后，每株荚数（每株有效分枝数×每分枝荚数）和每荚粒数都有不同程度的减少。

产量构成因素之间的相互制约关系，主要是由于光合产物的分配和竞争而产生的。由于作物的群体由个体组成，当种植密度增加后，各个体所占的营养面积及空间就相应减少，个体生物产量有所削弱，表现出每穗粒数（或荚数）等器官的生长发育受到制约。但个体变小并不一定最后产量就低，当单位面积上穗数（株数）的增加能弥补并超过每穗粒数（每株荚数）减少的损失时，仍表现增产。只有当三因素中某一因素的增加不能弥补另外二个因子减少的损失时才表现减产。

产量构成因素之间的相互补偿关系即自动调节关系，这种自动补偿作用是在作物的生育中、后期表现出来，并随着发育进程而降低，但作物种类不同，其补偿能力也有差异。禾谷类作物中，穗数是产量因素中自动调节和补偿能力最大的成分；小穗和小花对产量有一定的自动调节和补偿作用；粒数和粒重主要形成于作物生长后期，开花后的结实是决定单位面积和每亩籽粒数目的重要时期，籽粒建成阶段是决定籽粒大小的关键时期，而籽粒灌浆阶段是决定籽粒是否饱满的关键时期。

作物产量构成因素之间存在着实现高产的最佳组合，只有个体与群体协调发展时，产量最高。明确这些因素的形成过程和相互之间的关系以及影响这些因素的条件，并采取相应的农业栽培技术措施，以实现作物高产、稳产、优质、高效的目的，是作物栽培学研究的重要内容之一。

4.1.3 作物产量形成过程

4.1.3.1 产量形成

作物产量形成过程是指作物产量的构成因素形成和物质积累的过程，也就是作物各器官的建成过程及群体的物质生产和分配过程。不同作物有各自不同的生长发育特点和产量形成特点，从作物产量形成过程来看，各类作物均可概括为生育前期、中期和后期3个阶段。以籽实为产品器官的作物，生育前期为营养生长阶段，光合产物主要用于根、叶、分蘖或分枝的生长；生育中期为生殖器官分化形成和营养器官旺盛生长并进期，生殖器官形成的多少决定产量潜力的大小；生育后期是结实成熟阶段，光合产物大量运往籽粒，营养器官停止生长且重量逐渐减轻，穗和籽实干物质重量急剧增加，直至达到潜在贮存量。目前关于作物产量的形成主要有以下3种理论：

（1）源、库、流理论

源是指作物生产和输出光合同化产物的器官或组织，包括作物的功能叶和绿色的茎和果皮等其他非叶器官（绿色部分）。禾谷类作物开花前光合作用生产的物质主要供给穗、小穗和小花等产品器官形成的需要，并在茎、叶、叶鞘中有一定量的贮备供花后所需。开花后的光合产物直接供给产品器官，具有就近输送的特性。

库是指作物消耗或贮藏同化产物的组织、器官或部位，例如作物的根、茎、幼叶、花、果实以及发育的种子等。库容即产品器官的容积和接纳营养物质的能力，库的潜力存在于库的构建中,禾谷类作物籽粒的贮积能力取决于灌浆持续期和灌浆速度。作物的库包括代谢库和贮藏库(也叫经济库)两个方面,代谢库是指大部分输入的同化产物被用来生长作物组织细胞的构建和呼吸消耗,如生长中的根尖和幼叶等;贮藏库是指大部分输入的同化产物被用来贮藏的组织和器官,如作物的种子、果实、块根、块茎等。要获得高产,必须创造尽可能大的库容,作物最高产量只能限制在已形成的库容之内。

流是指作物源器官形成的同化产物向库器官的转移过程;流的强度取决于作物植株体内输导系统的发育状况及其转运速率。流的通道是叶、鞘、茎中的维管系统,其中穗、茎、维管束可看作源通往库的总通道,同化产物运输的途径是韧皮部,韧皮部薄壁细胞是运输同化产物的主要组织,运输的主要物质形式是蔗糖。凡能加强光合效率的调节行为,都能促进光合产物的运输,如改善群体光照强度、肥水供应充足等;凡能加强呼吸作用、提高能量供给的措施亦能促进光合产物运输。流的强度可用光合同化产物的运输速度来衡量,可用放射性同位素示踪法直接测定,一般 C_4 作物比 C_3 作物快。

作物源、库、流的形成和功能的发挥受遗传因素和环境因素的制约,三者之间的关系受作物品种、生态条件和栽培技术的影响而不断发生变化,作物要获得高产,就要创建源、库、流三者协调,在作物生长发育过程中平衡好群体的源、库、流关系。产量水平较低时,源不足是限制产量的主导因素,同时单位面积穗数少,库容小,也是造成低产的原因,增产的途径是增源与扩库同步进行,重点是增加叶面积和增加单位面积的穗数。当叶面积达到一定水平,继续增穗会使叶面积超出适宜范围,此时,增源的重点应及时转向提高光合速率或适当延长光合时间两方面,扩库的重点则应由增穗转向增加穗粒数和粒重。

(2)光合性能理论

作物一生所形成的全部干物质中,光合作用直接生产的有机物质占到 90%~95%;从土壤中吸收的矿质元素,在全部干物质中只占 5%~10%;且供给矿质元素的目的是促进作物光合作用和有机物质的积累。因此,光合作用是产量形成的生理基础。

我国学者于 1966 年概括了光合性能五因素及与经济产量的关系,将光合作用与作物产量相结合,指出作物产量由光合面积、光合时间、光合速率、呼吸消耗和经济系数五因素决定(表 4-3),提出了定量光合生产的产量分析,即光合性能理论。光合作用与生物产量、经济产量的关系式如下:

光合产物 = 光合面积 × 光合速率 × 光合时间

生物产量 = (光合面积 × 光合速率 × 光合时间) - 产物消耗(呼吸、脱落等)

经济产量 = (光合面积 × 光合速率 × 光合时间 - 产物消耗) × 经济系数

表 4-3 影响光合性能的因素

光合性能指标	影响因素
光合面积	叶片大小,株型,叶片着生角度
光合时间	提高复种指数,延长生育期,补充人工光照
光合速率、强度	光照强度,温度,酶活性,CO_2 含量
光合产物消耗	呼吸作用(有氧呼吸、无氧呼吸、光呼吸),器官脱落,病虫危害
光合产物运输与分配	源库流理论

注:引自于振文主编《作物栽培学各论》,2013。

因此，作物经济产量决定于上述 5 个因素，这 5 个因素称之为光合系统的生产性能或光合性能；要挖掘作物的生产潜力，就是在这 5 个因素上开源和节流，即光合面积大小适当、光合能力较强、光合时间较长、光合产物的消耗较少，分配利用较合理，作物就能获得较高的产量。

(3)"三合结构"理论

"三合模式"是以作物产量构成、光合性能、源库理论为基础形成的有机统一的产量分析模式，该理论以源库为中心，将源与光合性能因素相联系，库与产量构成因素相对应，以流（物质、能量、信息）连接各有关性状，构成产量形成的网络关系，将三个理论有机地联系起来，能够全面系统地认识产量形成，弥补了三个理论各自独立存在的不足与缺陷（图 4-1）。产量"三合结构"理论指出，作物的品种改良和栽培技术改进主要是沿着从源库的数量性能提高向着质量性能提高的方向发展。基于作物产量形成系统，将系统分为一级、二级、三级等结构层，形成相应各级子系统，与作物群体—个体—器官—细胞—分子等结构层次相对应；二级结构层中的性状被划分成以数量增加为主的数量型性状和以性能改善为主的质量型性状，并按生产中可控的难易程度将各因素进行了排序。同时，该理论还不断吸收作物产量形成相关研究成果，得到了进一步地充实和完善。

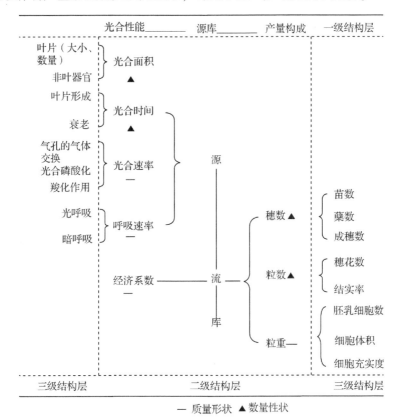

图 4-1　作物产量形成"三合模式"结构（引自赵明等，2006）

以"三合结构"理论为基础发展的技术有：水稻"小群体、壮个体、高积累"以及水稻、小麦、玉米通用的增密、保穗、攻粒；棉花密、早、矮技术；玉米以光定叶，以叶定穗，以穗定苗，双株栽培，穗粒叶比指标等，以及水稻、小麦、玉米增源扩库技术、高光效育种等。

4.1.3.2 影响产量形成的主要因素

作物生长受到生态环境、栽培措施、品种内在特性等众多因素的影响，协调各因素之间的关系，是实现作物高产的基础。

(1) 栽培管理措施

农作物种植过程中，科学有效的栽培管理措施可以为农作物生长营造良好的环境，进而提高农作物的产量。种植密度、群体结构、种植制度、田间管理措施是取得作物群体高产的重要保证。

(2) 品种内在因素

品种特性，如产量性状、耐肥、抗逆性等生长发育特性以及幼苗素质、受精结实率等均影响作物产量形成过程。优异的品种特性对于实现农作物高产意义重大。

(3) 环境因素

环境因素是影响作物产量形成的最重要因素。温度对作物生长的影响是综合的，它可以通过影响光合、呼吸、蒸腾等代谢过程，也可以通过影响有机物的合成和运输等代谢过程来影响植物的生长，还可以直接影响土温、气温，通过影响水肥的吸收和输导来影响植物的生长。不同农作物对水的需求不一样，满足不同阶段作物的水分需求是保证作物健壮生长的关键。氧气主要是通过影响作物的呼吸作用而对作物的生长发育产生影响的。土壤是植物生长发育的基础，是作物生产中水分、肥力等营养物质获得的重要介质。作物的生产是一个漫长的生长过程，在这个过程中还可能会出现干旱或病虫草害，这些环境因素与作物生产息息相关，不断优化栽培技术，减小环境因素的负面影响，才能更好地促进作物的高产。

4.1.4 作物高产的调控途径

4.1.4.1 作物产量潜力

作物产量潜力是指作物在通过人为措施克服某一个或几个限制因子或者所有限制因子后可能达到的最高产量。如作物产量的光合潜力是指作物在通过人为措施最大限度地提高光能利用(光照强度、光照时间和光合效率)条件下可能达到的最高产量；光温潜力是指作物在追求光合生产潜力的同时，通过人为措施最大限度地改善温度条件，可以达到的最高产量；光温水潜力是指作物在同时克服光、温、水3个方面的限制因子时可能达到的最高产量等。

作物产量的形成主要是通过绿色叶片的光合作用。农作物全部干物质约有95%来自光合作用，只有大约5%来自根系吸收的矿物质，所以提高作物的光能利用率是增加作物产量的主要手段。

4.1.4.2 作物增产途径

作物生长发育与两种环境有关：一种是自然环境，包括气候、地形、土壤、生物、水文等因子；另一种是栽培环境，指不同程度人工控制和调节而发生改变的环境，即作物生长的小环境。作物产量潜力是由自身的遗传特性、生物学特性、生理生化过程等内在因素决定的，产量的表现受外部环境物质、能量输入和作用效率制约。作物产量潜力的实现在于环境因子与作物的协调统一。因此要提高作物产量潜力，必须对品种进行遗传改良，提高其光合效率,并采用先进的栽培技术,改善栽培环境,提高作物群体的光能利用率。

(1) 选育优良品种

选育株型紧凑、抗倒、叶片配置合理、叶片光合效率高、光合机能保持时间长、呼吸消耗少的品种是提高作物光能利用率的一条重要途径。近年来,紧凑型玉米品种的选育推广,提高了玉米的光能利用率,增产效果显著。

作物的高产遗传基础涉及与作物产量形成的各个方面,几乎所有的性状都影响到作物产量的形成过程。而作物的高产遗传基础改良工作主要包括作物高产品种类型的形态性状等表观因子的建构,以及同化物的合成、运转、转化和积累等内部特性改良。

(2) 优化群体结构、合理密植

同一个作物群体内个体功能与群体结构的变化具有相关性,作物群体结构的变化会影响个体功能的表达。当作物个体功能生长冗余时,个体功能对群体结构的增加就表现出不敏感或弱敏感效应,即群体结构增加不影响或少影响个体产量生产力,群体就表现出结构性超补偿,使群体整体生产力得到提高,进而实现高产。

合理密植,保证田间最适宜的作物群体,最大限度地利用光能,合理调控作物的生长发育进程和产量形成过程,促进光合产物的生产及向产品器官的转运、积累,从而实现作物产量和品质的提高。

(3) 改革耕作制度,提高耕地管理水平

采用间作、套种等措施,增加复种指数,尽可能提高单位面积作物群体光能利用率,增加作物产量。土地管理是为了保障作物获得良好的根系生长环境,较好地吸收水分、肥料与空气,提高作物存活率与生长质量,排除影响作物高产与正常生长的不利因素。

(4) 水肥高效调控技术

不同作物、不同生长阶段对水分与肥料等方面的需求也不相同,在水肥一体化技术支持下,根据作物生长习性及不同阶段的肥水需求,及时调整土地肥力与浇灌比例,保障作物不同阶段的生长需求。

(5) 喷施植物生长调节剂

化控技术作为传统农艺的突破和补充,为修饰品种、革新栽培技术提供了新手段。通过化控技术可以优化作物群体结构,提高作物叶绿体内的光合速率,控制光呼吸,减少光合产物的消耗,促进作物增产。因此,生长调节物质的合理使用是提高作物产量的重要途径。

4.2 作物品质及其形成

4.2.1 作物产品品质及其评价指标

作物产品的品质是指产品的质量,即达到人们某种要求的适合度,直接关系到产品的经济价值。由于作物种类和用途的不同,人们对它们的品质要求也各异,对提供食物的作物,其品质主要包括食用品质和营养品质等方面;对经济作物其品质主要包括工艺品质和加工品质等。

评价作物产品品质,一般采用两种指标:一是形态指标,是指根据作物产品的外观形态来评价品质优劣的指标，包括形状、大小、长短、粗细、厚薄、色泽、整齐度等。二是理化指标，是指根据作物产品的生理生化分析结果评价品质优劣的指标，包括各种营养成分，如蛋白质、氨基酸、脂肪、淀粉、糖分、纤维素、矿物质的含量等。评价作物品质时，一般需要对形态指标和理化指标加以综合评价，确定其优劣。目前，作物品质的评价主要是从食用品质、营养品质、外观品质和加工品质4个方面来进行。

(1) 食用品质

作物的食用品质是指蒸煮、口感和食味等的特性。例如，稻谷加工后的精米，大约90%的内含物是淀粉，因此大米的食用品质很大程度上取决于淀粉的理化性状，如直链淀粉含量、糊化温度、胶稠度、胀性和香味等。又如，小麦籽粒中含有的面筋是谷蛋白和醇溶蛋白吸水膨胀后形成的凝胶体，小麦面团因有面筋而能拉长延伸，发酵后加热又变得多孔柔软。为此，小麦的食用品质很大程度上取决于面筋的特性，如谷蛋白和醇溶蛋白的含量及其比例等。

(2) 营养品质

作物的营养品质主要是指氨基酸组成及蛋白质、维生素及微量元素的含量等。一般来说，有益于人体健康的成分丰富，如蛋白质、必需氨基酸、维生素和矿物质等的含量越高，则产品的营养品质就越好。例如，高赖氨酸玉米的主要特点是营养价值高，生物效价比普通玉米高，胚乳赖氨酸含量一般在0.4%以上，是普通玉米的2倍多；胚乳中蛋白质总含量与普通玉米相同，但优质蛋白质(非醇溶性蛋白)的含量是普通玉米的1.5倍左右。再如，小麦籽粒的蛋白质含量是小麦营养品质中最重要的指标，一等优质强筋小麦籽粒的蛋白质含量必须高于15%(干基)。由于蛋白质是生命的基本物质，因此蛋白质含量和氨基酸组成是评价禾谷类作物营养品质的重要指标，还可包括维生素和微量元素含量等。

(3) 外观品质

外观品质是指影响产品质量的外部形态特征。例如，棉花纤维的色泽、长度、细度等，烟叶的长度、色泽等，稻米的粒长、粒型、垩白、透明度等，大豆籽粒的大小、颜色、整齐度等。外观品质在商品流通领域对商品品质影响很大，如稻米垩白少而透明度好的价格高于垩白多而透明度差的，棉花纤维色泽鲜艳的霜前花价格高于霜后花。

(4) 加工品质

加工品质也称工艺品质，是指不明显影响加工产品质量，但又对加工过程有影响的原材料特性。例如，糖料作物的含糖率，油料作物的含油率，棉花的衣分及纤维的长度、细度、整齐度、成熟度、强度等，烟叶的油分、成熟度等，均属于加工品质性状。作物的加工品质会直接影响企业的效益，例如，大豆籽粒的脂肪含量不同，加工后单位产量的产油量也不同，尽管产出的油质量没有大的差异，但生产同样数量的产品，加工费会明显增加，使效益降低。加工品质好的作物品种，才能制作出可口的食品。粮食作物的加工品质通常包括一次加工(如稻谷碾磨、小麦磨粉)品质和二次加工(食品加工)品质，其评价指标随作物种类不同而异。水稻的碾磨加工品质是指出米率，品质好的粳稻谷应是糙米率大于83%，精米率大于74%，整精米率大于65%。小麦的磨粉加工品质主要指出粉率，一般容重高的小麦出粉率高。小麦、大麦等麦类作物用作面包的食品加工品质主要指烘烤品质，烘烤品质与面粉中面筋含量和质量有关。一般面筋含量高，面团稳定时间长，烘制的面包质量好。面筋的质量则根据其延伸性、弹性、可塑性和黏结性进行综合评价。

4.2.2 作物产品品质的形成

提高作物产品品质是当前作物生产的又一重要目标。与作物产量形成过程相比,作物品质的形成和决定过程在时间幅度上要相对较短,主要集中于产量器官的物质积累阶段,表现为经济器官中碳水化合物、蛋白质、脂类、纤维素、维生素、微量元素等的形成和积累。

4.2.2.1 碳水化合物

作物产量器官中贮藏的糖类主要是蔗糖和淀粉。蔗糖以液体形态,淀粉以固体(淀粉粒)形态积累于薄壁细胞内。禾谷类作物种子和薯芋类作物块根块茎贮藏的是淀粉;甘蔗和甜菜贮藏的主要是蔗糖。

蔗糖的积累过程比较简单,叶片等器官的光合产物以蔗糖的形态经维管束输送到贮藏组织后,先在细胞壁部位被分解成葡萄糖和果糖,然后进入细胞质合成蔗糖,最后转移至液泡被贮藏起来。淀粉的积累过程与蔗糖有些类似,经维管束输送的蔗糖分解成葡萄糖和果糖后,进入细胞质,在细胞质内果糖转变成葡萄糖,然后葡萄糖以累加的方式合成直链淀粉或支链淀粉,形成淀粉粒。蔗糖是作物固定的碳和能量的主要运输形式,而淀粉则是碳和能量最常见贮存形式。作物体内存在着广泛的蔗糖与淀粉的互换转化代谢形式。例如,在种子成熟的过程中,蔗糖不断地转化为淀粉,以大分子的形式贮存起来。而种子萌发的过程中,在淀粉酶的作用下,淀粉不断转化成蔗糖,来提供能量及代谢需要。

通常禾谷类作物在开花几天后,就开始积累淀粉。另外,非产量器官内暂时贮存的一部分蔗糖(如麦类作物茎、叶鞘)或淀粉(如水稻叶鞘),也能以蔗糖的形态(淀粉需预先降解)通过维管束输送到产量器官后被贮存起来。叶片等器官的光合产物或营养器官暂储的光合产物(果聚糖等多糖或淀粉),以蔗糖的形态通过维管束输送到产量器官后,先由蔗糖合成酶催化分解成尿苷二磷酸葡萄糖(UDPG)和果糖。因此,禾谷类作物籽粒蔗糖含量一般随着灌浆进程与淀粉的积累而下降。尿苷二磷酸葡萄糖在尿苷二磷酸葡萄糖焦磷酸化酶的作用下形成1-磷酸葡萄糖,后者在腺苷二磷酸葡萄糖焦磷酸化酶的催化下,形成腺苷二磷酸葡萄糖(ADPG)。ADPG是淀粉合成的直接前体,并在可溶性淀粉合成酶(SS)的作用下合成支链淀粉,或在淀粉粒束缚态淀粉合成酶的作用下合成直链淀粉。此外,淀粉分支酶和去分支酶在支链淀粉的形成中起着重要作用。在整个淀粉合成过程中,蔗糖分解过程或此后的淀粉合成过程如被阻断或变弱,则形成的产品淀粉含量降低,蔗糖含量升高,成为甜性产品;直链淀粉合成过程受阻,即编码GBSS的基因不表达,则成糯性产品,如糯稻、糯玉米和人工育成的糯小麦等。

4.2.2.2 蛋白质

蛋白质的合成就是氨基酸之间以肽键连接起来形成多肽链。植株体内蛋白合成是十分复杂的过程,涉及多种RNA、几种核苷酸,以及一系列酶和蛋白辅助因子。种子中的蛋白质按其溶解性逐步分离提取,可分为清蛋白、球蛋白、醇溶蛋白、谷蛋白。不同作物四部分蛋白的含量不同。例如,稻米主要是谷蛋白,含量高达85%~90%;豆类作物种子中蛋白质主要是球蛋白,约占70%,其余为清蛋白和谷蛋白。

蛋白质的合成和积累,通常在整个种子形成过程中都可以进行,但后期蛋白质的增长量占成熟种子蛋白质含量的一半以上。谷类作物种子中的贮藏性蛋白质,在开花后不久便开始积累，成熟过程中每粒种子所含的蛋白质总量持续增加，但蛋白质的相对含量则由于籽粒不断积累淀粉而逐渐下降。种子发育成熟过程中，氨基酸等可溶性含氮化合物从植株的其他部位输出转移至种子中，然后在种子中转变为蛋白质，以不溶性蛋白质粒的形态贮藏于细胞内。禾谷类作物在灌浆初期籽粒蛋白质含量较高，此后因淀粉的快速积累而出现"稀释效应"，蛋白质含量逐步降低；灌浆中后期蛋白质积累速率又加快，蛋白质含量上升。清蛋白和球蛋白一般在灌浆初期含量较高，并随灌浆进程而逐渐下降，醇溶蛋白和谷蛋白含量则随灌浆进程呈上升趋势。

作物籽粒淀粉和蛋白质合成需要碳源和氮源，其中碳源来自叶片形成的光合产物和开花前与开花后贮存于营养器官的暂储碳水化合物，氮源来自根系吸收的氮素及营养器官贮存的氮素。一般情况下蛋白质合成所需的氮源约25%来自花后从土壤中直接吸收的氮素，75%来自开花前在营养器官贮存的氮化合物。因此，开花前和开花后植株吸收（或合成）与贮存的碳素和氮素的分配及再运转情况，影响着作物籽粒蛋白质的积累状况，并影响作物最终品质。

4.2.2.3 脂类

脂类是人体需要的重要营养素之一，供给机体所需的能量、提供机体所需的必需脂肪酸，是人体细胞组织的组成成分。作物种子中贮藏的脂类（脂肪或油分）主要为三酰甘油，它是由甘油与各种脂肪酸在 Kennedy 途径下形成的产物。三酰甘油存在于植物的所有器官中，但大部分存在于果实和种子中。三酰甘油以小油滴状态悬于细胞质中，在含油量低的营养器官中，三酰甘油分散为很小的油滴；在含油量高的种子或果实中，这些小油滴合成大油滴。由于三酰甘油不溶于水，不能在植物体内移动，因此在植物的所有器官和组织中都能合成三酰甘油。油料作物种子萌发时，作为贮藏物质的三酰甘油在酯酶作用下分解很快，所形成的甘油和脂肪酸被生长的幼苗利用并合成其他各种物质。

油料作物种子含有丰富的脂肪。种子发育初期，光合产物和植株体内贮藏的同化物以蔗糖形态输送至种子后，以糖类形态积累起来，随着种子的成熟，糖类转化为脂肪，使脂肪含量逐渐增加。油料作物种子在形成脂肪过程中，先形成饱和脂肪酸，然后转变成不饱和脂肪酸，所以脂肪的"碘价"（每 100 g 植物油可吸收的碘的克数）随种子成熟而增大。种子成熟时先形成脂肪酸，后才逐渐形成三酰甘油，因而"酸值"（中和 1 g 植物油中的游离脂肪酸所需的氢氧化钾的毫克数）随种子的成熟而下降。所以，种子只有达到充分成熟时，才能完成这些转化过程。如果油料作物种子在未完全成熟时收获，由于这些脂肪的合成过程尚未完成，不仅种子的含油量低，油质也差。

根据在不同溶剂的溶解能力，禾谷类作物产品中的脂类物质一般分为淀粉态脂、游离态非淀粉态脂和束缚态非淀粉态脂三大类。非淀粉态脂占总脂的 2/3~3/4，为非极性脂类，主要为三酰甘油；淀粉态脂主要为磷脂，特别是溶血卵磷脂，并与禾谷类作物籽粒直链淀粉含量呈正相关。因此，在禾谷类作物淀粉胶凝过程中，会形成直链淀粉脂复合体。在小麦中，淀粉磷脂占淀粉总量的 0.8%~1.2%；在面粉中，脂肪酸主要形成亚麻酸（$C_{18:2}$），还有少量的棕榈酸（$C_{16:0}$）和油酸（$C_{18:1}$）。禾谷类作物籽粒中脂类物质的形成与其他油类作物类似，由糖类转化而成。目前为止，禾谷类作物产品中脂类的形成过程尚不清楚。

4.2.2.4 纤维素

纤维素是由葡萄糖组成的大分子多糖，不溶于水及一般有机溶剂，是植物细胞壁的主要成分。纤维素是自然界中分布最广、含量最多的一种多糖，占植物界碳含量的50%以上。从光合产物到纤维素的合成积累过程与淀粉基本类似。纤维素的合成在质膜上进行，以尿苷二磷酸葡萄糖为糖基供体，通过纤维素合酶的催化作用，形成纤维素。生成的许多β-1,4-糖聚糖链即自动聚合成晶体化的纤维素微纤丝。纤维素微纤丝的合成过程中，不断定向排列，沉淀在胞壁内层上。纤维素不属于贮藏物质，一般不能作为人类食物利用。作为纤维作物被人类利用的主要是棉花和麻类。棉花利用的是种子表皮纤维，麻类作物利用的大多是韧皮部纤维。棉花纤维中纤维素的含量可达93%~95%；麻类作物中黄麻的纤维素和半纤维素含量可占到原麻的70%以上，苎麻可达85%左右。

棉纤维的发育要经过纤维细胞突起、伸长、胞壁纤维素淀积加厚和纤维脱水扭曲4个时期。胞壁纤维素淀积加厚期是纤维素积累的关键时期，历时25~35 d。在开花5~10 d后，在初生胞壁内一层层向心淀积纤维素，使细胞壁逐步加厚。纤维素在气温较高时淀积较致密，气温较低时则淀积疏松多孔。由于昼夜温差的关系，纤维素淀积在纤维断面上表现出明显的层次结构。麻类作物不同的科、属种，其纤维形成过程也有所不同。由于麻类作物主要利用茎韧皮部纤维，因此从出苗到现蕾开花期，也即植株快速伸长期是纤维形成的重要时期，而后则对纤维的厚度等工艺品质还有一定的影响。一般除留种用植株外，麻类作物在果实发育盛期开始前就应收获，这样可以避免积累于茎秆内的营养物质输向果实而影响纤维的品质。

4.2.2.5 主要维生素

维生素是生物生长和代谢所必需的微量有机物，分为脂溶性维生素和水溶性维生素两类。前者包括维生素A、维生素D、维生素E、维生素K等，后者有B族维生素和维生素C。

禾谷类作物是B族维生素的重要来源，其中维生素B_1、维生素B_2和维生素B_5较多。谷类胚芽中含有较多量的维生素E，这些维生素大部分集中在胚芽、糊粉层和谷皮里。因此，精白米、面粉中维生素含量很少。油料作物是维生素E的主要来源之一。薯类作物中马铃薯是所有粮食作物中维生素含量最全的，其含量相当于胡萝卜的2倍、大白菜的3倍、番茄的4倍，而B族维生素更是苹果的4倍。特别是马铃薯中含有禾谷类粮食所没有的胡萝卜素和维生素C，其所含的维生素C是苹果的10倍，且耐加热。

4.2.3 作物产品品质的影响因素

遗传因素直接决定了作物品质，而环境条件是调控作物品质的重要手段；二者共同影响着作物的生理代谢，从而决定了作物的品质形成。

(1) 遗传因素

作物产品品质性状，包括蛋白质、淀粉、脂肪和维生素含量以及食味和蒸煮品质等，这些性状一般都受遗传基因的控制，使作物保持了其产品质量的相对稳定性，也使作物之间存在着产品品质的差异。

(2) 气候因素

作物品质性状在遗传上一般都是数量性状，容易受环境条件的影响。在最适的环境条件下，作物体内的某一化学成分可能达到最高值，而在不良环境条件下，则下降到最低值，甚至失去其食用价值。因此，同一作物产品品质的优劣，因种植地区的气候因素不同而有很大差异，如在我国降水量较多的南方小麦籽粒的蛋白质含量低于降水量少的北方。温度与光照也影响产品的品质，如棉花生长后期，温度降低，使棉桃成熟度低，纤维强度差。日照长度对作物品质的影响较明显，长日照下大豆籽粒蛋白质含量下降。禾谷类作物籽粒蛋白质含量有明显的地区差异性，春小麦籽粒蛋白含量，湿面筋含量及沉降值都与抽穗至成熟期间的平均日照时数呈正相关。

(3) 土壤因素

不同土壤类型与质地对作物品质有显著影响。如砂姜黑土种植的小麦籽粒蛋白质含量高于潮土，壤土种植的小麦籽粒湿面筋含量高于砂质土壤。小麦开花后土壤水分不足，籽粒产量降低，而蛋白质含量增加。土壤营养状况是植株碳氮代谢的基础，碳氮代谢之间的相互作用以及碳氮同化吸收的动力学特征是作物生长发育和产量形成的关键所在。

(4) 栽培措施

同一作物品种的品质因栽培技术而异，合理的栽培技术措施能改善作物的品质。对于多数作物，适当稀播能改善个体营养，一定程度上提高作物品质。对于收获韧皮部纤维的麻类作物，适当密植可以抑制分枝生长，促进主茎伸长，从而改善纤维品质。栽培措施中施肥能提高水稻、小麦、玉米籽粒氮磷和蛋白质含量。氮、磷、钾肥均能明显提高玉米籽粒中蛋白质的含量。施用微量元素(Zn、Mn、Cu、Fe、Mo、B 等)肥料，一般都能起到改善作物品质的作用。

根据作物需水规律，适当地进行补充性灌溉，能改善植株代谢，促进光合产物的形成和积累，改善作物品质。追肥后进行灌溉，能促进肥料吸收，增加产品的蛋白质含量。

适时收获是获得高产优质作物产品的重要保证。例如，棉花收花过早棉纤维成熟度不够，扭曲减少；收花过晚，由于光氧化作用，不仅会使扭曲减少，而且纤维强度降低，长度变短。

4.2.4 作物产品品质的调控途径

(1) 选育品种

通过常规育种、分子育种与转基因技术，国内外在作物优质品种的选育工作方面已取得很大的成效。粮食作物品质育种方向主要是提高蛋白质含量及改善氨基酸组成，特别是增加赖氨酸、色氨酸、苏氨酸等必需氨基酸的含量。例如，近年来我国选育出优质弱筋和强筋小麦品种，通过在生产上推广应用，极大地促进了我国优质小麦生产水平。高赖氨酸玉米、高油玉米、爆裂玉米、甜玉米等优质专用玉米新品种的选育工作也取得了显著进展。棉花纤维作为纺织工业原料，对纤维品质一向比较重视，高品质棉花品种、杂交抗虫棉品种、优质专用棉花新品种也已经在生产上大面积推广应用。油菜籽的产品主要是油和饼粕。目前已育成低芥酸和低硫代葡糖苷的双低油菜新品种，提高菜籽的含油量和营养价值，菜籽饼也由单纯作肥料而开发用作饲料，以促进畜牧业的发展。

(2) 建立适宜的种植区域

基于生态条件建立优势农产品产业带，按照因地制宜原则发展种植，确定适宜种植的作物和品种。我国已制定了优质专用小麦、稻米、棉花等作物的生态区划，并规划了优势产业带，部分省(自治区、直辖市)也制定了相应的优质作物生态区划与优势产业带，从而有利于指导我国优质作物生产。

(3) 改善栽培管理技术

作物生长发育过程中采取合理的栽培措施，能影响作物的品质。作物合理轮作，可以消除和减轻土壤中有毒物质、病虫和杂草危害，改善土壤结构，提高土壤肥力，有利于作物合理利用土壤养分，提高作物产量与品质。

采用不同的施肥种类、施肥量、施肥时间和施肥方式，可以起到改善品质的作用。一般有机无机配合、氮磷钾配合，按照作物生长发育需求，科学平衡施肥，有利于提高作物品质。

化学调控是改善作物品质的一项重要技术。作物生育过程中把一些具有生理活性的化学物质施于植株体，使其激素系统的平衡关系及代谢途径受到影响，调节和控制其生长发育，能达到提高产量、改善品质的目的。例如，棉花盛花后30~40 d采用40%的乙烯剂喷雾，可以加速棉铃早熟吐絮，减少烂铃和霜后花，提高部分棉铃的铃重和品质，增加霜前花的产量；植物生长调节剂爱密挺(EMT)叶面喷施能显著提高小麦湿面筋含量，烯效唑能调节小麦籽粒中的DNA与RNA含量，从而影响蛋白质含量，改善籽粒品质。

根据作物需水规律进行适时灌溉，能改善植株代谢，促进光合产物的积累，改善作物品质。

适期收获在保证较高的禾谷类作物产量的同时，能提高籽粒品质。小麦蜡熟末期收获，产量最高，蛋白质含量及其干湿面筋含量也最高，且有利于面粉加工。但食用甜玉米在果穗授粉后20~23 d收获，饲用青贮玉米在乳熟末期至蜡熟期收获，含水量适中，品质好。纤维作物收获过早，纤维素含量低，成熟度不够；收获过晚则纤维色泽不良，棉花纤维强度降低，麻类纤维由于木质化加大而变得粗硬。油菜过早收获，籽粒尚未充实饱满，秕粒多，并影响产量、含油量及脂肪酸组成。因此，在作物生产过程中，应根据收获目标进行适时采收，以获得较高的产量与品质。

本章小结

本章介绍了作物生物产量、经济产量的概念，分析了产量构成因素、产量形成过程及其影响条件和作物高产的调控途径；同时介绍了作物农产品品质的概念、相关农产品品质评价指标，分析了农产品优质的影响因素和相关调控途径。

高产高效：冬小麦宽幅精播高产栽培技术

小麦是我国的主要口粮，做好小麦生产，对于满足人民生活需求和确保粮食安全具有十分重要的意义。河南农业大学针对小麦生产播种机械老化，种类杂乱，行距小，播种差，播量大，个体弱，缺苗断垄，疙瘩苗严重，产量徘徊的生产状况，研制了新型小麦宽幅精量播种机，该技术将小麦播种机械的播种苗带，由3~5 cm加宽到8 cm左右，具有播种量准确，出苗均匀、整齐、健壮，亩穗数较多等优点，一般增产10%左右。黄淮海麦区示范推广小麦宽幅精播栽培技术后，大幅度提高了小麦单产，保证了小麦高产稳产。该技术要点是：

(1) 选用有高产潜力、分蘖成穗率高，中等穗型或多穗型品种。

(2) 坚持深耕深松、耕耙配套，重视防治地下害虫，耕后撒毒饼或辛硫磷颗粒灭虫，提高整地质量，杜绝以旋代耕。

(3)实行宽幅精量播种,改传统小行距(15~20 cm)密集条播为等行距(22~26 cm)宽幅播种,改传统密集条播籽粒拥挤一条线为宽播幅(8 cm)种子分散式粒播,有利于种子分布均匀、无缺苗断垄、无疙瘩苗现象,克服了传统播种密集条播籽粒拥挤、争肥、争水、争营养,根少、苗弱等的生长状况。

(4)坚持适期适量足墒播种,播期一般为10月3~10日,播量为12~90 kg/hm²。

(5)冬前每亩群体大于60万苗时采用深耕断根,有利于根系下扎,健壮个体。浇好越冬水,确保麦苗安全越冬。

(6)早春划锄增温保墒,提倡返青初期搂枯黄叶,扒苗青棵,以扩大绿色面积,使茎基部木质坚韧,富有弹性,提高抗倒伏能力。科学运筹春季肥水管理。

(7)重视叶面喷肥,延缓植株衰老,后期注意及时防治各种病虫害。

思考题

1. 作物生长影响因素有哪些?
2. 如何提高作物产量?
3. 简述作物产量构成因素之间的关系。
4. 简述作物产量形成的三个理论。
5. 作物品质评价指标有哪些?
6. 如何改善作物农产品的品质?

参考文献

曹卫星, 2017. 作物栽培学总论[M]. 北京:科学出版社.

陈钦坚, 苏国鹏, 罗远骢, 2021. 农作物的栽培技术与影响高产的因素分析[J]. 农村·农业·农民(B版)(10):59-60.

胡立勇, 2005. 油菜品质形成的生理生态基础研究[D]. 武汉:华中农业大学.

胡琳, 许为钢, 赵新西, 等, 2008. 论作物高产的遗传基础及实现产量突破的技术与途径[J]. 河南农业科学(11):29-32.

刘淑云, 2005. 不同施肥制度对夏玉米产量与品质形成的影响及其生理机制[D]. 泰安:山东农业大学.

曲环, 2003. 长期施肥对作物品质的影响[D]. 泰安:山东农业大学.

田华, 段美洋, 黎国喜, 等, 2009. 水稻品质形成的研究概况[J]. 安徽农学通报(上半月刊), 15(9):116-117.

王彦荣, 2021. 农作物栽培技术和高产途径探究[J]. 种子科技, 39(2):39-40.

薛盈文, 于立河, 郭伟, 2005. 影响小麦品质的因素及改善小麦品质的途径[J]. 黑龙江八一农垦大学学报, 17(3):32-38.

张晓艳, 2005. 不同饲用作物产量与品质形成机理及调控研究[D]. 泰安:山东农业大学.

赵明, 李建国, 张宾, 等, 2006. 论作物高产挖潜的补偿机制[J]. 作物学报, 32(10):1566-1573.

于振文, 2013. 作物栽培学各论(北方本)[M]. 北京:中国农业出版社.

第 5 章 作物生产与生态环境

作物生产过程受到自然环境和社会经济条件的影响，生态环境因素是影响作物实现高产、优质、高效的重要因素。了解生态环境因素中光照、温度、水分、土壤、养分条件与作物产量以及品质之间的关系，生产上能够因地制宜，采取对应的管理措施，创建作物生产的最优条件，达到农业生产的目的。

5.1 作物的生态因子与生长调节

5.1.1 作物生态因子

农田作物栽培的生态系统中，生态环境是决定种植作物种类、作物生长速度和生育期长短的重要因素。环境中对作物生命活动有影响的各种环境因子称为作物生态因子。不同生态因子对作物的生态作用不同，有主要和次要、直接和间接、有利和有害之分。生态因子对作物的影响既相对独立又存在交互作用。作物生态因子可分为五大类：

①气候因子。主要包括光照、温度、水分、空气等，气候因子受地理位置和海拔等因素的影响。

②土壤因子。主要包括土壤物理性质、化学性质、肥力状况、土壤生物等。

③生物因子。主要包括农田中的动物、昆虫、植物、微生物等。

④地形因子。主要包括纬度、海拔、地球表面的起伏、山岳、高原、平原、盆地等，该因子会影响作物的生长和分布。

⑤人为因子。指生产者为作物正常生长发育所创造的环境，主要指可以改变环境的栽培措施。栽培措施可分为直接作用于作物的措施，如整枝、打杈、喷施生长调节剂等，和改善作物生态环境的措施，如耕作、施肥、灌溉等。

5.1.2 生态因子的作用机制

(1) 综合作用

作物生态环境是许多环境因子结合而成，各个因子之间不是孤立的，而是相互联系，相互制约的。环境中任一因子的变化，会引起其他因子不同程度的变化。例如，土壤水分含量的变化，会影响土壤温度、土壤通气性和土壤微生物等的变化。因此，在研究环境对作物的影响时，要考虑各个生态因子间的综合作用。

(2)主次效应

生态因子都会影响作物的生长发育。但在一定条件下，其中一个因素起主导作用，该因子的变化会使作物的生长发育发生明显的变化，这种起主要作用的因子称为主导因子。例如，作物春化阶段的低温、光周期现象中的日照长短、水稻苗期低温造成的秧苗烂根死苗等。生产上，要对作物不同生育时期的主导因子进行评估，及时采用有效栽培措施，改善作物生态环境，减少损失。

(3)不可替代性和可调性

各个生态因子在作物生长发育过程中是同等重要，不可或缺，且不能由另外一个因子替代。缺少任何一种，都会影响作物生长发育。一定情况下，某一因子的不足可以由其他因子的增加或增强而得到补偿，在一定程度上缓解生态因子不足的影响。例如，增加二氧化碳浓度，可以补偿光照减弱引起的光合速率降低的效应。因此，生产上应根据当地的生态因子确定种植作物的种类。当生态因子不足时，应根据该生态因子与其他生态因子的交互效应，合理选择栽培措施，缓解生态因子不足对作物的影响。

(4)生态因子的直接作用与间接作用

根据生态因子对作物生长发育和作物分布的影响关联性，可将生态因子分为直接作用因子和间接作用因子。光照、温度、水分、养分等生态因子可以直接对作物的生长发育产生影响称为直接作用因子。纬度、海拔、地形等地理因素通过改变光照、温度、降水等直接作用而对作物产生影响称为间接作用因子。人为因子中也存在直接作用因子和间接作用因子，且间接作用因子更多。

(5)生态因子作用的阶段性

作物不同生育时期，生态因子发挥的作用不同；作物对生态因子的需求也不同。例如，低温是小麦春化阶段的必需条件，而小麦的其他生育时期均不耐低温，低温会引起发育停滞、花粉败育，导致产量下降。

5.1.3 生态因子的限制方式

(1)李比希最小因子定律

某一数量不足的营养物质，由于不能满足作物生长的需要，不但会限制作物的生长，同时会限制其他处于良好状态的因子发挥作用，即木桶理论。最小因子是该生态系统的限制性因子，要提高该生态系统的生产力，就要改善最小因子。

(2)谢尔福耐性定律

同种作物对各个生态因子的耐性范围不同，不同作物对同一生态因子的耐性范围也不同。同一作物在不同生育阶段对生态因子的耐性范围也不同。其中生殖生长阶段与产量形成密切相关，对生态因子的耐性范围要求最严格。光周期敏感的作物，只在光周期感应期内对光周期要求严格，其他生育时期没有严格要求。由于生态因子的互作，当某个生态因子不是最佳状态时，作物对其他生态因子的耐性范围会缩小。生产上主要生态因子耐性范围宽的品种，其分布范围更广。长期生活在不同生态环境下的同一作物的不同品种会形成对多种生态因子的不同耐性范围，从而形成生态型的分化。

(3)报酬递减律

从一定土地上所获得报酬随着向该土地投入的劳动和资本量的增加，报酬增加的幅度却在减少。报酬递减律在土壤肥力中有明显表现,即其他养分充足时,增施某种养分,产量也随之增加,但增加并不完全是直线的,随着养分的不断增加,产量的增加率却逐渐下降,当达到最高产量后,增加率变为 0。此时只能通过改变其他生态因子(更换新品种等)才能继续增加产量。

5.1.4 作物对生态因子的适应性

作物的生态适应性(ecological adaption)是指作物对环境的要求与实际环境的吻合程度。作物的生态适应性是对物种遗传变异长期自然选择与人工选择的结果,是作物生长的一种遗传习性。作物的不同个体群,长期生活在不同生态环境或人工培育条件下,发生趋异适应,经自然和人工选择分化形成了生态、形态和生理特性不同的基因型类群称为生态型(ecotype)。作物生态型分为气候生态型、土壤生态型和生物生态型。气候生态型主要是受光周期、温度、降水量等生态因子影响,如不同熟期作物品种;土壤生态型主要是受土壤水分、肥力等生态因子影响,如不同氮利用效率作物品种;生物生态型主要是受生物条件影响。不同种类的作物生活在相同自然和人工培育环境条件下,会发生趋同适应,在自然和人工选择条件下,形成具有类似形态、生理和生态特性的作物类群称为生活型。例如喜温作物、抗旱作物等。

5.2 作物与光照

光是作物生命活动的能量来源,作物吸收太阳光能并通过光合作用将 CO_2 和水合成有机物,从而将光能转变为化学能,实现能量吸收、转换和贮藏。同时,光也可以作为信号分子调控作物生长发育。光对植物光合作用与生长发育的影响,主要包括光照强度(irradiance)、日照长度(daylength)和光谱成分(光质)(light quality)三个因素。

5.2.1 光照强度对作物的影响

5.2.1.1 光照强度与光合作用

光是作物光合作用的能量来源,光照强度对光合作用具有最直接、最重要的影响。在一定条件下,作物二氧化碳固定量随光照强度的增加而增强,得到一条光响应曲线(图 5-1),光响应曲线可以反映作物光合作用与光照强度的关系。图中 A 点是暗呼吸速率(dark respiration rate),指在黑暗条件下作物通过呼吸作用消耗氧气和有机物生成的二氧化碳的量。随光照强度增加,光合碳同化量呈线性增加,当作物进行光合碳同化吸收的二氧化碳量与呼吸作用释放的二氧化碳相平衡时的光照强度称为光补偿点(B 点)。随光照强度的继续增

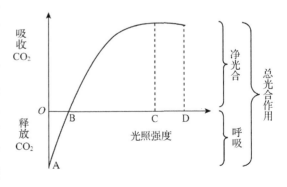

A. 暗呼吸速率;B. 光补偿点;C. 光饱和点;D. 光抑制。

图 5-1 作物光合作用的光响应曲线

[引自董钻等主编《作物栽培学总论》(第 3 版),2018]

加，光合碳同化量继续增加，当光照强度达到一定阈值后，光合作用光反应逐渐稳定，达到饱和状态。达到饱和点后，光照强度继续增加，光合速率不再受到影响，这种现象称为光饱和现象，这个光照强度临界点称为光饱和点（C 点）。通常用光补偿点（light compensation point）和光饱和点（light saturation point）表示作物对光照强度的需求。

不同作物的暗呼吸速率、光补偿点和光饱和点因作物种类及发育条件的不同而不同。通常 C_4 作物（玉米、高粱等）光饱和点高于 C_3 作物（大豆、棉花等），C_4 作物光补偿点一般低于 C_3 作物。C_4 作物光能利用效率更高，又称为高光效作物。阳生作物的暗呼吸速率高于阴生作物，但阳生作物光补偿点和光饱和点要高于阴生作物。例如，玉米大豆间作条件下，高秆作物玉米的遮阴会增加大豆叶片的暗呼吸速率，降低大豆叶片的光补偿点和光饱和点，提高大豆对弱光的利用效率，降低呼吸消耗，获得更多的干物质积累。

大多数植物叶片光饱和点为 500~1 000 μmol/（m²·s），而中午自然光照有效辐射约为 2 000 μmol/（m²·s）。当光照强度长时间超过作物叶片光合系统所能利用的数量时，光合作用就会下降，该现象称为光抑制（photoinhibition）。光抑制分为动态光抑制（dynamic photoinhibition）和急剧性光抑制（chromic photoinhibition），动态光抑制会导致量子效率（quantum efficiency）下降，但最大光合速率（maximum photosynthetic rate）维持不变。当光照强度低于光饱和点，量子效率可以恢复。严重光能过剩条件下，会发生急剧性光抑制。它会损伤光合系统，导致量子效率和最大光合速率均下降。且急剧性光抑制的影响时间长，可持续数天或更长时间。在自然条件下，晴天中午植物上层叶片常会发生光抑制。例如，通常所说的大豆光合午休现象，即正午时大豆叶片完全暴露在最大光照强度下，叶片发生光抑制，导致 CO_2 固定量下降。当光照强度下降到光饱和点后，量子效率恢复，因此属于动态光抑制。当强光和其他环境胁迫因素如高温、干旱和低温等同时存在时，光抑制加剧，即使在低光强下也会发生光抑制现象。光抑制是植物本身的保护性反应，但并不是一种光保护机制。在强光胁迫下，植物易发生光抑制现象，为减少光抑制积累，植物体内进化出光保护机制来减少过剩激发能产生，防止光破坏的发生。当作物叶片暴露在过量的光照强度下时，叶片通过下调光系统 Ⅱ 活性，降低光系统 Ⅱ 的量子产量，即光合电子传递和光化学荧光猝灭的能力，增加非光化学荧光猝灭的能力（non-photochemical quenching, NPQ），来提高捕光天线中能量的耗散，以维持最佳光合速率，防止光氧化损伤的发生。光抑制的发生会引起作物光合速率下降，导致生物量的下降。

生产中，根据作物对光照强度的需求配套适当的栽培措施可以达到高产的目的。例如，辽宁东南部地区夏天寡照多雨，作物的种植密度要比辽宁其他地区低一些，防止作物徒长倒伏的发生，而该地区无霜期时间长，因此可以选择生育期长的作物品种，延迟对光照利用的时间，进而获得高产。

5.2.1.2 光照强度与作物生长发育

光既可以作为作物光合作用的能量来源，也可以作为信号分子调控植物的生理活动。当植物生存的光环境发生改变时，植物会通过一系列复杂的响应机制来适应新的光环境。例如，作物种植过密，植株间对光照竞争加剧，光照不足，导致植株发生避荫反应，具体表现为植株徒长，茎秆变细变长，易发生倒伏，干物质和养分分配也发生改变，更多的干物质和养分分配到茎秆中，导致产量下降。弱光条件会引起作物叶片和栅栏组织厚度变薄、叶绿体数减少，导致叶片光合能力下降。光照强度与作物花芽分化及生殖器官生长发育也存在很大的关联性。例如，花期连续阴雨，光照不足会抑制玉米雌穗发育，引起玉米空秆现象；鼓粒期连续阴雨或种植密度过大会引起大豆荚脱落，导致产量下降。

5.2.2 日照长度对作物的影响

日照长度的变化对植物具有重要的生态作用。植物的开花、休眠、落叶，地下贮藏器官的形成等都受日照长度的调节。作物从营养生长向生殖生长转化，受到日照长度的影响，或者说受昼夜长度的控制。自然界中一昼夜间的光暗交替称为光周期（photoperiod），作物发育对日照长度发生反应的现象称为光周期现象。光周期的发现，使人们认识到光不但为植物光合作用提供能量，而且还作为环境信号调节着植物的发育过程，尤其是对成花诱导起着重要的作用。

根据作物发育对光周期的反应不同，可把作物分为长日照作物、短日照作物、中日照作物和定日照作物。

长日照作物要求在 24 h 昼夜周期中，日照长度长于某一个临界日长才能成花，如果对这一类作物延长光照时间，可以促进和提早开花。相反，如果延长黑暗，则不能成花。属于长日照作物的有小麦、黑麦、大麦、油菜、甜菜、菠菜、萝卜等。

短日照作物要求在 24 h 昼夜周期中，日照长度短于某一个临界日长才能成花，对这一类作物延长黑暗，缩短光照时间，可以促进和提早开花。反之，如果延长光照时间则不能开花。这一类作物主要有水稻、玉米、大豆、高粱、烟草、大麻、黄麻等。

定日照作物只有在某一中等长度日照条件下才能开花，而在较长或较短日照下均保持营养生长状态，如甘蔗的某些品种要求 11.5~12.5 h 的日照条件下才能开花。

中日照作物的成花对日照长度不敏感，在任何长度的日照下均能开花。棉花、黄瓜、茄子、辣椒、番茄等都属此类作物。

在植物界中还有一些其他光周期反应类型，如长-短日植物、短-长日植物和两极光周期植物。这几种类型的植物中农作物很少。

生产上需要根据不同地域的光周期选择不同类型作物和播种日期。另外，开花后增加日照长度可以延长作物进行光合作用的时间，有利于作物干物质的生产或积累。因此，在温室等设施栽培条件下，可根据作物不同生育时期对光周期的需要，通过补光灯等措施人为调控光照长度，使作物增产。光周期还参与调控作物的品质。例如，开花后延长光照，可使大豆籽粒蛋白质含量下降，脂肪含量上升、油酸、软脂酸占脂肪比例下降，亚油酸、亚麻酸和硬脂酸比例上升。较长的光周期对粗纤维、维生素 C、可溶性糖、酚类化合物和花青素含量也有一定的影响。因此，未来可以尝试通过调控光周期来提高作物品质。

5.2.3 光谱成分对作物的影响

太阳辐射是许多不同波长的光波所组成，太阳辐射能随波长的分布称为太阳光谱。太阳光主要波长范围是 150~4 000 nm，其中可见光的波长在 380~760 nm 之间，波长小于 380 nm 的是紫外光，波长大于 760 nm 的是红外光，它们都是不可见光。全部太阳辐射中，红外光区约占 50%~60%，可见光区约占 40%~50%。作物光合作用并不能利用太阳光谱中所有波长的光能，只有可见光区的大部分光能可以被绿色植物吸收，进行光合作用将光能转化为化学能，因此通常把这部分太阳辐射称为光合有效辐射。植物叶片对可见光区中的红光和橙光利用最多,其次是蓝光和紫光,这两部分称为生理有效光;绿光被叶片吸收极少,称为生理无效光。

太阳光谱中的不同成分对作物的生长发育具有不同的影响(表5-1)。远红光对光周期及种子的形成有重要作用,并控制开花与果实的颜色,同时远红光可以缩短油菜和小麦的生长周期;红光和远红光的比值是植物重要的信号转导要素,影响作物的开花、植株形态建成等;紫外光对果实成熟和含糖量有良好作用,但对作物的生长有抑制作用,通常会使植物变矮、颜色变深、叶片变厚等;增加红光比例对烟草叶面积的增大和内含物的增加有一定的促进作用;蓝光处理会降低水稻幼苗的光合速率。高山或高原地区的作物,一般都具有茎秆矮短、叶面积缩小、叶绿素增加、茎叶有花青素存在等特征,这是因为这些地区短波光和紫外线较多的缘故。

表 5-1 植物对太阳光谱成分的反应

波长范围(nm)	植物的反应	波长范围(nm)	植物的反应
>1 000	对植物无效	510~400	为强烈的叶绿素吸收带
1 000~720	引起植物的伸长效应,有光周期反应	400~310	具有矮化植物与增厚叶子的作用
720~610	为植物叶绿素所吸收,具有光周期反应	310~280	对植物具有损毁作用
610~510	植物没什么特别意义的响应	<280	辐射对植物具有致死作用

注:引自董钻等主编《作物栽培学总论》(第3版),2018。

光质对作物的品质也有一定的影响。红光有利于可溶性糖和淀粉等碳水化合物的合成;蓝光有利于氮素积累和蛋白质的合成;光质对花色素苷的合成有重要作用,远红光/红光≈1时,有利于花青素合成。远红光/红光>1时,几乎没有花青素合成;紫外线增强可促进黄酮类物质的合成,红光不利于黄酮的合成,而短波段的光如蓝光则有利于黄酮的合成。农业生产上可通过影响光质而控制光合作用的产物,改善农作物的品质。

5.3 作物与温度

不同作物种类、同一作物不同品种及不同生育时期对温度的要求均不相同。了解温度对作物生长发育的重要作用及不同作物对温度的响应规律,在作物生产中有重要意义。

5.3.1 温度变化规律对作物的影响

温度随着季节和昼夜交替发生有节奏的变化。作物生长、发育对生长环境的温度变化极为敏感,温度的变化直接或间接影响作物的产量和品质。在自然条件下气温是呈周期性变化的,许多生物适应温度的某种节律性变化,并通过遗传成为其生物学特性,这一现象称为温周期现象(thertnoperiodism)。在作物最适生长温度范围内,增加昼夜温度差可以促进作物体内物质积累和转移,有利于作物开花结实,提高作物产量。这是因为白天适当高温促进光合作用,而夜间较低的温度可以减少呼吸作用对能量的消耗,增加干物质积累。一般情况下,昼夜温度差大比恒温条件更有利于作物的生长和发育。大多数作物在节律性变温可以提高种子萌发率,对作物生长有明显的促进作用。此外,昼夜变温能影响作物的分布。不同品种对变温的反应不同,起源于北方的品种对变温的反应更敏感。

季节温度变化对作物的生长发育也有很重要的影响。大多数作物在春季温度开始升高时发芽、生长，继之出现花蕾；夏秋季高温下开花、结实和果实成熟。冬小麦的春化现象是作物对季节温度变化适应的最明显体现。冬小麦生长发育的最适温度是25℃，但在苗期需要经受一段低温刺激，才能开花结实。因此，播种冬小麦时，需要根据季节温度变化选择适宜的播种时期。

5.3.2 温度对作物的影响

作物生长发育过程中，每一生理过程对温度的要求都有最低温度、最适温度和最高温度，称为温度的三基点。在最适温度下，作物生命活动旺盛且生长发育迅速；在最低或最高温度下，作物生长代谢缓慢，只能维持其生命活动；当温度高于最高温度或低于最低温度时，生长发育受阻，出现不可逆损伤，甚至死亡。

不同类型作物生长的温度三基点不同（表5-2），一般情况下，原产于热带或亚热带作物的温度三基点要高于原产于温带的作物和原产于寒带的作物。同一作物不同品种的温度三基点也不同。作物的温度三基点是可以改变的，育种家通过品种选育可以改变作物的温度三基点。例如，小麦和水稻抗寒品种的育成将我国小麦和水稻的种植范围北移；大豆起源于中国黄淮海区域（北纬32°～40°），通过育种，如今低纬度热带地区大豆产量占全球总产量的一半以上。

表 5-2　部分作物生理活动的基本温度范围

作物名称	基本温度（℃）		
	最低温度	最适温度	最高温度
小麦	3~4.5	25	30~32
黑麦	1~2	25	30
大麦	3~4.5	20	28~30
燕麦	4~5	25	30
玉米	8~10	32~35	40~44
水稻	10~12	30~32	36~38
牧草	3~4	26	30
烟草	13~14	28	35
甜菜	4~5	28	28~30
紫花苜蓿	1	30	37
豌豆	1~2	30	35
扁豆	4~5	30	36

注：引自董钻等主编《作物栽培学总论》（第3版），2018。

同一作物不同生育时期的温度三基点是不同的。通常作物种子萌发的温度较低，植株生长发育旺盛期需要较高的温度，生育后期对温度要求较低。例如，水稻种子萌发最低温度为10~12℃，最适温度为18~33℃，最高温度为45℃；抽穗开花期最低温度为18~20℃，最适温度为25~32℃，最高温度为34~37℃；灌浆结实期最低温度为18~20℃，最适温度为25~32℃，最高温度为34~37℃。同一作物的不同器官温度三基点也不相同。作物根系生长所要求的温度比地上部生长的要低，当地温过高会增加根系的呼吸，降低作物产量。地温对以块根为收获器官的作物如甘薯、马铃薯等更为重要。

5.3.3　积温及无霜期对作物的影响

5.3.3.1　积温对作物的影响

作物生长发育除了要求适宜的温度，对热量总量也有一定的要求。通常用积温来表示。积温是指某一时间段内逐日平均气温累积之和。作物整个生育期，或某一生长发育阶段内高于一定温度以上的日平均温度的总和，称为作物整个生育期或某生育阶段的积温（accumulated temperature）。

积温分为有效积温（effective accumulated temperature）和活动积温（active accumulated temperature）。在某一生育期或全生育期中高于生物学最低温度的日平均温度称为当日的活动温度。日平均温度与生物学最低温度的差数称为当日的有效温度。例如，水稻种子萌发的生物学最低温度为10℃，某天的平均温度为12.5℃，这一天的活动温度为12.5℃，有效温度则为2.5℃。活动积温是作物全生育期或某一生育阶段内日活动温度的总和。有效积温则是作物全生育期或某一生育阶段的日有效温度的总和。不同作物甚至同一作物不同品种由于其生物学最低温度的差异以及生育期的长短不同，整个生育期对有效积温的要求不同。例如，玉米早熟品种大约需要2 100~2 400℃的有效积温；中熟品种大约需要2 500~2 700℃的有效积温，晚熟品种需要3 000℃以上的有效积温。

积温是研究作物生长发育对热量需求或衡量一个地区热量资源的重要指标，生产上可根据积温划分，合理推荐种植作物种类和品种。温度升高改变不同地区的积温，可能有利于中高纬度地区作物增产。例如，温度升高使我国最北端黑龙江省玉米单产增加，热量资源的增加对其单产贡献率达到10%。温度升高引起的热量资源变化，还会使农作物的种植界线发生变化。例如，双季稻种植北界北移；冬小麦潜在光温适宜区界线北移西扩；东北地区春玉米种植北界向北向西移动。

5.3.3.2　无霜期对作物的影响

无霜期（frost-free season）也称无霜冻期，是指从春季终霜起到秋季初霜这段时间持续的日数。无霜期是衡量一个地区热量资源的重要指标。无霜期长短是作物布局和确定种植制度的依据，与农作物生长期有密切关系，无霜期长则生长期也长。由于每年的气候情况不尽相同，出现初霜和终霜的日期也就有早有晚，每年的无霜期也就不一致。

无论是种植农作物还是引进新品种，首先要考虑到无霜期长短，无霜期长，热量资源丰富，可栽培晚熟品种或者采用多熟制，充分利用光热资源获得高产；无霜期短，生长期短，热量资源较差，适宜栽培早熟品种，生产上应充分利用有限的光热资源进行农业生产。春秋时节，冷暖空气交替，易发生霜冻，影响作物幼苗生长或损坏叶片器官，影响物质转运，导致产量下降。因此，要根据不同地域的无霜期情况指导农业生产。

5.3.4　温度逆境对作物的危害及防御措施

作物生长发育过程中，常会遇到低于或高于生长发育上限或下限的极端温度。对作物不利的温度称为温度逆境。

5.3.4.1 低温对作物的危害及防御措施

低温是影响作物分布、产量及品质的重要非生物胁迫，是作物栽培中常遇到的一种灾害。低温不仅抑制作物生长发育，甚至损坏作物器官，导致植株死亡，给生产带来严重的损失。根据低温对作物影响的严重程度，可分为冷害和冻害。

(1) 冷害

冷害 (chilling injury) 是指作物遇到 0℃ 以上低温，生命活动受到损伤甚至死亡的现象，即 0℃ 以上的低温对植物的伤害。

冷害分为延迟型冷害和障碍型冷害。延迟型冷害主要指农作物生长期发生的冷害，会使作物生育期延迟。延迟型冷害的特点是：较长时间低温影响下，植株生长发育速度缓慢，导致开花延迟，以至于不能在初霜来临前成熟等。障碍型冷害指作物生殖生长时期(主要是生殖器官分化和形成阶段)，遭受短期异常低温，导致生殖器官发育不良，颖花不育，籽粒空瘪等。

冷害对作物的危害主要表现为以下4个方面：

①水分平衡失调。低温、昼夜温差大及土壤干燥情况下，根系吸收力降低，蒸腾降低，但吸收力降低幅度大于蒸腾，不能保持水分平衡。

②蛋白质合成受阻。例如，水稻秧苗受寒害后，蛋白质分解酶活动加强，蛋白质分解大于合成，植株体内蛋白质减少，游离氨基酸的种类和数量都增多，根部尤其显著。游离氨基酸量的变化和死苗之间密切相关。

③碳水化合物减少。寒害初期，可溶性糖含量增加，以适应寒冷条件，随着受害时间延长，可溶性糖和淀粉逐渐减少。可溶性糖含量与抗寒性密切相关。

④代谢紊乱。水稻秧苗在寒害环境下，呼吸消耗导致干物重减轻。零上低温条件下，秧苗呼吸作用在短时期内显著加强，但呼吸所释放出的能量未能贮藏于 ATP 中，这些能量以热能形式放出。寒害加强呼吸，并非由于可溶性糖增多，而是线粒体结构受到破坏，氧化磷酸化酶解偶联引起"空转"，幼苗缺乏可利用的能量，引起代谢紊乱。

(2) 冻害

冻害 (freeze injury) 是指冰点以下低温使植物体内形成冰晶而造成的损害。植物内部结冰可分为胞内结冰和细胞间隙结冰。温度的骤然降低导致细胞内溶质过冷，进而导致细胞内部结冰。原生质内形成的冰晶体体积比蛋白质等分子的体积大，冰晶体会破坏生物膜和细胞器的结构，对细胞造成致命伤害。冻害造成作物损伤的主要原因是细胞间隙结冰。细胞间隙中水溶液的溶质比细胞质的浓度低，当温度达到冰点以下，细胞间隙中液体首先结冰，引起细胞内外渗透压差异，促进细胞内水分外渗，扩大冰晶。如果细胞间隙的冰晶继续扩大，会对细胞产生机械挤压，刺穿细胞膜造成细胞被破坏，融化后植物细胞内的原生质流出，细胞失去活性。而细胞脱水严重也会导致渗透应答机制的丧失，细胞受到伤害甚至死亡。

冻害对作物的影响程度与温度高低和冻害持续时间有关，也与解冻过程有关。如果冻害程度较低，持续时间较短，细胞间隙结冰后，温度缓慢回升，冰晶融化后的水分能被细胞重新吸收，细胞损伤小，细胞逐渐恢复正常；若温度迅速升高，解冻太快，融化后的水分迅速蒸发，容易造成组织脱水而枯萎。冻害发生几天后叶片颜色加深呈浓绿色，有的形成条纹状花叶。冻害越重叶色越深，若叶色呈蓝绿色或黑绿色，表明叶片细胞损伤严重。

轻度冻害发生时只有部分细胞被破坏,部分幼嫩叶片发生冻害,植株尚能恢复生长;发生严重冻害时,植株大量细胞被破坏,生长点和组织被冻死,植株无法恢复生长,造成大量植株枯死。植物细胞内原生质浓度越高,植株的抗寒性越强,因此,在低温冻害来临前,提高细胞内原生质的浓度,是提高植株抗寒性最有效的方法之一。

5.3.4.2 作物的抗寒能力及提高作物抗寒能力的措施

生产上为了避免低温对作物生产的影响,分别从提高作物抗寒能力和改善作物环境两个方面入手。

(1) 抗寒锻炼提高作物抗寒能力

作物长期受一定范围的低温影响后,产生一系列适应低温的生理生化变化,进而提高抗寒能力,称为抗寒性锻炼。例如,作物种子催芽时温度稍低,后逐渐提高到种子发芽的适宜温度,到种子萌芽后再降温。通过锻炼后,植株获得抗寒能力。

(2) 化学控制技术

通过外源 ABA、多效唑等可诱导多种低温诱导基因表达,产生低温诱导蛋白,提高作物的抗寒能力。

(3) 通过栽培管理措施改善作物环境

根据地区积温情况,选择生育期适宜品种适时播种,减少低温风险。前期可利用温室、温床、地膜覆盖等提高土壤温度,降低低温风险。低温来临前可采用灌水防冻、烟熏等措施保护作物。

5.3.4.3 高温对作物的危害及防御措施

作物生长发育需要一定的温度条件,当环境温度超出作物生长发育最适范围,就会对作物生长发育形成胁迫;温度胁迫持续一段时间,对植物造成不同程度的损害。高温胁迫可以分为急性、慢性或长期胁迫。高温对作物危害的生理影响是使呼吸作用加强,物质合成与消耗失调,也会增强蒸腾作用,破坏体内水分平衡,植株萎蔫,使作物生长发育受阻;强烈的高温胁迫还会导致器官受损甚至植株死亡。高温胁迫会改变细胞膜的组分和结构,造成细胞膜透性增加、细胞内电解质外渗,导致组织浸出液电导率增大。

高温对作物的损伤可分为直接损伤和间接损伤。直接损伤包括高温引起的蛋白质变性导致蛋白质结构改变和功能丧失;高温引起细胞膜流动性增加,膜失去完整性,导致细胞死亡。

间接损伤包括高温抑制作物光合作用和呼吸作用,增加有机物消耗,导致代谢性饥饿;高温抑制酶活力,导致蛋白质合成速率下降,蛋白质含量减少;高温使氧气含量下降,作物体内无氧呼吸与发酵产生大量乙醇、乙醛等有毒物质;高温增加作物体内活性氧含量,降低抗氧化酶活性,进而造成组织和器官损伤。

生产上,合理的栽培措施可以在一定程度上降低高温胁迫对作物的影响;地膜覆盖也具有降温效应,可减轻夏季高温对作物的伤害;通过合理灌溉也可以降低高温对作物的伤害。另外,通过喷施 KH_2PO_4、生长素等也可以减轻高温胁迫对作物的损伤。

5.4 作物与水分

水是生命之源,是作物生长发育的基础。水是作物各器官的主要组成部分,是作物体内含量最高的成分。作物鲜样的含水量可达80%以上，种子的含水量也达到7%~12%。作物水分具有多种功能。水能维持细胞和组织的膨压，保持植物的固有形态；水作为良好的溶剂，是作物吸收和运输养分、运输有机物的介质；水是光合作用的底物；水还可以调节作物的温度，确保温度相对稳定。水还可以通过调节作物生长环境起到重要的生态调控作用。

作物可通过植株整个外表面吸收水分，其中作物吸收水分最主要的部分是根，且大部分发生在根尖。水分经根尖进入根系后通过植株茎秆运输到叶，再通过气孔扩散到大气层，最后参与大气湍流交换，形成一个统一、动态、相互反馈的连续系统，这个体系称为"土壤—作物—大气连续体"。作物对水分的吸收动力主要是根压和蒸腾拉力。根压是由于根系木质部通过积累溶质，降低水势，土壤水分顺着水势梯度运输到木质部导管中。根压是作物根部产生的正压，但不足以将水分运输到作物的顶端。作物叶片蒸腾作用会产生较大的张力，驱动木质部中水分的向上运输。

5.4.1 作物对水分的需求特点

作物生长发育过程中，水发挥着重要的作用，最大限度满足作物生长发育所需的水量是获得高产的重要条件。作物处于正常生长发育状况和最佳水、肥条件下，作物整个生育期农田蒸散的水量称为作物需水量，也称田间最大蒸散量。包括农作物叶片蒸腾量、田间土壤蒸发量(棵间蒸发水量)及作物体水量(组成和用于完成生理活动所需的水量)。作物需水量是作物生理和生态耗水量的总和。

作物植株蒸腾量是指通过蒸腾作用从植株叶片散失到大气的水量。作物吸收的水分90%以上会通过蒸腾作用散失到大气中。田间土壤蒸发量是指直接从土壤表面散失的水量。作物体水量是指参与作物光合作用及其他生理过程的水分。其中作物植株蒸腾量和田间土壤蒸发量相对较大，而植株体水量相对很少，只占作物总吸收水量的5%以下。因此，在计算作物需水量时常常简化为植株蒸腾量和田间土壤蒸发量之和。

作物需水量可根据蒸腾系数大小估算，蒸腾系数是作物每形成1g干物质所需要消耗的水分克数。作物生物产量乘以蒸腾系数代表作物的需水量。C_3作物的蒸腾系数一般为400~900，C_4作物蒸腾系数一般在250~400。

作物需水量大小取决于作物生长发育和对水分需求的内部因子和外部因子。内部因子是指对需水规律有影响的生物学特性，与作物种类、品种以及生长阶段有关；外部条件包括气候条件(太阳辐射、温度、相对湿度、风速等)和土壤条件(土壤质地、土壤含水量等)。土壤水分充分的情况下，气象因素是影响作物需水量的主要因素；农业技术措施也会影响作物需水量。

不同作物田间需水量不同，同一作物在不同地区、不同年份和栽培条件下也不同。一般干旱年份比湿润年份多，干旱、半干旱地区比湿润地区多。同一作物不同生育阶段对水分的要求不同，作物生育前期植株矮小，需水量较少，以田间蒸发量为主；生育中期随茎叶迅速增长，作物需水量增多，同时作物群体逐渐形成，作物覆盖程度增加，田间蒸发量减少，此时以作物蒸腾为主；生育后期，随籽粒逐渐成熟，下部叶片逐渐衰亡，需水量逐渐减少。作物全生育期中对水分亏缺最敏感、需水最迫切以致对产量影响最大的时期称为需水临界期。不同作物需水临界期不同。生殖器官发育至开花期是大多数作物的需水临界期,该时期缺水对作物的产量影响较大;水分临界期适当灌溉,有利于作物产量的形成。

5.4.2 水分逆境对作物的影响

5.4.2.1 干旱对作物的影响

环境中水分降低到不足以满足作物正常生命活动需求时,会出现干旱(drought)。作物遇到的干旱分为大气干旱、土壤干旱和生理干旱。大气干旱发生在持续高温的条件下,空气过度干燥(相对湿度低于20%),植株蒸腾旺盛,但根部吸水不能补偿失水,造成体内水分平衡被破坏,作物生长近乎停止。土壤干旱是指土壤中水分不能满足作物根系吸收和正常蒸腾所需而造成的干旱,是在长期无雨或少雨情况下,土壤含水量少,作物根系难以从土壤中吸收到足够的水分以补偿蒸腾消耗的现象。土壤干旱会使作物生长受到抑制,影响作物产量和品质的形成,其影响程度取决于土壤水分胁迫的程度和持续时间的长短。水分胁迫严重、持续时间长,对作物造成的伤害大,减产越严重;当土壤中速效水分丧失殆尽时,植物因水分不足而枯死。土壤水分的亏缺与大气干旱、土壤性质、地下水位等密切相关。生理干旱是指土壤中水分充足,但由于其他不利因素的影响使作物根系吸水发生障碍,使体内水分不平衡而造成的伤害。

干旱会导致作物萎蔫(wilting),即因水分亏缺,细胞失去膨胀状态,叶片和茎的幼嫩部分出现下垂现象。萎蔫分为暂时萎蔫和永久萎蔫。暂时萎蔫(temporary wilting)是指植株根系水分暂时供应不足,叶片和嫩茎出现萎蔫,当蒸腾速率下降,或根系供水充足时,植株恢复正常状态的现象。永久萎蔫(permanent wilting)是指土壤中无作物可利用的水分,降低蒸腾也不能使萎蔫的植株恢复正常状态。植物开始发生永久萎蔫时的土壤含水量称为永久萎蔫系数,以土壤水分占土壤干重的百分率表示。不同土壤和不同作物的永久萎蔫系数不同。

干旱对作物的损伤主要有:①机械损伤。干旱导致细胞失水,细胞失水过程中,细胞壁和细胞质收缩速度和程度不同,导致细胞膜机械损伤,失去选择透过性和完整结构,溶质渗出。当脱水细胞吸水时,细胞壁首先吸水并向外膨胀,原生质吸水较慢,所以突然向外膨胀的细胞壁会把紧贴着壁的细胞膜撕破。②抑制叶片生长和光合作用。干旱导致膨压降低,而膨压是叶片扩展的主要驱动力。因此,干旱会抑制作物叶片的生长,降低单株叶面积,有利于减少蒸腾量,同时减少作物光能截获量。干旱引起作物气孔关闭,降低蒸腾作用,导致气孔导度下降,胞间二氧化碳浓度降低,限制作物光合作用;另外,干旱引起的细胞内水势下降,会损坏类囊体膜及ATP酶,降低电子传递活性及光合磷酸化作用。③改变植株体内水分分配。干旱条件下,水分由衰老组织(老叶、老茎等)向新生组织(新叶、茎生长点)转移,导致部分组织衰老加剧。严重干旱时,生殖器官中水分转移到新生组织中,导致生殖器官脱落,严重影响作物产量。

干旱对作物的影响主要受干旱程度和干旱持续时间的影响。轻度干旱时作物根系进行伸长生长,增加根系与土壤的接触面积和范围,获得更多的水分,同时地上部叶片气孔关闭以减少蒸腾作用对水分的损耗,此时同化产物优先供给根系生长,有利于根系深扎。生产上常在作物苗期进行"蹲苗"(适度干旱),提高作物的吸水能力、抗旱能力、抗倒伏能力和水分利用率。随着干旱程度的增加,气孔关闭,光合作用受到强烈限制,光合作用产生的有机物低于呼吸作用消耗的有机物，叶片光合器官逐渐发生不可逆的损伤，最终导致植株死亡。作物不同阶段水分胁迫对产量构成因素影响不同，而且干旱还会影响作物的品质。

干旱是作物生长过程中极易发生的一种非生物胁迫，作物通过长期进化形成了适应干旱的一系列途径。植物抵抗干旱的能力称为抗旱性(drought resistance)。抗旱性强的作物主要表现为根系发达、根扎得深、茎秆和叶片有蜡质层、叶面积小、细胞中相容性溶质累积降低了渗透压等。不同作物的抗旱性不同，同种作物不同基因型品种的抗旱能力存在差异。

5.4.2.2 涝害对作物的影响

水分过多对作物的不利影响称为涝害(flooding stress)。涝害使作物处于缺氧环境，严重影响作物生长发育，直接影响产量和品质形成。涝害发生时，作物根部土壤气体被水替代，导致作物根部产生氧气胁迫。氧气不足会影响作物根系的呼吸作用、营养平衡及其他根部功能。正常有氧环境下，植物每氧化 1 mol 己糖可产生 30~36 mol 的 ATP。涝害条件下，根部有氧代谢被抑制，只能依赖糖酵解等无氧呼吸产生 ATP，每氧化 1 mol 己糖只能产生 2~4 mol 的 ATP。同时，无氧呼吸会产生对作物生长发育有害的乙醇和乙醛等化合物。

涝害引起的缺氧会降低作物根细胞对水的渗透性，限制水分向地上组织运输，导致作物地上部叶片萎蔫，甚至干枯死亡。涝害缺氧时，植株生长矮小，叶片黄化，根尖变黑，叶柄偏上生长。淹水对种子萌发的抑制尤为明显，例如水稻种子淹没于水中时，萌发不正常，胚芽鞘伸长，不长根，叶片黄化。涝害缺氧会促进无氧代谢微生物进行无氧代谢，导致乙烯、二氧化碳及还原性物质(如 Mn^{2+}、硫化氢、甲烷、氧化亚铁等)的大量积累，进而阻碍根系呼吸和养分释放，使根系中毒、腐烂，导致作物死亡。涝害会引起土壤中养分的淋失，导致作物可吸收的养分不足。涝害还会抑制地上部同化物累积，减少光合产物向根系的运输，使根系生长发育受阻，根系活力下降。

作物对水分过多的适应能力称为抗涝性。不同作物的抗涝性不同，喜湿作物芋头的抗涝性要强于其他作物。同一作物不同品种的抗涝性不同。例如，籼稻比糯稻抗涝，糯稻又比粳稻抗涝。同种作物不同生育时期的抗涝程度也不同。例如，水稻幼穗形成期到孕穗中期比其他生育时期不耐涝，该时期遇涝害会影响花粉母细胞发育，颖花和枝梗退化，产生大量空瘪粒。

作物进化过程中逐渐形成一定的抗涝特性。具有一定抗涝性的旱生作物遇到涝害会刺激乙烯的产生，乙烯促进纤维素酶的合成与活化，导致根皮层细胞的细胞壁降解，形成通气组织。通气组织以相互连接的网状空隙布满细胞，使作物植株地上部分吸收的氧气在植株体内以扩散和集流的方式顺着浓度梯度或压力梯度运送到根部，在一定程度上缓解根部缺氧胁迫。气生根具有支撑或呼吸的功能，气生根中通气组织相对发达，有利于涝害下氧气的运输，因此具有气生根的作物具有一定的抗涝能力。乙烯还会诱导水下茎的伸长生长，使部分茎叶露出水面，有助于作物植株抵抗缺氧胁迫。通过抗性锻炼也可以提高作物的抗涝能力。生产上通过改善农田排灌设施，尽快排除多余水分，提高土壤氧气含量，可以使作物尽快恢复正常生长。

5.5 作物与大气

大气是指从地表至 1400 km 高空内存在的空气层,是地球自然环境的重要组成部分之一。大气是由多种气体组成的混合体,主要有氮气(N_2)、氧气(O_2)、二氧化碳(CO_2)和水蒸气,一般 O_2 占大气体积的 21%,N_2 占 78%,CO_2 占 0.036%。其组成比率因时、因地不同而有所差异。大气中的 O_2、CO_2 和 N_2 等是作物生长所需要的气体,作物利用无机环境中的水及大气中的 CO_2,通过光合作用制造有机物质并释放出 O_2,同时作物生长发育过程中利用有机物质进行一系列需要能量的化学过程与化学转化,并释放出 CO_2,即呼吸作用;光合作用与呼吸作用是大气与植物二者进行碳交换的基本通道,同时也是 CO_2 和 O_2 在大气中保持平衡的基本途径。

5.5.1 作物与二氧化碳的关系

5.5.1.1 作物与 CO_2

一天之中,农作物冠层中的 CO_2 浓度随绿色植物光合作用的不同而有明显的日变化。上午太阳升起时,作物光合作用开始进行,在光合作用最强的作物冠层顶部的叶片层,由于叶片迅速将 CO_2 转化为有机的碳水化合物,从而导致 CO_2 浓度明显下降。中午随温度上升而相应的湿度减小,呼吸作用加强,CO_2 的净消耗呈缓慢地下降,但其绝对数值在中午前后达到了最低值。日落之后光合作用停止,而呼吸作用仍在继续,加上土壤呼吸作用释放出的 CO_2,使得接近地面的大气层内 CO_2 浓度比日平均值高。

5.5.1.2 大气 CO_2 浓度与作物生长

CO_2 是绿色作物进行光合作用制造有机物质的重要原料。大气中 CO_2 浓度增加影响作物形态结构、生理生化、品质及最终的生物产量;大气 CO_2 浓度升高引起的温室效应对作物生长产生间接影响。

①叶片形态结构的变化。作物叶片对环境条件变化反应非常敏感。大气 CO_2 浓度增加会促进作物叶片数增多,增加叶片厚度,叶片内部的栅栏组织层数也增多。

②茎的变化。茎是作物叶片与地下部之间物质传输的主要通道。CO_2 浓度增加会影响作物茎的生长,增加作物高度,调控节间数量,茎秆中的次生木质部生长轮变宽,体积增大。

③根系形态的变化。大气 CO_2 浓度升高会导致作物根分枝增多,根幅扩大,细根数量、总根长和根系表面积增加,而降低了根的垂直长度。根系垂直分布的改变会改变根对水分吸收和运输的效率及对矿物质的吸收能力。

④根冠比的变化。当作物生长在水分和营养均充裕的条件下,大气 CO_2 浓度升高基本不影响作物的根冠比。而作物水分和养分受到一定限制时,高浓度 CO_2 会使根系获得更多的光合产物,提高其生物量从而增加根冠比。

⑤生物量的变化。一定范围内大气 CO_2 浓度增加,作物生物量和产量均增加。

⑥光合色素。大气 CO_2 浓度升高,作物叶片中光合色素(包括叶绿素和类胡萝卜素)含量增加,对光能的捕获能力显著高于正常大气 CO_2 浓度中生长的对照作物。此外,CO_2 浓度增加还能减少非辐射能量的耗散,降低荧光非化学猝灭系数,提高光系统 I 活性与原

初光能转化效率,使高 CO_2 浓度下的作物有充足的能量固定和还原 CO_2。

5.5.2 作物与氧气的关系

大气、土壤空气和水层中的氧是植物茎叶和根系进行呼吸必不可少的成分。大气中的 O_2 主要来源于植物的光合作用。如果空气中氧浓度下降,会降低作物有氧呼吸,特别是在 1%~5%低浓度时下降明显。

5.5.2.1 作物的呼吸作用与 O_2

呼吸作用是指生活细胞氧化分解有机物,并释放能量供生命活动的过程。作物的呼吸根据是否需要 O_2 分为有氧呼吸与无氧呼吸。有氧存在的情况下,作物光合产物的分解彻底,形成 H_2O 和 CO_2,并释放能量,同时给其他必要产物如氨基酸、核苷酸、糖、脂肪及色素等提供碳骨架。缺氧条件下,作物的光合作用产物不能完全氧化,以致形成对生长发育不利的物质,同时释放的能量相对较少;严重缺氧时,将影响作物的生殖生长,特别是种子的形成。

5.5.2.2 作物种子萌发与 O_2

种子萌发需要适宜的温度、充足的水分和 O_2 供应。一般作物种子需要土壤空气含氧量在 10%以上才能正常萌发,尤其是含脂肪较多的种子(如棉花、花生等)比淀粉种子要求更多的 O_2。土壤空气含 O_2 量一般为 10%~12%时,可满足种子萌发的需要。当土壤 O_2 浓度低于 10%时,会抑制种子萌发,引起烂种或死苗;当土壤 O_2 浓度下降至 5%以下时,多数作物种子不能萌发。生产上采用深耕、平整土地、改良土壤等措施,可以增加土壤中 O_2 浓度。作物播种深度影响种子萌发时氧的供应,不同作物种子萌发对 O_2 的要求不同,生产上应根据种子萌发特性决定其播种深度。

5.5.2.3 作物根系生长与 O_2

作物根系的生长及根系功能的发挥均为消耗能量的过程,需要大量的 O_2。O_2 不足时,根和根际环境中的有害物质增加,抑制根系有氧呼吸及根系对矿物质的吸收,细胞分裂素合成下降,从而影响根系的生理功能和生长。土壤空气中 O_2 的含量在 10%以上时,作物的根系一般不表现出伤害症状。通常排水良好的土壤,O_2 的含量都在 19%以上,而且越接近土壤表层 O_2 含量越高,所以旱地作物根系通常集中在上层通气较好的土层中。当土壤空气中氧低于 10%时,大多数作物根的正常生长机能衰退。对作物有利的 O_2 含量都出现在地下水位以上的土层中,因而大多陆生植物根系被限制在这一土层范围内。地下水位高的地方,作物自然地形成浅根系,根系的改变常给地上部的生长造成不利影响,除有些作物如水稻等可以生在水或被水饱和的土壤中外。在作物生产上,可以通过水分的管理来调节土壤 O_2 含量。

5.5.3 大气中其他气体与作物的关系

(1)氮气

氮素是作物生长所必需的一种营养物质。有些作物尤其是豆科作物的根瘤菌具有特殊的固氮能力,能把空气中的 N_2 转化为植物能吸收的氮肥。但在根瘤菌生长前期需吸收作物的氮素,一般占豆类作物所需氮总量的 1/4~1/3。因此,在作物的幼苗期和籽粒充实阶段需要适量施用氮肥。作物死亡后植株体内的含氮有机物通过微生物的作用又可以转变为 N_2。

虽然大气中含 N_2 量较大，但不能被绝大多数作物直接利用，主要原因在于 N_2 分子十分稳定，须通过各种方法使氮转化为氨、氨离子、亚硝酸根、硝酸根等含氮化合物。生物有机体吸收这些氮化合物后，再合成生存、成长与繁衍所需的其他含氮化合物，如氨基酸、蛋白质和核酸。自然界固定氮的主要途径有两条：第一条途径是通过闪电固氮。闪电以其巨大的能量，把大气中的氮分子解离，并继续与氧分子反应产生氮的氧化物，这些氧化物溶于雨水，生成亚硝酸根及硝酸根后渗入土壤。每年经由闪电固氮所得到的含氮化合物，只占固氮总量的 10%。第二条途径是生物固氮，也是自然界固氮的重要途径。固氮细菌独自存在于土壤中，或与动植物共生，某些固氮细菌如与豆类植物共生的根瘤菌，能吸收大气中的 N_2，将其转变成氨及氨根离子。每年由生物固氮所得到的含氮化合物，约占总量的 65%，其余 35% 的固氮来自工业固氮。生物固氮分为自生固氮、共生固氮和联合固氮 3 种类型：

①自生固氮。自然界中，自生固氮微生物种类很多，分散分布在细菌和蓝细菌的不同科、属和不同的生理群中。红螺菌、红硫细菌、绿硫细菌和梭状芽孢杆菌等都是自生固氮细菌，它们利用光能和化学能固定氮素。土壤中的自生固氮菌能够在自由生活状态下固氮，当它们固定的氮素足以满足自身生长繁殖需要后就不再固氮，多余的氮会抑制它们自身固氮作用，固氮效率降低，固氮量减少。部分自生固氮细菌可以在特定条件下与植物进行联合固氮。

②共生固氮。共生固氮是指固氮菌与宿主植物形成共生固氮体系，进行生物固氮。常见的有根瘤菌属的细菌与豆科植物共生形成的根瘤共生体系。根瘤菌与豆科植物根系共生形成根瘤，进而从豆科植物中获得有机物后进行生物固氮。一些非豆科植物根系也存在共生固氮。共生固氮所形成的共生结构紧密，不易受外界环境影响，固氮效率较高。作物栽培管理过程中，加强光照、稀植、单作、增施有机肥等措施都有助于根瘤菌固氮；而遮阴、与高秆作物间作、密植、施无机肥，则会抑制根瘤菌共生固氮。

③联合固氮。联合固氮是指某些固氮细菌在高等植物根际形成的一种特殊的共生固氮作用，这种固氮体系的固氮细菌和植物具有较密切的关系，但又不与其形成特殊的共生结构，它们聚居于植物根际或根内，并对所联合的植物有一定的专一性，固氮细菌从植物获得光合产物作为碳源和能源，植物则得到固氮菌固定的氮和分泌的生物活性物质。与根瘤菌不同，联合固氮细菌大多聚集在根表，未能形成类似根瘤的稳定的共生结构，因而受根际土壤因素的影响较大。

生物固氮在自然界氮素循环和人类农业生产中具有十分重要的作用，开展生物固氮作用研究和应用是解决我国所面临的粮食、能源和环境问题的重要举措之一，也是我国农业可持续发展的关键所在。

(2) 有毒气体

用于工业生产所造成的大气污染产生大量有毒有害气体，常见的有二氧化硫、氟化专用物、氯气、氮氧化物、乙烯、氨气、臭氧、重金属粉尘等，这些污染物均能直接或间接影响农作物的生长和发育，造成作物产量和品质的下降。

5.6 作物与土壤

土壤是作物赖以生长发育的基础，为作物生长提供合适的环境，包括水、肥、气、热及支撑固定作用等。作物生长与土壤的物理特性、化学特性、生物学特性密切相关。

5.6.1 土壤和土壤肥力

5.6.1.1 土壤

土壤是指覆盖在地球陆地表面，能够生长植物的疏松层。土壤是一种疏松多孔的物体，由大小不等、成分不同、构造各异的固体颗粒堆积而成。在颗粒之间形成各种大小和形状的孔隙，各个孔隙内充满着土壤空气和水分。因此，土壤由固体、液体和气体三相物质组成。固相土粒体积约占土壤总体积的一半，包括矿物质和有机质两部分，其中矿物质是主体，占固体体积的90%以上；有机质一般占固相体积的10%。土壤液相是土壤水分，是极其稀薄的溶液，溶有多种物质，保存在土壤孔隙内，是三相物质中最活跃、变动最大的物质。气相是土壤空气，充满在未被水分占据的孔隙内。水分和空气相互消长，水多气少、水少气多，水与气的比例变化主要受水分变化的制约。土壤内三相物质的比例，是土壤各种性质的产生和变化的物质基础，也是土壤肥力的基础。调节土壤三相物质的比例，则是改善土壤不良性状的重要手段，也是调节土壤肥力的依据。

5.6.1.2 土壤肥力

(1) 土壤肥力特征

土壤的本质特征是具有肥沃性，或称土壤肥力。土壤肥力是在作物生长期间，土壤能经常不断地、适量地给植物提供并调节生长所需要的扎根条件、水分、养分、空气和热量。

土壤肥力分为自然肥力和人工肥力。自然肥力是人们在垦殖和利用土壤以前，土壤形成过程中所具有的肥力；人工肥力是在自然肥力基础上，经过人们对土壤耕种、熟化、开发、改造，逐步形成和产生的肥力。能在农业生产中表现出来，产生经济效果的肥力又称为有效肥力。而由于各种因素的影响未能发挥和表现出来的肥力称为潜在肥力。自然肥力和人工肥力，有效肥力和潜在肥力，是可以相互转化的。土壤肥力的提高取决于社会经济条件和农业科技水平。

(2) 土壤肥力调控

我国现有耕地 $1.2 \times 10^8 \ hm^2$ 左右，其中高产田、中产田和低产田约各占1/3。培肥土壤是在加强农田基本建设、创造高产土壤环境的基础上，进一步运用有效的农业技术措施培肥土壤，提高土壤肥力。

①增施有机肥，培育土壤肥力。增施有机肥(粪尿肥、堆沤肥)，既能提供植物营养，又能改善土壤物理性质，提高土壤肥力。在肥力培育方面，有机肥的培肥作用占突出地位，应每年向土壤中输入一定数量的非腐解态有机物，以不断更新与活化土壤中已渐老化的腐殖物质，从而提升土壤肥力。

②合理轮作倒茬，用地养地相结合。通过轮作培肥地力是我国的传统经验。充分用地并积极养地，用养结合，是我国轮作倒茬制度的特点。轮作倒茬一方面要考虑茬口特性，

另一方面要考虑作物特性，合理搭配耗地作物(如水稻、小麦、玉米等)、自养作物(如大豆、花生)、养地作物(如草木樨、紫云英)。

③合理耕作改土，加速土壤熟化。合理的耕作可以调节土壤固液气三相物质比例，增强土壤通透性，加速土壤熟化。深耕结合施用有机肥，是培肥改土的一项重要措施。深耕的作用是加厚耕作层，改善土壤结构和耕性，降低土壤容重，使土肥水相融，促进微生物的活动，改善作物的环境条件，加速土壤熟化。

5.6.2　土壤的主要性质及其对作物的影响

土壤性质是指土壤所具有的内在性质，土壤性质除与成土母质、成土条件等密切相关外，还受到人类利用土壤活动的影响。土壤之所以能够进行作物生产，是因为土壤具有肥力，而土壤肥力是土壤物理性质、化学性质、生物学性质等土壤性质及其相互协调的综合体现。土壤性质在一定程度上决定土壤的肥力水平，进而影响作物的生长发育和产量与品质。

5.6.2.1　土壤物理性质对作物的影响

土壤物理性质包括土壤母质、土层厚度、土壤颜色、土壤质地、土壤结构、土壤孔隙、土壤容重、土壤空气及土壤通气性、土壤水分、土壤温度等，是影响作物生长发育的重要因素和反映土壤肥力的重要指标。

(1) 土壤颜色

土壤颜色在一定程度上反映土壤本身的性质，可粗略表示土壤的组成及肥力水平，实践中常以土壤颜色作为识别土壤和判断土壤肥瘦的一种依据。一般呈黑褐色的土壤有机质含量较高，呈红色的土壤无水氧化铁含量较高，呈黄色的土壤含水氧化铁含量较高，典型的红壤或红黄壤具有这些特征；呈青色或蓝色的土壤亚铁含量较高，如潜育性水田常呈青色或蓝色。

(2) 土壤质地

土壤质地指土壤中各种大小土粒的配合比例，又称土壤机械组成，是土壤物理性质的一个重要特性，它影响土壤水分和空气的保持和有效性、根系发育状况、土壤的透水速率、耕性等。

根据土壤性质，土壤质地大体可分为砂土、黏土和壤土。

①砂土。颗粒粗、孔隙大、较疏松，保肥能力差，养分含量少，土温变化大。耕作容易，宜耕期长。播种后易出苗，发小苗不发老苗。漏水漏肥不耐旱。

②黏土。黏土颗粒细、孔隙小，通气透水性差，保肥能力强，养分含量多，肥力长而稳，土温变化小。湿时黏，干时硬，耕作困难，宜耕期短。播种后不易出苗，发老苗不发小苗。

③壤土。也被称为两合土，兼有砂土和黏土的优点，又克服了两者的缺点。适合多种作物生长，既发小苗也发老苗，是农业生产上较理想的土壤质地。

(3) 土壤结构

土壤结构是指土壤颗粒互相胶结或与腐殖质黏结在一起而形成大小不一的土壤团聚体。按其大小、发育程度和稳定性等可分为以下几种结构：

①团粒结构。指在腐殖作用下形成的近似球形、较疏松、多孔的小土团，直径0.25~

10 mm。拥有较多团粒结构的土壤，水、肥、气、热较协调，保水供水、保肥供肥性能较好，土质较疏松，有利于耕作及作物根系的伸展，适宜于作物生长发育。

②块状结构。土壤黏连成为较坚实的土块，直径在 10 mm 以上，一般称之为坷垃，常在土壤有机质较少、质地黏重的土壤表层出现。土块间孔隙大，既漏风跑墒，又蒸发失墒；土块内部孔隙太小，不能存水，也不透气，微生物活动微弱，有效养分不易释放。此外，土块还会抑制根系生长和影响作物出苗。

③片状结构。在水稻田和犁底层，使土粒黏结成坚实紧密的薄土片，成层排列，称为片状结构。水稻田的片层结构可以防止水肥渗漏，旱地的犁底层的片状结构则影响作物扎根和水、气、热的交换。

(4) 土壤容重和土壤孔性

①土壤容重。土壤容重是指单位体积自然土壤的质量(重量)，它不仅直接影响土壤孔隙度与孔隙大小分配、土壤的穿透阻力及土壤水肥气热变化，而且影响土壤微生物活动能力和土壤酶活性。土壤容重也间接影响作物生长及根系在土壤中的穿插和活力大小。

②土壤孔性。土壤孔性是指土壤孔隙的大小及其在土层中的分布，它是土壤的一项重要物理性质。孔性良好的土壤能够同时满足作物对水分和空气的要求，有利于养分状况的调节，有利于作物根系的伸展。

(5) 土壤空气和土壤通气性

①土壤空气。土壤空气的组成基本与大气相同。其主要特点是土壤空气中二氧化碳含量高于大气，氧气含量低于大气；水汽含量高于大气，水汽呈常饱和状态；土壤空气中有时含还原性气体，如甲烷、硫化氢、氢等。

②土壤通气性。土壤通气性指土壤空气与大气之间不断进行气体交换的性能，维持适当的土壤通气性是保证土壤空气质量、维持土壤肥力的必要条件。土壤通气性的好坏主要决定于孔隙状况。砂性土壤大孔隙多，通气性好；黏土小孔隙多，通气性差。

(6) 土壤水分

土壤水分主要来自大气降水、农业灌水、地下水、大气中气态水凝结等。土壤水分与作物生长的关系极为密切。农作物从土壤中吸收的水分，大部分用于叶面蒸腾而散失热量，以维持作物体温稳定。因此，土壤水分是维持作物正常的生理和生命活动所必需的重要条件。

(7) 土壤温度

土壤温度与作物生长关系十分密切，一般作物生长的最低温度为 0~5℃，并随温度的升高而加快。作物生长最适温度为 20~30℃，超过 40℃生长迅速下降至停止，甚至引起热害。土壤温度只有在适宜范围内，才有利于作物生长和微生物活动。因此，必须在了解土温变化规律的基础上，设法进行调节，使之符合农业生产的需要。

5.6.2.2 土壤化学性质对作物的影响

(1) 土壤有机质

土壤有机质是指动物、植物的残体及其分解、合成的产物，是土壤肥力的物质基础，其含量高低是评价土壤肥力的重要标志。在其他条件基本相同时，土壤肥力水平与有机质含量密切相关，土壤有机质在土壤肥力、作物营养和作物生长发育中具有重要的作用。

①提供作物生长需要的养分。土壤有机质含有氮、磷、钾等作物和微生物所需要的各

种营养元素。随着有机质的矿质化，这些养分都成为矿质盐类（如铵盐、硫酸盐、磷酸盐等），并以一定速度释放出来，供作物和微生物利用。土壤有机质分解过程中还产生多种有机酸（包括腐殖酸），对土壤矿物质部分有一定溶解能力，促进风化，有利于某些养分的有效化；还能络合一些多价金属离子，使之在土壤溶液中不致沉淀，从而提高作物必需的这些金属离子的有效性。

②增强土壤保水供肥能力。土壤有机质中的腐殖质疏松多孔，又是亲水胶体，能吸持大量水分和养分。腐殖质因带有正负两种电荷，既可吸附阴离子，又可吸附阳离子；又因其所带电荷以负电荷为主，所以它吸附的主要是阳离子。这些离子被吸附后，可避免随水分流失，而且能随时被根系附近 H^+ 或其他阳离子交换出来，供作物吸收。

③有利于改善土壤结构。土壤有机质能促进团粒结构的形成，改善物理性质，促进作物生长。有机质能使砂土变紧，使黏土变松，土壤的透水性、蓄水性以及通气性都有所改善。有机质可改善土壤耕性，使耕翻省力，适耕期长，相应提高耕作质量。

④作为土壤微生物的主要氮源。土壤有机质含氮丰富，而且矿化率低，能持久稳定地向微生物提供能源。含有机质多的土壤，肥力平衡且持久，不易产生作物猛发或脱肥等现象。

(2) 土壤酸碱性

土壤酸碱性是土壤重要的化学性质，是土壤形成过程中受气候、植被、母质等因素综合作用所产生的属性，也是影响土壤肥力的重要因素之一。土壤酸碱性通常用 pH 表示，根据我国土壤酸碱性变化情况，可分为极强酸性（<4.5）、强酸性（4.5~5.5）、酸性（5.5~6.5）、中性（6.5~7.5）、碱性（7.5~8.5）、强碱性（8.5~9.5）和极强碱性（>9.5）7 个等级。不同类型土壤，由于气候、母质、成土条件和利用程度的不同，土壤的理化性质、酸碱度和盐度等存在较大差别。一般南方土壤多呈酸性，北方或沿海滩涂多为盐碱土。

不同作物对土壤酸碱度的要求和适应性不同。一般作物对土壤酸碱性的适应范围较广，大多数作物喜欢近中性的土壤，以 pH 6.0~7.5 为宜。某些作物对酸碱度要求比较严格，例如茶树只能生长于酸性土上；而甜菜和紫花苜蓿喜钙，只能生长在中性至微碱性土壤上。生产上应根据作物耐酸碱的程度，选择适宜种植的土壤。对于过酸或过碱不适宜于作物生长的土壤，可采用相应的农业技术加以调节。酸性土壤常施用石灰调节；碱性土可施用石膏、磷石膏、明矾等，但必须指出，改良盐碱地除采用化学改良措施外，更主要是采取多种农业技术措施，进行综合治理。

(3) 土壤养分

土壤养分是土壤肥力的重要基础物质，是植物营养元素的主要来源。土壤养分按化学形态分为有机态和无机态，植物以吸收无机态养分为主。土壤养分按存在状态可以分为溶解、吸附态和难溶解状态。溶解态养分溶于土壤溶液中，呈离子态存在，是最容易被植物吸收的有效养分。吸附态养分是吸附在土壤胶体表面的离子态养分，如吸附性 K^+、吸附性 Ca^{2+}。它们可以通过阳离子交换转变为溶解态养分，并为作物所吸收，所以也是有效养分。难溶态养分是存在于土壤矿物和难溶性盐类中的养分，必须经历一系列生化反应或化学反应，逐步转变为吸附态和溶解态养分时，才能被植物吸收。

土壤养分平衡是作物正常生长发育的重要条件之一。生产上，土壤中各种有效养分的数量不一定能满足作物的要求，需要通过施肥来调节，才能符合作物的需要，这就是养分的平衡。

根据作物对土壤养分状况适应性的不同，可分为以下几种类型：

①耐瘠型。这类作物包括豆科作物（如绿豆、豌豆及豆科绿肥作物）、根系发达而吸肥能力强的作物（如高粱、向日葵、荞麦、黑麦、甘薯等）、根系和地上部分都不太发达但吸肥能力较强或需肥较少而适应性强的作物（如谷子、糜子、大麦、荞麦、胡麻、芝麻等）。

②喜肥型。这类作物有的地上部生物量大，有的根系强大且吸肥多，有的根系不发达且要求土壤有良好供肥能力或耕层深厚，例如，小麦、玉米、杂交水稻、青稞、纤维用大麻等。

③中间型。这类作物对土壤肥瘦有较大的适应性，在较瘠薄土壤中能生长，在肥沃土壤中生长更好，例如，籼稻、谷子、大麻、棉花、麦类、糜子以及豆类等作物。

5.6.2.3 土壤生物学性质对作物的影响

土壤生物学性质是土壤动植物和微生物活动所造成的一种生物化学特性和生物物理学特性。这个特性与作物营养有十分密切的关系。土壤微生物直接参与土壤中的物质转化，分解动植物残体，使土壤有机质矿质化和腐殖质化。含氮的有机物质（如蛋白质等），在微生物的蛋白水解酶的作用下，逐步降解为氨基酸（水解过程）；氨基酸又在氨化细菌等微生物的作用下，分解为 NH_3 或铵化合物（氨化过程）。旺盛的氨化作用是决定土壤氨素供应的一个重要因素，所形成的 NH_3 溶于水成为 NH_4^+，可被植物利用；NH_3 或铵盐在通气良好的情况下，被亚硝化细菌和硝化细菌氧化为亚硝酸盐类和硝酸盐类（硝化作用），供给作物氮素营养。亚硝酸盐类和硝酸盐类若进入地表水或地下水，又会造成水体污染，产生负面效应。

此外，土壤微生物的分泌物和微生物对有机质的分解产物如二氧化碳、有机酸等，可直接对岩石矿物进行分解，如硅酸盐菌能分解土壤里的硅酸盐，并分离出高等植物所能吸收的钾；磷细菌、钾细菌能分别分解出磷灰石和长石中的磷和钾。这些细菌的活动加快了钾、磷、钙等元素从土壤矿物中溶解出来的速度。可见土壤微生物对土壤肥力和作物营养起着极为重要的作用。

5.6.3 我国主要低产田土壤的改良

我国单位面积耕地的产量差异大，约 40% 的耕地为中产田，30% 的耕地为低产田。低产田也是一个相对的概念，一般是指在现有的正常耕作栽培管理技术水平条件下，因为耕地本身存在的障碍或者限制因子，导致作物生长发育差，产量较当地高产田低 30% 以上，且年际间变异大的农田。低产田除了通常所说的产量低，还包括耕地本身是否存在障碍或者限制因子，而且与其所在区域的农业生产力水平等相关联。

5.6.3.1 低产田改良技术

根据低产田改良的内容和特点，可将低产田改良技术分为以下 3 个方面。

(1) 工程改良

工程改良主要包括水利工程措施、农业工程措施和节水灌溉措施等。其中水利工程措施主要包括渠系配套和渠道防渗、小水利工程建设和加固利用以及农田排涝，农业工程措施包括坡改梯、薄改厚等耕地改造整理工程，节水灌溉措施包括低产田暗灌工程和膜下滴灌工程。这些工程措施极大地提高了耕地质量和资源利用效率，减少了土壤径流和侵蚀，改善了土壤理化性状，增强了土壤供给养分的能力。

(2) 农艺措施改良

农艺措施改良主要包括土壤改良技术、施肥技术、耕作栽培技术、秸秆还田技术、种植模式、良种选育以及病虫害防治等，它们是低产田改良的主体或核心。通过有机质提升，改善土壤结构和土壤水分状况，提高养分含量和有效性，增强微生物活性等措施提升耕地地力，促进作物生长以获取高产。土壤改良剂包括天然改良剂、合成改良剂和生物改良剂，它们在改善土壤物理性状、提高土壤入渗率和水含量、改善土壤团粒结构、活化土壤矿质养分、修复重金属和有机物污染，以及增强宿主的抗病和抗逆性等方面作用显著。不同耕作措施是指保护性耕作（少免耕技术）和构建不同土体构型的各种技术，以及与间套复种等种植制度的合理结合，保护性耕作可减少土壤侵蚀和水分蒸散，提高有机质含量，强化土壤团聚作用，增加作物产量。而土体构型的构建是通过深松、深翻、旋耕等机械化手段，协调水、肥、气、热，为作物创造良好的生长环境，进而提高土壤生产力。

(3) 生物技术改良

生物技术改良主要包括生物性屏障、植物改良、微生物改良等。生物性屏障在排除表面径流的同时，能够截留其带走的侵蚀土壤，提高土壤肥力与质量，是一种简单有效的土壤侵蚀控制方法。植物改良主要包括种植绿肥、先锋性植物等。微生物改良主要是利用微生物的代谢产物、分泌物或适应性等，使土壤的某些障碍因子，如强酸性、盐碱、板结等部分缓解甚至消除，达到改良低产田的目的，如利用丛枝菌根真菌可以改善低产田的团粒结构和通气性等，多数情况下微生物改良通常是与植物改良或农艺改良等措施相结合，可以获得更好效果。

实际上，由于低产田成因的复杂性、综合性等特点，其改良措施往往不是单一的，而是多种措施的综合作用。如针对黏瘦型、沙漏型、盐渍型等低产田的改良，大多是通过开沟排水、客土、调整种植结构和合理施肥等技术手段来实现。

5.6.3.2 我国主要低产田土壤的改良

(1) 红壤

红壤主要分布在我国热带、亚热带的山、丘、台、岗地带。红壤低产的主要原因是质地黏重，耕性不好，极易板结；土地侵蚀，水土流失严重，耕层较浅，一般 $10\sim15$ cm；养分含量低，有机质少；酸性偏高。

治理红壤要采取全面规划综合治理的方针，增施有机肥料，改土培肥，提高土壤肥力；适量施用石灰，中和红壤土的强酸性；客土掺砂，改善土质；用养结合，合理轮作；深耕结合施肥，加速土壤熟化。

(2) 低产水稻土

低产水稻土主要在南方各省份。根据成因不同主要分为以下几种类型：

①冷浸田。分布在南方的山地、丘陵区，其特征是冷、烂、酸、瘦、毒。其改良措施主要是开好防洪沟、排水沟和灌溉沟；加入新土，特别是旱地土壤；增施肥料，施用石灰；水旱轮作，冬耕晒土。

②沉板田。是质地过砂或粗粉粒过多的低产稻田，低产原因是缺乏黏粒，有机质含量

不高，土壤黏聚性差。改良途径主要是客土掺黏，也可翻淤压砂，增施有机肥料，种植绿肥，改进排灌方式。

③黏结田。主要是母质中细粒过多，有机质少，土壤紧实，结构差，通透性差，易旱易涝。改良途径是掺砂改黏；增施有机肥料，晒垡。

(3) 盐碱土

主要分布在北方干旱、半干旱地区。其低产原因复杂，但主要是土壤内盐碱较多，有的 pH 值高达 9.0~10.0，肥力低，地下水位高，浅层水质不良，耕性和生产性能差。

改良盐碱土办法一是排除盐碱，二是培肥土壤。其具体措施是排水，降低地下水位到临界深度以下，可采用开挖排水渠及竖井排水等方法。此外，灌水压盐，平地深翻，增施有机肥，植树造林等都是改良盐碱地的好方法。

(4) 风砂土

主要分布在沿长城一带的干旱和半干旱地区，是在风力搬运、分选、沉积的风积母质上形成的幼年土壤，机械组成以砂粒为主，黏粒很少。其特点是不抗风、不保土、不抗旱、不保水、土壤贫瘠。但其通透性良好，适耕期长，能保证良好的耕作质量。

改良风砂土首先是植树造林，防风固沙，封沙育草，严禁放牧、打草；在水源充足的地方可引水拉砂，引洪淤灌；在流动风砂土地段设置风障等。

5.7 作物与营养

5.7.1 作物必需的矿质营养元素

作物生长所必需的营养元素是指作物生长过程中不可缺少的营养元素，是作物生长发育必需的元素。如果必需营养元素缺少，作物不能正常地生长发育、开花结果，还会引发病害。

目前，作物必需的营养元素共有 17 种，分别为碳(C)、氢(H)、氧(O)、氮(N)、磷(P)、钾(K)、钙(Ca)、镁(Mg)、硫(S)、铁(Fe)、锰(Mn)、铜(Cu)、锌(Zn)、硼(B)、钼(Mo)、镍(Ni)和氯(Cl)。根据作物对各元素需求量的多少，分为大量元素(碳、氢、氧、氮、磷、钾)、中量元素(钙、镁、硫)和微量元素(铁、锰、铜、锌、硼、钼、镍、氯)，它们在作物生长过程中的地位同等重要，且具有不可替代性。此外，还有一部分营养元素被称为有益元素，这部分元素虽不是作物生长必需元素，但它们对作物有一定的营养作用。

5.7.2 矿质元素的生理作用

5.7.2.1 作物生长发育所需矿质元素的作用

(1) 参加原生质或体内重要有机物的组成

作物活细胞中的原生质，具有复杂的精细结构，这种结构的形成，除以碳素为骨架之外，必需氮、硫、磷等元素，活细胞中有许多酶类，它们由氮、硫、铁、铜、锰等组成。此外，作物体内的重要有机物如核酸、激素、叶绿素等，缺少氮、磷、镁等元素是不能合成的。

(2) 调节酶类的活性

作物进行新陈代谢，不能缺少酶类的催化，而酶类活性常与矿质元素有关。许多矿质元素通过调节酶的活性影响新陈代谢的强度和方向。

(3) 影响原生质的保水力和细胞渗透势

原生质是复杂的亲水胶体系统，一价阳离子的矿质元素能促进原生质的水合作用，二价阳离子则降低水合作用，因此，原生质中各种阳离子的多少，直接影响其保水力。

(4) 影响细胞透性

细胞对外界物质的通透性，主要受原生质膜控制，一般来说，K^+、Na^+等一价阳离子增强膜透性，Ca^{2+}、Mg^{2+}等二价阳离子降低膜透性，因而原生质中不同元素离子之间的稳定比值，有利于正常膜透性的维持。

(5) 缓冲作用

任何作物对酸或碱的环境条件，有一定的适应范围，主要是由于作物体内存在着两个重要的缓冲系统，即磷酸盐系统和碳酸盐系统。这些缓冲系统是靠作物从土中吸收矿质元素形成的，缓冲系统中的阳离子成分，除氢离子外，主要是铝、铁、钾、钙、镁等矿质元素。

(6) 元素间的相互促进和拮抗效应

各种矿质元素之间的相互作用，会影响植物对某些营养元素的吸收利用。有时两种元素之间存在着相互矛盾的关系，即一种元素会降低植物对另一种元素的吸收利用，或者两种元素之间相互抑制，叫作拮抗作用。有时，两种元素之间存在着促进关系，即一种元素促进植物对另一种元素的吸收利用，或者两者相互促进，叫作促进作用。

5.7.2.2 大量营养元素的作用

(1) 氮素营养

在所有必需营养元素中，氮是促进作物生长、形成产量和改善产品品质的首要因素。氮是作物体内许多重要有机化合物的组分，也是一切有机体不可缺少的元素，称为生命元素。作物氮素营养充足时，叶片大而鲜绿，光合作用旺盛，叶片功能期延长，营养体健壮，产量高，品质好。

氮在作物生长发育过程中的移动性大且再利用率高，并在体内随作物生长中心的更替而转移。因此，作物对土壤氮素的丰缺状况极为敏感，氮的营养失调对作物的生长发育、产量和品质有着重要的影响。

氮是蛋白质的重要组成，蛋白质中含有16%~18%的氮。蛋白质是构成细胞原生质的基本物质，而原生质是作物体内新陈代谢的中心。氮是核酸和核蛋白的成分。核酸存在于所有作物体内的活细胞中。核酸与蛋白质结合而成核蛋白，核酸与蛋白质的合成以及作物的生长发育和遗传变异有着密切的关系。

氮是叶绿素的组成成分。高等作物叶片中含有20%~30%的叶绿体，而叶绿体中含有40%~60%的蛋白质，叶绿体中的叶绿素 a 和叶绿素 b 的分子中均含有氮，叶绿体是作物进行光合作用的场所。环境中氮素供应水平的高低与叶片中叶绿素的含量呈正相关，叶绿素含量的多少直接影响着光合作用产物的形成。

氮是作物体内许多酶的成分。在细胞的可溶性蛋白质中，酶蛋白占相当大的比例，例如 RuBP 羧化酶约占叶细胞可溶性蛋白的50%。氮与酶蛋白的形成及其酶促反应紧密联系在一起，从而深刻地影响着作物体内的多种新陈代谢过程，影响着作物体内一系列生物化学反应速率，从而控制作物体内许多重要物质的转化过程。

氮是作物体内多种维生素的成分。维生素 B_1、维生素 B_2 和维生素 B_6 等分子中均含有氮，它们是辅酶的成分，参与作物的新陈代谢。氮也是一些植物激素的成分。植物生长素和细胞分裂素中都含有氮。氮还是 ATP、NAD、NADP、FAD、磷脂和各种生物碱等重要化合物的组成成分。

总之，氮素作为构成活体生物组织的基本元素之一，在生物体内有着维持生命体征，控制生命系统的内部动态平衡等作用。

(2) 磷素营养

磷是作物生长发育必需的营养元素之一，也是植物的重要组成成分，同时以多种方式参与植物体内各种生理生化过程。缺磷是限制农业生产的主要因素。土壤中的磷大多以无机磷形式存在，少部分以有机磷形式存在。而无机磷又包括水溶态磷、吸附态磷和矿物态磷三类；其中植物主要以水溶态磷形式从土壤中吸收磷素，而吸附态磷和矿物态磷又被称为难溶态磷，不能直接被植物吸收利用，必须通过解吸或溶解为水溶态磷，才能被植物进一步吸收利用。

土壤磷的有效性随土壤 pH 值而变化，pH 值在 6~7 时磷的有效性最大。土壤 pH 值较低时，土壤中的磷与铁、铝等金属离子结合，形成难溶的磷酸铁、磷酸铝等磷酸盐。因此酸性土壤中施用石灰可以调节土壤 pH 值，降低土壤对磷的固定作用，进而提高土壤有效磷含量。石灰性土壤中磷大多以磷酸钙盐形式存在，降低了土壤 pH 值，通过活化磷酸钙，能提高土壤有效磷含量。

土壤有机质的含量越高，土壤对磷素的固定作用越低。一方面因为土壤有机质腐化后在土壤矿物成分表面形成一层氧化膜，隔离了矿物成分与磷酸根的接触，降低了土壤磷素的固定；另一方面，有机质降解过程中释放的部分中间产物，既能与磷酸根离子竞争吸附土壤中矿物成分，又能溶解部分难溶态磷。

土壤水分是土壤间隙各种元素的溶剂，含水量的高低能够影响土壤溶液中磷的浓度和磷在土壤水界面的迁移速率。一般土壤含水量越高，土壤中水溶态磷的含量越高；反之，土壤含水量下降，将会改变土壤溶液中离子的种类、含量以及土壤氧化还原电位，导致土壤中磷在土壤—水界面的扩散速率变慢，改变了土壤中水溶态磷的含量和比例。

环境温度升高能够增加分子扩散速率，导致活性磷在土壤颗粒表面的吸附能力下降。同时加速有机质的矿化作用，促进有机磷向无机磷的转化，加快难溶态磷向水溶态磷的转化。适宜的温度下，土壤微生物和细菌活动旺盛，促进难溶态磷的活化，改变土壤磷素的形态。温度还会影响土壤有机态磷的矿化过程，进而对土壤磷的形态、含量产生显著影响。

磷素作为植物生长发育的必需元素之一，不仅是植物体内许多化合物重要组成元素之一，而且还以多种途径参与植物体内的各种代谢过程。磷参与组成核酸、核蛋白、磷脂、植素和 ATP 等含磷的生物活性物质，它们在细胞组成和物质新陈代谢过程中起着重要的作用。磷的生理功能主要是：

① 磷对光合作用有着重要的作用。磷是电子传递、光合磷酸化、卡尔文循环、同化物运输和淀粉合成中的结构组分，对光合作用有重要的调节作用。

②磷能促进碳水化合物在植物体内的运输。磷是糖类、脂肪及氮代谢过程不可缺少的元素,此外碳水化合物的合成与运输也需要磷的参加。生产上施用磷肥,有利于干物质的积累,能使禾谷类作物种子饱满,使块根、块茎类作物淀粉积累更多,而且也有利于浆果、干果和甜菜中糖分的积累。

③磷对呼吸作用的影响。磷素是陆地生态系统中植物生长所必需的元素之一,是构成遗传物质以及合成高能化合物 ATP 和 ADP 的重要原料,直接参与呼吸和光合代谢。生物呼吸作用的基质一般是己糖,在进行呼吸作用以前,己糖先要在磷酸的参与下进行磷酸化作用,然后才能被一系列的酶进行生理氧化,而参与生理氧化过程的酶(NAD,FAD)自身也含有磷。

④磷参与 NO_3^- 在作物体内的还原与同化。磷能促进氮吸收和代谢,参与 NO_3^- 还原和同化,是氨基转移酶和硝酸还原酶等重要组成成分。磷还能促进生物固氮,增加固氮酶、硝酸还原酶的活性,有利于籽粒中氨基酸、蛋白质的积累。

⑤磷的其他生理功能。磷是细胞质和细胞核的主要成分之一,直接参与作物体内糖、蛋白质和脂肪的代谢,供磷不足会影响到水稻植株体内的能量代谢过程,抑制作物的正常生长。磷能促进脂肪代谢,磷脂转变过程中起重要作用的辅酶 A 和合成脂肪的原料磷酸甘油都含有磷元素。油料作物增施磷肥会提高含油率。磷能促进花芽分化,缩短花芽分化时间,从而使作物的整个生育期缩短。同时,磷还可以增强作物对干旱、低温等外界胁迫的抗逆性。

(3) 钾素营养

矿质元素中的钾素有"品质元素"之称,许多作物需钾量较大。作物体内的钾含量仅次于氮,是植物生长发育所必需的大量元素之一。一般作物体内含钾量(K_2O)占生物量的 0.3%~5.5%。有些作物含钾量甚至比氮高。通常含淀粉、糖等碳水化合物较多的作物含钾量较高。如禾谷类作物种子中钾的含量比较低,茎秆钾的含量则较高;薯类作物的块根、块茎含钾量较高。钾在作物体内不形成稳定的化合物,而以离子状态存在。

钾的生理作用是多方面的,它能增强原生质的保水能力,使原生质保持一定膨胀度,为正常代谢创造必要条件,有利于细胞分裂。所以,钾与原生质的生命活动有关,生命活动最强的幼嫩组织,含钾最多。钾素对作物的蛋白质合成和氮素的吸收有促进作用。钾素对碳水化合物代谢有明显影响。钾素对细胞壁中纤维素的合成和积累也有促进效应。同时,作物输导组织的发育也受钾素影响;钾素与作物的呼吸作用、光合作用均有关系。若钾不足,作物叶子的呼吸作用不正常地增加,消耗光合产物甚多,不利于积累。

钾促进光合作用和提高 CO_2 同化率,促进光合产物的运输,促进蛋白质的合成,影响细胞的渗透调节作用,调控作物的气孔运输与渗透压、压力势、激活多种酶的活性,促进有机酸代谢,增强作物的抗逆性,改良作物品质等。土壤缺钾时作物外观也有明显的症状。由于钾在作物体内流动性大,且可以再利用,故在缺钾时,老叶上先出现缺钾症状,再逐渐向新叶扩展。如新叶出现缺钾症状,则表明土壤严重缺钾。

缺钾的主要特征通常是老叶叶缘先发黄,进而变褐,焦枯似灼烧状。叶片上出现褐色斑点或斑块,但叶中部、叶脉处仍保持绿色。随着缺钾程度加剧,整个叶片变为红棕色或干枯状,坏死脱落。有的植株叶片呈青铜色,向下卷曲,叶表面叶肉组织凸起,叶脉下陷。土壤钾过量虽然不易直接表现中毒症状,但可能影响各种离子间的平衡,还要消耗大量化肥量，降低施肥的经济效益。偏施钾肥不会引起土壤钾的过剩，但会抑制作物对钙、镁的吸收，出现钙、镁缺乏症，影响作物产量和品质。

5.7.2.3 中量营养元素的作用

(1) 钙

钙在植物生长发育中具有重要的生理和结构功能。作为重要的第二信使，钙能够调控多种作物的生理反应过程，提高抗氧化系统的酶活性，降低膜脂过氧化的程度；其次作为细胞壁结构的无机组成部分，钙能够赋予细胞壁结构刚性，维持细胞结构和功能的稳定性。

(2) 镁

镁是叶绿素的主要组成元素，是叶绿素分子中唯一的金属元素，植物体中约有35%的镁在叶绿体内，直接影响植物的光合作用，增强RuBP羧化酶的活性，促进磷酸酶和葡萄糖的活化。镁是多种酶的活化剂，参与其中一些酶的构成。镁对植物生命过程中300多种酶的激活和调控起作用。镁是聚核糖体的重要成分，适量的镁能够稳定核糖体的结构，而缺镁则会抑制蛋白质的合成。镁在植物合成蛋白质的过程中不可或缺，健康植株叶中约75%的镁与核糖体结构有关，在RNA的生物合成中，DNA指导RNA聚合酶反应需要Mg^{2+}；缺镁时，RNA合成停止，加剧缺锰小麦体内RNA的下降。土壤缺镁时需要施肥来补充镁元素。镁还能促进作物体内维生素A、维生素C的合成，从而提高果树、蔬菜的品质。

(3) 硫

硫是植物必需的营养元素之一，在植株体内的含量占干重的0.2%~0.5%。硫在生理、生化作用上与氮相似，是蛋白质、氨基酸的组成成分，是酶化反应活性中心的必需元素，也是植物结构组分元素，主要构成含硫氨基酸、谷胱甘肽、硫胺(维生素B_1)、生物素、铁氧还蛋白、辅酶A等。硫在植物的生长调节、解毒、防卫和抗逆等过程中也起到一定的作用，细胞内许多重要代谢过程都与硫有关。缺硫会导致植物生长的严重受阻，甚至枯萎、死亡。

5.7.2.4 主要微量营养元素的作用

(1) 硼

硼对植物的影响是多方面的，为植物生长发育过程不可或缺的微量元素之一，当植物受低硼胁迫时，植物体最先出现的症状就是细胞壁结构不正常。硼促进碳水化合物合成和运输，特别是蔗糖自叶片向结实器官的运输。硼对生殖器官的发育也有重要影响，在植物各器官中，花所含的硼量最多。硼对植物的酚类物质代谢有重要影响，缺硼的植物尤其是双子叶植物呼吸的磷酸戊糖途径加强，酚类物质积累，多酚氧化酶的活性提高，植物生长受到抑制，根系发育受到限制，解剖结构也会发生变化，木质化组织发育很弱，显褐色。

(2) 铁

铁广泛参与植物中一系列重要的生理代谢，如光合作用、叶绿素合成、植株体内氧化还原反应和电子传递等。当土壤中可直接被吸收利用的有效铁较少时，植物将做出一系列反应以应对铁胁迫，例如，促进根毛生长发育，增加根系吸收表面积，进而提高铁元素的吸收。铁是细胞色素、细胞色素氧化酶、过氧化氢酶、过氧化物酶的活性中心成分，铁参与植物的光合作用过程和固氮过程，在植物光合和呼吸代谢中起重要作用。铁还参与叶绿素前体合成，植物缺铁会出现缺绿症。

(3) 锌

锌是植物体内重要的微量元素。植物体内的锌大多以低分子化合物、金属蛋白和自由离子等形式存在，还有少部分锌和细胞壁结合形成不溶形态。植物体中58%~91%的锌是可溶性的。锌是植物呼吸和光合作用所必需的成分。锌与RNA和DNA聚合酶有着重要关系，同时也是植物体内59种复合酶的构成成分之一，与糖类等碳水化合物的合成、转运、转化过程密切相关。

(4) 锰

锰的生理作用主要在于它对许多酶类活性的影响，对光合作用也有促进作用。锰促进叶绿素合成，参加水光解放氧反应；可促进核酸、蛋白质和维生素C合成，对提高作物产量、改善农产品品质有着积极影响。植物缺锰，光合作用强度会减弱。

(5) 硅

硅是植物生长的有益矿质元素。硅为农作物生长提供养分，提高作物抗旱、抗倒伏、抗盐渍能力，可以防治病虫害，协调营养元素的吸收。适量的硅能促进作物对氮、磷肥的吸收利用，促进植株生长发育，增加植株鲜重和干重，提高抗氧化系统超氧化物歧化酶、过氧化物酶、过氧化氢酶等保护酶活性，有利于作物高产稳产。硅可以使植物茎壁加厚，增强抗倒伏能力，调节气孔开闭，降低蒸腾，提高水分利用效率和光合性能，调控植株体内大量元素氮磷钾、中量元素钙镁的含量。同时，硅还能提高作物的抗病性和抗虫性，增强作物抗旱性、耐盐性、耐高温性和抗紫外线胁迫能力，减轻重金属毒害，清除活性氧积累。硅肥还可以成为土壤调节剂，改良土壤。

(6) 铜

铜是植物体内一些氧化酶的组成成分，如抗坏血酸氧化酶、多酚氧化酶、细胞色素氧化酶、酪氨酸酶、质体蓝素和超氧化物歧化酶等，缺铜时这些酶的活性会明显降低。铜对叶绿素和花青素合成有刺激作用。铜参与光合作用，以叶绿体中蛋白—质体蓝素的组成成分参与电子传递，而且作为核酮糖二磷酸羧化酶的成分参与卡尔文循环中CO_2的同化，因此，铜在叶片的光合作用中有重要作用。铜还参与蛋白质和碳水化合物的代谢，促进氨基酸合成蛋白质。

5.7.3 大量矿质营养元素在植物体内的含量和分布

5.7.3.1 植物中氮素的含量和分布

植物可以吸收无机氮，也可以利用一些含氮的有机物，其中无机氮更容易被植物吸收。在土壤微生物的作用下，土壤中复杂的含氮有机物逐步分解为简单的小分子氨基化合物，再经氨化作用转化成氨和其他更简单的中间产物，大部分氨与有机或无机酸结合形成铵盐，或被生物吸收利用，或在微生物的作用下进一步氧化成硝酸盐。土壤中的无机氮包括NO_3^-和NH_4^+，对于大部分植物尤其是旱生植物来说，NO_3^-是主要氮源。植物可吸收NO_3^-、NH_4^+等无机氮，也能利用尿素、氨基酸、多肽和蛋白质等一些含氮有机物。同时，豆科植物通过根瘤菌可固定大气中单质氮。NO_3^-和NH_4^+是高等植物吸收的主要两种无机氮形态，植物对其吸收受环境影响较大。淹水或酸性环境中，NH_4^+是主要吸收形态；而在通气良好的旱田，植物主要吸收NO_3^-。NO_3^-在土壤中移动性较强，根系主要通过质流吸收。

植物根系吸收的NO_3^-，一部分贮存在根部液泡内，一部分经由木质部导管输送到地上部,也有部分会在根细胞内被还原成 NH_4^+ 进入谷氨酰胺与天门冬酰胺合成反应。木本植物主要在根表皮与皮层细胞中同化根系吸收的 NO_3^-,草本植物主要在叶肉细胞。根细胞中的 NO_3^- 同化反应发生在白色体,叶肉细胞同化的主要场所则是叶绿体。植物吸收 NO_3^- 是主动耗能过程,在细胞膜上有专一性运输蛋白,借助 H^+ 浓度梯度或质子驱动力,将 NO_3^- 运至膜内;不同植物种类吸收 NO_3^- 也不同。植物吸收 NH_4^+ 的机理目前研究较少,在介质处于 pH 值较高和还原条件时,NH_4^+ 首先经过脱 H^+ 后转化为 NH_3,然后以 NH_3 为主要形态迅速透过细胞膜被植物吸收。

(1) 作物氮素的含量

作物体内的含氮量约为作物干物质质量的 0.3%~5%,含量的高低因作物种类、器官类型、生育时期的不同而异。豆科作物含有丰富的蛋白质,含氮量也高。按干重计算,大豆植株中含氮 2.49%、紫云英植株含氮 2.25%。禾本科作物一般含氮量较低,大多在 1% 左右。作物种类不同含氮量也不相同,如玉米含氮常高于小麦,而小麦又高于水稻。即使是相同种类的作物也常因不同品种,其含氮量有明显差异。

(2) 作物氮素的分布

植物体内氮素主要存在于蛋白质和叶绿素中。同一作物不同生育时期,含氮量不相同。作物营养生长阶段,氮素大部分集中在茎叶等幼嫩的器官;当转入生殖生长时期以后,茎叶中的氮素逐步向籽粒、果实、块根或块茎等贮藏器官中转移;成熟时,大部分氮素转入贮藏器官中。氮在作物体内具有较大的移动性,其在作物体内的分布情况,随作物不同生育期及体内碳、氮代谢而有规律地变化。作物生育期约有 70% 的氮从较老的叶片转移到正在生长的幼嫩器官中被利用;到成熟期,叶片和其他营养器官中的蛋白质等含氮有机物,可水解为氨基酸、酰胺并转移到贮藏器官,如种子、果实、块根、块茎等,重新形成蛋白质。植物不同部位含氮量变化很大,但不同作物都有共同趋势,即籽粒>叶>茎>根。

5.7.3.2 植物中磷素的含量和分布

植物中磷素的含量一般占植物干物重的 0.2%~1.1%。磷在大豆体内多呈有机磷化物和无机磷酸盐两种形式存在,其中 85% 是以核酸、磷脂等形式存在的有机磷;其余 15% 多以钙、镁、钾等无机磷酸盐的形式存在。

在植物细胞内,磷多贮藏于液泡中,当植株吸收的磷素多于代谢所需磷素时,多余的磷素被转移到液泡中;而当植株吸收的磷素不足以提供代谢所需时,液泡中的磷被运输到细胞质中参与各项细胞代谢活动。植物营养生长阶段,磷多分布在营养生长旺盛部位,如植物的幼芽、根尖等部位。生殖生长阶段,种子、果实中的磷素含量较为丰富。而在衰老的器官或组织中,磷素含量显著低于新生器官或组织。植物内的含磷量还受植物种类、器官、生育时期以及环境等多方面因素影响。

植物中的磷素含量多具有如下规律:有机磷>无机磷、喜磷作物>一般作物、生育前期>生育后期、繁殖器官和幼嫩器官>衰老器官、种子>叶片>根系>茎秆、正常环境>非正常环境、磷素丰富的植株>缺磷的植株。

5.7.3.3 植物中钾素的含量和分布

植物体内的钾含量一般都超过磷,与氮相近。喜钾植物或高产条件下植物中钾的含量甚至超过氮。钾离子是细胞中最丰富的阳离子,例如在细胞质中,钾的浓度常大于

100 mmol/L，比硝酸根或磷酸根离子浓度高几十倍至百余倍，且高于外界环境中有效钾几倍至数十倍。钾在植物体内无固定的有机化合物形态，虽然在某些螯合物中会有共价特征出现，但钾主要以离子态为主。

植物体内钾的含量因植物种类不同而异，含量的高低因作物种类、组织器官类型、生育时期不同而异。植物体的含钾量（K_2O）约为干物重的0.3%~5%，有些作物的含钾量甚至超过氮。同一植物不同器官含钾量亦不同，禾谷类作物种子含钾量较低，而茎秆中含钾量较高，薯类作物的块根块茎含钾量高，植物幼嫩部分高于老化组织；同一器官不同组织钾的含量也不一样。

钾和氮、磷一样，在植物体内具有较大的移动性。随植物的生长，不断地由老组织向新生幼嫩部位转移。所以，钾比较集中地分布在代谢最活跃的器官和组织中，如生长点、芽、幼叶等部位，这与钾在植物体内的生理代谢过程中起积极作用有关。

5.7.4 缺素多素

5.7.4.1 缺氮或氮过量对作物的影响

土壤缺氮时，蛋白质、叶绿素形成受阻，细胞分裂减少。作物在不同生育时期表现出不同的缺氮症状。营养生长期，作物以根、茎、叶生长为中心，苗期土壤缺氮时出叶速度慢，叶片小而少，呈浅绿色或淡黄色，分蘖、分枝少，根系少而长。当作物进入生殖生长期，以开花结实为中心，缺氮时作物下部老叶提早枯落，上部叶片生长缓慢，植株矮小，茎秆纤细，纤维素增多，组织老化。土壤缺氮易导致成熟期作物早衰或过早成熟，结实率降低，籽实少，产量低，品质差。当土壤氮素供应过多时，导致作物氮素的奢侈吸收，过量的氮用于叶绿素、氨基酸及蛋白质的形成，过多消耗体内光合产物，减少构成细胞壁所需的原料，如纤维素、果胶等物质形成受阻，细胞壁变薄，机械支持力减弱；体内过多的氮主要以非蛋白质态氮的增加为主，植物组织柔软多汁，使作物容易倒伏和发生病害；体内过多的氨态氮会增加细胞内氨基酸的积累，促进细胞分裂素形成，作物长期保持嫩绿，延迟成熟。

土壤氮素供应失调可引起作物氮营养失调，从而对作物生长发育、产量和品质都带来不良影响。氮肥的适宜用量，必须根据土壤类型、气候条件、作物种类与品种特性、产量、品质要求、养分配比、施肥技术及其他农艺措施综合考虑，才能达到高产优质、经济高效的目的。

5.7.4.2 缺磷或磷过量对作物的影响

缺磷会影响细胞分裂，使分枝减少，幼芽、幼叶生长停滞，茎、根纤细，植株矮小，花荚脱落，产量降低，成熟延迟。缺磷时，蛋白质合成下降，糖的运输受阻，从而使营养器官中糖的含量相对提高，有利于花青素的形成，故缺磷时叶片呈现不正常的暗绿色或紫红色。缺磷会导致包括细胞分裂和扩展、呼吸作用和光合作用等代谢过程普遍降低，进而导致作物生长缓慢，叶片变小，光合速率下降。磷在叶片光合作用和碳水化合物代谢中的调节功能可看作是限制植物生长的主要因素之一，尤其是在生殖生长时期。磷在体内易移动，也能重复利用，缺磷时老叶中的磷能大部分转移到正在生长的幼嫩组织中去。因此，缺磷的症状首先在下部老叶出现，并逐渐向上发展。

磷肥过多时，叶片部位会产生小焦斑，还会妨碍植物对硅的吸收，导致作物缺锌。磷肥过多会导致作物无效分蘖和瘪粒增加，叶肥厚密集，穗发育提早，茎叶生长受抑，根系与茎叶之比变大。

5.7.4.3 缺钾或钾过量对作物的影响

钾是植物必需的大量营养元素之一，它作为植物体内 60 多种酶的激活剂，细胞溶质势的渗透调节剂，与植物的各项代谢活动密切相关，对植物的正常生长、产量形成、品质形成、抗逆性能等均有重要影响。钾在植物体内移动性大，能从老叶向新叶转移，缺钾症首先从下部叶片出现。严重缺钾时，首先在叶片尖端产生黄褐色斑点，逐渐扩展至全叶，茎部变软，株高伸长受到抑制。玉米苗期缺钾时从老叶的叶尖开始，沿叶尖向鞘处失绿变黄，发黄部分呈"V"字形，以后逐渐变褐后焦枯，直至整个叶片枯死。叶片和茎节长度比例失调，叶片显特别长、节间短，生长缓慢，植株矮小。生长后期，茎秆细弱，易倒伏。果穗上部不结实、秃尖缺粒、籽粒松散。小麦生长过程中苗期出现缺钾，即表明该地区土壤钾元素缺失严重，具体表现为：小麦苗的老叶在叶端会出现一些下披且呈现褐黄色，同时整个麦苗看起来十分瘦弱，根系生长十分单薄；麦苗的高度也低于正常同期，容易出现烂根的现象。

本章小结

本章介绍了影响作物生产的生态因子类型，明确了这些因子影响作物生产的作用机制，重点分析了光照、温度、水分、大气、土壤、养分等因素与作物生产过程的关系，为采取合理管理措施，改善生态环境条件，提高作物的生态适应性，创建作物生产的最优条件提供了理论依据和技术支撑。

经典案例

区域特色：垄沟集雨种植技术

半干旱黄土高原丘陵区具有降水资源短缺、植被覆盖率低、土壤肥力层浅薄、地形沟壑纵横、水土流失严重、生态脆弱等特点，干旱和水土流失是制约该区粮食安全生产和经济发展的主要因素。西北农林科技大学研发集成组装的垄沟集雨种植技术，能够有效地收集地表径流，促进土壤水分的重新分配，从而改变作物根系时空分布，进而优化根系吸水，提高水分利用效率，增加作物产量。该技术的要点是：

整地 伏秋前茬作物收获后及时深耕灭茬，耕深达到 25~30 cm，耕后及时耙耱；秋季整地质量好的地块春季尽量不翻耕，直接起垄覆膜；秋季整地质量差的地块覆膜前浅耕，平整地表，有条件地区可采用旋耕机旋耕，做到地面平整、无根茬、无坷垃，为覆膜、播种创造良好的土壤条件。

施肥 一般亩施优质腐熟农家肥 3 000~5 000 kg（一膜两年用地块第一年农肥施用量应增加到 7 000 kg 以上），起垄前均匀撒在地表。亩施尿素 25~30 kg，过磷酸钙 50~70 kg，硫酸钾 15~20 kg，硫酸锌 2~3 kg 或亩施玉米专用肥 80 kg，划行后将化肥混合均匀撒在小垄垄带内。

划行起垄 划行。每幅垄分为大小两垄，垄幅宽 110 cm。用划行器（大行齿距 70 cm、小行齿距 40 cm）一次划完一副垄。划行时，首先距地边 35 cm 处划一边线，然后沿边线按照一小垄一大垄顺序划完全田。

起垄。按作物种植走向开沟起垄、缓坡地沿等高线开沟起垄，大垄宽 70 cm、高 10 cm，小垄宽 40 cm、高 15 cm。使用起垄机沿小垄划线开沟起垄；用步犁开沟起垄时，沿小垄划线来回向中间翻耕起小垄，将起垄时的犁臂落土用手耙刮至大垄中间形成垄面，用整形器整理垄面，使垄面隆起，防止形成凹陷不利于集雨。要求起垄覆膜连续作业，防止土壤水分散失。

覆膜 秋季覆膜。前茬作物收获后，及时深耕耙地，在10月中下旬起垄覆膜。此时覆膜能有效阻止秋冬春三季水分蒸发，最大限度保蓄土壤水分；但地膜在田间保留时间长，要加强冬季管理，秸秆富余地区可用秸秆覆盖保护膜。

顶凌覆膜。早春3月上中旬土壤消冻15 cm时，起垄覆膜。此时覆膜可有效阻止春季水分蒸发，提高地温，保墒增温效果好。

适期播种 气温稳定，通过10℃时为玉米适宜播期。用玉米点播器按规定株距将种子破膜穴播在沟内，每穴下籽2~3粒，播深3~5 cm，点播后随即踩压播种孔，使种子与土壤紧密结合，或用细砂土、牲畜圈粪等疏松物封严播种孔，防止播种孔散墒和遇雨板结影响出苗。

按照土壤肥力状况、降雨条件和品种特性确定种植密度。年降水量300~350 mm地区以3 000~3 500株/亩为宜，株距35~40 cm；年降水量350~450 mm地区以3 500~4 000株/亩为宜，株距30~35 cm；年降水量450 mm以上地区以4 000~4 500株/亩为宜，株距为27~30 cm。

中期管理 玉米进入大喇叭口期时追施壮秆攻穗肥，一般每亩追施尿素15~20 kg。追肥方法是用玉米点播器或追肥枪从两株中间打孔施肥，或将肥料溶解在150~200 kg水中，用壶在两株间打孔浇灌50 mL左右。

适时收获 玉米籽粒乳线消失、籽粒变硬有光泽时收获。果穗收获后，秸秆应及时收获青贮。将地膜保留在地里，保蓄秋、冬季土壤水分，在第二年土壤消冻后顶凌覆膜时，撤膜、整地、施肥、起垄、覆膜。注意残旧地膜的回收。

思考题

1. 简述作物生态因子的类型。
2. 简述作物生长发育过程中生态因子的作用机制。
3. 简述生产上提高作物抗寒能力的主要措施。
4. 简述冷害危害作物生长发育的作用机制。
6. 简述干旱对作物生长发育造成的损伤。
7. 阐述大气CO_2浓度对作物生长发育的影响。
8. 简述作物生长发育所需矿质元素的主要作用。
9. 简述土壤肥力的调控措施。
10. 简述我国中低产田改良的主要措施。

参考文献

敖雪，谢甫绨，2020. 大豆磷素营养生理研究[M]. 北京：中国农业科技出版社.

曹卫星，2020. 作物栽培学总论[M]. 3版. 北京：科学出版社.

曹志洪，周健民，2008. 中国土壤质量[M]. 北京：科学出版社.

邓丽群，盛邦跃，2018. 中国古代作物学发展研究[J]. 教育教学论坛（49）：113-114.

董树亭，张吉旺，2021. 作物栽培学概论[M]. 2版. 北京：中国农业出版社.

黄昌勇，徐建明，2010. 土壤学[M]. 3版. 北京：中国农业出版社.

焦加国，张惠娟，贺大连，2012. 我国冷浸田的特性及改良措施[J]. 安徽农业科学，40（7）：4247-4248.

李存东，2013. 农学概论[M]. 北京：科学出版社.

商振芳，2009. 我国盐碱地现状及其改良技术研究进展[C]. 中国环境科学学会科学技术年会论文集：第三卷. 西安：中国环境科学学会.

沈仁芳，陈美军，孔祥斌，等，2012. 耕地质量的概念和评价与管理对策[J]. 土壤学报，49（6）：

1210-1217.

曾希柏，张佳宝，魏朝富，等，2014. 中国低产田状况及改良策略[J]. 土壤学报，51(4)：675-682.

张佳宝，林先贵，李晖，2011. 新一代中低产田治理技术及其在大面积均衡增产中的潜力[J]. 中国科学院院刊，26(4)：375-382.

赵其国，2002. 我国东部红壤地区土壤退化的时空变化、机理及调控[M]. 北京：科学出版社.

第6章 作物育种与种子产业

品种是作物高产、优质、高效生产的物质基础，而种子产业是由科研育种、种子生产、加工、推广、技术服务于一体的可持续发展产业整体。了解作物新品种选育理论，掌握现代化作物育种技术，清晰现代品种审定程序，才能根据生产需要、制定合理的育种目标，选育出不同类型的作物新品种，推动种子产业的发展。

6.1 作物品种及其在生产中的作用

6.1.1 作物的繁殖方式

作物的繁殖方式可分为两大类型，一类为无性繁殖(asexual reproduction)，另一类为有性繁殖(sexual reproduction)。无性繁殖作物是指不通过两性细胞受精过程而繁殖后代的作物。其中又分为植物营养体无性繁殖和无融合生殖无性繁殖。有性繁殖方式是指通过雌雄性细胞的受精结合，最后形成种子而繁殖后代的。有性繁殖类作物根据其花器构造、开花习性、授粉方式又分为自花授粉作物(self-pollination)、异花授粉作物(cross-pollination)和常异花授粉作物(often cross-pollination)三种。

(1) 自花授粉作物

是通过同一朵花内的雌雄细胞结合而繁殖后代的，其特点是雌雄同花，雌雄蕊同时成熟，花器保护严密，开花时间短，甚至闭花授粉。典型的自花授粉作物的自然异交率不超过4%。

(2) 异花授粉作物

是通过不同花朵的花粉进行传粉而繁殖后代的。这类作物有三种类型：雌雄异株、雌雄同株异花、雌雄同花但自交不亲和。典型的异花授粉作物的自然异交率在50%~100%。

(3) 常异花授粉作物

是以自花传粉为主，也能异花传粉，介于典型的自花授粉作物和典型的异花授粉作物之间的中间类型，其自然异交率在4%~50%，具体依作物不同而不同。

6.1.2 作物品种的概念

作物品种是人类在一定的生态、经济条件下，根据自己需要创造的某种作物的一种群体；它具有相对稳定的遗传特性，在生物学、形态学及经济性状上的相对一致性，与同一作物其他群体在特征、特性上有所区别；这种群体在相应地区和耕作条件下种植，在产量、抗性、品质等方面都能符合生产发展的需要。品种纯属经济上的类别，而不是植物分类上的类别，作物品种不同于植物分类学上的变种、亚种。

特异性(distinctness)、一致性(uniformity)和稳定性(stability)是对作物品种的3个基本要求，简称DUS。而基于品种这3个特性基础上的DUS测试，是植物新品种保护的技术基础和品种授权的科学依据。品种特异性是指作为一个品种，至少有一个明显不同于其他品种的可辨认的标志性状。品种在选育或生产栽培过程中，如发生个别非主要性状的变异，而其他性状基本与原品种相同，这种只是个别性状与原品种不同的群体，习惯上称之为该品种的品系。品种一致性是指采用适于该类品种的繁殖方式的情况下，除可以预见的变异外，经过繁殖，其相关的特征或者特性一致。品种内个体间在株型、生长习性、物候期和产品主要经济性状等方面应是相对整齐一致的。所谓可以预见的变异，主要是指外界环境因素的影响，有的特征或特性有一定的变异，如植物的株高和生育期等。品种稳定性是指申请品种权的植物新品种经过反复繁殖后或者在特定繁殖周期结束时，其相关的特征或者特性保持相对不变。

品种的推广有区域性。每一个作物品种都是在特定的生态条件下经过多年的选育而形成的，因此，它在生长发育过程中也要求一定的生态条件与之相适应，并不是一个品种在什么条件下都能正常地生长发育或获得理想的产量和质量，这就是品种的适应性。品种的适应性是品种的一个遗传特性。因此，利用品种应因地制宜，良种良法配套。

品种的利用有时间性。一个作物品种在生产上被利用的年限都是有限的。这是因为农业经济是在不断发展提高的，农业生产条件和生态条件也是在不断发展变化的，随着经济条件、耕作栽培条件和生态条件的变化，原有的品种不能适应生产发展需要就会被淘汰，就会被新的适应性强的品种所替代。因此，必须不断地培育新品种，保证及时进行品种更换。

6.1.3 作物品种的类型

作物的繁殖方式不同，其遗传特点、育种方法及品种利用方式也不同。一般可将作物品种分为以下4种类型：

(1)纯系品种

或称自交系品种，是基因型纯合的群体，品种的植株间具有相同的遗传背景。自花授粉作物在生产上使用纯系品种(pure line cultivar)比较方便，可以通过自交连续使用。因此，纯系品种是烟草生产上主要利用的品种类型之一。

(2)杂交种品种

杂交种品种(hybrid cultivar)是在严格控制授粉的条件下生产的各种杂交组合的杂种一代植株群体。这类品种基因型是杂合的，不能稳定遗传，一般生产上只利用杂种一代，即利用F_1杂种优势，很少利用F_2以后世代的种子。现在玉米、水稻和棉花等作物多利用这种类型的品种。

(3)群体品种

群体品种(population cultivar)的遗传基础比较复杂，群体内部的植株间具有不一致的基因型。群体品种又分为异花授粉作物的自由授粉品种、异花授粉作物的综合品种、自花授粉作物的杂交合成群体、多系品种(multiline cultivar)。

(4) 无性系品种

无性系品种(clonal cultivar)是由一个无性系或几个近似的无性系经过营养器官的繁殖而成。它们的基因型由母体决定，表现型和母体相同。

6.1.4 作物优良品种在生产中的作用

作物优良品种是指在一定地区和栽培条件下能符合生产发展要求，并具有较高经济价值的品种。选用良种应包括两个方面：一是选用优良品种，二是选用优质种子。良种在生产中的作用主要表现在以下几个方面：

(1) 提高作物单位面积产量

良种一般丰产潜力较大，在相同地区和栽培条件下，能够显著提高产量。目前，除一些栽培面积小的作物外，我国各地都普遍推广增产显著的良种，一般可增产10%~15%，有的可达50%，个别成倍增产。自1985年以来，我国3大粮食作物中水稻和小麦的总播种面积呈下降趋势，但其总产量和单产都稳步上升；玉米的播种面积、总产量和单产都呈增加趋势。与1985年相比，2015年全国水稻单产增加35.2%，小麦单产增加83.6%，玉米单产增加63.4%。

(2) 提高作物品质

随着国民经济的发展和人民生活水平的提高，在提高产品品质方面，品种起着重要的作用。国际上，粮食作物的高产育种取得新的进展后，出现了以提高蛋白质和赖氨酸含量为主的品质育种新趋势；为满足纺织工业发展的需要，纤维作物在丰产的基础上，要求品质优良；"双低"油菜品种的选育，使产品品质得到明显提高。

(3) 增强作物抗性

良种对常发病虫害和环境胁迫具有较强的抗逆性，在不利环境条件下也能获得相对高产，即具有一定的稳产性，生产过程中可减轻或避免产量的损失和品质变劣。

(4) 扩大作物种植区域

良种要求适应栽培地区广，适应肥力范围宽，适应多种栽培水平。此外，随着农业机械化的发展，还要求品种适应农业机械作业要求。例如，水稻和小麦品种要求茎秆坚韧，易脱粒而不易落粒等；玉米品种要求穗位整齐、脱水快等；棉花品种要求吐絮集中、苞叶能自然脱落、棉瓣易于离壳等。

(5) 有利于耕作制度改进，提高复种指数

新中国成立前，我国南方很多地区只栽培一季稻。新中国成立以来，随着早稻、晚稻品种及早熟丰产的油菜、小麦品种的育成和推广，现在南方各地双季稻、一年三熟制的面积大幅度提高，促进了粮食和油料作物生产的发展。

(6) 提高农业生产的经济效益

农业增产的诸多因素中，选育推广优良品种是投资少、经济效益高的技术措施。由于转基因新品种在增产、优质优价、低耗等方面的优势，已使全球转基因作物种植农户累计获得纯经济效益340亿美元，农民增收25%左右。我国棉农因种植转基因棉花，每亩减支增收130元。

6.2 品种选育的基本原理和程序

6.2.1 作物育种目标

育种目标就是对所要育成的新品种在一定的自然条件、耕作栽培条件和经济条件下应具备的一系列优良性状指标。确定育种目标是育种工作的前提，育种目标适当与否是决定育种工作成败的关键。

6.2.1.1 现代农业对品种的要求

高产、稳产、优质、多抗和适应性强是目前国内外育种的总目标，也是现代农业对品种的普遍要求。但要求的侧重点和具体内容，常因地、因时、因作物种类而异。

(1) 高产

选择具有高产潜力的品种，是现代农业对品种的基本要求，也是育种目标的重要内容。农业生产对品种产量潜力的要求不宜局限在小面积上高产或超高产，更重要的是在大面积推广中的普遍增产。对杂交品种增产潜力的要求较纯系品种更高，要求必须足以保证能弥补生产杂交种子所增加的成本，且能获得一定的经济效益。

(2) 稳产

生产上不但要求所推广品种具有高产潜力，而且要求在其大面积推广过程中能够保持连续而均衡地增产。影响稳产性的因素主要是品种的抗逆性，我国的自然条件各地不同，存在着风、旱、寒、涝、碱、瘠和不同的病虫害，对这些因素可以采取各种措施加以防治，但最经济有效的途径则是采用对这些因素具有抗耐性的品种。

(3) 优质

随着国民经济的发展和人民生活水平的日益提高，新育成的品种不仅要求有更高、更稳的产量，而且还应具有更好、更全面的产品品质。优质性状与高产性状之间，往往存在一些矛盾，如果二者协调改进，做到高产和优质相结合，将使品种更符合生产的要求，如禾谷类作物在高产的基础上要求提高蛋白质和赖氨酸含量等。

(4) 适应性强

作物品种的适应性是指作物品种对环境的适应范围和在一定范围内的适应程度，不但要求适应地区的自然条件，而且适应发展中的耕作栽培水平。这就要求品种生育期适当、抗病抗逆性强等。生产实践证明，一个品种的产量能力基本适应于当前的生产水平，其适应性好，这个品种适宜推广的地区就广，生产上利用的年限就可能更长。

现代农业对品种的要求是多方面的，许多性状之间既相互联系，又彼此影响。因此，在育种工作中，不能孤立地、片面地追求某一个性状而忽视其他性状，应区分轻重缓急，在原有品种的基础上，重点改进关键性状，再兼顾其他性状进而实现综合改良。

6.2.1.2 制定农作物育种目标的基本原则

制定育种目标是一项复杂、细致的工作。一个正确的育种目标，往往需要对当地自然环境、耕作栽培水平、经济条件、生产情况和现有品种特征、特性深入了解，才能逐步明确和完善。制定作物育种目标的基本原则包括以下几方面：

(1) 立足当前，展望未来，富有预见性

目前，我国正处在一个国民经济大发展时期，各种农作物品种的主攻方向，应将高产、稳产、优质、抗逆性强和适用性广的品种选育放在首位；其次是要有利于复种及便于机械化管理。但作物不同，其要求的主次也不一样，生产条件和研究基础较好的作物应过渡到机械化管理、优质和有利于复种为主，如杂交水稻、棉花等。一个作物品种从开始选育到大田推广，一般至少需要6~7年时间，所以在考虑满足当前需要的基础上，应预计到现代农业发展中未来对品种的新要求，使育种工作走在农业生产发展的前列。

(2) 突出重点，分清主次，抓住主要矛盾

制定育种目标时，还必须对当地的自然条件和栽培条件进行分析，分清主次，抓住各个时期制约作物生产发展的主要因素。例如，20世纪50年代末至60年代初，长江流域各地水稻抗倒耐肥性低是限制水稻高产的主要因素，抓住抗倒耐肥性这个主要育种目标，选育出了抗倒能力强的矮秆品种。但常规稻的产量不高，这时选育高产的矮秆品种成为新的主要矛盾，随后杂交稻的培育成功，使产量大幅度提高。后来，水稻白叶枯病和黄矮病流行，所以抗病育种又成了一个主要矛盾。近年来，水稻的优质育种也提上了议事日程。

(3) 目标明确具体，落实到具体性状上

制定育种目标只确定一个大方向是不够的，必须把所要求的项目落实到各个性状上，明确各性状所要达到的指标，这样便于选配亲本和进行育种选择。例如，以抗病性作为主攻目标时，不仅要明确具体的病害种类，而且还要落实到具体的病害生理小种上，同时要用量化指标提出抗性标准。

(4) 适应当地的自然环境与栽培条件

在了解当地气候、土壤、病虫分布、栽培制度等情况的基础上，根据各地生态环境、栽培条件、品种的生态类型，针对限制生产发展的主要问题，找出有关的主要目标性状，选育出能克服现有品种的缺点，保持其优点的新品种。例如，春季低温阴雨易使早稻烂秧，秋季的寒潮易造成晚稻结实率低的地区，要求选育苗期抗寒的早稻品种和秋季对寒露风有较强耐性的晚稻品种。在稻瘟病发生较严重的地区，选育抗稻瘟病的品种。

6.2.2 作物育种的基本原理

作物育种实际上就是作物的人工进化。现有的各种作物都是从野生植物演变而来的，这种演变发展的过程就是进化过程。所有生物包括植物和作物的进化取决于3个基本因素：变异、遗传和选择。遗传和变异是进化的内因和基础，选择决定进化的发展方向。自然进化是自然变异和自然选择的结果，一般较为缓慢，原有物种中适应环境变化的变异个体经自然选择逐渐得以积累加强，从而形成新物种、变种、类型，自然进化的方向取决于自然选择。人工进化则是人类为了发展生产需要，人工创造变异并进行人工选择的进化，其中包括有意识地利用自然变异及自然选择的作用，人工进化一般速度较快，人工进化的方向取决于人工选择。作物育种学是人为控制生物遗传变异的一门科学，是人类控制植物进化的有效手段。因而，从生物学意义上讲，作物育种实际上就是作物的人工进化，作物育种的历史即作物人工进化的历史。特别是随着遗传学、进化论等相关学科的发展，作物育种学从20世纪初开始摆脱主要依靠经验的初级状态，逐渐发展为一门具有系统理论基础的应用型科学。

作物育种的过程就是发现或创造变异，不断根据人类发展和生产的需要选择利用作物变异的过程。作物从野生状态发展成为现代栽培类型，就是人类在长期的种植过程中连续进行选择的结果。随着农业生产发展不断对作物品种提出新的或更高的要求，育种工作者不仅要利用作物自然变异所产生的材料进行选择，使作物向着人类需要的方向发展，而且还要应用品种间有性杂交、远缘杂交、细胞融合、基因工程，以及现代物理和化学等先进技术，诱发作物产生更多的或定向的变异类型，利用科学的鉴定手段和选择技术，创造出新的优良品种，以满足生产不断发展的需要。所有育种方法的实施都包含下面4个基本过程：

(1) 发现或创造变异

培育新品种的第一步是要获得可遗传的变异，发现变异就是利用作物自然发生的变异和基因重组所产生的材料；创造变异就是利用人工杂交、人工诱变等各种诱变手段，提高突变频率和按人类需要促成各种在自然界很难，甚至不可能发生的基因重组，乃至通过转基因技术导入一些外源基因，丰富变异的类型。

(2) 选择

对自然变异或人工创制的变异，依据生产的需要或者育种目标淘汰不适应作物生产的变异，初步筛选到变异类型和方向符合生产需要或育种目标的变异。主要通过对变异材料群体的直接观察、变异材料的种植比较等方式，对变异的稳定性、特异性、一致性进行鉴别。

(3) 鉴定

对初步选择出的变异材料进一步的优中选优，鉴定筛选出符合生产需要或者育种目标的变异个体或群体。鉴定是进行进一步育种选择的重要依据，是保证和提高育种质量的基础。应用正确的鉴定方法，对育种材料做出准确、客观的科学评价，才能准确地鉴别变异材料的优劣，从而提高育种效果，保证育种目标的实现和加快育种进程。

可以根据目标性状的直接表现进行直接鉴定，如农艺性状、产量等性状；也可根据与目标性状有高度相关的性状进行间接鉴定，如通过株形、叶色等对育种材料的产量潜力、耐肥性进行间接鉴定。可以根据变异材料在田间自然条件下的形状进行自然鉴定；也可在人工创造的胁迫环境，对变异进行诱发鉴定，如接种病毒病菌、虫源鉴定抗病虫特性，人工创造干旱、低温环境，鉴定其抗旱性或耐寒性等。除了田间鉴定外，还可以进行实验室鉴定，如作物品质的室内化验分析鉴定，优质抗病抗逆遗传位点的 DNA 分子标记鉴定等。鉴定的方法快速、精准，才能有良好的选择效果。

(4) 审定

通过对变异材料的选择、鉴定，育种家或育种单位选育出来的优异材料，还要经过严格规范的品种审定程序，达到一定的标准后，才能获得品种资格并进行推广应用。品种审定是对一个新育成的品种或新引进的品种能不能推广，在什么范围推广应用等作出的结论。新品种通过品种区域试验和生产试验的多年多点田间试验、进一步的鉴定比较后，能否推广及推广范围，还须经各省(自治区、直辖市)或国家品种审定委员会审定，审定通过后，才能取得品种资格。

6.2.3　育种技术发展的几个阶段

20世纪以前，作物育种经历了相对缓慢的过程，但随着遗传学的发展，育种家开始利用遗传学的规律进行杂交育种,育种效率有了明显提高。育种学发展至今,经历了几次重大的技术飞跃。美国科学院院士、康奈尔大学教授 Edwards Buckler 在 2018 年初提出了"育种4.0"的理念,即作物育种技术的发展伴随人类社会的进步已经历了 3 个标志性阶段,目前正跨入第四个阶段。

(1) 第 1 代育种技术(1G):作物驯化技术

对作物进行驯化大约从 1 万年前开始。作物驯化阶段主要通过耕作者对自然变异的肉眼观察做出主观判断,作物改良的进展非常缓慢。

(2) 第 2 代育种技术(2G):传统育种技术

以 1865 年为起点,孟德尔在发现了植物遗传定律后,数量遗传学理论被建立起来,育种家和专业的科学家通过人工杂交的手段,有目的地选配不同的亲本进行杂交、自交、回交等,结合双亲的优良性状培育改良作物品种。这一阶段主要利用经典遗传理论、统计学和田间试验设计等理论和手段,具有一定的预见性,但是偶然性大,育种效率低。传统育种手段极大地提高了作物产量,推动了农业发展,但这一阶段仍依赖于育种家的经验,且由于传统育种对于复杂性状的选择有限,因此难以兼顾产量、品质及生物胁迫和非生物胁迫的抗耐性。

(3) 第 3 代育种技术(3G):分子技术育种

得益于现代分子生物学、基因工程的发展,20 世纪 80 年代开始,以转基因(genetic modified organism,GMO)、分子标记辅助选择(marker assisted selection,MAS)、全基因组选择(genome selection,GS)、基因编辑(gene editing)、等位基因挖掘等为代表的现代分子技术手段,开始在作物育种上运用。分子技术育种是对传统育种理论和技术的重大突破,实现了对基因的直接选择和有效聚合,大幅度缩短了育种年限,极大地提高了育种效率。

(4) 第 4 代育种技术(4G):智能育种

智能育种(smart breeding)技术体系,基本定义为利用农作物基因型、表型、环境、遗传资源(如水稻上的品种系谱信息)等大数据为核心基础,通过人工生物智能技术,在实验室设计培育出一种适合于特定地理区域和环境下的品系品种,而传统上的大田仅仅作为品种测试和验证的场所,从而节省了大量的人力、物力、财力、环境压力等资源。智能育种是依托多层面生物技术和信息技术,跨学科、多交叉的一种育种方式。近年来,全球范围内生物育种技术不断取得重大突破,现代种业已进入"常规育种+现代生物技术育种+信息化育种"的"4.0 时代",正迎来以全基因组选择、基因编辑、合成生物及人工智能等技术融合发展为标志的新一轮科技革命。

6.3 作物育种的主要方法

作物育种所取得的成就,是综合运用多学科的理论和技术成果,广泛采用系统选育、杂交育种、辐射育种、杂优利用、生物技术等育种途径的结果。作物遗传改良的途径不断改进和发展,新的育种途径和技术的开拓利用以及向作物遗传育种领域的渗透,促进了育种水平的不断提高。以下按照传统育种方法和现代分子育种技术方法两类对主要的育种方法进行阐述。

6.3.1 传统作物育种方法

6.3.1.1 引种

(1) 引种的概念和作用

引种是将异地的优良品种(系)或具有某些优良特性的资源引入本地作为育种素材或作为品种直接推广利用的育种方法。其特点是简单易行,迅速有效。该方法目前主要用来充实作物种质资源,丰富育种的物质基础,同时也是解决生产中对良种迫切需要的有效措施。

农业生产上最先使用的各种作物,首先是在少数几个农业先进国家或地区由野生植物栽培驯化后,通过相互引种实现大面积传播和示范推广。例如,美国种植面积最大的玉米是引自墨西哥,大豆则由中国引入。我国从国外引进的水稻、棉花等作物的许多品种,有些直接用于生产,增产效果显著;国内各地区间的相互引种更为普遍。引种对农作物产量的贡献非常明显,一般比当地品种增产10%以上,有的达20%~30%,甚至50%。但盲目引种,特别是不通过试种就大量推广,往往会造成重大的损失。

(2) 引种的一般规律

引种时,首先必须掌握原产地与引种地区生态条件的差异程度以及作物品种的感温性和感光性;其次是掌握其耕作栽培技术特点。

温光反应特性与引种的关系 由于生态环境不同,各种作物对温度和光照反应的特性也不同,掌握作物温光反应特性,对引种和栽培都具有重要的指导意义。

水稻、棉花、玉米等属于喜温短日作物,生育期间需要一定的高温和短日照。例如,水稻属于高温短日作物,晚稻品种属于光照反应敏感的类型。在缩短或延长光照的情况下,抽穗期的提前或延迟变化较大。早稻和中稻属于光照反应迟钝的类型,在缩短或延长光照情况下,抽穗期的提前或延迟变化不大,但对短日处理有一定程度的反应。所以水稻南种北移时,生育期延长,营养体生长较好;但能否正常抽穗结实,则会因早稻、中稻、晚稻而不相同。例如,原产于华南或华中的早稻早熟品种,移至华北甚至东北栽培,一般都可正常抽穗成熟,且能高产;华南的早熟晚稻品种,只能在南京以南正常抽穗结实;而华南的迟熟晚稻品种引至长沙就不能抽穗。北种南移时,生育期缩短,早熟品种常因营养生长较差难以丰产,以引用迟熟品种较为适宜。

棉花虽是短日喜温作物,但天然异交率高,变异性大,适应性强。南种北引时,常因无霜期短,霜前吐絮率低而影响产量。在无霜期短的早熟棉区引种时应注意选用早熟品种。北种南移则应选用晚熟品种。玉米是非典型的短日作物,对日长反应迟钝,但喜欢高温。

小麦、油菜均属长日照作物,生育期间需要一定的低温和长日照。在引种时,北方冬油菜冬性强,引到南方种植,发育推迟,表现迟熟。南方的冬油菜品种春性强、发育快,向北引种冬播易早薹、早花。北方冬小麦引至南方,由于不能很好地满足春化阶段对低温的要求,会延迟成熟,或者不能抽穗。半冬性小麦即使勉强通过春化阶段,而在短日照条件下也会延迟拔节抽穗,甚至不能抽穗。相反,南方春性或半冬性小麦品种往北引,则因北方冬季严寒,常不能安全越冬;若作春小麦栽培,春化阶段可以通过,但因日照变长,光照阶段很快完成而表现早熟,产量不高。春小麦的春化阶段短,通过春化阶段所要求的温度范围较宽,所以引种范围较广,例如墨西哥的春小麦品种,在世界上二三十个国家种植,产量表现均较好。

作物生态型与引种的关系　同一生态型的个体在光温特性、生育期长短、各种抗性方面都具有相似的特性,引种时从生态条件相近地区引入适合的生态类型,较易获得成功。

在不同地区的生态环境中,有主导因素和从属因素。例如,以气候因素中的温度、日照、降水量等条件为主导因素所形成的生态型,称为气候生态型。籼稻和粳稻是受不同纬度或海拔的气候条件影响所形成的,籼稻适宜生长在热带和亚热带地区,粳稻适宜生长于气候温和的温带和热带的高地。因此,我国南方多籼稻,北方多粳稻。早稻和晚稻差别主要在于生理特性对光照反应的不同。了解水稻的气候生态型,对引种有很大的帮助。例如,南种北引时,必须引种对光照钝感型的早稻品种。

以土壤为主导因素所形成的作物类型为土壤生态型,是在土壤理化特性、土壤含水量、含盐量、酸碱度、土壤微生物活动等条件共同作用下形成,对这些土壤条件有共同的要求。例如,陆稻的形成,土壤水分是主要的因素。20 世纪 70 年代以来,巴西等国已选育出抗高铝离子浓度的马铃薯和小麦品种,并积极开展大豆抗酸和抗铝育种,在酸性甚高的稀树草原和亚马孙河流域扩大大豆种植。近年来,我国黑龙江省培育出抗盐水稻品种,可以在西部盐碱土地区种植。

(3) 引种的方法和注意事项

调查研究品种原产地的环境条件和品种形成特性　根据引种规律及对本地生态条件的分析,掌握国内外有关品种资源的信息,选引适宜于本地区的优良品种。因此在引种前,应着重了解该品种的形成历史、生态类型、光温反应特性,并研究该品种生长发育期间两地区气候条件的差异,预料可能发生的情况,要求其生育期符合当地的耕作制度,高产稳产,抗逆性强。我国地域辽阔,跨热带、亚热带和温带,气候条件优越,不仅各地区根据具体条件可以广泛地相互引种,而且可以充分利用世界的品种资源,为我国作物生产服务。在同一地区、同一生态型中要尽可能引入较多的材料,但每份材料的种子数量不宜太多。

注意加强检疫和隔离栽培　引种是病虫害和杂草传播的主要途径。引入育种材料时,有可能同时带入本国和本地区所没有的病虫害和杂草。为防止区域性病虫害随着新品种的引入而传播蔓延,应把严格检疫工作放在首位。对新引进的品种,还要先隔离种植于特设的检疫圃中进行鉴定,在鉴定中如发现有新的危险性病虫害和杂草,就要采取根除措施。通过这种途径繁殖得来的种子,才能投入引种试验。

参加品种比较试验和多点试验　经过试种观察,初步确定可以引种的品种,应进一步参加品种比较试验。为了加速引种进程和提高试验的准确性,还要进行多点品种比较试验。只有通过对不同生态地区的种植观察,了解品种材料对不同自然条件、耕作条件和土壤类型的反应,了解品种在当地条件下的性状表现,确定有推广价值后,才能推荐参加区域试验,开展栽培试验和加速品种的繁殖,直至应用于生产。新品种引入后,由于生态环境的改变,常会发生各种各样的变异,试种过程中,还可以从中选育出新的优良变异单株,培育成新品种。

6.3.1.2 选择育种

(1) 选择育种的概念

选择育种也称为系统育种,就是采用单株选择法,优中选优,也称为一株传、一穗传、一粒传,是从现有生产田或繁殖田种植的品种中,利用自然出现的新类型,选择具有优良性状的变异单株(穗),分别种植,每个单株(穗)的后代为1个品系,通过试验鉴定,选优去劣,育成新品种,繁殖应用于生产。选择育种是自花授粉作物、常异花授粉作物和无性繁殖作物常用的育种方法,是改良现有品种的一个重要方法。

(2) 选择育种的作用和特点

选择育种是简易有效选育新品种的好方法,是育种工作中最基本的方法之一;是利用自然变异,进行优中选优,不断改良和提高现有品种的有效途径;在遭受病虫害或其他不良环境条件灾害的地区或时期,选拔比较有抗性的单株,进行选择育种,能够育成抗病品种。

选择育种主要有以下特点:

优中选优,简便有效 与其他育种方法相比,选择育种工作环节少,过程简单,试验年限短。选择育种直接利用自然变异,所选的优良个体一般多是同质结合体,通常只需要1~2代的分离和选株过程。

适合于群众性育种 许多推广的农作物品种都是由农民育种家利用这一方法育成的,如'内乡36''偃大5号'和大豆品种'荆山'等。

连续选优,品种不断改进提高 一个比较纯的品种在长期栽培过程中,会产生新的变异,通过选择可育成新的品种;新品种又不断变异,为进一步选择育种提供了材料。例如,从水稻地方种'郡阳早'中育成'南特号'→'南特16号'→'矮脚南特'→'矮南早1号',它对我国双季稻北移,起了重要作用。

选择育种的局限性主要是:①不能有目的地创新、产生新的基因型;②改良的效果取决于品种群体中自然变异率的高低。通常有利变异的概率很低,所以选择效率不高;③育成品种的综合性状难以较大的突破。主要原因是连续优中选优,其遗传基础较贫乏,提高的潜力有限。因此,随着育种目标的多样化和育种技术水平的提高,选择育种的比例会随之相应降低。但是在育种工作开展较晚、地方品种大量存在的地区,选择育种仍是重要的方法。

(3) 选择育种的基本原理与育种程序

选择育种所依据的基本原理 选择育种所依据的基本原理是"纯系学说"。纯系是指自花授粉作物一个纯合个体自交所产生的后代。"纯系学说"的主要内容是:①在自花授粉作物群体品种中,通过单株选择,可以分离出许多纯系;②同一纯系内各个体的基因型相同,所以从纯系内继续选择是无效的;③同一纯系内受环境因素影响所出现的变异是不能遗传的。

任何优良品种都有一定的特点,并能在一定时间内保存下来。但自然条件和栽培条件在不断发生变化,品种也会因条件的改变或自然杂交、突变等原因,不断地出现新的类型,即自然变异。因此,品种遗传基础的稳定性是相对的,变异是绝对的。

产生变异的原因有两个:内因和外因。内因主要是生物内部遗传物质的变化。只有遗传物质的变化才能产生遗传的变异,才能为选择提供原始材料。遗传基础的变异通常有以下几个方面：①由于自然杂交，引起基因重组，出现新的性状；②基因突变，即在某些基因位点上发生一系列变异；③染色体数目上或结构上发生变异；④一些新品种在开始推广时，其遗传基础不纯，存在若干微小差异，在长期栽培过程中，微小差异渐渐积累，发展为明显的变异。这些遗传基础的变异，引起性状发生变异。

遗传基础的变异离不开外因——环境条件的影响。特别是引进异地品种时，由于环境条件变化较大，品种的变异往往更加迅速而明显。例如，水稻品种'矮脚南特'从广东引到长江流域、小麦品种'阿夫'和棉花品种'岱字15'从国外引入我国栽培后，在形态、经济性状、生物学性状各方面都发生变异，通过系统育种曾培育出大批各具特色的新品种。因此，对引进的品种进行选择育种效果较好。

选择育种的方法和程序 进行选择育种必须掌握以下技术环节的要点：

①选择对象。一般从生产上大面积栽培的品种中进行选择最为有效。这类品种具有产量较高、品质较好、适应性较强等优良性状。实行优中选优，以保持和提高其优良性状，克服其不良性状，容易见效。

②选择标准。在育种目标基础上，还应注意以下要求：第一，选择突出的新性状。第二，综合性状。选择育种时要在综合性状优良的基础上，重点克服原品种存在的个别缺点。

③选择数量。总的原则是由多到少，由粗到精，逐步挑选优株优系。为增加选择优良变异株的可能性，供选择的群体应尽可能地大，并从中选择尽可能多的单株。

④选择技术。选株要在保持原品种优良特点并且栽培条件较好的种子田、丰产田和生产大田中进行，土壤肥力均匀，耕作条件一致，栽培管理相同，以保证选株在均匀一致的生长条件下进行，正确地鉴别优劣，选到真正的优良材料。

选择育种从选择优良单株开始到育成新品种的过程，是由一系列工作阶段组成。各阶段的主要任务与内容如下：

①选择优良变异株(穗、铃)。当选单株(穗、铃)分别装袋，编号贮藏。

②株(穗、铃)行试验。将上年入选的单株(穗、铃)分别种成株行(穗行、铃行)(也称系统)。以原品种作为对照。在关键时期(如开花或抽穗期等)进行观察鉴定，严格选优。入选的材料各自成为一个品系，下年参加品系比较试验。

③品系比较试验。把上年当选的优良品系种成小区进行比较试验。试验的环境条件应与大田生产条件接近，试验一般进行两年。在第二年品系比较试验的同时，应加速繁殖种子，以便进行生产试验。

④区域试验和生产试验。在不同的自然区域进行区域试验，测定新品系的利用价值、适应性和适宜推广的地区，并在接近大田生产条件的较大面积上进行生产试验，对新品系进行客观的鉴定。

⑤品种审定与推广。在区域试验和生产试验中表现优异，产量、品质和抗性及生育期等符合推广条件的新品种，可定名并报请品种审定委员会审定，审定合格并被批准后，可有计划地组织示范和推广。

6.3.1.3 杂交育种

(1) 杂交育种的概念

杂交育种是利用不同基因型品种或类型间进行杂交，继而对杂种后代的分离群体加以培育选择，创造新品种的方法。杂交育种是国内外应用最广泛、成效最大的育种方法，也是人工创造和利用变异的主要育种方法之一。杂交可以分为有性杂交、无性杂交和体细胞杂交。有性杂交根据亲本亲缘关系的远近又分为品种间杂交和远缘杂交。

(2) 杂交育种的特点

常规杂交育种的重要性体现在以下几个方面：

①杂交育种是重要的育种手段之一。由于杂交可以实现基因重组，能产生更多的新变异类型，为优良品种的选育提供了更多的机会。因此，杂交育种是最有成效的育种途径。

②杂交育种是与其他育种途径相配套的重要程序。诱变育种、倍性育种、生物技术育种等手段仅使原始材料发生变异，其直接产品仍是育种的原始材料，需要通过常规育种途径，尤其是通过杂交育种途径，才能从中选育出符合生产要求的新品种。

③杂交育种可同时改良多个目标性状。系统育种（选择育种）利用的是自然变异，诱变育种利用的是理化因素诱导的人工变异，它们的共同点是有利变异出现的频率低，往往适于单一性状的改良。倍性育种采用染色体组增加或减少的方式，其中，多倍体育种在引入有利性状的同时，也不可避免地引入了大量的不利性状，增加了改良多个目标性状的难度。现代生物技术虽然可直接导入有利基因，但在目前技术条件下，还难以同时导入大量的处于不同座位的有利基因。育种实践表明，只有杂交育种才能将分散在2个或2个以上亲本中的有利基因，通过杂交重组，使之聚合在同一遗传背景中，实现多目标性状的遗传改良。

④更适于自花授粉植物的品种选育。自花授粉植物自然变异少，选择育种机会少。杂种后代选择的方法易于在自花授粉植物上应用，因此有性杂交育种更适于自花授粉植物的品种选育。

(3) 杂交育种的遗传原理

①基因重组。这是杂交育种取得巨大成功的主要遗传原因。通过杂交，使分散在不同亲本中控制不同有利性状的基因重新组合在一起，形成具有不同亲本优点的后代。

②基因累加。通过基因效应的累加，从后代中选出受微效多基因控制的某些数量性状超过亲本的个体。

③基因互作。主要通过非等位基因之间的互补产生不同于双亲的新的优良性状。

(4) 杂交育种技术

亲本选配 亲本选配包括杂交亲本选择和杂交组合配置两个方面，即决定父母本和多亲杂交时进入杂交的亲本先后顺序。亲本选配的重要性主要体现在以下方面：

①亲本选配是杂交育种成败的关键。亲本选配得当，杂交后代中就能选育出优良品种。而亲本选配不当则往往事倍功半，甚至劳而无获。

②提供了广泛而适宜的遗传基础。有利基因一般存在于种内不同变种、不同品种的不同种质内，亲本选配就是根据育种目标选择携带不同有利基因的亲本，进行适当的组配，从而为杂交后代提供恰当而广泛的遗传基础。

亲本选配的一般原则和依据有：

①互补原则。要求亲本自身综合性状优良，优点多而突出，遗传传递力强，缺点少而易克服；在亲本之间，性状应取长补短，可有共同优点，而无共同缺点。

②适应性原则。亲本中至少有一方能适应当地生态环境，且综合性状较好。适应性亲

本可以是当地推广品种，也可以是生态环境与当地相似的外地品种。

③遗传差异原则。亲本间必须保持一定的遗传性差异，以丰富杂种的遗传基础。性状互补的机会多，出现新类型的机会就多。但遗传差异也不是越大越好，差异过大，则后代分离强烈、稳定慢。

④配合力原则。配合力原则就是选择一般配合力高的亲本，在此基础上选择特殊配合力高的杂交组合，以提高基因的累加效应。优良品种和优良亲本是不同的概念。好品种不一定是好亲本，而好亲本最好同时也是个好品种。一个优良亲本，其配合力高，且自身综合性状也优良。

杂交方式

①单交。也称成对杂交、简单杂交或两亲杂交，它是两个亲本的一次杂交，参加杂交的亲本一个为父本，另一个为母本。用 A/B 表示(/表示杂交一次)。单交有正交和反交之分，如果称 A/B 为正交，则 B/A 为反交。在不涉及细胞质遗传时，正交与反交在遗传效果上是相同的。反之，则应考虑采用哪个亲本作为母本更有利。

②多亲杂交。指 3 个或 3 个以上亲本参加的杂交，又称复合杂交或复交。根据所用亲本的多少和杂交的次数，可分为如下几种：

三交：采用 3 个亲本进行两次杂交，称为三交，表示为 A/B//C (/表示第一次杂交，//表示第二次杂交)，即先将 A、B 杂交，A 作母本，B 作父本，子一代 A/B 再与 C 杂交。如果三交方式为 A//B/C，则表示以 A 作母本，子一代 B/C 作父本再次杂交。

双交(或合成杂交)：以两个不同的单交种作亲本进行的杂交称为双交。根据所用亲本的多少，双交可分为 3 亲本双交和 4 亲本双交。

a) 三亲本双交：组配形式是 A/C//B/C。从选择的角度看，三亲本双交更有利，而从利用杂种优势的角度看，则三交更有利，因为其杂种群体内基因型类型少，生长更整齐。

b) 四亲本双交：其形式如 A/B//C/D，由亲缘关系不同的 4 个亲本杂交 3 次而成，先做 A/B 和 C/D 两个单交，再将两个完全不同的单交种杂交。在此情况下，4 个亲本的遗传物质在双交种中所占的比例一样，均为 1/4。与三亲本双交和三交相比，四亲本双交种遗传基础更为丰富。

四交：四交的形式是 A/B//C/3/D，其中/3/表示第 3 次杂交。四交与四亲本双交虽然都用了 4 个亲本，但由于采用了不同的杂交方式，4 个亲本的遗传物质在四交一代中所占的比例也不一样，亲本 A、B、C、D 依次占 1/8、1/8、1/4、1/2。

循序杂交。也称添加杂交或阶梯杂交，是多个亲本逐个参与杂交的方式。每杂交一次，加入一个亲本的性状。添加的亲本越多，杂种综合优良性状越多。杂交越迟的亲本，对杂种的遗传影响越大，最后杂交的亲本对杂种影响值为 1/2。

聚合杂交。把计划采用的所有亲本在同一生长季里进行成对杂交，最后聚合为一个遗传基础丰富的新品种，把这种杂交称为聚合杂交，其目的是把多个亲本的优点汇集于同一遗传背景中去。

多父杂交。用一个以上父本品种的混合花粉对一个母本品种进行一次授粉的方式。例如，甲×(乙+丙)，其方法是将母本种植在若干选定的父本之间，去雄后任其自然授粉。

杂交技术 作物杂交的方法和技术因作物而异，但有其共同特点，主要包括：

①杂交前的准备。包括制订杂交计划和准备杂交用具。

②调节开花期。当父母本开花期不一致而影响授粉时，就必须采取有效的措施，调整父本或母本的开花期。可以通过以下措施来调节父母本的开花期：父母本分期播种、春化处理、进行光照处理、采取适当的管理措施和进行激素处理等。

③去雄。一般在开花前2d，闭花受精植物（菜豆和豌豆）开花前3~5d。方法因植物种类而异。

④控制授粉。控制授粉的方法为人工套袋隔离，以杜绝计划外花粉的混入。

⑤授粉后管理。授粉后的花朵要挂牌，并加强田间管理和收获后的各项管理，保证杂交种子安全收获和贮藏。

杂种后代的处理方法　杂交组合的后代是一个边分离边纯化（对自花授粉作物而言是自然纯化，对异花授粉作物是必须人工自交纯化）的异质群体，所分离的大部分基因型不符合育种目标的要求，必须在一定条件下采用适宜的方法选择适合于育种目标的基因型。处理杂种后代的方法很多，但基本的处理方法有系谱法和混合法，其他处理方法都是这两种基本方法的灵活运用。

①系谱法。按照育种目标，以遗传力为依据，从杂种的第一次分离世代开始，代代选单株，直到选出纯合一致、性状稳定的株系后，转为株系（系统）评定。由于当选单株有系谱可查，故称系谱法。常用于自花授粉作物品种选育和异花授粉作物自交系选育。杂种的分离世代，对单交组合，从杂种二代（F_2）开始；对复交组合，则从杂种一代（F_1）开始。

②混合法。典型混合法在杂种分离世代按杂交组合混合种植，不选单株，只淘汰明显的劣株。直到群体中纯合体频率达到要求（一般要求80%左右）时，才开始选择一次单株，下一代种成株系，从中选择优良株系升级试验。每代样本大小因育种规模、设施及试验地条件、材料性质而异，一般每组合应不少于10 000株。

③派生系统法。在杂种第一次或第二次分离世代选择一两个单株，随后改用混合法种植各单株形成的派生系统，在派生系统内除淘汰劣株外，不再选单株，每代根据派生系统的综合性状、产量表现及品质测定结果，选留优良派生系统，淘汰不良派生系统，直到当选派生系统的外观性状趋于稳定时，再进行一次单株选择，下一年种成株系（或穗系），以后选优系进行产量试验。

派生系统法实际上是在杂种分离世代采用系谱法与混合法相结合的方法。在杂种早期分离世代采用系谱法，针对遗传力高的性状进行1~2次单株选择，以期尽早获取一批此类性状优良的材料。在这些材料的基础上，采用混合法进行繁殖各派生系统，根据各派生系统的表现，选留优良派生系统。

④"一粒传"法。从杂种第一次分离世代开始，每株取1粒（或者2粒）种子混合组成下一代群体，直到纯合程度达到要求时（F_6及其以后世代）再按株（穗）收获，下年种成株（穗）行，从中选优良株（穗）系，以后进行产量比较。

上述几种处理杂种后代的方法都有各自的特点。这些特点反映在如何处理分离世代的杂种后代方面，一旦形成外观性状整齐一致的系统，各种方法间的差异随之消失。

(5) 杂交育种程序

杂交育种程序集中表现在由若干个试验圃以及由各试验圃具体工作所构成的一套有序工作。

原始材料圃和亲本圃　种植原始材料的试验地块称原始材料圃。主要集中种植所搜集来的种质资源。工作重点是对原始材料的特征特性进行比较系统地观察记载。种植杂交亲本的地块称亲本圃。为便于杂交，在亲本圃，一般应加大行距。

选种圃　是种植 F_1 及外观性状表现分离的杂种后代的地块，主要工作是从性状分离的杂种后代中选育出整齐一致的优良株系，即品系。

鉴定圃　是种植从选种圃送来的品系及上年鉴定圃留级品系的地块，其主要任务是对所种植品系的产量、品质、抗性、生育期及其他重要农艺性状进行初步的综合性鉴定。

品种比较试验圃　种植由鉴定圃升级的品系和上年品种比较试验圃中留级品系的地块称品种比较试验圃，简称品比圃。品比圃的中心工作是在较大面积上进行更精细、更有代表性的产量比较试验，同时兼顾观察评定其他重要农艺性状的综合表现。

区域试验、生产试验和栽培试验　区域试验，即在品种审定机构统一布置下，在一定区域范围内所进行的多点试验。其主要作用在于客观鉴定新品种的主要特征、特性，确定各地适宜推广的优良品种，为优良品种划定最适宜的推广区域，了解新品种的适宜栽培技术。生产试验又称生产示范，它选择优良品系，按照接近大田生产的条件以及生产上所采用的种植密度和技术措施，在有代表性的不同地点种植，考验品系的生产潜力、抗逆性，为品种审定和品种推广提供试验依据。一般在生产试验的同时，或在优良品种决定推广后，就几项关键性的技术措施进行栽培试验。栽培试验的作用在于进一步了解适合新品种特点的栽培技术，为大田生产制定栽培措施提供依据，做到良种良法一起推广。

6.3.1.4　杂种优势利用

（1）杂种优势现象及其理论基础

杂种优势是指两个遗传组成不同的亲本杂交产生的杂种一代，在生长势、生活力、抗逆性、产量、品质等方面优于其双亲的现象。杂种优势在自然界十分普遍，在许多动植物中都发现了这一现象。在农业生产中，主要利用基因型纯合的亲本间杂种 F_1 代所产生的杂种优势。杂交种的形式有单交种、三交种、双交种和综合种等，生产中以单交种应用最多。据统计，我国杂交种种植面积占该作物总面积的比例，玉米超过80%，高粱为70%，水稻为60%。

杂种优势是重要的生物学现象，杂种一代在许多性状上都表现有优势。从经济性状上分析，杂种一代的优势主要表现在以下几个方面：

①有的表现为营养体优势。多数杂种一代长势旺盛，分蘖力强，根系发达，茎秆粗壮，块根、块茎也增大增重。

②抗逆性和适应性优势。水稻、玉米、高粱、油菜、烟草等作物在抗逆性上表现优越性；适应性方面，杂种一代适宜种植的地区范围不仅超过双亲，而且常常超过推广的普通良种。

③生育期。若双亲的生育期相差较大时，F_1 的生育期常介于双亲之间，且多偏于早熟亲本，即早熟对迟熟为部分显性；若两亲的生育期相近，F_1 的生育期往往早于双亲。但早熟×早熟，F_1 也可能稍晚于双亲。

④产量因素和产量。各种作物杂种一代的产量多数较高，强优势组合的 F_1 产量超过双亲平均值是普遍现象，但不一定超过对照品种，一般杂交种比推广的普通良种增产20%~40%，高的可达2倍以上。

⑤品质。杂种一代的品质也有一定优势，但并不是所有组合及所有的品质方面都比双亲优越。

另外，杂种优势的强度与亲本差异及纯度有关，往往亲本纯合度越高，杂种优势越强。杂种一代的优势最强，在子二代以后杂种优势发生退化。

(2) 杂种优势的度量

为了便于研究和利用杂种优势，需要对杂种优势的大小进行测定。优势率是度量杂种优势强度的一种指标，它有以下几种计算方法：

① 中亲优势。是指 F_1 的产量或某一数量性状的平均值超过双亲同一性状平均数的百分率。也称超中优势、平均优势，计算公式为：

$$中亲优势(\%) = \frac{F_1 - 双亲平均值}{双亲平均值} \times 100 \tag{6-1}$$

② 超亲优势。是以双亲中较优良的一个亲本的平均值作为度量标准，衡量 F_1 平均值超过高值亲本的百分率。计算公式为：

$$超亲优势(\%) = \frac{F_1 - 较好亲本值}{较好亲本值} \times 100 \tag{6-2}$$

③ 对照优势（或超标优势）。即 F_1 代的某一数量性状的平均值超过标准（当前推广）品种的百分率。计算公式为：

$$对照优势(\%) = \frac{F_1 - 对照品种值}{对照品种值} \times 100 \tag{6-3}$$

④ 负向超亲优势。有些性状也可能出现超低值亲本的现象，如果这些性状也是杂种优势育种的目标时（如早熟性），称为负向超亲优势。

$$负向超亲优势(\%) = \frac{F_1 - 较差亲本值}{较差亲本值} \times 100 \tag{6-4}$$

⑤ 杂种二代及以后各代的杂种优势。杂种优势主要表现在 F_1，从 F_2 开始则发生性状分离。F_2 群体内个体间差异很大，生长不整齐，在生长势、抗逆性和产量等方面均比 F_1 代显著下降，从而出现优势逐代衰退现象。因此，F_2 及以后各代在生产上一般不再利用。其 F_2 优势降低的程度可用下式进行估算：

$$F_2 优势降低率(\%) = \frac{F_1 - F_2}{F_1} \times 100 \tag{6-5}$$

F_2 较 F_1 优势降低的程度，因亲本性质（即双亲遗传性差异的大小）、数目和具体杂交组合而不同。例如，玉米杂交种，双亲遗传差异越大，亲本纯合程度越高，亲本数目越少，则 F_1 的优势就越大，F_2 的衰退现象也越明显。

(3) 杂交种的选育技术

亲本选配的原则

① 配合力高。选择一般配合力高的材料做亲本，最好两个亲本的配合力都高。若受其他性状的限制，至少应有一个亲本具有高配合力。

② 亲缘关系较远。选择亲缘关系较远、性状差异较大的亲本进行杂交，常能提高杂种异质结合程度和丰富遗传基础，表现出强大的杂种优势。例如，杂交玉米'丹玉6号'（'旅28'ב自330'）和杂交水稻'威优6号'（'V20A'ב IR26'）等，均为地理或起源较远的亲本间杂交种。

③ 性状良好并互补。要求两亲本应具有较好的丰产因素和较广的适应性，通过杂交使优良性状在杂种中累加和加强。

④亲本自身产量高，两亲本花期相近。

杂交种的组成及类别　杂交种有品种间杂交种、自交系间杂交种(包括顶交种)、远缘杂交种(如种间杂交种、属间杂交种)和核质杂种4类：

①品种间杂交种。对于雌雄异花或雌雄同花去雄方便的作物(如玉米、棉花等)，可采用品种间杂交的方式利用杂种优势。其特点是育种程序简单，若F_2及以后世代仍有较强杂种优势，在生产上可利用F_1及以后世代。但由于品种间没有严格自交过程，因此杂种F_1表现不太整齐，优势也相对低于自交系间杂种。

②自交系间杂种。是目前生产上普遍采用且增产效果显著的一种方法，一般比优良品种可增产25%~40%或更多，适合于容易人工自交的作物(如玉米等)。其特点是育种程序复杂，需时长，但杂种整齐一致，优势明显；F_2性状严重分离，优势急剧下降，一般不利用F_2及以后各代。自交系间杂种主要包括顶交种、单交种、三交种、双交种和综合种。

③远缘杂种。例如，棉花的陆地棉产量较高、较早熟；海岛棉纤维品质好，但成熟迟、产量低。用陆地棉和海岛棉杂交，可获得产量高、纤维品质好的杂种(简称海陆杂种)。但并非所有作物或同一作物任何两个种间都可以利用杂种优势，因为种间杂种F_1代往往结实率低。

④核质杂种。不同种、属之间的不同细胞质对核基因的表达会产生特有的效应，通过核质代换产生的核质杂种，具有一定的杂种优势，即核质杂种优势。高等植物中配制核质杂种主要是通过核代换法。

(4)利用杂种优势的途径和杂交制种技术

利用杂种优势的途径　根据不同作物的生物学特性(如繁殖方式和结实率大小)和遗传学特点(如雄性不育与自交不亲和性)，设计利用杂种优势的方法，可概括为以下几种：

①人工去雄杂交制种。这是杂种优势利用的常用途径之一。采用此种方法的作物应具备以下条件：花器较大，易于人工去雄；人工杂交一朵花能得到数量较多的种子；种植杂交种时，用种量较小。目前采用人工去雄制种的作物主要有玉米、棉花、番茄、黄瓜等。玉米制种时只要人工拔除母本的雄穗，便可接受父本花粉授粉而产生杂种。

②利用理化因素杀雄制种。用理化因素处理后，能有选择地杀死雄性器官而不影响雌性器官，以代替去雄。它适应于花器小，人工去雄困难的作物，如水稻、小麦等。

③利用苗期标志性状制种。在苗期用来区别真假杂种且呈隐性遗传的植物学性状称为苗期标志性状。可用作标志的显性性状有水稻的紫色叶枕、小麦的红色芽鞘、棉花的红叶和鸡脚叶等。

④利用自交不亲和性制种。在生产杂种种子时，用自交不亲和系作母本，以另一个自交亲和的品种或品系作父本，可以省去人工去雄的麻烦。如果双亲都是自交不亲和系，就可以互为父母本，从两个亲本上采收的种子都是杂种，提高制种效率。

⑤利用雄性不育性制种。利用三系或两系，可免除人工去雄，制种效率高。

⑥利用雌性系制种。雌性系是指具有雌性基因，只生雌花不生雄花且能稳定遗传的品系，如菠菜、黄瓜等。制种父母本相邻种植，在能区分雌雄株时，开始拔除母本行中的雄株，留下纯雌株与父本自由授粉，从母本上收获的种子就是杂交种。

杂交制种技术　主要包括：①选择制种区。要求土壤肥沃、地势平坦的旱涝保收田，并做到安全隔离。②规范播种。主要是播期、行比和播种质量(全苗、不错行、不漏行)。

③精细管理，促进花期相遇。④去杂去劣，提高制种质量。⑤去雄彻底，授粉及时。⑥分收分藏，成熟后要及时收获。

(5) 杂种优势利用与杂交育种的异同

杂种优势利用同杂交育种一样，需大量收集种质资源，选配亲本，进行有性杂交、品种比较试验、区域试验和申请品种审定。但是杂种优势利用与杂交育种在育种理论、育种程序和种子生产等方面不同。

在育种理论上，杂交育种利用的主要是加性效应和部分上位效应，是可以固定遗传的部分。而杂种优势利用是加性效应和不能固定遗传的非加性效应。

在育种程序上，杂交育种是先杂后纯。即先杂交，然后自交分离选择，最后得到基因型纯合的定型品种。而杂种优势利用是先纯后杂，通常首先选育自交系，经过配合力分析和选择，最后选育出优良的基因型杂合的杂交组合。

在种子生产上，杂交育种比较简单，每年从生产田或种子田内植株上收获种子，即可供下一年生产播种之用。而杂种优势利用不能在生产田留种，每年必须专设亲本繁殖区和杂种种子生产(制种)区。

6.3.1.5 诱变育种

利用物理因素或化学因素诱导作物的种子或其他器官发生遗传变异，后通过人工选择，从中挑选有利变异类型培育出符合育种目标的优良品种，这种方法称为诱变育种。作物诱变育种常用的物理因素为几种电离射线，化学因素为多种化学诱变剂，故前者称为辐射育种，后者称为化学诱变育种。由于化学诱变育种开展较晚，加上原子能技术的广泛使用，目前国内辐射育种方法的采用比化学诱变育种普遍。

(1) 诱变育种的特点

①提高变异率，扩大变异范围。选育作物新品种，需要掌握丰富的原始材料。利用射线诱发作物产生变异率较高，一般可达 3%~4%，比自然界出现的变异率要高 100 倍以上，甚至高 1 000 倍。而且辐射引起的变异类型较多，常常超出一般的变异范围，为选育新品种提供了丰富的原始材料。

②有利于短时间内改良单一性状。一般的点突变是某个基因的改变，在不影响其他基因的功能时，即可用以改良某个优良品种的个别缺点。生产上，辐射育种可以有效改良品种的早熟、矮秆、抗病、品质等单一性状。例如，浙江省农业科学院用 γ 射线处理迟熟丰产的水稻品种'二九矮 7 号'，选育出'辐育 1 号'，比原品种早熟 10~15 d，而丰产性仍保持原品种特点。且辐射引起的变异，能较快地稳定，故育成新品种的年限较短，一般只需经 3~4 代就可基本稳定。

③改变作物育性。诱变可使自交不育作物产生自交可育的突变体，使自交可育的作物产生雄性不育，还能促使原来不育的作物恢复育性，为雄性不育系寻找和配制恢复系提供了新的途径。辐射也可以促进远缘杂交的成功。远缘杂交的结实性往往比较低，甚至不结实，采用适当剂量的射线处理花粉，可以促进受精结实。

诱变育种有其独特的优点，但也有缺点。由于目前对高等植物的遗传和变异机理的研究尚不够深入，难以确定诱变的变异方向和性质，且所产生的变异往往是不利变异多，有利变异少，因此需要用大量的原始材料进行处理，才能收到预期的效果。

(2) 辐射诱变

①辐射源的种类。辐射育种采用的射线种类有紫外线、α 射线、β 射线、γ 射线、

X射线、快速电子及中子射线等。中子射线诱变效率高，被认为是最有发展前途的射线。

②照射剂量单位。照射剂量单位即被照射物质的单位质量所吸收的能量值（物质所吸收的能量/物质的质量）。照射剂量因作物种类、处理材料（种子、植株、花粉等）均有所不同。

③照射剂量。照射剂量的选择对于辐射育种至关重要。适宜的剂量是有利突变率高的照射剂量。照射剂量的大小常用剂量率作为单位来衡量，即单位时间内所吸收的剂量。辐射效果与剂量有关，因此在一定剂量范围内，照射剂量越大，变异率也增加；相反，变异就小，甚至没有。剂量过大，处理的材料就会死去，失掉选择机会；剂量过小，则不产生变异，达不到辐射育种的目的。一般认为合适的剂量范围是半致死剂量、半致痛剂量和临界剂量，即经过照射的材料，保证辐射一代有30%~50%的结实率。

④照射处理方法。照射处理可以采取内部照射和外部照射两大类。内部照射是将辐射源引入被照射种子或植株内部，常用方法有浸种法、注射法。即利用放射性^{32}P、^{35}S、^{14}C或^{65}Zn的化合物，配成溶液浸种或浸芽，以达到诱变的效果。外部照射是指受照射的有机体接收的辐射来自外部的某一照射源，如利用钴源、X射线、γ射线或中子射线等进行照射，这种方法简便、安全，可大量处理诱变材料。

(3) 化学诱变

化学诱变剂的种类　化学诱变剂是指能与生物体的遗传物质发生作用，并能改变其结构，使后代产生遗传性变异的化学物质。化学诱变剂的种类很多，目前常用的主要有以下几种。

①烷化剂。烷化剂可对生物系统特别是对核酸进行烷化，是目前农作物诱变育种中应用广、效率高的一类化学诱变剂。

②碱基类似物。碱基类似物可掺入DNA，使其在复制时发生偶然的错误配对，导致碱基置换，从而引起突变。

③叠氮化物。叠氮化物可使复制中的DNA的碱基发生替换，是目前诱变效率高而安全的一种诱变剂。

④其他。还有一些其他化学诱变剂，如亚硝酸、羟胺、吖啶、抗生素等。

化学诱变剂的特点　与物理诱变剂相比，化学诱变剂具有诱发点突变多，染色体畸变少的特点，化学诱变剂是通过各自的功能基因与DNA大分子中若干基因发生化学反应，更多的是发生点突变，主要影响DNA单链，引起染色体的损伤少。化学诱变剂还具有迟效作用、对处理材料损伤轻等特点。但有些化学诱变剂毒性大，使用时必须注意安全防护。

化学诱变剂的处理方法　化学诱变常用的处理方法有浸渍法、滴液法、注射法、涂抹法、施入法、熏蒸法等。

(4) 航天育种

航天育种，也称为空间诱变育种，是利用返回式航天器或高空气球所能达到的空间环境对植物（种子等）的诱变作用以产生有益变异，在地面选育新种质、新材料，培育新品种的作物育种新技术。

航天育种是航天技术与生物技术、农业育种技术相结合的产物，综合了宇航、遗传、辐射、育种等跨学科的高新技术。自1987年以来，我国成功地利用神舟飞船和返回式卫星进行了多次搭载农作物种子、试管苗等的试验，试验品种包括粮食作物、油料作物、蔬菜、花卉、草类、菌类、经济昆虫等，其中粮油作物占47%，蔬菜作物占18%，其余为草类、花卉、菌类等。

航天育种的特点 航天诱变和人工理化诱变一样，都会出现遗传变异和非遗传变异、有利突变和不利突变，都有突变体性状稳定快、育种周期短等特点，但航天诱变育种有一些自己独特的特点：

①突变的广谱性。由于空间环境中高能粒子辐射、微重力、高真空等综合因素，航天诱变育种具有变异频率高、变异幅度大、有益变异多、变异稳定、变异快等诸多优点。变异主要表现为营养成分变异、抗病变异、抗旱变异、果形变异、粒形变异等。据统计，航天育种变异率可达4%以上。经过航天诱变后，各种作物的性状变异分布广，变异系数大，变幅极差大。

②植株损伤轻。航天搭载对植物的生长发育无显著影响，更无明显的限制作用，但对植株的生育进程、器官和果实大小等数量性状有一定影响，其中对植物生育进程的影响最为显著。

航天育种材料的主要处理方法

①诱变材料的保存。航天诱变材料非常珍贵，突变材料的保存对于诱变机理、遗传特性和育种的研究工作至关重要。航天突变体的保存一般进行组织培养保存和群体扩繁。

②形态学鉴定。形态学鉴定是直接获得突变体的方法，也是航天育种中采用最多的方法。在获得形态性状变异个体后，再进行系统选择及各种分析、测试和鉴定工作。

③细胞学观察。对突变材料进行细胞学观察，调查细胞、染色体畸变率，鉴别出可诱导出染色体桥、落后染色体及染色体数目与正常体细胞不同的个体。

④分子水平鉴定。对突变材料进行分子水平的遗传鉴定，分析与其基础材料的遗传差异，为育种应用研究提供参考。

⑤应用研究。加强对突变材料的应用研究，提高育种成效。例如，四川农业大学利用航天育种，成功选育了玉米品种'川单23'。

(5) 诱变后代的选择

通常把诱变处理后的种子称为诱变当代，以 M_0 表示；由诱变处理的种子成长的植株称为诱变第一代，以 M_1 表示；以后各代分别被称为诱变第二代、第三代……分别用 M_2、M_3……表示。也可以不同的符号表示不同的射线处理，例如用 X 射线处理的，可用 X_0、X_1、X_2、X_3……表示；用 γ 射线处理的，也可用 γ_0、γ_1、γ_2、γ_3……表示。

M_1 的种植与选择 为了使 M_1 能够充分生长发育和便于田间选收种子，通常以不同品种、不同处理剂量为单位，分小区种植，并用未经照射的相同品种作对照。M_1 很少出现变异和分离现象，但由于受射线的抑制和损伤，通常出苗率低，发育延迟，植株发生矮化、丛生等形态变化，一般不遗传给下一代。辐射可能引起部分植株的少数细胞产生突变，但多为隐性突变，M_1 在形态上不易显现出来。因此，对 M_1 一般不进行选择，只在成熟时以品种、处理为单位，每株收几粒种子进行混合，或分株分穗收获、晒种、脱粒、编号、登记、妥善保存，以备下一代种植。

M_2 的种植与选择 M_2 的种植方法，随 M_1 的留种方式而定。M_1 混合收获的，以品种、处理为单位；分株、分穗收获的，以株、穗为单位，按编号顺序分别播种。豆、麦、棉要粒播，水稻要插单本。M_1 分株、穗收获的 M_2 每个株区需种 100 株左右，穗行需种 20 株以上。M_2 的植株一般生长正常，且是分离最大的一个世代，能遗传的变异大多在

M_2 表现出来，可根据育种目标逐株观察，严格进行单株选择，选择符合要求的单株分收、分晒、分别脱粒、编号、登记、贮藏，供下一代继续鉴定选择。

M_3 及以后各代的种植和选择 一般 M_2 当选单株，M_3 按编号、顺序种植，各单株种 1 个小区，称为 1 个系统。种植时设对照。M_3 以系统为单位进行观察鉴定，除注意主要目标性状外，也要注意综合性状。M_3 以选择优良系统为重点，对表现优良且整齐的系统，即可混收，进行测产。并取样考种。根据田间记载、评比、测产、考种结果，选出最优品系，参加品系或品种比较试验，同时根据需要，进行多点试验，繁殖种子。其表现优异者，可推荐参加区域试验，有推广价值者便可定名推广。如果优良系统仍在分离，则需继续选择优良单株，以供下一代继续选育，直至选出优良定型品系。

6.3.1.6 远缘杂交育种与染色体工程

染色体工程育种是指按照预先设计，有计划地添加、削减和代换同种或异种的染色体或染色体片段，甚至整个染色体组，以改变植物的染色体组成，进而培育新品种或新种质的育种方法。植物染色体工程是以细胞遗传学为基础，与远缘杂交、多倍体育种、诱变育种和细胞工程等紧密结合发展起来的一门育种技术。

利用远缘杂交、多倍体育种和诱变育种等育种方法不仅可以选育出许多植物新品种，而且为染色体工程积累了丰富的基础材料，促进了染色体工程技术体系的建立和发展。

染色体工程育种的一般程序：①作物与近缘物种杂交产生远缘杂交种或进一步合成双二倍体；②通过作物与远缘杂种或双二倍体杂交，实现染色体添加，创造异染色体附加系；③通过染色体代换产生异染色体代换系；④以异附加系或异代换系为材料诱导染色体易位，创制染色体易位系；⑤对易位系进行加工培育新品种，或以易位系作亲本按杂交育种程序选育新品种。

通过染色体工程育种可以把作物野生近缘植物的优异基因，通过染色体组、染色体或染色体片段，转移进栽培物种或使不同种的染色体组重新组合，进而产生新的染色体组合，创造新的遗传变异。染色体工程育种在小麦中应用的成效最为显著。来自黑麦的 1R 短臂对包括我国在内的世界小麦育种产生了深刻、广泛的影响。

6.3.2 现代育种技术

传统育种在作物遗传改良方面发挥了重要作用，并取得了显著成就。但传统育种所暴露的经验依赖性高、选择效率低等不足，成为限制作物产量进一步提高的技术瓶颈。自 20 世纪 80 年代以来，随着分子生物学的快速发展，以转基因为标志的植物生物技术和以标记辅助选择为标志的分子育种技术逐渐融入育种领域，并展现出良好的发展前景。

生物技术（biotechnology）是以 DNA 重组技术为核心的一个综合技术体系，也是指对有机体的操作技术。它是针对生物体或生物的组织、细胞成分的特性和功能，结合工程技术原理进行生产加工，并为社会提供商品和服务的一门技术，包括基因工程、细胞工程、酶工程、发酵工程、生化工程和蛋白质工程等。作物育种领域应用较多的主要是细胞工程和基因工程的相关技术。

6.3.2.1 植物组织培养技术与细胞工程育种

植物细胞工程是以植物组织和细胞培养技术为基础发展起来的一门学科，是指植物体的各种结构，如器官、组织、细胞、幼根、幼芽、原生质体等，在离体的、无菌的人工培养环境中再生成为小植株的方法，通常也称为植物组织培养。根据培养所用作物材料的结构层次不同，将植物组织培养划分为植物器官培养、组织培养、细胞培养和原生质体培养等。其理论基础是植物细胞的全能性(totipotency)，即植物体的所有细胞均有重新形成具有分化能力的细胞的潜力，若在离体条件下，植物细胞经过去分化→愈伤组织→再分化→小植株的过程。

(1) 细胞和组织培养技术

植物细胞和组织培养技术又称为细胞工程。主要包括细胞融合、大规模工厂化的细胞培养、组织培养、快速繁殖等技术。它可打破种属间的界限，在植物新品种育种方面有着巨大的潜力。

体细胞变异体和突变体的筛选 植物体细胞在离体条件下，以及在离体培养前，会发生各种遗传和不遗传的变异。习惯上把这种可遗传的变异称为无性系变异。把不加任何选择压力而筛选出的变异个体称为变异体。而把经过施加某种选择压力所筛选出的无性系变异称为突变体。

筛选无性系变异主要通过组织培养来获得变异体和突变体，大体有3种方式：

①变异发生在组织培养之前，即先发生变异，然后在组织培养条件下进行选择。如果变异发生在植株的某部分组织的细胞中，则需要将这部分变异的细胞从植株上分离下来进行培养，使之再生为植株。

②在组培过程中，对培养物施加某种处理，使变异发生或显现于组织培养之中，或者培养条件可能就是变异的因素，在培养过程中进行选择。

③不施加任何选择压力，虽然变异可能出现于大量组织培养的产物之中，但要在组织培养后再进行选择。

细胞和组织培养技术在育种中的应用 通过胚珠或子房培养与试管受精，可克服远缘杂交不亲和性。在作物远缘杂交中，时常形成发育不全的、没有生活力的种子，如果在适当时期把这类种子的胚取出培养，就有可能培育成杂种的幼苗，进而获得远缘杂交的后代。

细胞和组织培养技术还可以克服核果类作物胚的后熟作用和打破种子的休眠。核果类早熟品种与晚熟品种在果实发育上的区别是第二阶段(胚的生长)的长短不同，早熟品种的第二阶段很短，胚的生长发育不健全、生活力不强。当用早熟品种作母本与晚熟品种杂交时，很难得到杂交后代。但如果用幼胚离体培养就能获得杂交后代。因此，在核果类早熟性育种工作中常常采用这种方法。

有些种子的休眠期很长，如果用离体胚培养法，几天就能长出幼苗，因而大幅缩短育种年限。另外，通过组织培养，可以快速繁殖有经济价值的植物、保存种质、生产无病毒植物材料等。

(2) 原生质体培养和体细胞杂交技术

植物原生质体是指用特殊方法脱去细胞壁的、裸露的、有生活力的原生质团。就单个细胞而言，除了没有细胞壁外，它具有活细胞的一切特征。

原生质体培养的利用途径是多方面的，例如，通过原生质体制造单细胞无性系；利用原生质体作为遗传转化的受体，使之接受外源遗传物质产生新的变异类型；利用原生质体进行基础性研究(如细胞生理、基因调控、分化和发育等)。作物育种方面应用最多的是植物体细胞杂交。

体细胞杂交的特点 体细胞杂交又称为原生质体融合,是指两种无壁原生质体间的杂交。它不同于有性杂交,不是经过减数分裂产生的雌雄配子之间的杂交,而是具有完整遗传物质的体细胞之间的融合。因此,杂交的产物为异质核细胞或异核体,其中包含双亲体细胞中染色体数的总和及全部细胞质。体细胞杂交由于人为的控制,使杂种细胞内的遗传物质发生某种变化。如果在体细胞杂交过程中有意识地去除或杀死某个亲本的细胞核,得到的将是具有一个亲本细胞核和两个亲本细胞质的杂种细胞,通常把这种细胞称为胞质杂种。另外,有可能使有性杂交不亲和的双亲之间杂交成功。即在体细胞水平上的杂交,其双亲间的亲和性或相容性似乎有所提高,从而有可能扩大杂交亲本和植物资源的利用范围。

体细胞杂交技术 利用叶、胚乳、茎尖等植物器官的切片制备细胞悬浮液,把它们的细胞壁用酶解法除掉。每个种类分离出数百万个原生质体。把来自两个植物种类的原生质体悬浮液混合并做离心处理,使原生质体最大限度地混合、融合。然后把悬浮液置于陪替氏培养皿中进行培养,并创造最有效的培养条件,如消毒、温度、光照等。一段时间以后,一团数目不太大的细胞开始形成愈伤组织并发育成植株。这个试验是 Power 等(1976)在英国用矮牵牛属植物的原生质体和 Carlson 等(1972,1975)在美国用一种烟草属植物的原生质体,首先实现了植物原生质体融合的成功。继此之后,又有一些种间和属间植物通过原生质体融合获得体细胞杂交株。随着原生质体融合技术的发展,有些研究结果可望在植物育种中应用。

6.3.2.2 基因工程育种

(1) 基本原理

基因工程是指在体外将外源目的基因进行分离、剪切、重组到载体(如病毒、质粒等)分子上,再导入原先没有这类基因的寄主细胞中进行大量复制,或转染植物组织获得转基因植物,或在新的寄主细胞中高效表达,从而使其获得人类所需要的基因产物的技术。经转基因技术修饰的生物体常称为遗传修饰过生物体(genetic modified objcet,GMO)。基因工程是在分子水平上进行操作,因而它可以突破物种间的遗传障碍,大跨度地超越物种间的不亲和性,定向培育出生物新品种。

转基因育种技术是利用植物基因工程技术将作物高产、优质和抗逆等相关基因导入受体作物中以培育出具有特定优良性状的新品种。由于优异基因可能来源于任意物种,因此,转基因育种可以打破种间隔离,解决物种间远缘杂交不亲和问题。我国的转基因育种始于 20 世纪 80 年代,"863"计划项目实施之后,转基因育种研究发展迅猛。目前,水稻转基因育种使用的转基因方法主要包括:农杆菌介导法、基因枪法、PEG 介导法、电击导入法和花粉管通道法,其中农杆菌介导法占主要地位。

(2) 基因工程的基本过程

一般分为 5 个步骤:①获得符合需求的目的 DNA 片段,这一过程即为基因克隆。②体外重组。在体外将目的基因与载体(质粒或病毒 DNA)连成重组 DNA。③转移。把重组 DNA 分子转移到适当的受体细胞,并与之一起增殖。④筛选。从大量的细胞繁殖群体中,筛选出获得重组 DNA 分子的受体细胞克隆。⑤表达。外源基因在受体细胞表达,使受体获得遗传性状或产生新类型和新品种。

基因工程已经广泛应用于生物的产量、品质和抗性性状的改良中。从作物种类上看,目前转基因大豆仍然是主要的转基因作物。2011 年，转基因大豆继续作为主要的转基因作物，占据全球转基因作物种植面积的 47%（7 540 万 hm²），其次为转基因玉米，占 32%（5 100 万 hm²），转基因棉花占 15%（2 470 万 hm²），转基因油菜占 5%（820 万 hm²）。从转移的性状上看，耐除草剂仍然是转基因作物的主要性状。2011 年耐除草剂性状被运用在大豆、玉米、油菜、棉花、甜菜及苜蓿中，种植面积达 9 390 万 hm²，占全球转基因作物种植面积的 59%。复合两种或三种性状的转基因作物种植面积为 4 220 万 hm²，复合性状转基因作物已经成为近几年关注的重点，复合性状日益成为转基因作物的一个特色。未来复合性状的转基因作物产品将包含抗虫、耐除草剂和提高水分利用效率等农艺性状，以及富含 Omega-3（大豆）、富含 β-胡萝卜素（金色大米）、锌铁强化（玉米）等品质性状。

尽管转基因技术不断发展，为作物改良提供了更多、更广阔的选择途径，但转基因技术本身仍然是作为植物育种过程中创造新变异的手段而加以应用，这种创造变异的途径更为快速、更为精准。所有的转基因材料创制出来后，仍需经过传统育种的鉴定圃、品种比较试验、区域试验、生产试验等程序进行产量比较试验。此外，还要经过严格的环境释放、安全评价、生物伦理审查等程序，才能进入大田，成为一个新品种。

6.3.2.3 分子标记育种

选择是育种中最重要环节之一。传统育种方法是通过对植株的田间表现（表现型），实现对性状的遗传表现（基因型）的间接选择，这种方法存在周期长、效率低等缺点。因此，最有效的选择方法应是能够直接对个体的基因型进行选择。遗传标记的出现为这种直接选择提供了可能。遗传标记包括形态学标记（如黑麦的紫色芽鞘性状等）、细胞学标记（如染色体的随体、分带等）、蛋白质标记（如各种同工酶、禾谷类作物的种子醇溶蛋白等）和 DNA 分子标记（如 RFLP、SSR、AFLP、SNP 等），其中 DNA 分子标记以其多态性高、数量众多、几乎不受环境影响等特点而受到青睐。分子标记的出现为在育种工作中对目标性状的直接选择提供了可能。

育种过程中利用分子标记技术进行鉴定、检测、帮助亲本选择和品种的选育，成为分子育种这门新兴学科中的重要组成部分。

借助分子标记对目标性状基因型进行选择的方法称为分子标记辅助选择（MAS），包括对目标基因的跟踪（即前景选择，或正向选择）和对遗传背景的选择（又称反向选择）。利用分子标记对性状进行前景选择，可提高选择的准确性和效率，降低环境因素的影响。背景选择可加快遗传背景恢复速度，进而缩短育种年限、减少不良性状与目标性状的连锁（即减少连锁累赘）。

分子标记辅助选择在作物育种方面主要有以下几个方面的应用：

①基因聚合。作物的有些农艺性状（如抗病等）表达呈基因累加作用，即集中到某一品种中同效基因越多，则性状表达越充分。基因聚合（gene pyramiding）就是将分散在不同品种中的优良性状基因通过杂交、回交、复合杂交等手段聚合到同一个品种中。在这一过程中，一般只考虑目标基因（前景）选择而不进行背景选择。

基因聚合在育种中最成功的应用是抗病性等质量性状的聚合。在小麦中，王心宇等（2001）利用与白粉病抗性基因 $Pm2$、$Pm4a$、$Pm8$ 和 $Pm21$ 紧密连锁的 RFLP 和 SCAR 标记进行 MAS，选到分别聚合两个抗性基因的植株。在水稻上，Dokku 等（2013）利用分别与 3 个抗水稻白叶枯病基因（$Xa5$、$Xa13$ 和 $Xa21$）连锁的分子标记（$RG556$、$RG136$ 和

pTA248),将3个基因聚合到仅含1个抗性基因(*Xa4*)的水稻品种中,获得了抗性更好的水稻品系。Yang 等(2013)利用分子标记辅助选择的方法将控制玉米支链淀粉含量和赖氨酸含量的隐性基因(分别为 *wx*、*o16*)转入受体玉米品种中,获得了支链淀粉含量增加 16%~28%,赖氨酸含量增加 61%~63% 的玉米品系。

②基因转移或基因渐渗。基因转移(gene transfer)或称基因渐渗(gene introgression)的做法与连续回交的原理类似,即将作物供体亲本中控制目标性状的基因转移或渗入受体亲本遗传背景中,进而达到改良受体亲本个别性状的目的。

在此过程中能将分子标记对目标性状的选择技术与回交过程相结合,可以达到快速、准确地将目标基因转移到另一个品种中去的目的。国家杂交水稻工程技术研究中心以马来西亚普通野生稻为供体亲本、以 93-11 为受体亲本进行杂交和回交,通过分子标记辅助选择技术育成了携带野生稻增产 *QTLyld1.1* 和 *yld2.1* 的新品系 R163;然后利用 R163 与光温敏不育系 Y58S 育成优质、高产、广适杂交稻新组合 Y 两优 7 号。

③数量性状的 MAS。作物大多数农艺性状(如产量、品质、抗逆性等)和部分抗性性状表现为数量性状遗传特点,表现型与基因型之间往往缺乏明显对应关系,表达不仅受生物体内部遗传背景较大影响,还受外界环境条件和发育阶段影响。对这些性状运用 MAS,育种者可以在不同发育阶段、不同环境直接根据个体基因型进行选择,既可以选择到单个主效数量性状位点(QTL),也可以选择到所有与性状有关的微效位点,从而避开环境因素和基因间互作带来的影响。与质量性状相比,对数量性状的标记辅助选择要困难得多。

6.3.2.4 基因编辑育种

基因编辑技术是利用工程核酸酶诱导基因组产生 DNA 双链断裂,激活细胞内源修复机制,实现对基因组的精确修饰,如插入、缺失或替换等。基因编辑系统主要有锌指核酸酶(zinc finger nuclease,ZFN)系统、类转录激活因子效应物核酸酶(transcriptional activator-like effector nuclease,TALENs)系统和规律成簇的间隔短回文重复序列(clustered regularly interspaced short palindromic repeats,CRISPR)系统等。2013 年以来,CRISPR/Cas 技术相继在水稻、小麦、拟南芥、烟草等模式植物中得到了应用,从而证明了其用于植物细胞基因编辑的有效性和通用性。结合其他植物分子生物学和细胞生物学的进步,该技术在农业作物育种领域迅速展现了巨大潜力和价值。

基因编辑技术在育种中首先得到应用的是抗病性、抗除草剂等性状的改良。如研究者利用该技术研发出能自身抵抗霜霉病的酿酒葡萄、抗细菌性条纹和枯萎病的水稻,抗磺酰脲除草剂的油菜新品种已在美国获得商业化种植许可;中国科学家高彩霞等则利用该技术育成了抗白粉病的六倍体小麦。该技术能让植物本身带上抗性基因而不需要通过外用抗生素或杀虫剂,在农业生产上具有重要的意义。

6.3.2.5 分子设计育种

随着分子生物学和测序技术的发展,大量目标性状基因被克隆、基因间互作网络被解析,使得分子设计育种成为可能。科学家可以在实验室内提前模拟、筛选和优化品种选育过程,实现从传统"经验"育种到设计"精准"育种的转变,极大地提高育种效率。中国科学家万建民等提出的分子设计育种流程主要是:①明确调控育种目标性状的基因或 QTL;②根据基因的位置、遗传效应、基因间以及基因与环境间的互作等信息,模拟和预测可能出现的各种基因型组合形成的表现型,从中选择符合预期表现型的基因型组合;③对选出的目标基因型组合进行育种途径分析，制定合适的育种方案；④根据育种方案进行实践育种。综上所述，分子设计育种是将分子标记育种、转基因育种和传统育种相结合的一种新型育种模式。李家洋院士团队经过 8 年努力将控制水稻产量、品质、外观等多个优异基因聚合，成功培育出比 LYP9 高产、优质的水稻品种，该品种的成功培育对分子设计育种具有重要的指导意义。

6.3.3　传统育种与现代育种的关系

目前，作物育种技术总的发展趋势是多种新兴学科向传统学科渗透，新的现代化育种技术向传统育种技术渗透。当前和今后一个相当长的时期内，主要农作物新品种的选育还须依靠常规育种，但是要不断地为生产提供高产、稳产、优质、多抗新品种，要缩短育种周期，常规育种又有其局限性。因此，作物遗传改良的手段必须在传统的常规育种方法的基础上，不断吸收、运用各种现代化的育种技术，发挥各种技术的特点和优势，互相补充、综合运用，形成以常规育种为基础，多种现代育种技术相结合的育种技术体系，这是提高植物遗传改良效率和水平的发展趋势。

6.4　种子产业及管理

我国法律规定，只有经过官方审定的作物品种才能进入市场流通，未经审定通过的品种不得推广。否则，由于种植品种不当所造成的损失，由出售该品种种子的有关单位负全部责任。同时，一个新品种在审定合格并被批准推广后，要加速繁殖并保持其优良种性，使新品种在种子数量和质量上能满足生产需要（即种子繁育）。这一系列的问题涉及作物品种的区域试验、审定和繁育、种子产业等环节。

6.4.1　我国种子产业及其发展

6.4.1.1　种子产业

种子产业即种业，广义指以种子商品化为核心形成的一种自成系统的物质性生产行业，也是一个为农作物生产提供基本生产资料的特殊行业。我国种业发展起步较晚，2000 年《中华人民共和国种子法》的颁布标志着我国种业进入市场化阶段；2011 年《国务院关于加快推进现代农作物种业发展的意见》明确了农作物种业是国家战略性、基础性核心产业的地位，我国农作物种业实现了快速增长。2021 年《中华人民共和国国民经济和社会发展第十四个五年规划和二〇三五年远景目标纲要》明确提出，要加强农业良种技术攻关，有序推进生物育种产业化应用，培育具有国际竞争力的种业龙头企业。2021 年，中央一号文件《中共中央　国务院关于全面推进乡村振兴加快农业农村现代化的意见》强调"打好种业翻身仗"。相关政策已经明确种业发展的战略性地位。

截至 2019 年，我国农作物种业市场规模约为 1 200 亿元，已成为全球第二大种子市场。随着种业研发体系的不断增强，科研转换成果相继落地，实现主要农作物良种全覆盖，自主选育品种面积占 95% 以上，种业市场化的前景较为乐观。但是，种业繁荣发展的同时也面临诸多困境，在激烈的国际市场竞争中，2019 年我国农作物种子贸易逆差高达 2.24 亿美元，我国种业的规模化、集中度与种业优势国差距明显，种子企业虽然数量庞大但普遍呈现"小、散、乱"的分布格局,且整体科研能力较弱。目前,我国种业正处于由高速发展向高质量发展的重要阶段,急需转变种业传统经营模式。

6.4.1.2 中国种子产业发展与改革

我国种业发展经历了户户留种(1949—1957年)、四自一辅(1958—1977年)、四化一供(1978—1995年)、产业化(1996—2010年)和现代化(2011年至今)5个发展阶段,探索出具有中国特色的社会主义种业发展之路。1979年9月中共中央通过《关于加快农业发展若干问题的决定》,强调走中国特色的农业现代化道路。1989年1月国务院发布首部较完整的种子法规《种子管理条例》,同年5月1日施行。2000年7月第九届全国人大常务委员会通过我国首部《中华人民共和国种子法》,同年12月1日施行,我国种业步入法制化发展道路。《中华人民共和国种子法》施行20余年,经历3次部分条款修正、1次全面整体修订,内容日趋完善。2004年第一次修正,修改林木品种和种子相关条款。2013年第二次修正,修改种子检验员考核条款。2015年首次全面系统修订,在简政放权,释放市场活力,鼓励创新,明确主体责任,推动种业体制改革,激励种子企业做强、做大等方面取得重大进展。2021年第三次修正,在加大植物新品种保护力度、建立实质性派生品种制度、增加合法来源抗辩条款等方面取得创新性成果。

过去20多年,国家出台一系列促进种业发展的改革措施(图6-1)。1997年颁布《植物新品种保护条例》,中国政府开始实质性承认育种者权利;1999年中国加入《国际植物新品种保护公约》(UPOV的1978版本),中国种业启动了现代化进程;2000年颁布的《种子法》,种子产业开启了向商业化迈进的大门;此后,为了发展现代化种业,政府又出台了一系列政策与改革措施。整个过程可以分为承认育种者权利、商业化改革、推动种业做大做强、促进种业振兴等阶段。其中推动种业做大做强与促进种业振兴属于种子产业商业化进程中的必经阶段。

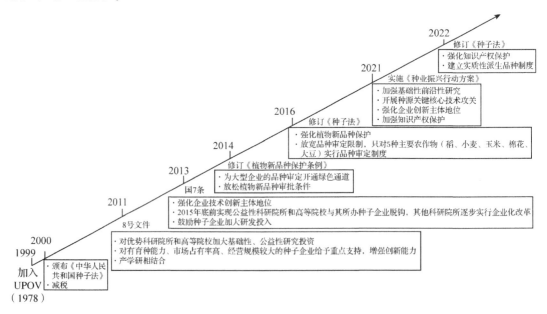

图6-1 1999—2022年中国政府出台的种子产业主要改革措施

(1) 承认育种者权利阶段

1997年颁布的《植物新品种保护条例》是中国政府首次实质上承认育种者权利的标志性事件。在此之前，育种者是没有权利经营自己培育的农作物优良品种种子的。种子经营及市场管理实行"四化一供"，即品种布局区域化、种子生产专业化、种子加工机械化和种子质量标准化及以县为单位组织统一供种。农作物良种种子只能由当地的县级种子公司经营，科研单位等育种人员所培育的品种在各地的种子销售是非法的。育种人员培育成功农作物新品种后，必须交给政府部门进行区域试验，经区域试验并通过省级以上政府部门审定后才能推广，但育种单位还无法获得新品种销售的利润。1997年颁布的《植物新品种保护条例》承认育种者的权利，规定"完成育种的单位或者个人对其授权品种，享有排他的独占权。任何单位或者个人未经品种权所有人（以下称品种权人）许可，不得为商业目的生产或者销售该授权品种的繁殖材料，不得为商业目的将该授权品种的繁殖材料重复使用于生产另一品种的繁殖材料"。从此正式开启了中国政府实质上承认育种者权利的阶段。此后，各种子公司对农作物新品种良种种子的经营不再拥有免费的知识产权，必须经过育种者的同意。育种者也事实上拥有了获取新品种种子销售知识产权利润的基本法律依据。

(2) 中国种业现代化起始阶段

《植物新品种保护条例》的出台给予育种者赋予了其培育的新品种的排他权，但这些权利并未得到国际社会的承认与尊重。在法律上中国育种人员培育的品种并未得到国际保护，直接影响到中国种业的现代化进程。为此，1999年经全国人大批准，中国正式加入《国际植物新品种保护公约》，从而启动了中国种业现代化进程。加入UPOV（国际植物新品种保护联盟）意味着中国的品种权得到了所有成员国的承认，同时在利用他国的新品种时也受到相关法律的约束，打开了中国种业走向世界和世界种子进入中国的大门。

(3) 商业化改革阶段

2000年颁布的《中华人民共和国种子法》（简称《种子法》），开启了中国种子产业化的商业化改革之路。《种子法》在承认育种者权利的基础上，正式摒弃了"以县为单位组织统一供种"的种子经营体制；鼓励政府研发部门、企业与个人从事新品种培育及种子经营活动；政府仅对种子市场进行执法管理。由于该《种子法》拥有种子产业化的全部要素，自从2000年正式生效起，中国的种子产业便发生了重要变化，商业化的种子产业开始起步。

(4) 推动种业做大做强阶段

随着商业化改革的推进，政府部门从事商业化育种极大地限制了种子公司的做大做强及现代化进程。为做大做强中国的种子企业，国务院于2011年发布了《国务院关于加快推进现代农作物种业发展的意见》，提出"十二五"末政府公共研发机构退出商业化育种。2011—2013年间还专门出台多项重大政策措施，包括建立公共研发和企业研发相辅相成、产学研一体化等政策，试图通过强化新品种知识产权保护，在提高育种人员积极性的同时，促进种业做大做强。2015年国家开始放宽品种审定要求；2016年修订了《种子法》，进一步把需审定品种的28个作物减少到5种作物，同时提出了加强知识产权保护的系列措施。这一系列法规和政策对中国种业发展产生了较大的影响，中国种子研发体系得到不断扩展，市场导向的种子企业也迅速崛起，资产超过1亿元的种子公司数量从2013年的243家增至2019年的386家。

(5) 推动种业振兴阶段

为实现做大做强中国种业目标,中央决定由国有企业直接收购国际种业跨国巨头,在短期内大幅提升国内种业创新能力和竞争力。2017年中国化工成功收购第三大国际跨国巨头种业公司先正达。2020年6月又整合了中化化肥、扬农化工、中化现代农业等企业,先正达集团中国2021年营业收入高达74亿美元,同比增长42%,占先正达集团全年营业收入的26%。2021年8月国家发展改革委、农业农村部联合印发《"十四五"现代种业提升工程建设规划》(以下简称《规划》),对"十四五"我国种业基础设施建设布局的总体思路、框架体系、重点项目、保障措施等作出了全面部署安排。提出"十四五"期间,要紧紧围绕种业振兴重点任务,聚焦资源保护、育种创新、测试评价和良种繁育四大环节,布局建设一批国际一流的标志性工程。

6.4.2 品种审定

品种审定是对一个新育成的品种或新引进的品种能不能推广,在什么范围推广应用等作出的结论。新品种通过品种区域试验和生产试验后,其能否推广及推广范围,还须经各省(自治区、直辖市)或国家品种审定委员会审定,审定通过后,才能取得品种资格。应当审定而未经审定通过的农作物品种,不得发布广告,不得经营和推广。各级品种审定委员会的任务是,根据品种试验(包括区域试验和生产试验)结果和品种示范、生产的情况,公正而合理地评定新育成的或新引进的品种在农业生产上的应用价值;确定是否可以推广及其适应地区和相应的栽培技术,并对其示范、繁殖、推广工作提出建议。

6.4.2.1 品种区域试验及方法

区域试验(简称区试)是在品种审定机构统一布置下,在一定的自然区域内设置的多年、多点的品种比较试验,是品种审定和品种合理布局的主要依据。区域试验应当对品种丰产性、稳产性、适应性、抗逆性和品质等农艺性状进行鉴定。2016年新修订的《主要农作物审定办法》要求同时进行DNA指纹检测、转基因检测。每一个品种的区域试验,试验时间不少于两个生产周期。同一生态类型区试验点,国家级不少于10个,省级不少于5个。区试的主要目的是客观鉴定和评价品种的主要特征特性,确定参试品种是否具有推广价值;为优良品种划定最适宜的推广区域,因地制宜种植良种,恰当和最大限度地发挥良种的作用;确定各地区适宜推广的优良品种,做好品种合理布局和搭配;研究新品种的适宜栽培技术,以便做到良种和良法的有效结合,达到高产的目的。

在区域试验中,必须注意正确合理的试验方法。进行品种的区域试验时,应考虑到试验点的设立、对照品种的设置、参试品种(系)的试验条件和试验方案的设计等问题。区试点必须布局合理,以保证结果的代表性;增加对照品种,保证试验的可比性。2016年新修订的《主要农作物审定办法》要求品种申请者在申请前应自行开展品种比较试验,并提供同一生态类型区两年以上、多点品种比较试验结果报告,申请者应留存所提供试验种子的标准样品。建立品种审定绿色通道,对两种情况设立绿色通道:一是实行选育、生产、经营相结合,注册资本达到1亿元的种子企业,在申请主要农作物国家级审定时可以开展自有品种区域试验、生产试验。二是已通过省级审定的品种,具备相邻省份同一生态类型区10个以上生产试验点的两年数据的,申请国家级审定时可以免予进行区域试验和生产试验。

生产试验应当在区域试验完成后，在同一生态类型区，按照当地主要生产方式，在接近大田生产条件下对品种的丰产性、稳产性、适应性、抗逆性等进一步验证。每一个品种的生产试验点数量不少于区域试验点，一个试验点的种植面积不少于 300 m^2 且不大于 3 000 m^2，试验时间不少于一个生产周期。

6.4.2.2 品种审定的程序

新品种通过区域试验和生产试验后，还应经各省（自治区、直辖市）级或国家农作物品种审定委员会审定通过后，方能推广。

组织体制 农作物品种审定委员会由农业行政、种子、科研、教学和有关单位推荐的专业人员组成。根据《中华人民共和国种子管理条例农作物种子实施细则》规定，全国农作物品种审定委员会成员由农业农村部任命，负责协调指导省级农作物品种审定工作，审定跨省推广品种以及需由国家审定的品种；省级农作物审定委员会由省级人民政府或农业主管部门任命，负责本行政区域内的农作物品种审定工作。

审定程序 由选育（引进）单位或个人提出申请，并由主持区域试验单位推荐，最后由品种审定委员会审定。

品种推广 品种推广是指在品种区域试验和生产试验的基础上，因时、因地选用适于本地区自然、耕作栽培条件和生产需要的品种，在大面积生产上充分发挥优良品种的作用。要想做好品种的推广工作，必须考虑品种的合理布局和搭配。

6.4.3 良种繁育

新选育的品种在经过区域化鉴定并确定适宜的推广地区后，应做好良种繁育工作，直至该品种被更换退出种子市场为止。

良种繁育（seed propagation）又称种子生产（seed production），是作物品种工作的重要环节。通过良种繁育，大量生产新品种种子，可迅速扩大其种植面积。良种繁育工作的任务是迅速繁殖新品种种子和保持品种的纯度及种性。

6.4.3.1 种子生产程序

一个品种按世代的高低和繁殖阶段的先后而形成的不同世代种子生产的先后顺序，称为种子生产程序。世界各国种子生产程序不尽相同，我国 1997 年以前，一般将种子生产程序分为原原种、原种及良种 3 个阶段；1997 年 6 月 1 日起执行新的种子检验规程和分级标准，将种子划分为育种家种子、原种和良种 3 级；2008 年 12 月 1 日起实施新的种子质量标准，将常规种和自交系等亲本分为原种和大田用种两个级别，杂交种不再分为一级和二级，统称为大田用种。

(1) 育种家种子

育种家种子指育种家育成的遗传性状稳定的品种或亲本的最原始的种子，具有本品种最典型的特征特性。育种家种子用于进一步繁殖原种种子，一般由育种单位或育种单位的特约单位进行生产。

(2) 原种

原种指利用育种家种子所繁殖的第一代至第三代种子，或由正在生产上推广应用的品种经过提纯后质量达到国家规定的原种质量标准的种子，具有本品种的典型特征特性。不管是育种家种子繁殖生产的还是良种繁育单位选择提纯的原种，都必须达到原种的 3 条标准：①性状典型一致，主要特征特性符合原种的典型性状，株间整齐一致，纯度高；②与原品种比较，由原种生长的植株，其生长势、抗逆性和生产力等不能降低，或略有提高（自交系原种的生长势和生产力与原品种相似），杂交亲本原种的配合力要保持原来水平或略有提高；③种子质量好，表现为籽粒发育好，成熟充分，饱满均匀，发芽率高，净度高，不带检疫性病害等。

(3) 良种

又称为大田用种，是由原种繁殖而来的，特征特性和质量经检验符合要求，供应大田生产播种用的种子。自花授粉作物、常异花授粉作物良种一般可从原种开始繁殖2~3代；杂交作物的良种分为自交系和杂交种，自交系一般用原种繁殖1~2代，杂交种的种子只能使用1代。

6.4.3.2 种子生产的技术路线

各国良种繁育工作过程中，为防止品种混杂退化、提高种子质量所采用的种子生产程序，主要有重复繁殖法和循环选择繁殖法两大类型。

(1) 重复繁殖法

重复繁殖法是指良种繁育从育种家种子繁殖开始到大量生产用种为止，下一轮的种子生产依然重复相同的繁殖过程。具体方法如下：

育种家种子是育种家育成品种的原始种子。其由育种机构或育种者自己繁殖保持和提供利用。育种家种子采用集中繁殖，多年使用的方法保存，种子一式多份贮藏于低温干燥的种子库内，每年取其一份繁殖生产用的基础种子(原种)。

基础种子(原种)由育种者或其授权人(有时为政府机构)负责生产，是由育种家种子繁殖1~2代而来的。用基础种子繁殖合格种子(良种)供生产应用。

合格种子(良种)是由基础种子繁殖而来的，一般由专业种子公司经营。

重复繁殖法是以近代遗传学理论为指导，尽量保持原品种的优良种性和纯度，把基因迁移、突变、遗传漂变和选择等影响种子质量的因素减少到最低程度。每一轮种子繁殖总是从育种家种子开始，经4~5代结束，突变很少在群体中发生作用，自然选择的影响也很小，在种子群体不断扩大的过程中，几乎不受随机遗传漂移的影响。另外，种子生产中除进行必要的去杂去劣外，不进行有意识的人工选择，使品种的优良种性得到保持。重复繁殖法可以尽量保持品种原有的遗传平衡状态，保持了原品种的优良种性和纯度。重复繁殖法是在种子生产区域化、专业化、标准化和产品高度商品化的条件下形成的，是当前生产水平较高的农业发达国家普遍采用的繁种方法。

(2) 循环选择繁殖法

循环选择繁殖法是将整个良种繁育过程分为原种、良种生产两个部分。具体方法是连续不断地从某一品种的原种群体中或其他繁殖田中选择单株，通过单株选择，分系比较，混系繁殖，生产原种种子，用原种生产良种供生产上使用。

循环选择繁殖法是我国目前种子生产所采用的良种繁育方式。鉴于品种在种植的过程中总是不断发生变化，且大多数变异是不利的，必须从中进行严格的选择才能保证品种的优良种性，因此只有不断进行提纯复壮，才能保证品种生活力不致下降。

循环选择繁殖法对保持品种种性和纯度具有积极作用，但存在以下问题：每次进行单株选择，品种群体急剧缩小，容易因环境影响和抽样误差而造成随机遗传漂移；由于人为因素不能正确掌握选株标准,使品种失去了原有的典型性,故在保持原种的典型性方面不如重复繁殖法可靠;该方法生产周期较长。但循环选择法较重复繁殖法灵活,在种子生产专业化、商品化程度较低的条件下,循环选择法中的原种生产可以在有技术条件的生产单位进行。

6.4.3.3 我国种子生产的体系

《中华人民共和国种子法》实施以前,我国主要作物的良种繁育体系大致分为两类。①稻、麦等自花授粉作物和棉花等常异花授粉作物的常规品种,经审定通过后,可由原育种单位提供育种家种子,省(地、县)良(原)种场繁殖出原种;对生产上正在应用的品种,可由县良(原)种场提纯后生产出原种,然后交由特约种子生产基地或各种专业村(户),繁殖出原种1~2代,供生产应用。②对于玉米、高粱、水稻等的杂交制种,因要求有严格的隔离条件和技术性强等特点,可采用"省提、地繁、县制"种子生产体系,即由省种子部门用育种单位提供的"三系"或自交系的育种家种子繁殖出原种;或经省统一提纯后生产的原种,有计划地向各地、市提供扩大繁殖用种;地、市种子部门用省提供的三系或自交系原种,在隔离区内繁殖出规定世代的原种后代;县种子部门用地、市提供的亲本,集中配制大田用的杂交种。

《中华人民共和国种子法》实施以后,我国主要作物的种子生产体系发生了较大变化,主要体现在3个方面:①建立纯企业性的管理机制,增强种子企业对种子基地的管理力度,更多地利用经济制约方法规范种子生产,提高种子质量,稳固种子基地建设。②建立大型归属性基地,一是在有条件的地方可利用国有农场等土地,建立稳固的归属性种子生产基地;二是随着市场经济的发展,农村将出现产业分化,部分人员将退出土地承包,种子企业可利用这种产业分化的有利时机建立归属性种子基地,从事种子生产。③建立"育繁推一体化"体制。

6.4.4 种子检验

6.4.4.1 种子检验与种子质量

种子检验是指运用科学、标准的方法对种子样品的质量所进行的分析测定,进而判断其质量优劣、评定其应用价值的过程。种子检验的对象是种子,包括植物学上的种子(如大豆、棉花等)、植物学上的果实(如水稻、小麦等的颖果,向日葵的瘦果等)及植物的营养器官(如马铃薯的块茎、甘薯的块根、甘蔗的茎节等)。因此,在进行种子检验时,要因不同农作物对种子质量的不同要求而异。

种子质量是种子检验中综合描述种子不同特性的一个术语。农业生产上,要求种子既具有优良的品种特性,又具有优良的种子特性,即包括品种质量和播种质量两方面的内容。品种质量是指与遗传特性有关的品质,要求种子真实可靠、纯度要高。播种质量是指种子在播种后与田间出苗有关的种子特性,要求种子净度高、健壮(发芽力和生活力高)、饱满、病虫感染率低、干燥。

6.4.4.2 种子检验技术

种子检验技术主要包括扦样、净度分析、发芽试验、生活力测定、活力测定、真实性与品种纯度鉴定、水分测定、重量测定、健康度测定等。

扦样 通常是利用一种专用扦样器具，从袋装或散装种子批取样的工作。种子批是指同一来源、同一品种、同一年度、同一时期收获和质量基本一致，并在规定数量之内的种子。扦样的目的是从一批种子中，扦取适当数量的有代表性的送检样品供检验之用。

净度分析 净度分析是将待检种子样品分为净种子、其他植物种子和杂质三部分，测定三种成分的重量百分率，并分析其他植物种子的种类。

发芽试验 该试验的目的是测定种子批的最大发芽潜力，据此比较不同种子批的质量以及估测种子的田间播种价值。种子发芽力是指种子在适宜条件下发芽并长成正常植株的能力。常用发芽势和发芽率表示。种子发芽势是指种子发芽初期(在规定日期内)正常发芽种子数占供试种子数的百分率。种子发芽率是指在发芽试验终期(在规定日期内)全部正常发芽种子数占供试种子数的百分率。种子发芽势高，则表示种子活力强、发芽整齐。种子发芽率高，则表示有生活力种子多，播种后出苗率高。

生活力测定 生活力是指种子发芽的潜在能力或种胚所具有的生命力。由于多数植物的新收获种子具有休眠特性，因此一个种子样品中全部有生命力的种子应包括能发芽的种子和暂时不能发芽而具有生命力的休眠种子。常用四唑染色法测定种子生活力。

活力测定 种子活力是一个较为复杂的概念，但又是种子质量的重要指标。国际种子检验协会(ISTA)1977年所下的定义是：种子活力是决定种子或种子批在发芽和出苗期的活性水平和行为的综合表现。种子活力实为种子健壮度，是种子内在的发芽、生长及生产性能的潜力。从实用角度分析，强活力的种子应是：①具有完善的细胞结构与功能(特别是酶体系)，吸胀后能保持旺盛的代谢强度；②在广泛的环境条件下，尤其在逆境土壤中能迅速、整齐出苗，且幼苗生长健壮；③植株生长发育良好，抗逆力强；④具有稳产、高产和品质优良的潜质；⑤获得具有高生产潜力、耐藏性好的优质种子。因此，高活力的种子对农业生产具有重要意义。种子活力测定涉及对幼苗生长特性的测定、逆境抗性测定、相关生化活性的测定等方面。

真实性与品种纯度鉴定 种子真实性(cultivar genuineness)是指一批种子所属品种、种或属与文件(品种证书、标签等)是否相同。品种纯度(varietal purity)是品种在特征、特性方面典型一致的程度。真实性和品种纯度鉴定是种子工作不可缺少的重要步骤，是保证良种优良遗传特性的发挥、防止良种混杂退化、避免品种混淆和产生差错的重要环节，可通过形态学、细胞学、解剖学、DNA分子标记和蛋白谱带的差异等多个途径进行鉴定。

水分测定 水分测定(seed moisture content)是指按规定程序把种子样品烘干所失去的重量，用失去的重量占供检样品原始重量的百分率表示。对大多数常规类型的农作物种子而言，种子水分越低，越有利于种子保持寿命和活力。常用的种子水分测定法是烘干减重法和电子水分仪速测法。

重量测定 种子千粒重(weight per 1 000 seeds)通常是指自然干燥状态的1 000粒种子的重量。千粒重是种子活力的重要指标，而且是计算播种盘的重要依据。

健康度测定 种子健康度测定主要检测种子是否携带有病原菌(如真菌、细菌、病毒等)、有害动物(如线虫等)等反映种子健康状况的指标。种子健康的检测方法主要有未经培养检查(包括直接检查、吸胀种子检查、洗涤检查、剖粒检查、染色检查、比重检查等)和培养后检查(包括吸水纸法、砂床法、琼脂皿法等)。

6.4.5 种子经营

种子经营是种子生产经营单位引导种子商品从供种者到最终用户的整体活动过程。我国种子生产经营单位从事种子经营活动的基本目标是最大限度地满足农业用种需求，保障农业生产的稳产高产，并在此基础上获取经济效益，提高企业竞争能力。

种子生产经营单位经营好坏的衡量标准：①良种供应多，良种覆盖率高；②种子质量好，经济效益高；③讲究信誉，服务周到；④种子管理规范，依法经营。

6.4.5.1 种子市场的一般需求规律

种子市场由种子供应者、种子用户和交换对象（即种子）3个要素构成。

种子市场中，杂交种的需求量是容易测算的，总用量等于商品量。而常规品种的市场需求比较复杂，消费者存在着买种与留种两种可能，商品量仅占实际使用量的一部分。买种的欲望是由商品种子相对增产增收能力决定的。

一种商品种子进入种植者手里，产量潜力的变化一般经历3个时期：①青春期，此期内，种子的种性很好，使用价值相对稳定；②缓退期，其种性开始退化，使用价值逐步降低，但程度不剧烈，且容易被栽培因素掩盖；③退化期，种子明显混杂退化，生产力下降。在各个时期，种植者对商品种子的需求欲望不同，对新品种的需求也表现出周期变化的特点：初始阶段，种子来源依赖于交换，呈现出一个商品种子的需求高峰；普及以后又进入自留自用阶段；随着该品种自然寿命的完结，重新进入商品的更新期。总体来看，新品种的问世往往带来一段种子经营的黄金时代。因此，加快新品种的选育，组织好繁殖推广工作，是刺激种子商品生产的一条有效途径。

6.4.5.2 种子经营的特点

(1) 一般市场的特点

种子作为一种特殊商品进入流通领域，离不开商品市场的一般规律特点。

①要接受市场的选择。市场需求是决定产什么和销什么的前提。因此，要进行市场调查，科学地分析和掌握市场信息，进行正确的生产经营决策。

②要考虑本体效益。由于以市场为导向的商品生产的前提是承认商品生产者各自的本体效益，不承认本体利益，就不是商品生产者，市场的作用也就不能体现。

③讲经济效益。商品生产的基本规律是价值规律，要求商品生产者必须讲求价值，追求利润，提高效益。我国种子生产的经营目的，不是为了最大限度地获得剩余价值和超额利润，而是以服务于农业发展为基本前提，在此前提下获取经济效益。因此，在市场竞争中应利用合法手段提高效益。

④树立竞争求胜的观念。以市场为媒介的商品交换，是以商品的社会必要劳动时间定价交易的。因此，每一个产品的生产者与其同行每时每刻都处在激烈的竞争中。没有竞争求胜意识，就难以在市场中立足。

(2) 种子市场的特殊性

种子经营除上述一般商品市场共性外，还具有因种子自身特点而导致种子市场经营的独有特征。了解和掌握这些特点，在市场机制条件下有助于种子生产经营者适应市场需要并健康发展。

①种子供销的时效性。我国幅员辽阔，作物种类繁多，耕作制度复杂，从南到北每月

都有作物进入播期。而同一作物的播期在特定地区是固定的，因此供种时间也相对固定。这就要求生产经营者要根据自己的人力、物力、财力和客户范围合理安排生产供应计划，最大限度地利用时空和质量取得最好的效益。

②合同的远期性。由于种子是有生命的生产资料，过剩不仅占用资金，而且丧失使用价值；数量不足会影响农业生产，价格上扬，故种子市场上多是批发性质的预约繁种、预约供给合同，现货合同只是调剂。这种特点虽有利于生产，但因受种子生产丰歉情况影响，同时又牵动价格波动，若出现种子运输等问题，就会直接关系到合同的兑现。

③种子市场需求的相对稳定性。随着农村经济发展和科技进步，种植业结构均有不同程度的调整，用种量逐年变化。但从全国看，播种面积、需种数量年度间是相对稳定的，即种子市场有一个临界容量，需求弹性小，即需求刚性强。种子市场容量与农作物种植面积直接相关，在一定价格水平上，一旦市场不再需求种子，即使大幅度降低价格，也难以推销；相反，生产者为了维持一定的作物种植面积，价格即使提高，市场销量也不会减少。当然，在买方市场条件下，价格变动对需求量影响也不容忽视。

④产品技术标准的严格性。种子作为农业生产资料，其使用价值是用来满足生产消费，这一特点决定了种子生产经营者必须更重视质量。品种是否对路，种子质量是否符合标准，直接关系到用种者的产值和收益。与其他商品不同，由于品种特性、适宜地区、消耗习惯等影响，各地都有自己特需的品种，生产经营者要透彻了解品种特性，掌握地区特点定向供应。对种子质量不仅要在生产过程中严格监控，在流通中也要有质量保障制度。

⑤品种利用年限性。任何一种作物的任何一个品种，都有其发生、发展、衰亡的过程。随着某地区气候条件变化、栽培技术的改进、病虫草害的变迁、群众生活习惯需求的改变和新品种的不断出现，原来的老品种将逐步淘汰，新品种将不断涌现。因此，种子经营工作中，必须做好品种使用年限的预测，使经营的种子适销对路。

6.4.5.3 种子经营的法规

《中华人民共和国种子法》规定，种子经营实行许可证制度。种子经营者必须先取得种子经营许可证后，方可凭种子经营许可证向工商行政管理机关申请办理或者变更营业执照。种子经营者专门经营不再分装的包装种子的，或者受具有种子经营许可证的种子经营者以书面委托代销种子的，可以不办理种子经营许可证。但具有种子经营许可证的种子经营者书面委托其他单位和个人代销其种子的，应当在其种子经营许可证的有效区域内委托。农民个人自繁、自用的常规种子有剩余的，可以在集贸市场上出售、串换，不需要办理种子经营许可证，由省、自治区、直辖市人民政府制定管理办法。

《农作物种子生产经营许可证管理办法》规定，农作物种子经营许可证实行分级审批发放制度。主要农作物杂交种子及其亲本种子、常规种原种子经营许可证，由种子经营者所在地县级人民政府农业行政主管部门审核，省级人民政府农业行政主管部门核发。从事种子进出口业务的公司的种子经营许可证，以及实行选育、生产、经营相结合，注册资本达到1亿元以上的公司的种子经营许可证，由种子经营者所在地省级人民政府农业行政主管部门审核，农业部核发。其他农作物种子经营许可证，由种子经营者所在地县级以上地方人民政府农业行政主管部门核发。

6.4.5.4 种子经营的基本原则

市场经济条件下，种子经营工作必须执行种子有关法规，同时还需注意以下几个方面：

①以市场为导向。市场经济的快速发展，给种子经营带来了新的变化。这种情况下，种子经营必须以市场为导向，在充分了解农业发展计划、品种布局的基础上，遵循市场规律，市场需要什么种子就经营什么种子，农民需要什么种子就提供什么种子。在逐步占有本地市场的同时，进一步扩大行政区域外种子市场，提高种子部门的社会影响，有基础的企业可以考虑参与竞争国际市场。

②以信息为依据。在种子经营工作中，信息的收集、整理、反馈和利用起着特别重要的作用。因此，要建立健全信息网络，广泛收集市场信息，及时掌握种子供求、价格行情等，做好市场预测，为种子经营提供可靠的依据。

③以优质服务为手段。种子的主要消费者是农民。随着农业的发展，农村产业结构发生了较大的变化，广大农民需要种子经营部门建立全方位、多功能的种子服务体系。因此，种子部门应及时了解广大农民对各类作物种子的需求，扩大经营范围，想农民之想，做到"人无我有，人有我优""送种上门，送技上门"，为农民提供优质服务。同时，收费要合理，以热情周到的服务和价格优势来占领市场。

④以新优种子为优势。种子经营过程中应在品种新颖、质量优良上做文章，新品种和优质种子是种子经营部门生存与发展的关键。种子经营部门应与科研部门建立联系，每年拿到一两个有前途的品种（组合），实现品种更新、增加种子经营的后劲。与此同时，还要把好种子质量关，搞好种子检验检疫，杜绝假劣种子和检疫性病虫草害，避免造成坑农害农的恶果，取信于民。

⑤以效益为目的。种子经营的最终目的是效益，要坚持社会效益和自身经济效益并重的原则，遵守价格政策，薄利多销，加大种子供应量，提高种子的覆盖率，扩大社会影响，以社会效益带动种子部门自身的经济效益。

本章小结

本章主要讲述作物品种及其在农业生产中的作用，品种选育的基本原理和程序，常规作物育种技术与现代育种技术、作物种子生产与现代种子产业等内容。

'豫农202'小麦品种育种程序

种子是现代农业的芯片。现代农业生产中，选育优良作物新品种，是提高农作物产量和品质的重要途径。小麦是我国重要的口粮作物，在保障粮食安全、改善人民生活水平、保护生态环境等方面具有重要作用。2023年"中央一号文件"延续聚焦"三农"，强调我国谷物基本自给、口粮绝对安全的新粮食安全观。选育高产、优质、高抗、广适小麦新品种是落实国家粮食安全战略的重要举措。本文以河南农业大学'豫农202'小麦品种为例，介绍小麦新品种的选育过程：

1996年春季，高产抗倒广适品种'豫麦21'作母本与弱春早熟多穗品系'豫农127'组配杂交组合。

1996—1997年度，该组合的F_1代表现出苗期健壮、抗病性好、落黄好、株高偏矮、丰产性好的特点。

1997—1998年度种植杂种F_2代，其分离类型较多，为保留不同的类型，从表现较好的45个单株中各选1穗混合脱粒，作为重点组合选择。

1998—1999年度种植了600多个F_3代单株，根据田间表现中选了22个单株，室内考种淘汰了8株，保留了14株。

每个F_4代株系在1999—2000年度种4行，据田间表现选了26株，室内考种淘汰6株，保留20株。

每个F_5代品系2000—2001年度种3行，其中该组合F_3-13-1品系表现出叶色浓绿，生长健壮，株型紧凑，抗白粉病和叶枯病，丰产性较好，比较稳定，在选取部分单株后混收，用于下年度产量鉴定。

2001—2002年度产量鉴定，F_3-13-1品系表现出较好的产量优势，而且综合表现较好。

2002—2004连续两年产量比较试验中，F_3-13-1品系比对照'豫麦49'均增产在10%以上。

2004—2006年参加河南省冬水组小麦新品种区域试验。

2006—2007年度参加河南省生产试验。

思考题

1. 作物种子与作物品种的概念有何不同？一个优良品种应具备哪些条件？
2. 在育种工作中，为什么要制定育种目标？根据什么原则制定育种目标？
3. 作物引种时应遵循哪些原则才可能引种成功？
4. 什么是选择育种？选择育种的基本原理是什么？
5. 杂种优势利用的主要途径有哪些？
6. 什么是诱变育种？诱变育种有哪些特点？
7. 什么是生物技术育种？在农作物育种中应用最多、最广的生物技术有哪些？
8. 分析农作物品种审定需要达到的基本条件。
9. 简述种子检验的内容及纯度、净度、发芽率、水分等指标的标准检测方法。
10. 分析现阶段我国种子经营的特点及种子经营工作中应注意的问题。

参考文献

张天真，2011. 作物育种学总论[M]. 3版. 北京：中国农业出版社.

杨光圣，负海燕，2019. 作物育种原理[M]. 北京：科学出版社.

王春平，张万松，陈翠云，等，2005. 中国种子生产程序的革新及种子质量标准新体系的构建[J]. 中国农业科学，38(1)：163-170.

李新海，路明，郑军，等，2022. 作物种业发展趋势与对策分析[J]. 中国农业科技导报，24(12)：1-7.

李新海，谷晓峰，马有志，等，2020. 农作物基因设计育种发展现状与展望[J]. 中国农业科技导报，22(8)：1-4.

应继锋，刘定富，赵健，2020. 第5代(5G)作物育种技术体系[J]. 中国种业(10)：1-3.

黄季焜，胡瑞法，2023. 中国种子产业：成就、挑战和发展思路[J]. 华南农业大学学报(社会科学版)，22(1)：1-8.

洪易，2022. 《中华人民共和国种子法》(2021年修正)解读[J]. 种子科技，40(23)：109-111.

Acquaah G，2012. Principles of Plant Genetics and Breeding[M]. 2nd. Oxford：Blackwell Publishing.

第 7 章 作物栽培技术

作物栽培技术是为了满足作物栽培的目的，结合当地的生态环境条件，根据作物的生长发育规律所采取的各种田间管理措施的总称。现代化作物栽培技术主要包括土壤耕作技术、作物播种与移栽、地膜覆盖栽培技术、水肥一体化技术、化学调控技术和智慧农业技术等。掌握并运用现代化作物栽培技术，是实现农业高质量发展的基础。

7.1 土壤耕作

"土壤是万物之源，农业之本"，肥沃土壤是现代农业可持续发展所必需的基本条件。适宜的土壤耕作技术是保持理想土壤环境条件的重要措施。土壤耕作是根据土壤特性和作物对土壤特性的要求，采用适宜的方法改善土壤耕层结构和理化性状，调节土壤水分、空气、温度和养分的关系，从而达到改善土壤质量和消灭病虫草害而采取的一系列耕作措施。常用的土壤耕作措施主要有翻耕、深松耕、旋耕、耙地、中耕、镇压、起垄和作畦等。

7.1.1 土壤耕作的作用

7.1.1.1 土壤耕作的作用

第一，调节耕层土壤松紧度。耕层是作物根系分布的主要土层，也是农业耕作发生作用的土层，通常厚度为 0~25 cm。作物生长发育的过程中，土壤耕层由于受到外界因素的影响，会出现变松或者紧实的状态。例如，土壤中蚯蚓的存在，可以把土壤耕层变得比较疏松；由于暴雨的冲洗或者机械的压力，土壤会变得比较紧实。在不向土壤增施肥料的前提下，采用适宜的土壤耕作措施，通过改变土壤耕层的状况，调整土壤颗粒大小、土壤颗粒之间空隙和土壤含水量而优化土壤结构，改善土壤的通透性，以及土壤的蓄水和保温性能，从而达到调整耕层土壤松紧度的目的。

第二，加深耕层土壤深度。土壤耕作层是作物根系分布的主要区域。耕层土壤的厚度对作物根系的影响较大。一般情况下，土壤疏松、耕层深厚，作物根系生长旺盛，可以吸收较多的水分和养分，供给作物地上部分生长，从而促进地上部生长发育，即"根深叶茂"。农作物栽培过程中，由于降雨、灌溉、农业机器碾压等作用，会引起土壤板结、土层结构破坏，土壤中的水分与土壤颗粒之间的空气二者之间的矛盾突出。因此，需要采用适宜的耕作措施改变土壤的耕层深度和物理状况，使土壤疏松变软、水分与空气比例协调，为农作物的生长发育创造适宜的条件。

第三，调节土壤耕层的相关状况。不同深度土壤的理化状态存在较大差异。上层土壤由于疏松或与地表接触通常处于氧化状态，而下层土壤则处在还原状态。选择适宜的翻耕方式，通过扰乱上下土层的自然分布状态，可以改变耕层土壤的理化性状和养分分布规律，使肥力高的土壤和肥力低的土壤混合，形成均匀一致的耕层营养环境，不仅有利于土壤微生物产生，还可以促进农作物的生长发育。

第四，翻埋作物残茬和田间杂草。作物残茬和田间杂草对作物的生长发育产生重要影响。田间表面存在的作物残茬对农作物的播种、移栽和田间管理等都产生不良影响。田间杂草不仅与农作物争夺肥、水、光照，还争夺生长空间，滋生病菌等，严重影响农作物的生长发育。采用适宜的土壤耕作措施，把作物残茬和田间杂草翻埋到土壤适宜深度，不仅可以保持农田地表整洁、方便农事操作，还可以借助腐烂的作物残茬和杂草提高土壤肥力，又可以借助翻埋等耕作措施把病菌和虫卵翻埋到土壤深层而起到消杀的作用。

7.1.1.2 土壤耕作影响因素

土壤耕作是根据当地的气候条件、土壤类型和作物种类等综合因素决定的，通过采用适宜的耕作措施，调整土壤内部空气、水分和养分等不同因素之间的相互关系，为作物的生长发育创造理想的生长环境。影响土壤耕作的主要因素有：

(1) 气候条件

不同气候条件对作物的生长发育和土壤性质均产生重要影响。土壤耕作是通过采用适宜的农业措施来调整由于不良气候条件而引起的作物与土壤之间的矛盾。

①降雨。作物的生长发育需要适宜的土壤水分含量。土壤含水量过高，对作物的根系发育产生不良影响，乃至影响整个植株的生长，最终导致作物病虫害发生加剧、产量下降或者品质降低等；土壤含水量过低，又会造成干旱胁迫，影响根系对水分和养分的吸收利用，造成作物的失水萎蔫乃至死亡。湿润多雨地区，经常降雨会引起作物涝害，还会引起地面径流；干旱少雨地区，降雨既可缓解水分不足，还可以贮存一定量的水分保存于土壤之中，供给作物生长发育对水分的需求。

②蒸发。太阳照射到地面会引起土壤温度升高、土壤水分蒸发损失加快。采用中耕等耕作措施，可以切断毛细管，阻挡土壤深层水分蒸发损失；也可以采用镇压等耕作措施压实土壤，降低上层土壤非毛细管孔隙，减少气态水损失，有效防止土壤水分蒸发。

③干湿交替和冻融交替。干湿交替是利用土壤胶体热胀冷缩的特性，使土地变得松碎、疏松的现象。冻融交替是利用冬季低温结冰引起的土块体积增大而崩解，而春季温度升高时，扩大的土壤孔隙却不能还原，土壤变得疏松。干湿交替和冻融交替对提高土壤质量有一定的作用，还可以降低犁耕等相关的作业成本。

④水蚀和风蚀。由于降水和一次性降水量过大等因素，经常会引起地表径流、冲刷表层土壤。采用少免耕或秸秆地表覆盖等保护性耕作措施，可以很好地减少表层土壤流失。在干旱多风地区，刮风会带走表层肥沃的土壤。因此，可以采用秸秆或地膜覆盖、农作物留高茬、少耕免耕、开沟起垄等措施减轻风蚀对土壤的破坏。

(2) 土壤类型

根据土壤颗粒的构成及大小、保水性能及通气性等特征，可以把土壤分为砂土、黏土和壤土。不同类型土壤具有不同的理化特性。选择不同的土壤耕作措施需要结合土壤类型进行确定。南方稻田由于长期淹水，土壤物理特性较差，可以采用水旱轮作、深耕晒垡、干湿交替等方式,增加土壤中的氧气供给,降低土壤中还原性有毒性物质的含量。西北地区土壤主要是砂质壤土,土质松散,易受水蚀、风蚀,因此,土壤耕作要以蓄水、保墒为主;东北地区土壤类型主要是黑土,土壤比较肥沃,由于春旱、秋涝和早霜的危害,土壤肥力衰退明显,因此,土壤耕作要以秸秆还田和地表覆盖为主。

土壤耕性是指影响土壤耕作的难易程度和土壤耕作质量的相关特性。不同类型土壤的耕性差别较大。通常砂土耕性好于壤土,壤土好于黏土,有机质含量多的土壤耕性比有机质含量少的土壤好。针对某一种土壤,当质地、有机质含量一定时,土壤含水量对土壤的耕性和耕作质量影响较大。土壤干燥,水分含量低,土壤颗粒凝聚性强,耕作阻力大,强行耕作,土壤容易成块,耕作质量差;土壤长时间积水,土壤黏性增加,耕作阻力较大,耕作质量也较差。选择土壤水分含量适宜,土壤凝聚力和黏着力同时较低时进行耕作,耕作质量较好。这种处于宜耕阶段的适宜水分幅度起止时限也被称为宜耕期。通常情况下砂土宜耕期较长,壤土次之,黏土的宜耕期最短。

(3)作物种类

土壤耕作是为作物的播种、出苗、器官建成、高产优质创造一个适宜的土壤环境,而不同作物对土壤环境的要求各不相同。因此,土壤耕作必须与所种植的作物类型相适应。例如,块根类作物需要较为疏松的耕层土壤,可以选择培土起垄等方式,更加有利于块根、块茎的膨大;针对富氮作物(大豆、花生)的茬口,土壤比较肥沃,播种后作作物时可以减少基肥的施用;针对富碳作物(高粱、玉米)的茬口,土壤容易板结,肥力下降,在播种后作作物时,就需要增施肥料、深耕深翻、改变土壤的理化特性和土壤肥力,创造适合后作作物生长发育的土壤条件;针对油菜、芝麻等小粒型种子的播种时,需要精耕细作,达到土壤松软、颗粒细小、床面平整,有利于小粒种子的出苗、生长;而针对玉米、花生、大豆等大粒型种子,对苗床土壤的要求可以相对粗放些。

7.1.2 土壤耕作方法

土壤耕作方法有广义和狭义之分。广义的耕作法又称农作法,是指在作物生长过程中,所采取的会影响土壤性状和地力变化的一切作业方法。广义耕作法是通过改变土壤理化性状、生物性状和土壤肥力,影响作物的生长发育。狭义的耕作法是指在土地上翻耕、整地所使用的具体作业方法。土壤耕作方法通常包括翻耕、深松耕、旋耕、耙地、中耕、镇压、起垄和作畦等。

7.1.2.1 翻耕

翻耕是国内外历史最长、应用最为广泛的一种基本耕作措施。它对耕层土壤起到3种不同作用,即翻土、松土和碎土。翻耕的主要作用可以使土壤耕层上下翻转松碎,同时也有翻埋作物根茬、粪肥、绿肥、杂草以及清除病虫害的作用,对增加土壤通透性,促进好气性微生物活动和有机质矿化等十分有利。翻耕主要工具为犁,根据犁壁形式的不同,可以分为半翻垡、全翻垡和分层翻垡。

确定适宜翻耕时期至关重要,通常翻耕只能在前茬作物收获后,或者在下茬作物播种前的某一时间段翻耕比较适宜。不同熟制地区所选择的翻耕时期不同,对于夏季作物收获后以伏耕为主,秋收作物收获后以秋耕为主,而对于低洼地、水田、秋收作物收获较晚而冬季闲置的田块,可以冬季翻耕后冻垡或者春耕。及时翻耕不仅有利于翻埋杂草和病菌,还可以借助冬季低温和春季升温的温度变化而改变土壤颗粒的形状。

适宜翻耕深度是提高耕地质量、发挥翻耕作用的一项重要技术。耕层深厚、土层松软、通透性好、贮存水分能力强，更加有利于贮水保墒。但是，翻耕深度还取决于当地的气候特点、土壤类型和作物种类。例如，在高温、干旱、多风的地区，翻耕过深不仅会加剧土壤水分的蒸发，还会引起表层土壤的风蚀。针对土层较深且有犁底层的土壤，可以适当加大翻耕深度；而针对土层较薄的砂壤土，不宜深耕。一般浅耕的翻耕深度为 14~18 cm，深翻的翻耕深度为 22 cm 以上，而 20~22 cm 为常用的翻耕深度。

7.1.2.2 深松耕

深松耕是指用深松铲或凿形犁等松土农具疏松土壤而不翻转土层的一种深耕方法，适用于长期耕翻后已形成犁底层、耕层有黏土硬盘或土层厚而耕层薄不宜深翻的土地。与翻耕相比，深松耕的最大特点是只松不翻、不扰乱土层。深松耕的深度可以达 25~30 cm，最大深度可达 50 cm。深松耕的时间比较灵活，可以在作物生长发育的适当时期进行，避免翻耕作业时间过分集中，还可以做到耕种结合和耕管结合。

深松耕的作用主要有：打破犁底层、白浆层或黏土硬盘，加深耕层、熟化底土，有利于作物根系深扎。不翻土层，后茬作物能充分利用原耕层的养分，保持微生物区系，减轻对下层嫌气性微生物的抑制。蓄雨贮墒，减少地面径流。保留残茬，减轻风蚀、水蚀。

深松耕的方法主要有：全面深松耕。间隔深松耕，耕松一部分耕层，另一部分保持原有状态，造成行间、行内虚实并存结构。深松部分通气良好、接纳雨水；未深松的部分土壤紧实，有利于减少水分下渗，增强作物抗逆性。

7.1.2.3 旋耕

旋耕是指对土壤表面及浅层进行加工的一种作业方式，主要是将农田表面的秸秆粉碎、土块细碎化，以便于下一季作物的播种等作业。旋耕既能松土，又能碎土，集犁、耙、平三次作业于一体，工作效率高，省工省时。对旱地或水田进行一次旋耕，就可以进行旱地作物的播种或者水田水稻的插秧，比较适合农时比较紧张的多熟制地区。根据旋耕机的作业性能和耕种需要，旋耕深度为 10~16 cm 就可以达到耕种要求。

7.1.2.4 耙地

耙地是和犁地紧密结合的一种耕作措施。耙地具有耙碎土块和根茬，破除土壤板结和平整土地等作用，通常是在翻耕后或播种前采用的一种土壤耕作措施。耙地的农具主要有圆盘耙和钉齿耙。圆盘耙的应用范围较广，可在收获后浅耕灭茬使用，也可用于水田或旱地翻耕后破碎土块使用，作业深度为 5~10 cm。钉齿耙主要用于播种后出苗前破土，破除板结土壤，加快幼苗生长出土。

7.1.2.5 中耕

中耕是在农田空闲期或者作物生长期间进行的表土耕作的措施。旱地中耕能使表土疏松，增强土壤通气透水能力。干旱条件下中耕，可以切断土壤毛细管孔隙，减少水分蒸发损失，提高土壤的保水性能。中耕还具有消除杂草的重要作用。中耕可以和间苗、追肥、培土及灌溉等作业结合进行。

7.1.2.6 镇压

镇压是在播种前或播种后利用镇压器的重力，作用于旱作田地土壤表层的一种耕作措施。当耕层土壤比较疏松时，镇压能使耕层适当紧密，减少过多的土壤大孔隙，降低土壤水分的扩散损失；也可以通过镇压消除比较大的土块，保证播种深度，有利于作物出苗整齐。干旱地区和干旱季节进行播种后适度镇压，可以使土壤与种子紧密接触，促进种子更快吸收水分，方便种子早发芽和早出苗。

7.1.2.7 起垄和作畦

起垄可以增加耕作层厚度，不仅有利于排涝和抗旱，也具有改善土壤通气性能，提高土壤温度和压埋杂草等功能。起垄通常安排在犁地后播种前或移栽前进行，将地面做成高垄，既可以起到排水、增厚土层，又具有提高土温和增加昼夜温差，促进作物生长发育等作用。

畦是用土埂、沟或走道分隔而成的作物种植小区，作畦有利于灌溉和排水。在多雨或地势低洼地区种植旱作物的田地，为了排水除涝，通常在犁地的同时或犁耕后开沟作畦。畦面的宽度和高度，应根据降水量的多少和土壤排水的难易程度来确定。降水量多、土壤黏重、排水不良，宜做高畦、窄畦；反之，可做低畦、宽畦。

7.2 作物播种与移栽

7.2.1 种子处理与播种技术

7.2.1.1 种子处理

播前作物种子处理的主要目的是精选种子，提高种子的发芽率和出苗率，促进全苗壮苗，充分发挥优良品种的优质性状，为高产打下良好的基础。种子处理主要包括种子清选和种子处理两个环节。

(1) 种子清选

播种用种子应符合国家标准《农作物种子质量标准》中的质量要求，通常要求纯度96%、净度90%、发芽率95%以上（因作物种类不同略有差异）。为剔除收获种子中空、瘪、病虫和损伤籽粒以及杂质等，常用的清选方法有以下几种：

筛选 根据作物种子的大小、长短、厚度等形状特征选用适宜的筛子，通过人工或机械过筛分级进行清选。通常选用长形孔筛分选不同厚度、方形或圆形孔筛分选不同宽度、蜂窝筒筛分选长度大宽度小的种子。

风选 利用种子与杂质的乘风率差异，以天然或人工风力吹去种子中的杂质。乘风率是指种子对气流的阻力和种子在气流压力下飞越一定距离的能力。通常横断面积越大、质量越小的种子或杂质乘风率越大，飞的距离越大，落的越远。反之，饱满的种子乘风率较小，则落在近处。常用的风选工具有风车、风扬机、簸箕、空气筛等。

比重法选 种子的比重因其种类、饱满度、含水量及受病虫害程度不同而有差异，与杂质间的差异则更大。通常可利用液体比重（又称为相对密度或密度）或重力精选机，将轻重不同的种子和杂质进行分选。常用液体溶液有清水、盐水、泥水和盐酸铵水等。溶液的选择和比重的配制应根据作物种子的比重而定。常见作物种子的比重为：小麦 1.10~1.20，水稻 1.08~1.13，油菜 1.05~1.08，大麦 1.12~1.22。经溶液分选后的种子需用清水洗净和干燥，所需人力和时间较多，不适宜大规模生产。重力精选机则是将种子落在震荡倾斜的筛台上，利用筛台下的风扇产生的气流，使不同比重的种子向不同方向移动，比重轻的空瘪籽粒从筛台上边筛落，比重大的饱满种子从下边筛落，比重中等的种子从筛台中间筛落，从而分离出饱满的种子。生产上将比重法选与风选或筛选结合使用，可达到理想的分选效果。

此外，还可根据种子表面特性（粗糙程度）、种子电特性、种子色泽等进行清选。例如，大豆种子清选时，不仅要清除杂质，还要将有机械损伤（如裂纹、压扁等）、虫伤和不成熟的部分筛选出来，此时可根据种子的表面特性按照种子的弹性进行分选。

（2）种子处理

种子处理是现代农业生产的一个重要环节，可消除种子中的病虫害粒、破损粒，打破种子休眠期，提高种子活力，杀灭种子携带的病毒、病菌，提高种子的发芽率，增强幼苗营养，促进生长发育，防治作物苗期病虫害，从而实现全苗壮苗，增加作物产量。主要包括物理、化学和生物农药处理方法。

物理方法 是通过物理作用去除种子中的病虫害粒、破损粒，杀灭种子病菌、病毒，促进种子吸收膨胀，通过增强酶活性和呼吸强度促进种子萌芽和幼苗成活。常见的方法有晒种、磁场处理、超声波处理、射线处理和等离子体处理等。

①晒种。种子贮藏期间生理代谢微弱，处于休眠状态，播前晒种能够促进种子后熟，提高胚的生活力，增强种皮透性，并使种子干燥一致，吸水均匀，提高发芽率和发芽势。同时，太阳光谱中的短波光和紫外线具有灭虫杀菌能力，故晒种也能起到一定的杀菌作用。其方法是在播前选择晴天晒种 1~2 d，每天 5~6 h。晒种时要薄摊勤翻，使种子受热均匀，一般以 5~10 cm 为宜，每隔 2~3 h 翻动一次。同时注意不要在柏油马路上翻晒，以免温度过高烫伤种子。

②磁场处理。是指将种子放在磁场环境中，进行磁化处理。种子可吸收铁磁性物质、顺磁性物质等微量元素，从而激活种子内部活性。

③超声波处理。超声波具有很强的穿透性、能量高，可杀死病虫、病菌和病毒。具体方法是利用声波仪器向种子发射频率 20~106 kHz，波速 1 500 m/s 左右，波长 0.01~10 cm 的声波处理 30 s 至 15 min。

④射线处理。主要是采用 X 射线、γ 射线和 α 射线等低剂量照射作物种子，使种子内部 DNA 氢键被光量子撞击发生改变，造成遗传变异，研究种子的生长性状，并对种子进行持续优化，从而选择高品质的农作物种子。目前射线技术处理已经在小麦、水稻、玉米、油菜、大豆、烟草等农作物中应用，具有良好的效果。

⑤等离子体处理。是借鉴航天育种中宇宙等离子体射线对种子影响，研制出等离子体种子处理机，将被处理的种子放在温度、压力、紫外线、电场和气相等离子作用条件下，在不造成遗传变异的情况下激活种子内源活性物质，处理时间一般在 0.5 s 以内。

化学方法 化学方法是目前农业生产上应用最为广泛的一种种子处理方法，其技术较为成熟。主要是通过杀虫剂、杀菌剂、抗菌剂、植物生长调节剂及无机化学试剂等化学产品，采用浸种、拌种、包衣和丸粒化等方式进行种子处理。其中，杀菌剂和杀虫剂大多用于拌种和包衣，无机化学试剂和植物生长调节剂主要用于浸种处理。主要有以下几种方法：

①石灰水浸种。用1%的石灰水浸种，利用石灰水膜将空气和水中的种子隔绝，从而使种子上的病菌因得不到空气而窒息死亡。浸种过程中应注意石灰水面应高于种子 10~15 cm，且不要弄破石灰水膜，以免空气进入影响杀菌效果。浸种时间视气温而定，气温

高则浸种时间短，气温低则浸种时间延长。通常，35℃浸种1 d即可，20℃则需要2~3 d，浸种后需用清水洗净种子。

②药剂浸种。将种子浸泡在一定浓度的药剂中，杀死种子表面或内部的病毒和病虫害等。常见的浸种试剂有双氧水、硝酸钾、高锰酸钾、氯化钙、钼酸铵、强氯精、甲拌磷、赤霉酸、枯草芽孢杆菌、多效唑、烯效唑、矮壮素、脱落酸、缩节胺、水杨酸、生长素、三十烷醇等。不同试剂能杀死的病菌不同，不同作物种子上所带的病菌也不同，处理时需根据作物种子选取试剂种类、处理浓度和时间。

③药剂拌种。是指将种子和药剂一起搅拌，让种子表面均匀蘸上一层药剂防治病虫害。常见的拌种剂有多菌灵、敌克松、福美霜、托布津、三唑嗪、吡虫啉等。药剂种类和使用剂量的选择视作物种类而定。

④种子包衣及丸化。是指利用黏着剂或成膜剂，将微量元素、杀菌剂、杀虫剂、植物生长调节物质、保水剂以及适量的聚合物等非种子物质包裹在种子外面，以使种子形成球形或基本保持原有形状，从而达到杀菌杀虫、提高抗病性和抗逆性、确保苗齐苗壮，促进生长，增加产量和改善品质的作用，并且有利于机械化作业。种子包衣与丸化的主要区别在于体积是否增大。种子丸化主要用于粒小且不规则的种子，如油菜、甜菜、牧草、蔬菜及花卉种子等。种子包衣技术已成功应用于棉花、小麦、大豆、玉米、花生、水稻等大田作物。

生物农药 主要是采用病虫害等有害生物的活体和代谢产物制成商品的生物源制剂，包括动物源、植物源、微生物源等，通过浸种、拌种、包衣等方式对种子进行处理。当前应用较为广泛的生物农药是光合微生态菌剂和有效微生物（effective microorganisms，EM）菌剂浸种、微生物诱导剂拌种和微生物包衣剂等。随着人们环保意识的增强，绿色有机产品逐渐受到市场青睐，生物环保种子处理方法将是未来农业发展的方向。

浸种催芽 种子发芽除本身需有发芽力外，还需有适宜的温度、水分和空气条件。浸种是在播前用清水浸泡种子，让种子吸足水分。催芽则是人为创造适宜的温湿度，促使种子发芽。浸种时间和催芽温度视作物种类和季节而异。高温季节浸种时间较短，低温季节浸种时间适当延长。

7.2.1.2 播种技术

（1）播种期的确定

作物播种期的确定需综合考虑气候条件、种植技术、品种特性、病虫害发生规律和种植方式等，不仅要保证作物发芽和生长的各种条件，而且使作物各生育期处于最佳环境条件下，规避关键生育期不良气候和病虫草害等不利因素，使作物生长良好，达到高产优质。

气候条件 根据作物对气温的要求、当地灾害性天气的发生时段以及气温与土温变化规律等确定适宜播期。气温或土温是影响播期的主要因素，通常以当地气温或土温能满足作物发芽要求的时间作为最早播期。

确定适宜播期还应考虑作物温度的敏感期，使关键生育期避开不良的环境条件，避开当地灾害性天气。

土壤水分状况也影响作物的播种期。在适宜播期范围内如遇土壤过湿则应适当推迟播种，避免烂梗烂种；但若已过适播期，则应抢早播种，争取季节，加强播后管理加以补救；如已过适播期范围，则应抢墒播种，减少土壤失墒影响出苗。此外，通过栽培技术的改进，如利用温床育苗、地膜覆盖等技术措施，可提高土壤温度，作物可提早播种。

种植制度 适播期的确定要考虑当地种植制度和作物接换茬，平衡周年各作物的生产和高产，特别是在多熟制地区，作物收种时间紧，季节性强，应以茬口衔接、适宜苗龄和移栽期为依据，全面安排，统筹兼顾。生产上应根据前作收获期决定后作移栽期，同时根据后作的适宜苗龄决定播种期，使播种期、苗龄和移栽期相互衔接。在间套作栽培系统中，则应根据共生期长短确定间套作物的播种期。

品种特性 作物品种类型不同，生育特性有很大的差异，适宜的播种期也不同。例如，水稻早、中、晚稻对温度高低、光照长短反应不一，播期适应范围也不一样。早稻感温性强，迟播生育期较短，营养生长不足，要适期早播；中稻基本上营养生长期较长，有一定的感光性，早播早熟，迟播迟熟，适期播种范围较大；晚稻感光、感温性都强，适宜播种期的范围最小。小麦、油菜等冬季作物春化反应和光周期反应因品种而异，播期适应范围也因品种而不同。春性强的小麦或油菜品种，早播易发生早拔节或早抽薹，易受冷(冻)害；而冬性强的品种要适时早播，以发挥品种特性，壮苗越冬，奠定高产基础。此外，同类型品种间特性也有差异，生育期长的迟熟宜早播，生育期短的早熟宜迟播。

病虫害发生规律 根据作物种类和病虫发生规律，适当提前或延迟播种期可避开或减免病虫危害，也是确定适宜播种期的依据之一。例如，玉米适期早播，有利于苗期规避地下害虫(小地老虎等)和后期玉米螟的危害，减少大斑病、黑穗病等的发生；水稻适期早播可避免螟虫、飞虱和稻瘟病等危害；而南方地区的冬油菜早播会因气温高导致病毒病和虫害等发生。所以，调节作物播种期是作物综合防治病虫害的有效措施之一。

此外，种植方式对作物播种期也有一定影响，一般育苗移栽的播种期较早，直播则因受茬口等的影响往往播种期延迟。地膜覆盖栽培的播种期较早，露地栽培的播种期推迟。

(2)播种量的确定

播种量是指单位面积上播种种子的重量，播种量的多少直接决定了单位面积的种植密度，对作物产量及品质有较大的影响。作物单位面积的产量取决于群体生产力，而群体生产力受单位面积株数和单株生产力两个因子的影响，适宜的播种量是协调这两个因子的关键之一。播种量过低不仅产量低，而且浪费土地；播种量过大，植株间通风不良，易感病害，产量也不高。播种量的确定要根据作物种类及品种类型、气候与生产条件、栽培技术水平、目标产量和经济效益等因素综合考虑决定。一般作物植株高大、株形分散、分蘖(枝)习性强、生育期长的作物品种播种量小；反之则应加大播种量。作物生长季节气候条件适宜或土壤肥力好，播种量宜少；反之，气候条件差或土壤肥力水平低的，宜适当增大播种量。病虫草害等危害严重的应适当增加播种量，反之则宜少。播种量也因播种方法而异，撒播宜多，条播次之，点播最少。

常用播种量的确定方法是通过种子出苗强度计算实际播种量，进而确定适宜播种量。出苗强度通过测定单位面积种子样品正常幼苗数进行计算。具体操作时随机抽取一定重量的种子样品，在实验室内模拟大田温度、水分、土壤和播种条件，进行幼苗培养。

$$出苗强度(苗/g) = 正常幼苗数(苗)/供试种子重量(g) \qquad (7\text{-}1)$$

实际播种量就是依据种子实际品质，达到田间合理密度所需的播种的种子量。

$$实际播种量(kg/hm^2) = 田间合理密度(株/hm^2)/出苗强度(苗/g) \times 10^{-3} \qquad (7\text{-}2)$$

适宜播种量则是在达到田间合理密度的基础上，综合考虑实际种子品质和栽培条件，尽可能减少种子用量。

$$\text{适宜播种量}(\text{kg/hm}^2) = \text{保苗系数} \times \text{实际播种量}(\text{kg/hm}^2) \tag{7-3}$$

保苗系数是种子播种成苗后达到田间合理密度的实际播种量的保证系数。

(3) 播种方式

播种方式是指作物种子在单位面积上的分布情况，也即株行配置。合理的播种方式能充分利用土地和空间，改善植株营养面积，有利于作物生长发育，提高产量，同时也便于田间管理，提高工作效率。生产上根据作物生物学特性及栽培制度不同，常采用的播种方式有撒播、条播和穴播。

撒播 整地后，将种子均匀撒于田面，然后覆土。其优点是简便、省工，单位面积内种子容量较大，土地利用率较高，可以抢时播种。缺点是种子分布不均，深浅不一，出苗率低，幼苗生长不整齐，杂草较多，田间管理不便。所以，撒播要求精细整地，分畦或分地段定量播种，提高播种质量，做到落籽均匀，深浅一致。水稻、油菜等育苗常采用撒播，南方稻麦多熟地区，稻板(茬)直播，大麦、小麦常以撒播为主。

条播 在田间按作物生长所需的行距开沟，将种子均匀播于沟内，再覆土镇压。可人工开沟条播，也可用播种机进行机械化条播。条播具有植株分布均匀、覆土深浅一致、出苗整齐，后期通风透光良好，便于田间管理和间、套作其他作物和机械化栽培等优点。缺点是所费劳力和成本较多。

穴播 按一定的行株距开穴播种，又称点播。其优点是种子播在穴内，深浅一致，出苗整齐，便于增加种植密度，集中用肥和田间管理。缺点是费工较多，主要适用于大粒作物及丘陵山区。

精量播种 将单粒种子按一定的距离和深度，准确地播入土内，以获得均匀一致的发芽、生长条件，达到苗齐、苗全、苗匀、苗壮的目的。精量播种必须在精选种子、精细整地、控制病虫害及使用性能良好的精量播种机等基础上才能实现。精量播种与种子包衣技术等配套应用，可极大地发挥种子的增产增效作用。

7.2.2 育苗移栽技术

作物生产有育苗移栽和直播栽培两种方式。育苗移栽是指通过苗床培育幼苗，再将幼苗或其营养器官的一部分移栽于大田的栽培方式。水稻、烟草、甘薯等作物以育苗移栽为主，油菜、棉花、玉米等作物在复种指数较高的地区也采用育苗移栽方式。育苗移栽与直播栽培相比具有以下优势：一是便于茬口安排与衔接，缓和季节矛盾，增加复种指数，促进各种作物平衡增产；二是充分利用土地、光、温等自然资源，延长作物生长期，增加单位面积产量；三是苗床面积小，便于集约化精细管理，培育壮苗，节省种子、化肥、农药等投入，节约成本；四是育苗可按计划规格进行移栽，利于保证大田适宜密度，保证全苗壮苗；五是可进行商品苗生产，减轻农民生产秧苗的负担及技术压力，促进作物商品性生产的发展。育苗移栽不利的地方在于移栽时根系容易受到损伤，特别是直根系作物，有一段时间的缓苗期；同时，根系入土较浅，不利于吸收土壤深层养分和水分，抗旱、抗倒伏能力较差；此外，人工移栽费工费时，劳动强度大。

7.2.2.1 育苗方式

根据育苗利用的能源不同，育苗方式可分为露地育苗、保温育苗和增温育苗三类。露地育苗是利用自然温度，方法简便、省工省料、管理方便、适用范围广，如湿润育秧、旱育秧、营养钵育苗和方格育苗等。保温育苗是利用塑料薄膜覆盖保温，如利用各种农用薄膜育苗、通气网育苗、简化育苗等。增温育苗是利用各种能源增温，如生物能增温育苗、温室育苗、电热温床育苗、日光能温床育苗等。

湿润育秧 又称作"半旱育秧"，是水稻常用的育秧方式，介于水育秧和旱育秧之间的育秧方法。选择背风向阳、排灌方便、肥力较高、田面平整、土质松软、无病原、少杂草的稻田作秧田，秧田与本田的比例为 1:8~10。在施足底肥和精细整平的基础上开沟作畦，畦长随田而定，畦宽 1.3~1.5 m，沟宽 0.2~0.3 m，沟深 0.10~0.15 m。要求畦面"上糊下松，沟深面平，肥足草净，软硬适中"。播后塌谷入泥，根据天气情况进行前期沟内灌水，畦面保持湿润，以利于发芽出苗，三叶期以后保持浅水层育苗，以利于秧苗生长，便于拔秧。

旱育秧 主要用于水稻育秧，是整个育秧过程中土壤保持湿润而不保持水层的育秧方法。在培育壮苗的技术上，与稀植技术配套应用，是我国 20 世纪 90 年代以来大面积推广的一项新型稻作技术，具有"五省两高"的优点，即省水、省工、省种、省秧田、省肥、高产、高效。苗床应力求选择背风向阳、排灌方便、土质疏松、肥沃的菜园地或旱地。全程管理不进行水层灌溉，只是适量浇水，保持苗床湿润，除出苗期要求土壤含水量在 90% 以上外，其他时期严格控制土壤水分。培肥床土是旱育秧技术成败的关键，应重视培肥地力，一般在秋后冬前进行苗床培肥，做到肥床育秧。同时，可结合除草剂、调酸剂、杀菌剂或壮秧剂等，有效防治秧田杂草和立枯病死苗。

营养钵育苗 棉花、玉米及瓜菜类作物常用营养钵育苗，其优点是在移栽时起苗易、不伤根、成活率高、增产效果显著。一般按肥沃表土 70%~80%，加入腐熟细碎的堆肥、厩肥 20%~30% 及适量磷肥、钾肥等，边拌边加水配制营养土至手握成团，离地 1 m 落地能松散为标准（含水量为 25%~30%），然后制成直径为 6~8 cm、高 8~10 cm 的营养钵。将钵体在苗床上排列整齐，钵间空隙填沙或细土，四周围土。播前钵内浇水湿润，每钵播种子 1~2 粒，盖细土 1 cm 左右，喷洒苗床除草剂，至适宜苗龄连同营养钵一起移栽到大田。

方格育苗 应用范围和基本做法与营养钵育苗相同。以肥沃的砂质壤土作床地，做好苗床后，施适量腐熟堆肥和过磷酸钙，拌和均匀，浇水至出现泥浆时将床面整平，待苗床晾至紧皮时，用划格器将苗床划成 6~8 cm 见方，深 4~6 cm 的土块方格。趁土湿润时，在每个方格中部打孔播种 2~3 粒，覆盖细土 3~5 cm。出苗后加强管理，移栽时，每方块连苗带土取出移栽。

塑料薄膜覆盖保温育苗 塑料薄膜覆盖保温育苗是在露地育苗的苗床上加盖塑料薄膜进行育苗。其优点是可以提早播种，缓解茬口矛盾，延长作物生育期，有利于培育壮苗，获得高产。盖膜的方式有拱架覆盖和平铺覆盖两种。拱架覆盖，膜内温度均匀，秧苗生长整齐，覆盖时间长。平铺覆盖是将薄膜直接覆盖在苗床表面，操作方便；但膜内昼夜温差大、薄膜容易粘贴种芽、晴天高温易灼伤幼芽、遇大雨时易积水压膜、覆盖时间短。采用平铺覆盖方式时，播种后畦面可用少量绿肥或秸秆覆盖，再铺膜，以防止高温灼伤幼芽和粘贴种芽。双膜育苗是在常规塑料薄膜育苗技术基础上，播种盖土后先平铺一层地膜，再加盖棚膜。其保温、增温、保湿效果更优于一般的塑料薄膜育苗，能保证提前出苗、齐苗，幼苗素质好。通气网膜育苗是将常规塑料薄膜中线剪开，然后在中间缝上 10~15 cm 宽的尼龙窗纱，覆盖在棚架上。播种后，上方通气网带以塑料薄膜重叠将其完全封闭。出苗后至二叶期上方网带开放，宽度为 4~5 cm，二叶期后开放 8~10 cm。其优点是无须日夜揭盖，管理方便，省工。通气网带敞开部分自然调节温度和湿度，温度变化较为稳定，日均相对湿度低，有利于促进根系生长和幼苗生长发育。

酿热温床育苗 是一种生物能增温育苗方式，利用切碎的作物秸秆、牲畜粪、绿肥、青草等分解发酵产生的热能，提高床温，促进发芽和幼苗生长，常用于早春的甘薯育苗。以其发热部位不同，可分为地上式和地下式两种。地上式温床的发热部分在地面以上，适用于气温较高，地下水位较高的地区；地下式温床发热部位在地表以下，保温性能良好，适用于寒冷地区。

工厂化育苗 工厂化育苗是将现代生物技术、环境调控技术、施肥灌溉技术、信息管理技术贯穿种苗生产过程，以现代化、企业化的模式组织种苗生产和经营，从而实现种苗的规模化生产。一般以大型日光温室、标准塑料大棚为基础，配备培养土配制混合机、育苗播种机、育苗催芽室、绿化室、机械传输系统、秧苗生长控制系统及自动喷灌等设施，是作物全程机械化生产的重要组成部分。工厂化育苗可以做到周年连续生产，具有省种、省工、省秧苗、占地面积小、节省育苗时间、幼苗生长健壮、育苗效率高、利于机插或抛秧等优点。温室要求升温快、透光良好、透光面 70% 以上、秧苗受光率 90% 以上。室内搭架，放秧盘数层，层距 25 cm 左右，秧盘长方形、便于搬运或适合与机插配套。依据床土有无分为有土育秧、无土育秧和介于两者之间的薄土育秧。一般温室多采用燃料人工加热调温，人工喷水调湿。现代化的温室多采用智能系统，自动或半自动调温、调湿。温室育苗从种子处理、床土制备到培养出合格秧苗，都是按照规定的工艺流程和标准机械作业手段完成，按照作物种子发芽出苗及幼苗生长对温度、光照、养分、氧气等的要求，人工或自动调控温室内环境条件，保证秧苗在最适条件下生长。目前水稻工厂化育苗发展较为迅速。

塑盘育苗 有硬盘育秧和软盘育秧两种。硬盘育秧是用专用硬盘装上床土进行育秧的一种方式，育秧质量好，成功率高。但是所采用的硬盘成本较高，一次性投入大，目前较少使用。软盘育苗是用专用软盘装土进行育秧的一种方式，简便易行、成本较低、质量好、成功率高，目前使用较为广泛，特别是在水稻上应用较多。

7.2.2.2 移栽技术

移栽时期应根据作物种类、适宜苗龄和茬口而定，一般水稻以叶龄指数 40%~50%，棉花以 2~4 叶移栽产量较高，玉米移栽的苗龄为 25~35 d，南方冬油菜移栽以 6~7 片真叶为宜。移栽的行、株距按计划规格确定，移栽深度根据作物种类和幼苗大小确定，一般深度在 3 cm 左右，要求深浅一致，最好将大、小苗分级移栽。移栽前浇水湿润，以不伤根和少伤根为宜。移栽时可带土或不带土，带土移栽伤根少，可以缩短缓苗期，早活早发，但较为费工。移栽后须及时施肥浇水，以促成幼苗成活和生长。

随着技术的发展，机械化移栽水平快速提高。机械化幼苗移栽主要采用半自动和全自动机械作业。目前我国的移栽机具主要有插秧机、抛栽机、移栽机、钵苗移栽机。插秧机用于水稻毯状苗移栽，抛栽机用于水稻穴苗移栽，移栽机用于油菜毯状苗移栽，钵苗移栽机用于钵苗移栽，旱田移栽主要是钵苗移栽。水稻移栽一般在育苗播种 18~25 d 后进行，毯苗移栽在苗高 15~20 cm，叶龄在 3 叶 1 心。钵苗移栽在苗高 15~20 cm，叶龄在 3 叶 1 心至 4 叶 1 心。油菜移栽一般在育苗播种 25~35 d 进行，行距 30~40 cm，苗高 15~20 cm，叶龄在 3 叶 1 心至 4 叶 1 心。棉花移栽一般在育苗播种后 30~40 d 进行，苗高 15~20 cm，苗龄 2~3 片真叶。玉米移栽苗龄为 3 叶 1 心至 4 叶 1 心，以根系盘结实，脱穴孔后的苗株土单体不散时为准。

7.2.2.3 合理密植

合理密植是指在单位面积上，作物的种植密度要适当，行株距要合理，一般以每亩株数或穴数表示。种植密度是指作物群体中个体平均占有的营养面积大小。一般来说，作物群体的单位面积产量在一定范围内随种植密度的增加而呈线性提高，达到一定密度时产量最大，此后密度增加，产量不增反降。这主要是因为在一定的栽培条件下，作物群体中构成产量各因素之间存在着一定程度的矛盾关系。群体是由各个体组成，当单位面积上种植密度增加时，各个体所占的营养面积就会减少，个体的生物产量就会相应地减少。但是个体产量变小，不代表最后产量就降低，因为群体产量是单位面积的株数与单株产量的乘积。当种植密度过高时，会影响群体内通风透光及田间小气候，病虫害加重，作物易倒伏，从而影响作物的产量、品质和抗逆性。合理密植就是要解决好群体与个体的矛盾，促进个体生长，协调产量各个构成因素的关系，充分发挥群体光合生产力，提高作物的产量和品质。

生产上，应综合考虑作物种类及品种、土壤肥力、管理水平、气候条件、种植方式和收获目的等因素，确定合理的种植密度。通常气候条件好，土壤肥力水平高，施肥量大，管理水平高，作物植株较高大，分蘖、分枝多，以收获种子为目的时，种植密度宜小，反之宜大。当增加种植密度时，配合适当的种植方式，更能发挥作物的增产作用。作物的种植方式多种多样，分为等行距和宽窄行两种。

等行距种植　种植行距相等，株距随密度而定。其特点是植株叶片、根系分布均匀，能充分利用养分和阳光，同时播种、定苗、中耕除草和施肥培土等操作方便。但在肥水充足、密度大的条件下，生育后期容易郁闭，导致光照条件差，群体和个体矛盾大，影响高产潜力的发挥。

宽窄行种植　宽窄行又称作大小垄，行距一宽一窄，株距根据密度而定。其特点是能调节后期植物个体和群体之间的矛盾，在高密度高水肥条件下，由于大行加宽，有利于中后期通风透光。

7.3　地膜覆盖技术

7.3.1　地膜覆盖技术的作用

①地膜覆盖栽培可以提早作物的播种日期，延长作物的生长空间。地膜覆盖栽培可以增加覆盖土壤的温度、保持土壤的湿度，为作物的种子萌发创造良好的温度和水分条件，更容易保证发芽质量，实现苗齐、苗匀、苗壮。地膜覆盖栽培土壤增温快，昼夜温差大，幼苗生长壮实，幼苗素质提高；而且地膜覆盖栽培的作物根系入土深、分布广、侧根发达，有利于吸收较多的养分和水分，促进作物的生长发育。

②地膜覆盖栽培可以改变土壤的理化性状和土壤肥力。地膜覆盖可以阻止土壤的长波辐射、减少汽化热的能量消耗，提高太阳能利用效率。土壤温度的升高不仅可以增强土壤微生物的活性，还可以加速土壤有机质和氨态氮的分解，加快土壤养分的释放。由于地膜的保护，可以避免大雨冲刷土表，减少土壤养分流失。地膜覆盖栽培可以使土壤长时间保持疏松通气，有利于土壤微生物的活动，改善土壤的物理性状，为作物的根系发育创造良好条件。另外，地膜覆盖栽培可以减少害虫入土化蛹的机会，从而减轻病虫害的发生。采用银灰色薄膜覆盖，具有驱赶蚜虫作用，减少蚜虫传播病毒的机会；采用黑色薄膜覆盖，可以抑制杂草生长，减少土壤养分消耗。

③地膜覆盖栽培可以增加作物产量和改善作物品质，提高经济效益。地膜覆盖栽培不仅具有增温保湿的作用，还可以为作物生长创造更加适宜的光、温、水、肥等条件，加快作物的生长速度，促使作物生长发育提前，提早成熟和收获，增加产量。已有研究表明，采用不同颜色的地膜覆盖栽培，具有减轻病虫草害、改善作物品质，最终获得较高经济效益的作用。

7.3.2 地膜的种类与性能

地膜是种植农作物时覆盖地面的一种塑料薄膜，是由高分子化合物聚氯乙烯或聚乙烯吹制而成，厚度为 0.015 mm±0.005 mm。按地膜颜色分为有色膜与无色膜两大类；按制作工艺分为高压膜与低压膜两种；按用途功能分为单项功能膜和多功能膜。

7.3.2.1 透明膜

指无色透明、透光率一般可以达到 90% 以上，具有一定反光作用的薄膜，也称为普通地膜。该类薄膜增温效果好，主要用于低温季节的地面覆盖，以满足农作物对温度、光照等条件的需要。透明膜还具有提高土壤微生物活性，改良土壤等作用。透明膜比较适合喜温作物（水稻、花生、棉花、烟草、西瓜、蔬菜等）的地膜覆盖栽培。

7.3.2.2 银灰（黑）膜

银灰膜的透射率约为 25%，而银黑膜的透射率更低。两种膜的反射率都很强，为 45%~53%。这类薄膜覆盖地面具有降温、保湿的作用。银灰（黑）膜对紫外线效果较好，通常用于驱蚜防病，还可以增强植株间的光照强度。银灰（黑）膜还具有一定的反光作用，比较有利于果实着色。在中午阳光较强辐射时，银灰（黑）膜还可以降低被覆盖土壤温度，减轻高温对作物幼苗的"灼伤"。

7.3.2.3 绿色膜

绿色膜有草绿、翠绿、墨绿等种类，透射率为 30%~60%，反射率 7%~10%，增温效果与透明膜相似。但是，绿色膜白天增温慢，夜间降温也慢，还可以过滤掉绿色光，不能透过红（橙）光。因此，绿色膜可以抑制膜下杂草的生长。

7.3.2.4 黑色膜

黑色膜对可见光和紫外线的透过率都较低，为 0.5%~1.0%，反射率 5%~6%。黑色膜在阳光照射下，本身增温快、湿度高，传给土壤的热量少，由于透光性差，除草效果显著，是一种较好的除草薄膜。高温季节能够控制土壤温度的快速上升，具有较好保湿效果。

7.3.2.5 黑白双面膜

黑白双面膜一面为乳白色,另外一面为黑色。乳白色层面可以增加阳光反射,土壤温度升高较慢;黑色层面透射率低,可以防止热传导,降低土壤温度,并能抑制杂草生长。覆盖时乳白色面朝上,黑色面朝下。在夏季高温时降温除草效果比黑色地膜更好,因此,主要用于夏秋蔬菜和瓜果类抗热栽培,具有降温、保湿、反光、灭草等功能。

7.3.2.6 银色反光膜(太阳膜)

银色反光膜(太阳膜)的反射率较高,可以达到80%~92%,增加覆膜作物下部的光照,通常用于果树栽培上的反光着色,使果实颜色好、糖分高。银色反光膜的透射率较低,可以降低土壤温度。

7.3.2.7 除草膜

聚乙烯透明膜成型时,向其中加入除草药剂。覆盖除草膜后,膜下水滴可以溶解除草剂,被土壤表面吸收形成一定浓度的处理层,起到消除杂草的作用。由于药膜的性质不同,不同种类的除草膜彼此间不能混用,否则容易对作物产生药害。例如,生产上应用的稻作除草膜、茄科除草膜等。

7.3.2.8 可控光分解膜

可控光分解膜是在合成塑料时添加了一些促进光解的物质,如光敏剂或光敏基团。这种地膜在吸收自然光时能较快地降解,但是地膜的降解受环境因素,如日照强度、温度、相对湿度、雨和风等因素的影响。可控光分解地膜在使用周期完成后,其相对分子质量逐渐下降,当相对分子质量下降到5 000以下,有利于土壤中微生物的侵蚀,最后逐渐被土壤同化,从而达到对土壤无污染或少污染的目的。因此,可控光分解膜被认为是一种很有应用前景的降解性薄膜。

7.3.2.9 全生物降解地膜(降解膜)

全生物降解地膜(降解膜)是指在自然环境条件下由于微生物的作用而引起降解的塑料地膜。细菌、真菌和放线菌等微生物侵蚀塑料薄膜后,由于细胞的增长使聚合物组分水解、电离或质子化,发生机械性破坏,分裂成低聚物碎片。真菌或细菌分泌的酶使水溶性聚合物分解或氧化降解成水溶性碎片,生成新的小分子化合物,直至最终分解成CO_2和H_2O。它是一种新型地面覆盖薄膜,主要用于地面覆盖,以提高土壤温度,保持土壤水分,维持土壤结构,防止害虫侵袭作物和某些微生物引起的病害,从而促进作物生长。

按照降解机理和破坏形式,生物降解地膜可分为完全生物降解地膜和添加型生物降解地膜两种类型。完全生物降解地膜是由能被微生物完全分解的物质组成的塑料薄膜,该物质主要来源于淀粉、纤维素、壳聚糖及其他多糖类天然材料,其降解的最终产物为CO_2和H_2O,不会对环境产生二次污染。其主要品种有聚乳酸(PLA)、聚己内酯(PCL)、聚羟基丁酸酯(PUB)等。此外,聚乙烯醇也可被水及微生物完全降解。

添加型可生物降解地膜,是在不具有生物降解特性的通用塑料基础上,添加具有生物降解特性的天然或合成聚合物或生物降解促进剂、加工助剂等混合制成。添加型可生物降解地膜,主要由通用塑料、淀粉、相容剂、自氧化剂、加工助剂组成。其典型品种为聚乙烯淀粉可生物降解地膜。

根据原材料的分类,生物降解地膜可分为淀粉基生物降解地膜、纤维素基生物降解地膜、纤维素与其他天然高分子材料的共混与共聚地膜、木质素基生物降解地膜等。

根据成型工艺，生物降解地膜可分为薄膜类型、注塑类型、片材类型和发泡类型。

7.3.3 地膜覆盖的效应与增产原理

地膜覆盖技术主要是通过改善作物的生长环境，使光、温、水、肥、微生物等因素更加协调，同时抑制杂草和病虫害的发生，增加作物产量，提高农产品质量，增加农业生产的经济效益。

①可以显著增加农作物的产量。地膜覆盖栽培可以显著提高作物生长发育后期功能叶片的叶绿素含量，增加叶片的净光合速率、气孔导度和蒸腾速率，延长较大叶面积指数的持续时间，延缓叶片衰老，增强叶片的光合性能，加快光合产物的合成、运转与积累，增加作物的产量。

②可以改善农作物的品质。地膜覆盖栽培可以增加土壤表层含水量，提高土壤表层温度，土壤有机质和速效养分含量，从而改善作物的品质。地膜覆盖栽培可以提高花生籽粒仁的棕榈酸、油酸、亚油酸、蛋氨酸和苯丙氨酸含量，进一步提高花生仁的品质。

③可以增加农作物种植的经济效益。覆膜处理种植马铃薯的净收入比单垄双行处理提高 1.6 倍以上，缺水年份覆膜栽培马铃薯的效益更加显著。周年覆盖栽培可以显著增加小麦种植的经济效益，较夏闲期覆盖栽培小麦年平均净利润提高 17.8%。

④可以增加表层土壤的温度和含水量。与露地种植相比，松花菜地膜覆盖栽培具有明显的增温效果，且最大增温幅度出现在春茬试验莲座期 10 cm 土层和秋茬试验苗期 5 cm 土层，水分利用效率也明显提高。与露地栽培相比，春玉米覆膜栽培处理可以分别提高 0~20 cm 土层平均昼、夜温度 3.71℃和 3.51℃。

7.3.4 地膜覆盖栽培管理

地膜覆盖栽培是一种新型的保护性生产方式，其技术要点主要包括整地与作畦、施肥、盖膜、播种和定植、浇水和病虫草害防治等方面。

7.3.4.1 整地与作畦

地膜覆盖通常是全生育期覆盖，作物生长期间不进行中耕。因此，确保整地质量，做到深耕细耙，土地平整细碎。在施足底肥的基础上，提早进行翻耕、耙地、起垄、镇压等作业。如果土壤墒情不适宜的情况下，应先进行灌溉，使土壤含有足够的水分。地膜覆盖土壤一定要做到表面平整、细碎疏松、方便作畦。

地膜覆盖栽培主要有高畦和平畦两种。高畦覆盖栽培地温较高，畦间浇水和施肥方便；平畦制作比较省工省力，但不方便灌水和追肥。具体作畦方式和适宜的畦面高度，需要结合当地的气候条件、土壤类型和作物种类来确定。针对南方高温多雨等地区，适宜选择高畦覆盖，有利于田间灌排；针对西北干旱少雨地区，可以选择平畦覆盖。畦面高度一般为 10~15 cm 为宜，畦宽 50~120 cm，畦沟 15~30 cm。

7.3.4.2 施肥

地膜覆盖增加表层土壤温度，有机质分解能力增强，植株生长旺盛，作物消耗养分增加，因此，覆盖地膜前需要施足底肥，肥料以有机肥为主。施肥可以和整地相结合，提高劳动效率，减少劳动用工。同时需要注意氮、磷比例，适当增施磷、钾肥。

追肥通常结合灌水时进行。采用高畦时把肥料撒入沟内，采用平畦时把肥料撒在株间或行间，随灌水渗入畦内。采用人工铺膜时需要做到膜拉紧、铺平、盖严，薄膜紧贴土壤表面，达到增温保湿效果。

7.3.4.3 盖膜

盖膜质量是影响地膜覆盖栽培技术的关键环节。整地作畦后，应立即盖膜，减少土壤水分蒸发。高效的盖膜方式是机械盖膜，一次完成整地、作畦、覆膜、盖土等多项作业，省工省力，节省成本。

7.3.4.4 播种和定植

播种和定植是地膜覆盖栽培的关键环节。生产上覆膜时，应根据作物种类和株行距，确定适宜的开孔位置。播种和定植通常有两种方式，一种是先定植后覆膜，另一种是先播种后覆膜，待幼苗出土后，再开孔放苗。常用的开孔方式有挖圆孔、画"一"字孔和画"十"字孔。

7.3.4.5 浇水

地膜覆盖栽培的灌水时期通常安排在作物生长的中后期。作物生长前期，作物的生长量较小，需水量较少，土壤含水量基本上能够满足作物幼苗对水分的需求。作物生长的中后期，由于枝叶繁茂，叶面蒸腾量大，耗水增加，需要及时灌溉，地膜覆盖栽培的灌水量比露地栽培少1/3左右。灌水时每次要灌足，高畦沟灌，不要漫上畦面；平畦通过畦面"小水"浇灌。

7.3.4.6 病虫草害防治

较好的覆膜质量是防治杂草简便易行的手段。化学除草是地膜覆盖栽培经济有效的除草方法，应根据杂草类型和作物种类选用适宜的除草剂。在作畦后覆膜前，可以将除草剂均匀撒在畦面上，然后覆盖地膜，除草剂的用量要比正常用量减少1/3。病虫害发生时，可按照当地正常防治措施进行喷药处理。

7.4 科学施肥

7.4.1 施肥方式

7.4.1.1 撒施

撒施是将肥料均匀分布于土壤表层的一种施肥方法。追肥撒施适用于种植密度较大或根系遍布整个耕作层的作物，其优点是简便易于操作，随时可以为作物补充养分元素，缺点是肥料利用率不高，原因是撒施时肥料分布在土壤表层，容易引起肥料的流失或挥发。基肥一般在撒施后进行耕翻，因此肥料利用率较高。

7.4.1.2 表层施肥

表层施肥是在播种或移植前，或在作物生长期间，将肥料均匀撒于土壤表层，然后通过灌水或中耕培土将肥料带入土层。其优点是施肥面广，分布均匀，可满足作物生长初期对养分的需求，补充基肥的不足，通常以氮肥或偏氮肥料为主，水田种植前的面施或密植作物的追肥多用此法，旱地作物要在雨前或结合灌水进行。

7.4.1.3 分层施肥

分层施肥是将迟效性肥料施于土壤耕层的中下部，速效性肥料施在土壤耕层的中上部。一般土壤肥力不高，特别是土壤上层速效养分不足时，采用分层施肥效果较好。通常按照"下粗肥、上细肥"的原则，于耕前撒施有机粗肥，耕后再撒施有机肥细肥和化肥，无有机细肥时也可单施化肥，然后旋耕平整。由于深浅分层施用，迟效与速效结合，既可满足作物幼苗阶段对速效养分的需要，也满足后期对养分的需要。

7.4.1.4　集中施肥

集中施肥是将肥料集中施在作物根系附近或种子附近的施肥方法。集中施肥可以提高作物根际范围内营养成分的浓度，创造一个较好的营养环境，促进壮苗早发，同时提高肥料利用率。集中施肥的方式包括沟施、条施、穴施、注施等。浸种、拌种、包衣、蘸秧根等方法也属于集中施肥。其中，穴施和条施是将肥料施入种子底下，或施在一侧或两侧做种肥，也可在生育中期做追肥，化肥条施或穴施于表土下 10~20 cm 称为集中深层施肥，能提高化肥利用率。生产实践中为提高肥料利用率常采用集中深施，磷肥在土壤中移动性小，其有效性取决于磷化物与根系接触的面积，所以最有效的办法是集中施用，减少肥料与土壤的接触，增加与作物根系的接触，提高肥效。

7.4.1.5　叶面喷施

叶面喷施是将速效肥料按一定浓度配成溶液喷于作物叶片上，养分经叶面吸收进入作物体内。一般在作物出现营养元素缺乏症状或生长后期或病虫危害，导致根系吸收能力差时采用。叶面喷施只能作为一种辅助性追肥措施，不能代替土壤施肥或追肥。新叶比老叶吸收能力强，因此叶面喷施主要喷洒于作物上部，以叶面上下表面湿润均匀，不形成水滴下落为宜，且一次不能使用大量肥料，浓度不能太高，尿素一般以 1%~2%，过磷酸钙或磷酸二氢钾以 2%~3% 为宜。为提高液体肥料的利用率，可加入黏附剂，同时可结合病虫防治进行叶面喷施以节省用工，并选择晴天露水初干时进行。

7.4.1.6　灌施

灌施是将肥料溶解成溶液与灌溉水充分混合，随水流入田间，也可利用喷灌和滴灌系统在灌水时同时进行施肥，具有省水、省工、省肥和增产等优点。喷灌、滴灌的原理是利用水泵加压，通过管道系统将水和肥料溶液滴入作物根系最发达区域或利用喷头将溶液喷到作物上。灌施可以根据作物需要在整个生长期内补充养分，特别在沙土上具有明显优势，其缺点是可能会因为风力过大造成养分分布不均匀。

7.4.2　机械化施肥技术

7.4.2.1　施肥机械分类

按照施肥方式不同可以将施肥机械分为撒施机、条施机、穴施机和喷洒机；按使用肥料类型不同可分为固态化肥施肥机、液态化肥施肥机和有机肥料施肥机；按作物不同生长时期的施肥要求可以分为基肥撒施机、耕作施肥联合作业机、施肥播种联合作业机和中耕追肥机。

7.4.2.2　机械施肥技术

机械化施肥技术主要包括机械撒施基肥、机械施播种肥、机械补施追肥等。机械撒施基肥技术选用适宜的旋耕施肥播种复式作业机械，一次性完成旋耕、施肥、播种、覆土、镇压等作业。主要采用厩肥撒施机、化肥撒施机和液肥撒施机等撒入或注入土壤中，在随后的耕地作业中翻转混合埋入土层。机械施播种肥技术是在播种机上加装排肥器与施肥开沟器等施肥装置,在播种的同时施用种肥。机械补施追肥技术是在通用中耕机上装设排肥器与施肥开沟器,在作物生长期间将固态化肥施于作物根系的侧深部位;或者采用喷灌设备、植保机械或无人机等将液肥、化肥溶液喷于作物叶面上,进行叶面追肥。

7.4.3 测土配方施肥技术

7.4.3.1 基本概念

测土配方施肥就是国际上通称的平衡施肥。该技术要点:一是测土,取土样测定土壤养分含量;二是配方,经过对土壤养分诊断,按照庄稼需要的营养"开出药方、按方配药";三是合理施肥,就是在农业科技人员指导下科学施用配方肥。因此,测土配方施肥是指以土壤测试和肥料田间试验为基础,根据作物需肥规律、土壤供肥性能和肥料效应,在合理施用有机肥料的基础上,提出氮、磷、钾及中、微量元素等肥料的施用数量、施肥时期和施用方法的一套施肥技术体系。

7.4.3.2 测土配方遵循原则

科学合理进行测土配方施肥应掌握以下几个原则:

①基肥、追肥和种肥的配合。农业施肥实践中,要施足基肥,重视种肥,适时追肥,既能保证作物营养的连续性,又能保证关键时期营养供应,促进营养平衡和作物的持续高产、稳产、优质、低耗。

②有机肥与无机肥配合。实施配方施肥必须以有机肥料为基础,强调有机肥与无机肥配合施用,可以取长补短,缓急相济,能有效培肥改土,改善生态,协调土壤养分供应,促进化肥利用率的提高,充分发挥其效益。

③大量、中量、微量元素配合。各种营养元素的配合是配方施肥的重要内容,随着产量的不断提高,在耕地高度集约利用的情况下,必须进一步强调氮、磷、钾肥的相互配合,并补充必要的中、微量元素,才能高产稳产。

④用、养结合,投入与产出相平衡。要使作物—土壤—肥料体系中,形成物质和能量的良性循环,必须坚持用地养地结合,以养促用,维持地力平衡。

7.4.3.3 测土配方施肥的基本方法

配方施肥受到作物种类及品种、产量水平、土壤肥力状况、肥料种类、施肥时期以及气候因素等条件的影响。我国当前所推广的配方施肥技术可以归纳为三大类:

第一类是地力分区法。根据土壤测试的结果,按土壤肥力高低划分为三级,即丰、中、缺或五级即极丰、丰、中、缺、极缺,把各个级别分别作出一个配方施肥的方案,结合当地群众的实践经验,计算出这一级别区域内比较适宜的肥料种类及其使用量。

第二类是目标产量法。根据作物产量构成,由土壤和肥料两个方面供给养分原理,计算施肥量。目标产量确定后,计算作物需要吸收多少养分和土壤供给多少养分,进而确定施用多少肥料。

第三类是肥料效应函数法。通过简单的对比,或应用正交、回归等试验设计,进行多点田间试验,从而选出最优的处理,建立作物模拟施肥肥料效应方程,确定最佳经济施肥量。

各类方法都要通过收集大量资料和田间试验,掌握不同作物优化施肥数量,基、追肥分配比例，肥料品种、施肥时期和施肥方法；摸清土壤养分校正系数、土壤供肥能力、不同作物养分吸收量和肥料利用率等基本参数；构建作物施肥模型，为施肥分区和肥料配方提供依据。

配方施肥的三类方法可以互相补充。形成一个具体配方施肥方案时，可以一种方法为主，参考其他方法配合运用，以消除或减少不同方案存在的缺点。

7.4.3.4　测土配方施肥的实施

测土配方施肥涉及面比较广，是一个系统工程，整个实施过程需要农业教育、科研、技术推广部门同广大农民相结合，配方肥料的研制、销售、应用三者相结合，现代先进技术与传统实践经验相结合，具有明显的系列化操作、产业化服务的特点。测土配方施肥实施过程中要做好五个环节：一是划定配方区，收集当地有关技术资料；二是分析测定配方区土壤养分（N、P_2O_5、K_2O）含量；三是选定配方方法，制定出施肥方案及措施；四是应用计算机技术（施肥软件）指导配方施肥；五是加强配方施肥推广工作的指导。

7.5　作物水分管理技术

7.5.1　合理灌溉

合理灌溉是指用少量的水获得最大效益的灌溉方式，可以根据土壤指标、作物形态和生理指标来确定。

7.5.1.1　土壤指标

土壤中的水分主要分为毛细管水、束缚水和重力水。毛细管水是指由于土壤毛细管力所保持在土壤颗粒间的毛细管内的水分，容易被作物根毛吸收，是作物吸收水分的主要来源。束缚水是指土壤中被土壤颗粒的亲水表面所吸附的水分，土壤颗粒越小，比表面积越大，吸附水就越多，即束缚水的含量越高。但是，由于束缚水容易被胶体吸附，因而不能被作物吸收利用。重力水是指在水分饱和的土壤中，由于重力的作用，自上而下渗漏出来的水分。通常情况下，作物正常生长的土壤含水量为田间持水量的60%~90%。如果低于这个标准，就需要及时灌溉，否则就会对作物的生长发育造成不良影响。

7.5.1.2　作物形态指标

根据作物在干旱胁迫下外部形态所发生的变化判断作物是否需要进行灌溉。作物缺水的表现通常为：幼嫩茎叶在中午前后会出现萎蔫；生长速度减缓；叶、茎的颜色呈现暗绿色，主要是由于叶绿素浓度相对增大；或者有时茎、叶颜色变红，主要是由于在干旱条件下茎、叶形成较多花色素的缘故。

7.5.1.3　作物生理指标

作物生理指标可以及时、灵敏地反映作物体内的水分状况。作物叶片的渗透势、水势和气孔开度等都可以作为合理灌溉的生理指标。作物缺水时，叶片是反映作物生理变化最敏感的部位，叶片水势下降，细胞汁液的浓度升高、溶质势下降，气孔开度缩小或者关闭。当生理指标达到临界值时，就需要及时灌溉。表7-1是几种作物进行灌溉所对应的生理指标临界值。

表 7-1　几种作物灌溉生理指标的临界值

作物	生育期	叶片渗透势 ($\times 10^5$ Pa)	叶片水势 ($\times 10^5$ Pa)	叶片细胞液浓度 (%)
冬小麦	分蘖-孕穗	$-11 \sim -10$	$-9 \sim -8$	$5.5 \sim 6.5$
	孕穗-抽穗	$-12 \sim -11$	$-10 \sim -9$	$6.5 \sim 7.5$
	灌浆期	$-15 \sim -13$	$-12 \sim -11$	$8.0 \sim 9.0$
	成熟期	$-16 \sim -13$	$-15 \sim -14$	$11.0 \sim 12.0$
棉花	开花前		-12	
	开花期-棉铃形成期		-14	
	成熟期		-16	

注：引自官春云，2014。

7.5.2 节水栽培技术

节水栽培技术是指在不降低农作物产量的前提下，充分利用自然降水和土壤蓄水，尽量节约灌溉用水的作物栽培技术。根据作物生育期的需水要求、土壤墒情和气候条件，合理确定作物所需要灌水次数、灌水时间和灌水定额，以节约用水；采用喷灌、滴灌、化学保墒剂等节水新技术，提高灌溉水利用率；推行合理耕作、地面覆盖和提高土壤有机质等措施，增强农田蓄水保墒能力；选用抗旱耐旱作物和品种；调整作物播种期，使作物的需水敏感期避开当地的旱季等。目前，生产上常用的节水栽培技术主要包括干湿交替灌溉栽培技术、垄畦栽培技术、喷灌栽培技术、微灌栽培技术、膜上灌水技术和水肥一体化技术。

7.5.2.1 干湿交替灌溉栽培技术

干湿交替灌溉栽培技术是种植水稻的一项重要水分高效利用技术。其主要特点为：水稻营养生长发育阶段，田间保持有水层，待自然落干至土壤出现细小的裂缝时再灌水，再落干，再灌水，如此循环，直至水稻成熟。干湿交替灌溉技术改变了稻田土壤水分状况，引起稻田土壤理化和生物学性状改变，并直接或间接影响水稻的生长发育和产量形成。

7.5.2.2 垄畦技术

垄畦栽培又称半旱式垄畦耕作法，是一种把传统的淹水灌溉改为开沟作垄畦，畦面上种稻，沟中灌水，畦面保持湿润状态的一种水稻栽培技术。一般将畦面宽 30 cm、插 2 行水稻的称垄式；宽 60~120 cm，插 4~7 行水稻的称畦式。利用垄畦栽培水稻，能改善耕层土壤理化性状，使土表温度升高，有利于增强水稻根系活力和分蘖发生能力。同时提高土壤养分的有效供给，增加水稻产量。

7.5.2.3 喷灌技术

喷灌是利用水泵加压或自然落差形成的有压力水流通过压力管道输送到田间地头，再经喷头喷射到空中，形成细小水滴，均匀地洒落在农田，达到灌溉的目的。喷灌栽培技术主要应用于旱地作物以及蔬菜、果树的栽培，在缺水情况下进行喷洒浇灌。与地面灌溉相比，大田作物喷灌一般节省用水达 30%以上，且喷灌技术可以采用机械化、自动化作业，工作效率高，劳动强度小。但在多风情况下，会出现喷洒不均匀、蒸发损失增大等现象。

7.5.2.4 微灌栽培技术

微灌栽培技术是通过管理系统与安装在地面管道上的滴头或微喷头，将有压力水根据作物实际耗水量适量、准确地补充到作物根部附近土壤进行灌溉，也是节水效率最高的节水栽培技术。它可以把灌溉水在输送过程中的深层渗漏和蒸发损失减少到最低限度，使传统的"浇地"变为"浇作物"。微灌技术只是向作物根系统供水，也被称为局部灌溉。作物灌溉的同时可以把作物所需要的养分溶解到灌溉水中实现施肥，提高养分利用效率，节省劳动用工，实现作物增产增收的目的。

7.5.2.5 膜上灌水技术

膜上灌水技术，俗称膜上灌，是在地膜覆盖栽培基础上，把过去的地膜旁侧灌水改为膜上流水，水沿放苗孔和地膜旁的渗水孔，对作物进行灌水。通过调整膜畦的渗水孔数量和渗水孔大小，来调节灌水量多少。膜上灌溉投资少，操作简便，便于控制灌水量。膜上灌水技术可以加快输水速度，减少土壤深层渗漏和蒸发损失，显著提高水分的利用效率。这种栽培技术主要应用于干旱、少雨地区。

7.5.2.6 水肥一体化技术

水肥一体化技术是一项以节水灌溉系统为基础，与施肥设施相融合，将灌溉与施肥融为一体，实现水肥耦合的农业新技术。水肥一体化技术是把可溶性固体肥料或液体肥料按照相关要求配制成肥料溶液，与灌溉水按照适宜的比例混合在一起，并按照土壤水分和养分含量、作物的需水需肥规律，通过管道和灌水器，均匀、定时、定量供给作物利用的过程。水肥一体化技术不仅可以节约人工成本，节省劳动时间，提高肥料利用效率，增加作物产量，还可以避免常规施肥过量而引起的烧苗、肥效下降、污染环境等问题。

7.5.3 排水

农田排水管理是指将农田中过多的地面水、土壤水和地下水排除，改善土壤水、肥、气、热四者之间的关系，促进农作物生长发育的人工管理措施。农田排水的根本任务是排除农田里多余的地表水和地下水，控制地表径流以消除内涝，控制地下水位以防治渍害和土壤沼泽化、盐碱化，为改善农业生产条件和保证高产稳产创造良好条件。

由于自然条件和农业生产情况存在差别，各地区农田排水的具体任务不尽相同。在湿润和半湿润气候带，特别是平原和低洼地区，汛期降水量大、过于集中或持续时间长，往往容易形成内涝，雨后地下水位升高，使土壤过湿而产生渍害。因此，需要通过建设相关排水设施，排除多余的地表水和地下水，减少土壤中的水分，增加通透性，提高地温，以消除涝渍。在半旱、半干旱和半湿润气候带，土壤含盐量大或地下水矿化度高的地区，需要利用排水系统控制或降低地下水位，结合灌溉和降雨淋洗盐分，保持良好的水盐平衡状况，防止土壤盐渍化。

我国幅员辽阔，不同地区自然条件差异较大，年内和年际雨量分配不均匀，经常出现丰枯交错和旱涝交替，造成水旱频发、多发、重发现象。生产上应根据统一领导、分级管理的原则，建立专人负责的排水系统，实现科学用水、计划用水、节约用水，把高产、优质、高效农业与灌排工程设施相结合，不断提高水分利用效率，实现农业可持续发展。

7.6 作物化学调控技术

作物化学调控技术于20世纪30年代开始在农业上应用,60年代英国应用矮壮素(CCC)防治小麦倒伏技术获得成功,才开始在农作物上大面积应用,并迅速推广到欧洲、大洋洲、北美洲和亚洲国家。目前,作物化学调控技术在农业生产上已得到广泛应用,被认为是继化肥后农业生产又一大重要贡献,是推动农业现代化的关键之一,具有很大的发展应用潜力。

7.6.1 植物生长调节剂的种类

植物生长调节剂的产品很多。根据其与植物激素作用的相似性可分为生长素类、赤霉素类、细胞分裂素类、脱落酸类、乙烯发生剂和抑制剂类、油菜素内酯类化合物等。根据其对植物生长的效应可将其分为植物生长促进剂、植物生长延缓剂和植物生长抑制剂三大类。根据植物生长调节剂的来源可分为天然或生物源、半合成和化学合成调节剂三类。根据实际作用效果则可分为矮化剂、生根剂、催熟剂、脱叶剂、疏花疏果剂、保鲜剂、抑芽剂、抗旱剂、干燥剂、增糖剂和杀雄剂等。

7.6.1.1 生长素类化合物

大多集中分布在根尖、茎尖、嫩叶、正在发育的种子和果实等植物分裂和生长代谢旺盛的组织。按其化学结构可分为3类:

①吲哚类。包括生长素及其同系物吲哚丁酸(indolebutyric acid,IBA)。

②萘酸类。包括NAA及其同系物萘乙酸甲酯(naphthalene-1-acetic acid methyl ester,MENA)。

③苯氧羧酸类。包括2,4-D、三氯苯氧乙酸(2,4,5-T)、对氯苯氧乙酸(防落素,p-chlorophenoxyacetic acid,PCPA)、对碘苯氧乙酸(增产灵)、对溴苯氧乙酸(增产素)等。其中2,4-D和PCPA应用较多,两者活性比IAA和NAA类高8~10倍。生长素类化合物的主要作用是促进生根和胚芽鞘、茎的生长,叶片的扩大和花芽分化;控制萌蘖枝的发生,维持顶端优势;促进植物生长,推迟叶片衰老,防止器官脱落;促进果实生长发育,提早成熟,增加产量和改善品质等。

7.6.1.2 赤霉素类化合物

主要在植物胚、茎尖、根尖、生长中的果实和种子等组织中合成。赤霉素是植物激素中最普遍的激素,目前发现的GA种类达135多种,用GAs表示,但植物体内只有少数几种具有活性,如GA_1、GA_2、GA_3、GA_4和GA_7。生产中应用的主要有GA_3(又称九二〇)和GA_{4+7}两种,化学结构复杂,均通过发酵法生产。GAs类化合物的作用主要有:打破种子休眠,促进发芽,促进幼苗生长(休眠幼苗),促进块茎形成;促进植物茎的伸长,对矮化植物的调控作用非常明显;诱导开花,促进雄花分化,诱导单性结实,提高坐果率;抑制植物成熟和器官衰老等。

7.6.1.3 细胞分裂素类化合物

是一类嘌呤衍生物,主要在植物根尖、茎端、发育的果实和萌发的种子等组织中合成。人工合成的具有细胞分裂素活性的化合物中,最常用的有6-BA、N_6-呋喃甲基腺嘌呤(激动素,kinetin or 6-furfurylaminopurine,KT)和玉米素(zeatin,ZT)。有些人工合成的化合物虽然没有细胞分裂素的基本结构(腺嘌呤环),但也具有细胞分裂素的活性,例如,二苯脲、1-苯基-3-(1,2,3-噻二唑-5-基)脲(脱叶脲、脱落宝)等。细胞分裂素类化合物的主要生理效应是促进细胞分裂,扩大细胞体积,促进果实增大;消除顶端优势,促进侧芽分化和生长;诱导花芽分化,延缓叶片衰老,促进坐果,调节果形,防止落果。

7.6.1.4 脱落酸类化合物

脱落酸主要存在于休眠态和将要脱落的植物器官内。人工合成的脱落酸是天然性与非天然性的混合物。脱落酸类化合物的主要生理效应:调节种子和胚的发育,抑制萌芽,促进休眠;抑制胚芽鞘、胚轴、嫩枝、根等伸长生长;引起气孔关闭,促使叶片脱落;增加植物的抗逆性,有防御干旱、盐害、热害、寒害等作用,因而也被称为胁迫激素或应激激素。

7.6.1.5 乙烯发生剂和抑制剂类化合物

乙烯是最简单的烯烃,常温下以气体形式存在,是目前发现的唯一的气态植物激素,农业生产上有乙烯发生剂和乙烯抑制剂。乙烯利(2-氯乙基膦酸,Ethrel)和硅烷衍生物(如 Alsol、橄榄离层剂)是应用较多的乙烯发生剂。乙烯抑制剂有氨基乙氧基乙烯基甘氨酸(AVG)、氨基乙氧酸(AOA)、Ag^+、1-甲基环丙烯(1-MCP)等。

乙烯既可以作为生长促进剂,又可以作为生长延缓剂,其主要生理效应:打破植物种子和幼苗的休眠,诱导发芽和生根;抑制植物生长及矮化;引起叶子的偏上生长;促进叶片衰老和果实成熟;抑制植物开花及在雌雄异花同株的植物花发育早期改变花的性别和分化方向。

7.6.1.6 油菜素内酯类化合物

油菜素内酯(BR)又称芸薹素内酯,芸薹素甾醇类,是 1998 年才得到公认的一类新植物激素。BR 最初是从油菜花粉中提取出来的甾体物质,目前人工合成了多种 BR,得到应用的主要有表 BR(2,4-epi-brassinolide)、高 BR(28-homobrassinolide)和长效 BR(TS303)等。其主要生理效应:促进植物细胞伸长和分裂,提高叶绿素含量,促进气孔形成与光合作用,提高植物对低温、干旱等逆境的抗性等。

7.6.2 植物生长调节剂的施用技术

植物生长调节剂应用于大田作物,可针对作物的外部性状与内部生理过程进行双向调控,具有针对性强、用量小、残毒少、效果显著、效益高等特点。但是,植物生长调节剂的施用效果受气候环境条件、施药时间、施用量、施用方法、施药部位及作物本身的吸收、运转、整合和代谢等多种因素的影响,其使用方法也因植物生长调节剂的种类、应用对象和目的不同而异,必须严格按照使用说明或试验结果来用。

(1)拌种或种衣法

拌种法和种衣法主要用于种子处理。用杀虫剂、杀菌剂、微肥等处理种子时,可适当添加植物生长调节剂。拌种法是将药剂与种子混合拌匀,使种子外表沾上药剂。例如,用喷雾剂将药剂喷洒在种子上,搅拌均匀后播种。用石油助长剂拌种可刺激种子萌发,促进生根。种衣法是用专用型种衣剂,将其包裹在种子外面,形成一定厚度的薄膜,促进种子萌发,还可防治病虫害、增加矿质营养、调节植株生长。

(2)浸蘸法

常用于促进插穗生根、种子处理、催熟果实和贮藏保鲜等。生产上应注意植物生长调节剂使用的浓度与使用的环境，空气干燥时应适当提高浓度，缩短浸蘸时间，避免枝条吸收过量药剂引起药害，同时抓好插条药后管理，宜放在通气、排水良好的砂质土壤中，防止阳光直射。

(3)喷施法

把植物调节剂按要求配制成适宜浓度后，于适宜时期均匀喷施于植株部位上，为了使药剂更好地黏附在植株表面，可适当加入少许表面活性剂及其他乳化剂。

(4)涂抹或点花法

涂抹法是指用含有药剂的羊毛脂直接涂抹在处理部位，大多数是涂在伤口处，有利于促进生根，也可以涂芽。点花时要选好药剂和浓度，避免高温点花，同时将2,4-D和防落素用于番茄、茄子点花时，可在药液中加点颜料混合，防止重复点花。

(5)浇灌法

将植物生长调节剂配成水溶液，直接浇灌在土壤中或与肥料等混合施用，使根部充分吸收，多在苗期培育壮苗或成长期增加根的生长时进行浇灌。

7.7 智慧农业技术

7.7.1 智慧农业概述

智慧农业是以信息和知识为核心要素，通过将互联网、物联网、大数据、云计算、人工智能等现代信息技术与农业深度融合，实现农业信息感知、定量决策、智能控制、精准投入、个性化服务的全新农业生产方式，是农业信息化发展从数字化到网络化再到智能化的高级阶段。现代农业有三大科技要素：品种是核心，设施装备是支撑，信息技术是质量水平提升的手段。智慧农业完美融合了以上三大科技要素，对农业发展具有里程碑意义。智慧农业具有技术集约和资本集约的特点，可以大大提高农业资源的利用率、农产品的产量和质量，获得很高的产出率，又能有效地保护农业生态环境。它不仅使单位面积产量及畜禽个体生产量大幅度增长，而且保证了农牧产品，尤其是蔬菜、瓜果和肉、蛋、奶的全年均衡供应。它是解决农业发展、资源及环境三大基本问题的重要途径。

智慧农业通过生产领域的智能化、经营领域的差异性以及服务领域的全方位等信息服务，推动农业产业链改造升级，实现农业精细化、高效化与绿色化，保障农产品的安全、农业竞争力的提升和农业的可持续发展。智慧农业是智慧经济的重要组成部分，是智慧城市发展的重要方面。对于发展中国家而言，智慧农业是消除贫困、实现后发优势、经济发展后来居上、实现赶超战略的主要途径。

智慧农业是运用工程智慧技术，营造局部范围改善或创造出适宜的保护性环境空间，为动植物生长发育提供良好的环境条件而进行有效生产的农业。智慧农业就是利用人工建造的智慧成果，为种植业、养殖业等提供较适宜的环境条件，以期将农业生物的遗传潜力变为现实的巨大生产力，获得高产、优质、高效的农、畜、水产品。狭义的智慧农业就是充分应用现代信息技术成果，集成应用计算机与网络技术、物联网技术、音视频技术、无线通信技术及专家智慧与知识，实现农业可视化远程诊断、远程控制、灾变预警等智能管理的农业生产新模式。广义的智慧农业是指将云计算、传感网、"5S"等多种信息技术在农业中综合、全面地应用。

现代农业相对于传统农业，是一个新的发展阶段和渐变过程。智慧农业既是现代农业的重要内容和标志，也是对现代农业的继承和发展。智慧农业的基本特征是高效、集约，核心是信息、知识和技术在农业各个环节的广泛应用。智慧农业是一个产业，它是现代信息化技术与人类经验、智慧的结合及其应用所产生的新的农业形态。在智慧农业环境下，现代信息技术得到充分应用，可最大限度地把人的智慧转变为先进的生产力。智慧农业将知识要素融入其中，实现资本要素和劳动要素的投入效应最大化，使得信息、知识成为驱动经济增长的主导因素，使农业增长方式从依赖自然资源向依赖信息资源和知识资源转变。因此，智慧农业也是低碳经济时代农业发展形态的必然选择，符合人类可持续发展的愿望。智慧农业被列入政府主导推动的新兴产业，它与现代农业同步发展，使现代农业的内涵更加丰富，时代性更加鲜明，先进性更加突出，这必将极大地提升农业现代化的发展步伐。

7.7.2 智慧农业发展现状

7.7.2.1 国外发展现状

智慧农业已成为当今世界现代农业发展的大趋势，世界多个发达国家和地区的政府和组织相继推出了智慧农业发展计划。据国际咨询机构研究与市场预测，到 2025 年，全球智慧农业市值将达到 300.1 亿美元，发展最快的是亚太地区（中国和印度），2017—2025 年复合增长率（compound annual growth rate，CAGR）达到 11.5%，主要内容包括大田精准农业、智慧畜牧业、智慧渔业、智能温室，主要技术包括遥感与传感器技术、农业大数据与云计算服务技术、智能化农业装备(如无人机、机器人)等。智慧农业的发展以生产优质产品为目标，其技术创新贯穿于相关的各个环节。智慧农业技术日新月异，国外发展迅速，发达国家的智慧农业已具备了技术成套、智慧设备完善、生产技术规范、质量保证性强、产量稳定等特点；形成了智慧制造、环控调控、生产资材为一体的多功能体系，并在向高层次、高科技以及自动化、智能化和网络化方向发展，实现了周年生产、均衡上市。智慧农业正朝自动化、无人化的方向发展，其主要目的是提高控制及作业精度，提高作业效率，增加作业者的舒适性及安全性。遥测技术、网络技术、控制局域网已逐渐应用于农业的管理与控制中，农业网络管理体系可将环境调控、灌溉系统及营养液供给系统作为一个整体，实现远程控制。

(1) 环境因子的调控

创造适宜的作物生长发育环境，使其生长良好，是智慧农业环境调控的主要目的和主要任务。环境控制的主要内容是温湿度的自动调节，灌水水量、水温自动调节，CO_2、施肥自动调节，温室通风换气自动调节等。环境调控由单因子控制向多因子综合控制方向发展，主要通过计算机来控制温室环境因子。它将作物在不同生长发育阶段要求的适宜环境条件编制成计算机程序，当某一环境因子发生改变时，其余因子自动做出相应修正或调整。

一般以光照条件为始变因子，温度、湿度和 CO_2 浓度为随变因子，使这四个主要环境因子随时处于最佳配合状态，创造作物最佳的生长环境。

(2) 作业自动化

随着经济的发展，劳动力成本越来越高，智慧农业生产中控制投入成本显得十分重要。智慧栽培中耕耘、育苗、定植、收获、包装等作业种类繁多，像摘叶、防病、搬运等作业需要反复进行，要投入大量的劳动力。因此，发明了机器人移苗机、嫁接机、收获机等。移苗机可以进行大量种苗移栽的繁重劳动，并能辨别好苗和坏苗，可把好苗准确地移栽到预定的位置上，而把坏苗剔除。机器人还能根据光的反射和折射原理，准确地测定植物需水量，从而进行灌溉控制。嫁接机可以准确进行蔬菜秧苗的嫁接，从而节省劳力。收获机可以根据作物的成熟度进行适期收获。这些机器人的应用为设施节能、施肥、经营管理提供了方便。

(3) 智能控制

一些国家在实现了作业和控制自动化的同时进行了人工智能的广泛应用研究，如将专家系统应用于温室的管理、决策、咨询等方面，并开发了大量的软件。在温室自动控制技术和生产实践的基础上，通过总结、收集农业领域知识、技术和各种试验数据构建专家系统，以植物生长的数学模型为理论依据，研究开发出适合不同作物生长的温室专家控制系统。这种智能化的控制技术将农业专家系统与温室自动控制技术有机结合，以温室综合环境因子作为采集与分析对象，通过专家系统的咨询与决策，给出不同时期作物生长所需要的最佳环境参数，并且依据此最佳参数对实时测得的数据进行模糊处理，自动选择合理、优化的调整方案，控制执行机构的相应动作，实现温室的智能化管理与生产。农业专家系统为我们提供了一种全新的处理复杂农业问题的思想方法和技术手段。它能够根据温室环境条件和作物生长状况，应用适当的知识和规则，推理决策出最适合作物生长的温室环境。

将农业专家系统应用于温室的实时监控与自动调控是温室发展的新亮点。这种控制方式既能体现作物生长的内在规律，发挥农业专家在农业生产中的指导作用，又可充分利用计算机技术的优势，使系统的调控非常方便和有效，实现温室的完全智能化控制。因此，温室专家控制系统技术是一种比较理想、有发展前途的控制方式。

7.7.2.2　国内发展现状

近年来，在政府的大力支持下，我国智慧农业发展迅速，农村网络基础设施建设得到加强，"互联网+现代农业"行动取得了显著成效，实现了用数据管理农产品的服务，引导产销。截至2018年7月，以山东、河南等为代表的全国18个省份开展了整省建制的信息进村入户工程，全国1/3的行政村(约20.4万个村)建立了益农信息社，农村信息综合服务能力不断提升。广东、浙江等14个省份开展了农业电子商务试点，电子商务进农村综合示范工程已累计支持近800个县，在农业物联网工程区域试点，形成了近500项节本增效农业物联网产品技术和应用模式。围绕设施温室智能化管理的需求，自主研制出了一批设施农业作物环境信息传感器、多回路智能控制器、节水灌溉控制器、水肥一体化等技术产品，这对提高我国温室智能化管理水平发挥了重要作用。我国精准农业关键技术取得重要突破，建立了"天空地一体化"的作物氮素快速信息获取技术体系，可实现省域、县域、农场、田块不同空间尺度和作物不同生育时期时间尺度的作物氮素营养监测；研制的基于北斗自动导航与测控技术的农业机械，在新疆棉花精准种植中发挥了重要作用；研制的农机深松作业监测系统解决了作业面积和质量人工核查难的问题,得到了大面积应用。在所有的智慧栽培面积中,大型现代化温室的增长速度最快,并正在成为中国智慧农业中最具热点的产业之一,同时,与之相关的温室材料、温室配套智慧、温室作业机具等也得到了巨大发展。

7.7.3 智慧农业主要支撑技术

7.7.3.1 遥感技术

遥感技术(remote sensing)是根据电磁波的理论,应用各种传感仪器对远距离目标所辐射和反射的电磁波信息,进行收集、处理,并最后成像,从而对地面各种景物进行探测和识别的一种综合技术。

(1)遥感的组成

遥感技术系统包括:空间信息获取、遥感数据传输与接收、遥感图像处理、遥感信息提取与分析4部分。

空间信息获取 地球表面目标地物空间信息获取主要由遥感平台、遥感器等协同完成。遥感平台是安放遥感仪器的载体,包括气球、飞机、人造卫星、航天飞机及遥感铁塔等。遥感器是接收与记录地表物体辐射、反射、散射信息的仪器。目前常用的遥感器包括摄影机、光学机械扫描仪、推帚式扫描仪、成像光谱仪和成像雷达。按其特点,遥感器可分为摄影、扫描、雷达等几种类型。

遥感数据传输与接收 卫星地面接收站的主要任务是接收、处理、存档和分发各类地球资源卫星数据。地面站接收的卫星数据常被实时记录到高密度磁带(HDDT)上,然后根据需要拷贝到计算机兼容磁带。

遥感图像处理 遥感图像处理依赖于一定的处理设备。对于数字图像处理系统来说,它包括计算机硬件和软件系统两部分。硬件部分包括计算机、显示设备、大容量存储设备、图像输入输出设备等。软件部分包括数据输入、图像校正、图像变换、滤波和增强、图像融合、图像分类、图像分析,以及计算、图像输出等功能模块。

遥感信息提取与分析 遥感信息提取是从遥感图像等遥感信息中针对性地提取感兴趣的专题信息,以便在具体领域应用或辅助用户决策。遥感信息分析是指通过一定的方法或模型对遥感信息进行研究,判定目标地物的性质和特征,或深入认识目标物属性和环境之间的内在关系。

(2)遥感技术在农业上的应用

农业资源调查与检测 遥感技术能快速准确地获取研究区域内农业资源的遥感图像、图片,提供大量其他常规手段难以得到的资源信息,经判读解译、能够分类处理,提取各类专题信息,从中获取农作物的分布状况、生长状况和受灾情况等,测定植物的成活率、土壤肥沃程度等。

农作物估产与长势检测 农作物长势检测是一个动态过程,利用遥感多时相影像信息,能够宏观反映出农作物生长发育的规律特征。在实践中,结合相关资料,判读解译遥感影像信息,结合地理信息技术对各种数据信息进行空间分析,识别作物类型,计算出播种面积,分析作物生长过程中自身态势和生长环境变化,以及估算产量。

农业灾害预警及应急反应 借助于遥感技术的动态监测优势功能,利用地理信息系统技术，建成各类灾害预警信息系统，可以有效地应用于诸如洪涝灾害、旱灾、农业面源污染和作物病虫害等灾前预测预报、灾中灾情演变趋势模拟和灾情动态监测、灾后灾情损失估算和组织救灾等，为防灾、抗灾、救灾的预警及应急措施及时提供准确决策信息。

7.7.3.2 地理信息系统

地理信息系统(geographic information system)有时又称为地学信息系统。它是一种特定的十分重要的空间信息系统。它是在计算机硬、软件系统支持下，对整个或部分地球表层(包括大气层)空间中的有关地理分布数据进行采集、贮存、管理、运算、分析、显示和描述的技术系统。

(1)地理信息系统的组成

一个典型的地理信息系统包括几个基本部分：计算机系统、地理数据库系统、应用人员与组织机构。

计算机系统 包括硬件系统和软件系统，其中硬件系统主要用于存储、处理、输入输出数字地图及数据，软件系统主要负责提供系统的各项操作与分析功能。

地理数据库系统 主要用于数据维护、操作和查询检索，是地理信息系统应用的重要资源和基础。

应用人员与组织机构 包括系统的建设管理人员和最终运行系统的用户，他们决定着系统的工作方式和信息的表达方式，是地理信息系统中最活跃、最重要的部分。

(2)地理信息系统在农业上的应用

农业资源清查与核算 利用地理信息系统技术强大的图形分析与制作功能，编绘出所需的各种资源要素图件，如土地利用现状图、植被分布图、地形地貌图、水系图、气候图、交通规划图以及一系列社会经济指标统计图等专题信息图，据此可进行多种题图的重叠而获得综合信息。同时，利用遥感技术对农业资源质和量的变化进行动态监测，及时更新基础数据库，调整各种图件。

农业资源管理与决策 实现农业资源的永续利用是农业可持续发展的要求。实现这一目标，首先必须科学地评价区域农业资源信息。在资源清查和动态监测的基础上，借助资源分析与评价模型，基于地理信息系统强大的数据管理与空间分析功能，即可对具有时空变化特点的农业资源进行存量和价值量的测算，进行资源现状、潜力和质量的客观评估。设计组合农、林、牧、副、渔各业，农业资源优化配置，水土流失监测及提供智力决策，为科学利用和管理农业资源提供强有力的决策依据。

农业区划 通过构建区划模型，在地理信息系统中进行不同区划方案空间过程的动态模拟与评价，编绘出综合评价图、区划图，直观地、量化地再现不同区划方案的行为结果和时空效果，为决策者提供可靠的决策依据。

农业环境监测管理 利用遥感与地理信息系统技术，能够对农业资源环境质量的变化进行动态监测，及时发现情况进行预警；建立农业资源环境空间数据库，管理、分析和处理海量环境数据，模拟区域农业资源环境污染演变状况及发展趋势；提供多种形象直观的表达方式。

7.7.3.3 全球定位技术

全球定位技术是实现全球导航的整套技术。目前全球定位系统有美国 GPS 系统、俄罗斯 GLONASS 系统、中国北斗卫星导航系统、欧洲伽利略卫星导航系统等。目前广泛使用的美国 GPS 系统是美国国防部研制的以卫星为基础的无线电测时定位、导航系统，它由 24 颗分布在 6 个轨道面上的卫星组成。全球任一点任一时刻均可收到 4 颗以上的卫星信号，通过测量每一卫星发出的信号到达地面接收机的传输时间，即可算出接收机所在的地理空间位置，实现瞬时定位。GPS 的主要功能是能实时快速地确定地面运动物体和静止地面点的空间位置。除广泛用于航空、航天、航海、大地测量和工程测量等领域外，GPS 也开始被应用于农业领域。例如，"精确农作"中的定位信息采集与处方农作的实施，就需要用 GPS 来进行农田面积和周边测量，引导田间变量信息采集，作物产量小区定位计量，变量作业农业机械实施，定位处方施肥、播种、喷药、灌溉和提供农业机械田间导航信息等。

GPS 系统由导航卫星、地面站组和用户设备三部分组成。

（1）导航卫星

GPS 系统定位卫星包括 24 颗工作卫星和 3 颗备用卫星。工作卫星均分布在 6 个相对于赤道的倾角为 55°的近似圆形轨道面上，每个轨道面上都有 4 颗卫星。轨道面之间的夹角为 60°，轨道平均高度为 20 200 km。卫星运行周期为 12 h。

（2）地面站组

地面站组也称地面控制部分，包括 5 个监控站、1 个上行注入站和 1 个主控站。监控站接收卫星的扩频信号，求出相对于原子钟的伪距和伪距差，检测出卫星的导航数据并将伪距、星历、气象数据、卫星状态数据等一并传送到主控站。主控站负责对地面监控站的全控制，接收到各监控站的卫星导航数据，进行数据偏差改正，处理后编制导航电文，通过注入站将导航数据注入卫星的导航处理系统。同时，主控站在必要时启动备用卫星以代替失效的工作卫星。

（3）用户接收机

用户接收机的主要功能是接收卫星的信号，并利用本机产生的伪随机编码取得距离观测量和导航电文，根据导航电文提供的卫星位置和钟差改正信息，计算接收机的位置，实现定位和导航。

7.7.3.4 智能分析技术

智能分析技术是将农业产前、产中、产后过程中现有的数据转化为知识，帮助农业或农业企业、涉农政府部门做出科学决策的工具。属于该类技术的决策支持系统、专家系统等已经得到了广泛应用。

①资源高效利用决策领域。利用专家系统，进行资源开发、土地适宜性评价、盐碱草地诊断改良、生态农业投资、农业资源高效利用模式优化与技术系统集成、盐碱地治理、耕作制度评价和优化。

②作物病虫草害诊断决策领域。建立病虫害诊断、杂草鉴别、农药处方、植物检疫等专家系统。

③灌溉决策领域。建立面向集成用户使用的节水灌溉专家系统，在气象参数、土壤类型、作物种类及土壤含水量等数据收集的基础上，系统提供灌溉类型、灌溉时间、系统布置、经济核算等，指导农户实施科学决策灌溉。

④作物栽培管理决策领域。建立了玉米、小麦、棉花、水稻、月季、甘蔗、黄瓜等作物栽培管理决策系统，可实现品种选择、播前决策、生育期管理决策、收获期决策、产后

决策等，并可实现苗情诊断、生育预测等。

7.7.3.5 智能控制技术

智能控制技术，信息农业的重要执行技术，主要用来解决那些用传统方法难以解决的复杂系统的控制问题，是控制理论发展的新阶段。在应用方面，智能控制可解决非线性、不确定和复杂的系统问题；在理论方面，智能控制通过符号、经验、规则来描述系统。如温室智能控制系统、高效施肥喷药系统等设备和技术在设施园艺生产中进行应用，设施内部环境因素的调控由过去单因子控制向利用环境、计算机多因子动态控制系统发展，提高了产量和质量，保证了园艺产品的鲜活度和全年持续供应。发达国家已经把智能控制技术应用于种植（耕种、灌溉、施肥、病虫害防治、收获）和养殖，以及农副产品的加工、贮藏、保鲜、销售等全过程，如荷兰的大量温室，在花卉和蔬菜等栽培管理中采用信息化自动控制技术，极大地提高了产品质量和效益。

7.7.3.6 农业专家系统

农业专家系统也可称作农业智能系统，它是将人工智能的知识工程原理用于农业领域的一项高新技术，是运用知识表示、推理、获取等技术，总结农业专家的经验、实验数据及数学模型，建造起来的计算机农业软件系统，具有独立的知识库、智能化的分析推理机，可对用户提出的问题给予专家水平的解答。目前农业专家系统被用于农业的各个领域，提供诸如农业宏观决策、农业科学研究、农业生产管理等不同层次的服务，具体内容包括政策模拟、调控决策、方案模型、粮食安全预警、作物栽培、植物保护、施肥决策、农业经济效益分析、市场销售管理等。例如，中国科学院研究的"棉花生产管理模拟系统"，能够根据棉花播期、播种密度、施肥量和化控管理等栽培措施对棉花生长发育和产量形成的影像规律，提供棉花高产优质栽培的优化方案。

专家系统的特点 第一，具有专家水平的专门知识。第二，能进行有效地推进求解。一个完善的专家系统具有有效的推理方式，能够在不同条件下进行推理，而且不会出现明显的错误结论。第三，具有解释能力和获取知识的能力。专家系统能够解释决策的推理过程和回答用户提出的问题，以便让用户能够了解推理过程，提高对专家系统的依赖感。专家系统能够修改原有知识，不断地增长知识，不断更新知识。第四，具有一定的复杂性和难度。专家系统的形成和使用都有一定的难度，只有具备一定素质的人才能够设计和应用专家系统，专家系统的维护同样也是有难度的。

专家系统的基本结构 专家系统主要由知识库和推理机两部分组成。知识库系统的主要工作是搜集人类的知识，将其有系统地表达或模块化，使计算机可以进行推论、解决问题。推理机是专家系统中实现基于知识推理的部件，是基于知识的推理在计算机中的实现，主要包括推理和控制两个方面，是知识系统中不可缺少的重要组成部分。推理是指依据一定的规则从已有的事实推出结论的过程。专家能够高效地求解复杂的问题，除了他们拥有大量的专门知识外，更重要的是，他们能够合理选择、有效地运用知识。基于知识的推理所要解决的问题是如何在问题求解过程中选择和运用知识并完成求解。

7.7.4 智慧农业技术的应用

7.7.4.1 无人农场

随着新一代信息技术的日新月异及其在农业装备领域的深度应用，智能化的农业装备成为发展热点。基于这些智能农业装备，2017 年以来，英国、日本、挪威、美国等国家先后构建了无人大田、无人温室、无人渔场等一批试验性的无人农场，我国福建、江苏、山东等地也开展了大量无人农场的试验应用。无人农场是在人不进入农场的情况下，采用物联网、大数据、人工智能、5G(第五代移动通信技术)、机器人等新一代信息技术，通过对农场设施、装备、机械等远程控制或智能装备与机器人的自主决策、自主作业，完成所有农场生产、管理任务的一种全天候、全过程、全空间的无人化生产作业模式，无人农场的本质是实现机器换人。无人农场是新一代信息技术、智能装备技术与先进种植养殖工艺深度融合的产物，是对农业劳动力的彻底解放，代表着农业生产力的最先进水平。全天候、全过程、全空间的无人化作业是无人农场的基本特征。

(1) 无人农场的关键技术

无人农场是一个复杂的系统工程，是新一代信息技术不断发展的产物。无人农场通过对农业生产资源、环境、种养对象、装备等各要素的在线化、数据化，实现对种植养殖对象的精准化管理、生产过程的智能化决策和无人化作业，其中物联网技术、大数据技术、人工智能技术和智能装备与机器人技术等 4 大技术在无人农场中起关键性作用。

物联网技术　物联网是通过各种传感器、射频识别(RFID)视频采集终端、激光扫描仪、空间信息装备等信息感知设备及无线传感网络，进行信息的采集和传输，最终形成一个万物互联的网络。

农业物联网技术的广泛应用已经实现了大田种植、果园种植、温室大棚、畜禽养殖、水产养殖等领域整个农业生产、管理过程的信息感知和可靠传输。

农场要实现无人化作业，智能装备、农业种植养殖对象和云管控平台如何形成一个实时通信的实体网络是面临的首要问题。农场装备能够根据环境、动植物生长实时状态开展相应作业，物联网技术使农场装备网联化成为可能。物联网技术作为无人农场重要的支撑技术，主要体现在以下方面：物联网技术为无人农场提供以传感器为基础的环境全面感知技术，确保动植物生长在最佳环境下；物联网技术提供以机器视觉和遥感为核心的动植物表型技术和视觉导航技术，确保动植物生长状态的实时感知，为其生长调控提供关键参数；物联网技术提供装备的位置和状态感知技术，为装备导航、作业的技术参数获取提供可靠保证；物联网技术提供以 5G 或更高通信协议的实时通信技术，确保装备间的实时通信。

以高精度、高精准、可现场测量为主要特征的新一代农业传感器技术，是推动农业物联网技术发展的底层驱动力。集无线技术、网络技术和通信技术于一体的 5G，以及未来的 6G 等新一代无线传输技术为农业物联网技术的发展提供了一条"高速公路"。无人农场环境、装备、动植物信息的全面感知技术和信息传输技术，是物联网应用于无人农场的两大关键支撑技术，是实现农场无人化作业的基础。

大数据技术　无人农场通过智能装备完成精准作业，而装备是依靠农场海量实时数据的分析开展精准作业的。无人农场时刻产生大量高维、异构、多源数据，因此如何获取、处理、存储、应用这些数据，并从中挖掘出有用的信息，是必须解决的问题。大数据应用于无人农场体现在 4 个方面：大数据为无人农场提供多源异构数据的处理技术，进行数据去粗取精、去伪存真、分类处理等方法；大数据能在众多数据中挖掘分析，形成规律性的农场管理知识库；大数据能对各类数据进行有效地存储，形成历史数据，以备农场管控平台进行学习与调用；大数据与云计算和边缘计算技术结合，形成高效的计算能力，确保装备作业的迅速反应，实现精准自主作业。

人工智能技术 无人农场的本质是实现机器对人的替换，因此机器必须具有生产者的判断力、决策力和操作技能。人工智能技术的支撑给无人农场装上了"智能大脑"，让无人农场具备了"思考能力"。一方面人工智能技术给农场装备端以识别、学习、导航和作业的能力。人工智能技术首先体现在装备端的智能感知技术，包括农业动植物生长环境、生长状态和装备本身工作状态的智能识别技术；其次是装备端的智能学习与推理技术，实现对农场各种作业的历史数据、经验与知识的学习，基于案例、规则与知识的推理，机器智能决策与精准作业控制等。另一方面，人工智能技术为农场云管控平台提供基于大数据的搜索、学习、挖掘、推理与决策技术。无人农场中复杂的计算与推理都交由云平台解读，给装备提供了智能的大脑。

机器人与智能装备技术 无人农场智能装备与机器人是指农业生产、管理及产后环节等整个过程中所用到设备的统称。无人农场智能装备由移动装备和固定装备组成。移动装备主要包括无人车、无人机、无人船和移动作业机器人等，固定装备主要包括智能饲喂机、分类分级机、自动增氧机和水肥一体机等。无人农场机器人分为采摘机器人、自动巡航管理机器人、除草机器人、种植机器人、水产养殖水下机器人等。智能装备与机器人是人工智能与装备技术的深度融合，结合现代信息化技术，智能装备与机器人将逐渐满足农场的无人化生产、信息化监测、最优化控制、精准化作业和智能化管理等需求。

智能装备与机器人能够完成传统农场人工应完成的工作，是无人农场实现机器完全替换人工劳动的关键。智能装备与机器人依靠状态智能识别、故障智能诊断以及健康管理等技术实现无人农场装备与机器人状态的数字化监测；智能装备与机器人依靠智能计算、机器视觉、导航定位、路径规划以及传感器、遥感等技术的支撑，实现智能装备与机器人的自动导航及控制和农场信息的智能感知；高效发动机/电动机智能控制、智能液压动力换挡和多动力智能匹配等动力驱动智能化技术的应用，为农场装备与机器人提供动力来源，保障机器智能作业在最佳状态下；针对农业生产场景的各种作业的运动空间、时间、能耗、作业强度，智能装备与机器人通过智能控制系统，实现精准控制和智能作业。此外，在农场数据上传至云端之前，无人农场智能装备与机器人能够进行源数据的边缘计算，并将结果发送至云端，提升了整个无人农场系统的智能化和计算能力。无人农场中固定装备与移动装备的协同作业，完成了无人农场的精准自主作业任务，无人车、无人船、无人机在移动装备中发挥了重要作用。

(2)我国首个无人农场

2018年，我国首轮农业全过程无人作业试验在国家粮食生产功能示范区——江苏省兴化市举行，标志着我国首个无人农场开始启动建设，同时意味着无人农机即可完成田间耕作已成为现实。

该试验融合了北斗导航系统、智能汽车、车联网和无人战术平台等领域的先进技术，对标国际先进作业模式和技术趋势，以智能感知、决策、执行为基本技术方案，将上述设备按照平原地区、黏土壤土、稻麦两熟等代表性农业要求，首次全过程、成体系地运用于实际生产。这是我国现阶段投入智能农机种类最齐、数量最多、专业最全、参与过程全覆盖、工农协同、军民融合的创新尝试。

在试验田中，10 余台车上没有驾驶员的农机完成了耕整、打浆、插秧、施肥施药、收割等农业生产环节的无人作业。在试验过程中，这些无人农机都安装了智能感知设备，它们的行动路线是按计算机设定好的程序进行的。据了解，此次试验有 14 支以农机企业为主，兵器、汽车、电子信息等单位协作的无人设备团队参与作业。一下午的时间，所有的无人农机系统都按照作业要求完成了作业演示，并完成了 500 亩的无人作业、机械化作业和人工作业任务。

此次参与演示的无人农机主要有两大技术创新：一个是可以精准作业，均采用双天线卫星导航系统，实现了厘米级的定位精度；另一个是已开发相关控制协议，研发团队可针对不同农业机具，进行无人化技术的改造和推广应用。随着融合传感、精密导航、人工智能、云计算、大数据等技术的普及，传统农业作业领域的数字化、自动化、网联化正在加速推进。美国、以色列等农业技术先进国家已经应用了自动驾驶、智能滴灌、变量施药等智能化新技术，我国虽然多年保持粮食产量世界第一，但也面临着劳动人口老龄化、生产效率低、污染排放率高、农产品附加值低等问题。试验将循序渐进通过耕、种、管、收、储、运等环节的数字化、智能化和网联化，实现农业生产的精准化、集约化和规模化，促进农业生产提质、增效、降本，推出具有中国特色和市场竞争力的无人农机、农具等产品和无人农艺、标准体系，将农业生产打造为一个个智能制造的车间和工厂，以此创新我国农业生产模式，为"三农"问题的解决和促进乡村振兴奠定坚实可靠的科技和产业基础。

7.7.4.2　新疆生产建设兵团精准农业实践

兵团精准农业包括精准种子、精准播种、精准灌溉、精准施肥、精准收获和田间作物生长及环境动态监测技术。其中精准播种、精准灌溉、精准施肥是突破的重点。

(1) 精准播种技术

精准播种技术作为精准农业技术体系的重要组成部分，是推进精准农业发展的关键技术之一。2002 年 7 月新疆农垦科学院农业机械研究所、农一师通用机械厂、农七师 125 团等多家单位先后研制了适宜滴灌棉田不同布管方式的"三膜 12 行"和"小三膜 12 行"的精量播种机，将先进的气吸式取种原理与兵团独创的鸭嘴式成穴原理有机地结合，创造性地设计出具有国际领先水平的精准穴播器，实现了膜床整形、铺放滴灌带、铺膜、精准投种、膜上打孔、膜边覆土、膜孔覆土并镇压 8 道工序一次完成的膜上精准播种，该技术已进入大面积示范推广。2009 年兵团棉花精量点播面积达 61.3 万 hm^2，且此项技术已逐步向玉米、油菜、甜菜等作物推广应用。

(2) 精准灌溉技术

兵团棉花生产上应用的精准灌溉技术主要包括膜下滴灌技术、自压微水头软管灌技术、地下滴灌技术和滴灌自动控制灌溉技术等，在精准灌溉技术的理论和实践应用方面取得重大突破和创新，并与精准施肥技术科学组装和集成，形成了完善配套的水肥耦合应用技术，开创了我国大田作物大面积应用滴灌技术的先例。

(3) 精准施肥技术

精准施肥是精准农业的重要组成部分和重要环节，精准施肥的内涵包括两部分：精准决策和精准投肥。1999 年以来，精准施肥技术在兵团得到了迅速发展。自主研制开发了多个棉花微机决策平衡施肥专家系统，建立了以土壤数据和作物营养实时数据的采集、棉田地理信息系统、施肥模型、决策分析系统、综合评价、滴灌施肥为主要环节的精准施肥技术体系，而且在棉花专用肥的研制—生产—应用等方面形成了一套较为完整的运行体系，并在兵团棉区植棉团场进行示范推广应用。

精准决策系统的研究 建立了土壤养分数据库。利用微机建立农田土壤管理档案，5年来全兵团累计测土面积 88.8 万 hm^2，同时根据土壤养分调查结果，在三个师的 17 个团场绘制了土壤养分含量分布图 136 套。棉花推荐施肥分区图和棉花膜下滴灌专用肥配方图各 17 套。通过多年多点试验，建立微机推荐施肥模型：包括土壤养分丰缺指标模型，棉花目标产量模型，土壤养分校正系数参数模型，肥料效应函数模型等。开展棉花生育期营养诊断和二次决策施肥技术的引进与研究。在上述工作的基础上，研制开发了兵团棉花的平衡施肥专家决策系统。这个系统包括农田地理信息管理、土壤养分信息数据库、计算机数值计算、微机决策专家系统和"天气、土壤、作物、管理"系统。这个系统具有四大功能：施肥决策、信息管理、图库管理和技术咨询。

精准投肥技术 精准投肥的理论依据是滴灌条件下养分在土壤中的移动规律，物质基础是滴灌专用肥，定位、定量、定时施肥是通过滴灌水肥耦合技术实现的。根据水肥耦合技术和作物需肥规律的研究，形成了滴灌棉田的随水施肥方案和水肥耦合技术决策系统，使施肥精度达到每个时期、每种元素和每株棉花。

(4) 田间作物生长及环境动态监测技术

应用田间生态监控技术是精准农业高科技技术，近年来在研究和实际应用中都取得了很大的进展，主要包括：

①膜下滴灌棉田土壤水分自动监测、灌溉自动决策和自动控制系统的开发与示范。兵团自主开发"棉花膜下滴灌微机智能决策及自动化控制系统"和"基于 GSM 的棉花膜下滴灌水分智能监测系统"，可实现土地水分的自动实时监测与远程传输以及智能决策支持功能。系统包括田间水分、气象数据采集站和智能决策控制中心两部分。该系统运用 GSM 通信网络以短信息方式实现一点到多点的远程无线双向数据通信和控制。

决策结果包括土壤水分含量、干旱程度诊断、滴灌灌溉定额、下次滴水时间、一次滴水延续时间等，用户可根据决策结果进行灌溉控制，以短消息方式控制电磁阀开闭。系统成功地运用了 GSM 通信网络和国内研制的湿度传感器，无线远程遥控，双向通信网络，单片机管理等为操作平台的智能化控制耕层滴灌技术。目前示范基地 4 个，示范面积 370 hm^2。

②棉花病虫预测预报数据库管理系统。利用先进的病虫监测技术、网络信息技术、人工智能技术等装备了兵团 12 个师的农技推广站和 30 个垦区病虫测报站，实时监测，及时传送各类病虫监测信息。建立了能覆盖兵团 95% 以上棉田的棉花病虫害预测预报数据库管理系统，并完成了棉花病虫害专家系统和专家咨询系统的开发应用。

③农业视频化管理系统示范。农业视频化管理系统是采用较先进的视频彩色图像传输系统。该系统由主控中心、中继点和摄像点三部分组成，摄像点固定或移动摄像将各自的图像信号和音频信号传至射频调制发射机，并通过天线将信号发送给转发机房中的画面处理器，而后由远距离发射机传给中心控制机房，通过中心控制机房的信号处理器、硬盘、刻录机、录像机显示器等设备进行工作。目前，图像视频管理系统在农七师 130 团棉花生产中应用面积近 4 670 hm^2。

采用可移动、便携式移动摄像系统和彩色图像无线传输系统，对棉花长势长相、病虫害发生动态，灌水等情况进行实时监测并及时以彩图展现在管理者面前，为管理者及时调整农田作业提供了有力工具。

利用 GSM 通信网络(电话或手机)和设在连队机房的控制器，操作高空云台高倍遥控摄像系统，以最快的时间监测连队各条田各种农事作业进度和质量、作物生长情况、农业三防管理等，从而做到早发现、早补救、早解决，实现农业的高效管理。

④棉花生长势遥感监测技术研究。为了能将"3S"技术应用于棉花生长监测，项目组开展了棉田冠层反射光谱特征及其分析技术的研究工作，已取得初步结果。

本章小结

为了实现作物的优质、高产、高效、生态和安全栽培的目的，就需要选择与之相适应的作物栽培技术。本章主要讲述了农业生长中常用的作物栽培技术，包括土壤耕作、作物播种与移栽、地膜覆盖栽培技术、科学施肥、水分管理和化学调控技术。重点介绍了智慧农业技术，特别是智慧农业的基本概念以及关键基础技术，并以农业生产中的"无人农场"和"新疆生产建设兵团精准农业实践"两大应用案例阐明了现代信息技术与农业生产的深度融合。

高产高效：玉米密植高产全程机械化生产技术

规模化、标准化和机械化是我国现代玉米生产的必由之路。增密种植、全程机械化是玉米高产高效的重要途径。中国农业科学院作物科学研究所研发集成组装的玉米密植高产全程机械化生产技术，以耐密品种、合理密植、群体质量调控为核心，配套精量点播、化学调控、机械施肥、秸秆还田、机械收获等关键技术。该技术体系在新疆生产建设兵团、黑龙江、内蒙古等多地进行大面积技术示范推广应用，增产增效效果显著。该技术主要要点是：

(1)选择耐密、抗倒、适合机械收获的品种。选择国家或省审定、在当地已种植并表现优良的耐密、抗倒、适应机械精量点播和机械收获的品种。籽粒机械直收要求后期脱水快、生育期短 5~7 d 的品种。种子质量符合国家标准规定。

(2)增密种植。根据当地气候、土壤、生产条件、品种特性以及生产目的，合理株行距配置，确保适宜密度。一般大田比目前种植密度增加 7 500~15 000 株/hm^2。西北地区光照条件较好，有灌溉条件地区一般中晚熟品种留苗 90 000~97 500 株/hm^2；中早熟品种 97 500~105 000 株/hm^2。

(3)机械精量播种。单粒点播种子发芽率应高于 96%。足墒、适期播种等，保证苗齐、苗匀、苗全、苗壮，提高群体整齐度；带种肥播种时实种、肥分离。

(4)分期施肥。根据玉米产量目标和地力水平进行测土配方施肥。有条件的地区，亩施优质粗有机肥 2 000~3 000 kg 或精制有机肥 1 000 kg 左右；全部磷肥、30%~40% 氮肥(如有种肥可相应减少用量)和 70% 钾肥作基肥。剩余肥料在小喇叭口期以前，机械能进地时一次性机械追施；也可施用缓控释肥，根据肥效及含量确定施肥量，实现一次性机械施肥。

(5)化控防倒。倒伏常发地区和密度较大、生长过旺、品种抗倒性差地块，在玉米 6~8 展叶期，喷施化控药剂，控制基部节间长度，增强茎秆强度，预防倒伏。

(6)病虫害防控。苗期病虫害主要通过种子包衣防控，中后期病虫害采用高地隙喷药机或植保无人机配药防治。

(7)适时晚收、机械收获。根据种植行距及作业质量要求选择合适的收获机械。玉米完熟后可果穗收获。籽粒机械直收可在生理成熟(籽粒乳线完全消失)后 2~4 周进行作业，籽粒水分含量应为 28% 以下，一次完成摘穗、剥皮、脱粒，同时进行茎秆处理(切段青贮或粉碎还田)等项作业。籽粒机械收获玉米及时烘干。

（8）秸秆还田，培肥地力。利用饲草捡拾打捆机将秸秆打捆作饲料，或利用秸秆还田机粉碎秸秆。用翻转犁翻地，深度30~40 cm；或秸秆覆盖还田，下年免耕播种。

思考题

1. 土壤耕作的作用有哪些？
2. 影响土壤耕作技术的因素有哪些？
3. 常用的土壤耕作方法有哪些？各种耕作方法的特点是什么？
4. 地膜覆盖栽培的作用有哪些？
5. 地膜覆盖栽培技术要点主要包括哪些环节？
6. 常用的节水栽培技术有哪些？每个节水栽培技术的特点是什么？
7. 简述育苗移栽的意义及生产上常采用的育苗和移栽方式。
8. 简述确定种植密度和种植方式的基本原则。
9. 简述作物的需肥特性和养分作用规律。
10. 简述作物的科学施肥方法。
11. 简述遥感技术在智慧农业中的作用。
12. 简述专家系统建立的必要性。
13. 简述智慧农业的发展前景。

参考文献

曹卫星，2016. 作物栽培学总论[M]. 3版. 北京：科学出版社.

曹小闯，吴龙龙，朱春权，等，2021. 不同灌溉和施肥模式对水稻产量、氮利用和稻田氮转化特征的影响[J]. 中国农业科学，54(7)：1482-1498.

官春云，2011. 现代作物栽培学[M]. 北京：高等教育出版社.

胡立勇，丁艳峰，2019. 作物栽培学[M]. 2版. 北京：高等教育出版社.

黄伟锋，朱立学，付根平，等，2021. 智慧农业测控技术与装备[M]. 成都：西南交通大学出版社.

毛安然，赵护兵，杨慧敏，等，2021. 不同覆盖时期和覆盖方式对旱地冬小麦经济和环境效应的影响[J]. 中国农业科学，54(3)：608-618.

唐湘如，潘圣刚，2014. 作物栽培学[M]. 广州：广东高等教育出版社.

滕桂法，2021. 智慧农业导论[M]. 北京：高等教育出版社.

王传凯，刘天舒，杨学坤，2021. 精准农业应用技术[M]. 北京：中国农业大学出版社.

王冀川，2012. 现代农业概论[M]. 北京：中国农业科学技术出版社.

王云生，蔡永萍，2018. 植物生理学[M]. 北京：中国农业大学出版社.

杨富军，赵长星，闫萌萌，等，2013. 栽培方式对夏直播花生叶片光合特性及产量的影响[J]. 应用生态学报，24(3)：747-752.

杨文钰，2015. 农学概论[M]. 北京：中国农业出版社.

章秀福，王丹英，屈衍艳，等，2005. 垄畦栽培水稻的植株形态与生理特性研究[J]. 作物学报，6：742-748.

第8章 作物种植制度

作物种植是农业生产的基础，其根本目的是生产出数量更多、品质更优的农产品，满足社会的需求，不断提高生产经济效益、保护生态环境。种植制度主要探讨一个地区或生产单位如何进行作物布局、如何选择合适的种植方式和配套的种植技术、如何对种植业系统进行整体优化等，以提高种植业系统的生产力。一个地区或生产单位种植制度的制定必须符合该地区或生产单位农业生态条件和社会经济发展状况，以求实现其整体效益的最大化。

8.1 作物种植制度

8.1.1 种植制度的概述

8.1.1.1 种植制度概念
种植制度是指一个地区或生产单位内作物种植的结构、配置、熟制与种植方式的总称。在农、林、牧、副、渔业中，它是对种植业进行全面安排的制度。种植制度的确立是自然(温、水、光)、经济和社会等多种资源要素综合作用下的结果，一个地区的种植制度是随着三种资源要素消长而发展演化的。

8.1.1.2 种植制度的内容
种植制度的内容包括该地区或生产单位内要种什么作物(粮食作物、经济作物、调料作物、蔬菜、牧草等)、各种多少、种在哪里，即作物布局；作物在耕地上一年种植一季作物还是两季以上(一年作或多作)、还是哪个生长季节或哪一年不种作物，即复种或休闲；种植各季作物时，采用什么样的种植方式，即单作、间作、混作、套作；不同生长季节或不同年份作物的种植顺序如何安排，即轮作或连作。作物布局是要在平面上合理安排作物的种类、比例和空间分布；单作、间作、混作、套作则是在空间上进一步合理组织作物的种植方式；而复种、套作与休闲，轮作与连作则是在时间上合理安排作物的种类、数量及序列。各项技术各自独立，有本质的不同，但又在时间和空间上彼此依赖，相互制约，成为一整套作物种植的综合技术体系。

一个合理的种植制度应该有利于农业、自然和社会等资源的高效配置，取得作物生产的最佳社会经济效益，有利于协调种植业内部不同种类作物之间、不同收获时间作物之间、用地与养地作物之间的关系，促进种植业及其相关产业的全面发展。

8.1.2 种植制度的功能

8.1.2.1 技术功能

种植制度是作物生产的技术体系，研究和阐述的主体不仅是某一种作物的具体栽培技术，更侧重于从全局处理好所有作物与环境的相互适应关系，协调种植业内部各种作物的关系，以获得种植业的全面持续增产和提高综合效益。种植制度包括因地因时并符合社会需求的作物合理布局技术、复种技术、单间混套作应用技术、轮作连作技术、种养结合技术、农牧结合技术等。在技术特点上它与单项作物栽培技术相比更具有综合性、整体性和系统性。

8.1.2.2 宏观调控功能

合理的种植制度能够充分合理协调利用当地光、热、水等自然资源和劳力、资金、物质、科技等社会资源的投入，协调种植业内部各种矛盾关系，如粮、棉、油等作物之间的关系，低产田与高产田关系，一熟与多熟关系，轮作与连作关系，灌溉与旱地的关系，用地与养地关系，资源利用与保护的关系等；协调国家、地方、农户对作物产品的需求关系；协调种植业与畜牧业发展以及林、渔、副等全面发展的关系。合理的种植制度体现在能够做出与自然、社会经济条件相匹配的农作物种植的优化方案，有利于促进种植业与其他相关产业或行业的综合发展。

8.1.3 种植制度发展的目标

8.1.3.1 高效利用以土地为中心的农业资源

高效即在有限的耕地上因地因时制宜投入技术及其载体，实现光、热、水、肥等自然资源要素与人工资源要素供应与作物需求相平衡，最大限度提高土地生产力。合理的种植制度应突出提高土地利用效率和产出效率的集约程度。

集约提高土地利用效率表现在提高单季作物产量和周年单位面积产量两个方面，两者既密切相关，又有区别。一年一熟地区，单季作物产量与周年单位面积产量是一致的；在一年多熟地区，单季作物产量是周年单位面积产量的组成部分。

处理好作物种植同当地自然资源和社会经济资源的相互适应关系，是提高土地资源集约利用度的一个重要方面。作物群体适应当地农业资源的特点，产量一般比较稳定和经济。但只强调作物群体适应环境，农业就不能发展；相反只强调环境适应作物群体的特性，为改造环境所需要的社会资源必然大幅增加，且生产成本较高，甚至导致农业资源环境退化与破坏。因此，种植制度应根据自然和社会经济的实际情况，投入最适量的社会资源，建立与其相适应的作物群体，才能既高效利用资源又保护资源，科学提高土地生产力。

生产实践表明，将作物群体进行时空优化，即进行复种、间（混）作、套作，是集约利用短缺的土地资源的有效途径。复种与间（混）作、套作能够利用植物单一群体难以充分利用的环境资源，植物群落中存在的互补与竞争关系，以及生态位等原理，将传统集约农业技术经验与当代先进技术相结合，从水平、垂直空间和周年时间上充分利用有限的土地资源。例如，黄淮海平原现行的冬小麦—夏玉米复种一年两熟、未成年果园树行之间套种农作物、管道立体水培蔬菜生产等。将作物群体进行时空优化提高单位面积产出时，应考虑通过机械化作业提高劳动生产效率。例如，华北平原长期存在的麦田套种夏玉米因不能机械化作业而被麦收后铁茬播种所取代。

8.1.3.2 经济高效

作物高产同时追求经济高效益，是市场经济条件下农业生产的基本社会职能，是农业自我积累和自我发展的基本动力。在"最小因子定律"指导下，发现制约某一地区产量和效益提高的限制因子，按照"报酬递减定律"原则进行限制因子的科学投入，能够获得某一时空条件下较高的经济收益和产投比。例如，在贫瘠的农田上增加投入肥料，能够实现产量的快速增长，但随着肥料投入的持续增加，产量增幅会持续降低，在获得最高经济效益时的肥料投入量即为合理施肥量；当土壤肥力不再是限制产量和经济效益的因素时，再研究其他限制因素并给予科学投入。高产农田上，在资源要素"协同作用定律"支配下，要强调优化投入要素组合，力求提高要素组合效益，是实现经济高效的重要手段。例如，从传统的丰产灌溉转向节水高效灌溉时，因地制宜地将渠道防渗，管道输水灌溉，抑制农田无效蒸发，有效灌溉量合理分配，实施地膜和秸秆覆盖，喷灌、滴灌技术等各项灌溉要素优化组合。

根据种植业生产在农业系统中的基础性作用和为其他产业提供原料的层次位置，种植制度具有较强的多目标性、综合性。合理的种植制度在保证粮食需求，全面发展粮、棉、油、菜、果、饲的同时，还要兼顾林牧副渔、种养加、农工商的需求和发展。因此，各生产单位应有适应自然资源状况和各方需求的作物结构整体优化，使整体功能大于各局部功能之和。这样不仅能使种植业提高整体经济效益，还能促进农村经济的全面发展。

8.1.3.3 用地与养地相结合

农业生产具有连续性的特点。种植制度要持续发展，实现用地养地相结合是其根本保证。用地养地如何结合是种植制度持续发展的根本问题。原始农作阶段，人们开垦荒地进行生产，用地程度低，养地靠自然恢复或植被更替。以后逐渐发展到休闲农作制，连年农作制，集约耕作制条件下土地利用程度越来越高，养地手段也由完全依赖植被更替，逐步发展为休闲地上进行土壤耕作，利用生物养地，后将化肥、农药、机械、能源等其他工业产品大量投入农田，大幅度提高土地生产力。整个种植制度的发展从技术体系方面，是用地养地矛盾的不断统一，从用养分离到用养结合，从少用少养到多用多养的发展过程。只局限于眼前利益，用多养少或只用不养，地力衰退，不仅降低当季当年作物产量，也影响到以后的生产。要使作物稳产和持续增产，必须协调用养关系，使用地与养地相结合。

用地养地相结合具有两层含义，一种是用地程度与养地程度取得平衡，在用地过程中，使土地生产力得到恢复并保持地力水平，作物产量获得稳定。另一种是在用地过程中，提高养地水平，并以提高了的养地水平促进用地程度的加强，使用地与养地不断处于动态平衡状态，作物持续保持增产。

此外，采用生物措施与工程措施相结合，治理生态环境，防止农业环境污染，也是用地养地相结合改善生态环境的内容。例如，种草、种树与治坡、治沙、治沟等工程技术相结合以防治风蚀、水蚀；采用等高垄沟种植，横坡间、混、套作防止水土流失；控制污水造成的水域及土壤污染；控制农药、化肥以及畜禽粪便造成的污染；保护害虫天敌，控制农药施用等。

8.2 作物布局

8.2.1 作物布局的概念与意义

8.2.1.1 作物布局概念与含义

作物布局是指一个地区或生产单位种植作物的种类、面积和配置的总称。配置是指作物在区域或农田上的分布。即作物布局所要解决的是种什么作物、种多少和种在哪里的问题。

作物布局所指的范围可大可小，大到一个国家、省（自治区、直辖市）、市（地）的宏观作物布局，小到一个乡、村、农户甚至某个地块的作物生产安排。作物布局涉及的时间可长可短，长则几年、十几年的作物布局规划，短则一年或一个生长季节的安排。作物布局的内容有广义和狭义之分，广义的作物布局指作物类型的布局，如农作物、林果和蔬菜的布局，粮食作物、经济作物和饲料作物的布局，用地作物和养地作物的布局，春、夏、秋播作物的布局等。狭义的作物布局指几种具体作物和品种的布局，如小麦、玉米、大豆、棉花等具体作物的面积和安排。

国家、省、市（地）的作物布局是大范围的区域型布局，即地区布局或地理布局，这种布局的范围大、时间长，带有战略性的意义。作物布局应尽可能使作物与环境相互适应，充分发挥地区优势，获得较佳的经济效益。生产单位较小的作物布局，范围小、时间短、作物具体，属单位型作物布局或微观作物布局，这种布局直接影响生产单位的切身利益，应尽可能把作物种植面积与市场订单或需求联系起来，更好地使生产与市场相互平衡，促进农业生产健康发展和生产效益的提高。

作物布局与作物结构、农业生产结构、农业生产布局等概念既存在相互联系又存在差别。作物结构或作物生产结构，是指一个生产单位种植作物的种类、面积的比例关系，也称为作物组成。农业生产结构是农业生产中的农、林、牧、副、渔各业的比例及其关系，是比作物生产结构更宽的概念。农业生产布局则是指一个地区或生产单位农、林、牧、副、渔五业的生产结构及在地域上的分布，也可称为农业的整体布局。

8.2.1.2 作物布局在农业生产上的意义

①作物布局是农业生产中的战略性措施。作物布局是农业生产中的作物结构和配置，不仅关系到作物生产的全面安排，而且对一个单位的农业生产甚至整个区域的经济发展有着重要的影响。作物布局合理与否直接影响当地资源优势的发挥，以及资源利用率和生产率的提高。其次作物布局是否有利于农、林、牧、副、渔各业的全面发展。种植业生产是整个大农业生产的组成部分之一，作物布局的合理与否，直接影响与种植业有关行业的发展，同时影响到用地养地相结合、作物茬口安排等农业生产中的重要问题。因此，作物布局是一项牵动农业生产全局的战略性措施。作物布局合理，就可掌握生产的主动权，有利于许多与作物生产有关问题的解决；不合理的作物布局就会使生产管理者处于被动地位，顾此失彼。

②作物布局是种植制度的基础。种植制度是一个生产单位综合利用土地的作物种植体系，作物布局是其内容之一，是综合一个单位的天、地、人、物等因素而确定的作物种植

计划，是种植业与有关各产业综合平衡的体现。种植制度的其他内容如复种、间混套作、轮作等，都要在作物布局的基础上来实施和安排。因此，作物布局是种植制度的基础。

③作物布局是农业区划的主要依据和组成部分。农业区划是根据农业生产地域的差异规律划分农业区，对农业发展进行分区研究，它包括农业自然条件区划、农业部门与作物区划、农业技术改革区划和综合农业区划等。农作物种植区划是各种区划的主体，其他区划都是在作物种植区划的基础上进行的，农作物种植区划又是在作物布局的基础上开展的，因而作物布局是农业区划的主要依据和重要组成部分。

8.2.2 作物布局的依据或原则

作物布局的依据与原则是农业生产中确定作物布局的重要环节，也是一项复杂的工作。作物布局受多种因素的影响，是综合因素共同作用的结果。确定一个生产单位的作物布局时，定性分析的一般程序是，首先需要考虑当地的自然条件，如温度、水分、光照、土壤状况等要素，明确当地适宜种什么作物。其次是要考虑种什么作物、需求量多大等，此问题主要受社会对农产品需求状况的影响。最后还要考虑当地的经济、技术条件和其他因素，确定作物种植的面积，种植的具体位置等。作物布局的主要依据包括以下3个方面：

(1) 以作物的生态适应性为基础

作物的生态适应性是指农作物的生物学特性及其对生态条件的要求，与某地实际环境条件相适应的程度，简单地说就是作物对外界环境相适应的程度。适应性好，说明能种植某作物或可能获得比较理想的产量和效益；相反，适应性较差的作物，种植的可能性小或勉强种植的作物则产量低、效果差。作物生态适应性是在进化过程中作物系统发育的结果，是在长期自然选择和人工选择的基础上形成的一种遗传特性。

作物对光、热、水、土等生态因素的要求有一定范围，都存在一个生态上的最小量和最大量，这个范围称为作物对特定生态因素的耐性幅度或生存的适应范围。当作物所需要的温度、光照、水分、养分、大气中的有关气体成分等增加或减少到一定数量或浓度时，便对作物生长发育产生不利影响或毒害，使其生理机能衰退甚至不能生存，也就是说，作物的正常生长发育不能超越其生存所适宜的范围。不同作物的生态适应性存在差异是客观存在的自然规律。这条自然规律对作物布局的影响表现在以下两个方面：一是生态适应性较广的作物分布较广，种植面积可能较大；而生态适应性较差的作物分布较窄。

不同地区和生产单位的自然资源都存在一定的差异。在进行作物布局设计时，要以当地光照、温度、降水、土壤等自然资源现状为基础，充分考虑化肥、农药、机械、技术等社会经济条件，力争使作物生长的环境与其要求的生态条件吻合度达到最好，即作物的生态适应性最优。首先要强调因地种植，根据当地生态条件选择生态适应性最好的作物，可以收到稳产、高产、投资少而经济效益高的效果。其次是强调趋利避害，发挥优势。虽然一个地区的生态条件有好坏之分，但在多数情况下，绝对的好坏是不存在的。山区坡地种植大田作物往往得不偿失，但植树种草却是一大优势。

(2) 以满足社会需求为导向

农业生产是人们有目的的生产活动，其目的是生产社会需要的产品，作物布局必然要服从和服务于这一根本目的。主要包括以下内容：

一是自给性生产需要，即直接用于吃、穿、用、烧（燃料）等各种作物产品的生产需求。改革开放前，我国交通不便、低产多灾和边远地区农业生产和经济发展比较落后，农业生产尤其是作物生产的目标主要是生产自给性的产品，满足人们生活的基本需求，这些地区的作物布局就应安排农民直接种植用于吃、穿、用的各种作物和种植规模，以解决与生存有关农产品的生产，这种布局可称为自给性作物布局。

二是商品生产需要，即服务于市场的作物产品需求。社会需求状况和发展变化，制约作物布局的类型和发展方向。经济发展水平较高、农业资源优势较为突出的地区，作物布局的商品性特色越鲜明，市场对作物布局的制约和导向作用也愈加突出。这类地区基本上都是利用当地优势资源生产具有市场竞争力的农产品，通过市场交易获取利润后，再购买自身所需要的农产品，形成一种不同区域互为供应与需求、互为生产与消费的合作机制。以满足市场对农产品需求为目的作物布局，不但要在产品数量、品质、规格、标准等方面，还要在时间、空间上满足社会需求。例如，河北省坝上蔬菜生产基地利用夏季冷凉气候优势，通过白菜、萝卜等喜凉蔬菜的错季生产和长距离销售，满足了华南地区的消费需求；湖北江汉平原稻米生产基地的稻米也成为坝上农村的主要口粮之一。随着我国市场经济不断发展，作物布局商品性生产的特色将越来越明显。目前，我国一些沿海地区正按照"贸、工、农"的模式进行经济开发，作物布局也应顺应这个全局，把工业原料作物、水果、名特优产品、花卉等作物放在重要的地位，以促进当地的经济发展。

三是满足生产者对经济效益的需求。农业生产是一种经济活动，在市场经济条件下，不讲经济效益的作物布局和农业生产难以持久。作物布局的经济效益原则要求，既要考虑微观的农产品价格、成本、产值、利润，也要考虑宏观的农产品消费与需求、供应、流通、加工、劳动就业、劳动生产率、出口贸易、多样化和专业化等方面。对一个生产单位、种粮大户、农业合作社或新型经营主体，农业生产除了满足自给性需求外，最重要的就是增加收入。农业生产的效益，因种植的作物不同、时期差异和区域的不同而不同，同时对获得这些收益面对的风险也不一样。因此，在设计作物布局时，要遵循比较效益和最低风险原则，灵活多变地选择作物。例如，种植小麦、玉米等粮食作物的效益一般比种植瓜、果、蔬菜的效益要低，所以发展瓜、果、蔬菜容易获得更高的经济效益，但是种植小麦、玉米承担的市场和技术风险较低，而种植瓜、果、蔬菜所面临的市场容量风险和资金、技术风险较高。

四是满足国家在战略层面对农产品的需求。"无农不稳，无粮则乱"，基于我国资源分布、耕地数量、人口压力等基本国情，粮食安全是国家对农业生产的基本要求。各地区、各生产单位在进行作物布局时要把粮食安全作为第一需求纳入作物布局之中，安排相当规模的粮食作物面积，满足国家对粮食生产的需求。尤其被国家列为粮、棉、麻、烟等生产基地的地区，这些作物在布局中应占有一定比重，以服务于全国大局的需要，同时也有利于培养其产品的市场竞争能力。国家在大宗粮食产品购销中也应制定合理的价格政策，以调动地方政府和农民的积极性。改革开放四十多年来，我国粮食一直是"谷物基本自给，口粮绝对安全"的形势，在相当长一段时期内，我国的作物布局仍然是以粮食作物为主。

（3）社会经济和科学技术是保障

根据作物的生态适应进行作物布局，可以趋利避害、扬长避短、发挥优势。因地种植一般可以获得高而稳的产量，省力、投资少、效益高。然而，对待自然环境条件仅仅停留在适应和利用的水平上是不够的，一切服从于自然是不可取的。积极改善和创造良好环境条件，创造适于多种作物种植的环境条件，也是农业生产发展的要求。另外，即使自然条件能适合某作物的生长发育，社会需求也需要种植该作物，但能否种好还要受科学技术，如合理的栽培技术、施肥技术、水分管理技术、病虫防治技术等因素的制约。因此，社会经济和科学技术因素是作物布局的重要条件，并随着社会经济和科学技术条件的进步，作物布局也处在一种不断地调整变化之中。

从农业生产资源的角度看，社会经济和科学技术因素属于社会资源的范畴。它包括劳动力的数量和质量、机械化水平、肥料的数量和质量、农田水利设施、投资能力和经济基础、科技人员的数量和水平等方面的内容。社会经济和科学技术对作物布局的影响主要表现在以下两个方面：

一方面，社会经济和科学技术可以改善作物生产条件，为作物生长发育创造良好的环境。生产条件包括水利、肥料、土地状况、劳动力、机械化、农田基本设施等。人们通过科学合理的投入，可以人为地改善生产条件，如修筑梯田、发展灌溉、增施肥料、建造温室等，这些改善作物生产条件的措施，都可以直接影响作物布局。如在"没有灌溉没有农业"的新疆，发展水利并实施水肥一体化灌溉后，就可变成沙漠的绿洲，使棉花、玉米和其他瓜果经济作物的面积增加；人们能在寒冷的严冬吃到鲜嫩的蔬菜、瓜果，也归功于科学技术的发展和生产条件的改善。这些表明社会经济和科学技术可以解决能不能种的问题。

另一方面，社会经济和科学技术为作物的全面高产和持续增产提供了保证，解决能否种好的问题。在作物能生长的地方，某一作物的面积规模在很大程度上受产量、品质和效益的影响。株型紧凑、生育期较短、高产稳产的玉米品种的培育成功和配套高产全程机械化技术的推广应用，使河北省夏玉米常年播种面积稳定在 4 000 万亩以上，新技术带来的玉米生产轻简化、经济高效性压倒性地替代了其他夏播作物如花生、大豆和甘薯等。

总之，生产中制定作物布局是一项复杂的工作，它是自然和社会因素综合作用的结果。作物生态适应性、社会需求、社会经济和科技因素对作物布局的影响各具特色，彼此之间又相互联系、相互影响，如在自然状态下不能种植某种作物的地区和季节，通过社会经济和科学技术的投入，可进一步解决能不能种某种作物的问题。随着社会的发展、经济条件的改善、农业投资的增加、科学技术的发展，社会经济和科学技术对作物自然生态适应性的影响愈加深刻。社会对某种产品需求迫切性的增加，也会促进社会经济向该方面增加人力、物力、财力和科技的投入，从而促进该种农作物面积扩大、产品数量增多和质量改善。

8.2.3 作物布局的制定

影响作物布局的因素较多，并且作物布局具有多目标性。因此，确定一个生产单位的作物布局是一项复杂的工作。作物布局是农业生产中的战略性措施，对农业生产及其有关方面具有重要影响，在制定作物布局时必须认真对待，慎重考虑各个环节，科学决策，处理好各方面的关系。

8.2.3.1 作物布局的稳定性和相对性

在影响作物布局的诸多因素中，根据变化难易，可分为3种类型。第一类是恒定性因素即不变因素，大部分自然因素如光、热、降水、土地等均属此类型，这些因素虽然年际间有差别，但变动较小，人们对这些因素的调控能力小，在作物布局时，人们往往是通过作物种类和面积的安排，适应这些因素。第二类是短时期内难以改变或变动较少的因素。如人们对农产品的需求种类、人地比、土壤肥力状况、能源、交通等，这些因素在短期内变化不大。第三类是易变因素，如市场需求、价格、品种、肥料数量等，这些因素变化较快，在一年内不同季节之间就有很大变化。

作物布局的基础是生态适应性，而光、热、水、土等自然因素是恒定性因素，某些社会因素也是短期内变动较小的因素。因此，作物布局应该是稳定的和延续的，尤其是易变因素变化不大时，作物布局应保持相对稳定。当易变因素发生变化时，应当及时调整作物布局，以适应这种变化，提高种植业的经济效益。一味遵循布局的稳定性，看不到变化的必要性，使布局僵化，也会阻碍农业经济发展。正是由于作物布局的稳定性是相对的，从而使作物布局呈现出阶段性发展变化。

实际生产中，新的作物布局一经确立，需要经过一段稳定发展时期，这是种植业生产发展的客观规律，频繁地、盲目地调整作物布局往往会引起农业生产大起大落，导致农业生产的不稳定。近50年华北平原作物布局演变中，整体是粮食作物面积下降、经济作物种植面积上升，但在"以粮为纲"的时期，曾一度忽视经济作物的发展，出现粮经失调。20世纪80年代以后，经济作物棉花的播种面积迅速扩大，因供大于求出现了卖棉难，随后又大幅度下降，加之1996年国家再次对棉花生产布局进行调整，以及棉花产量、品质、生产成本的市场竞争劣势和病虫害的加剧，素有"华北棉海"之称的华北平原棉花几乎绝迹。同样，过分强调稳定性，忽视作物布局发展变化的阶段性，也会丧失种植业发展的良机。目前，我国农业正向高产、优质和高效迅速迈进，是国家政策指导下面向市场需求的生产，种植业和作物布局的发展正处于关键时期，因此，根据市场需求，确定作物布局的整体构架，加强宏观指导，是当前农业生产中迫切需要解决的问题。

8.2.3.2 作物布局和种植业结构

种植业生产的目的是生产一定数量、质量且产销（需）对路的农产品。各类农作物产品数量之间的比例关系和质量组成状况即为种植业产品结构。所确定的各类农作物播种面积的比例关系即为种植业结构或作物结构，是作物布局所涉及的问题。就农产品生产数量而言，受播种面积和单产两个因子制约。作物布局仅考虑面积的影响，过分强调调整种植业结构或作物布局的作用，只重视扩大面积而忽视提高单产和改善品质，往往会出现"以经挤粮"或"以粮挤经"，难以做到产量、品质和效益的统一。种植业结构不等于产品结构，提倡用种植业产品结构替代种植业结构的概念，增强产品意识，生产适销对路的农产品，有利于发展社会主义市场经济，避免农业生产的宏观失调。

在调整种植业产品结构时，应处理好面积、单产和总产量的关系。主要作物总产量、面积、单产的变化状况存在以下几种类型：一是面积稳定、单产提高、总产量大幅度增长的类型，此类型以小麦为代表。二是面积增加、单产提高、总产量增加的类型，玉米、花生、棉花等作物属此类型。三是面积减少、单产提高、总产量增加的类型，粮食作物、甘薯的变化均是此类型。四是面积减小、单产提高、总产量减少的类型，大豆、谷子、高粱三种作物是此类型的代表。

因此,应根据具体作物的生产情况尤其是单产水平来确定发展对策,不能片面地强调扩大面积。在我国人多地少的条件下,面积调整余地较小,我国主要作物的平均单产水平还比较低,中低产田面积较大,主要作物平均单产与高产纪录之间、高产单位与低产单位的产量水平之间还有很大差距,提高单产、增加或稳定总产量的潜力较大,这有利于调整各种作物种植面积、改善种植业结构。有些作物可以依靠扩大种植面积提高总产量,有些作物可以减少种植面积,通过提高主攻单产进而稳定总产量。但随着作物单产的提高,作物布局也要作出相应调整。如玉米是高水肥高产、低水肥低产的作物,近年来随着水肥条件的不断改善,其种植面积增加较大。而传统认为低肥高产、高肥低产的谷子,尽管品质较好但因产量相对较低,因而种植面积逐渐减少。随着谷子等作物高产品种的选育和丰产栽培技术的推广应用,这些作物在高肥水地区种植的面积也将会逐渐增加。

8.2.3.3 作物布局的多样性和专业性

①作物布局的多样性,即作物布局中作物种类较多,各种作物都有一定的面积,也称为小而全的作物布局。这种布局的优点表现为:一是有利于合理利用多样化的自然条件。当一个地区自然条件差异较大时,这种作物布局的优势更明显。二是可增加生产和收入的稳定性,减少风险。在自然灾害发生频繁的地区,利用不同作物对自然灾害反应的差异,增加作物种类,可获得比较稳定的产量和收入。三是有利于满足各方面的需要,尤其是自给性需要。在交通不便、经济欠发达的地区,多样性的作物布局有利于保证衣、食、住对农产品的需求。四是有利于均衡使用全年的劳动力和其他社会资源。当某一作物面积比重过大时,往往会出现生产安排不协调,在播种、管理和收获季节发生争肥、争水、争劳力的矛盾,生产任务很难及时保质保量完成。作物布局多样性也具有不利的方面,突出表现在农作物生产商品率低、扩大再生产慢、难以提高现代化技术水平、不利于生产迅速发展等方面。

②作物布局的专业性,即作物布局中涉及的作物种类的多少,也称为专业化布局。专业化布局的优势表现在两个方面。一是专业化布局的地域分工明显,有利于发挥当地的资源优势,实现作物产量高、商品率高,有助于商品经济和加工业的发展。二是有利于提高技术水平和机械化效率。作物布局专业性的不足,就难以实现作物布局多样性的优点。

一般认为,商品经济越发达,生产地域分工越明显,作物布局专业化程度越高。目前,我国不同区域作物布局的演变已反映出向单一结构变化的趋势,粮食作物和经济作物都出现了不同程度的单一化和专业化,这种变化对于充分利用当地优势农业资源和良好的生产条件具有积极意义。我国是一个气候、地形、土壤条件复杂多样的国家,在某一区域着力发展几种适应生态、经济技术和符合市场需求的作物生产,通过市场交换互通有无,对于提高国家和区域整体的农业经济效益水平具有显著作用。

8.2.4 作物布局设计的一般程序

8.2.4.1 调查影响作物布局的各种条件

①自然条件。包括光照、热量、降水量等气候资源;径流和地下水等水资源;以耕地数量、土质、地形等为指标的土地资源;以种类、数量等为表征的生物资源。

②社会经济条件。包括劳动力状况、畜力、机械化水平、灌溉程度、能源、交通、投

资、政策、科技水平等。

③种植制度和作物布局、生产现状。包括各种作物的面积、产量、单产水平、种植方式、配置等。

8.2.4.2 明确作物布局设计的目的或目标

作物布局设计的目的是生产人们所需要的产品，包括自给性和商品性产品两大部分。为此，需要深入调查市场价格、流通体制、交通、加工、贮藏、人口需求、畜牧业需求等有关方面，明确各种农产品需求的具体数量。

8.2.4.3 确定作物的生态区及种植适宜区

在明确作物生态适应性的基础上，根据当地的自然条件，进行作物的自然生态区划，划分生态最适宜区、适宜区、次适宜区和不适宜区，在此基础上根据当地社会经济和科学技术状况，进一步进行生态经济区划或种植适宜区的选择。作物生态经济适宜区一般分为四级。

①最适宜区。当地的自然条件和社会经济条件都适宜某作物的发展，作物表现出高产、优质、稳产、投资少、效益高等特点。

②适宜区。生态条件有少量缺陷，采取灌溉、排水、改土、施肥等人为措施可以弥补这些缺陷，投资有所增加，经济效益仍较好，但低于最适宜区。

③次适宜区。生态条件有很大缺陷，人工措施弥补所需投资较大，作物产量相对较低，但综合效益对人们仍有益。

④不适宜区。生态条件有严重缺陷，改善、弥补措施耗资巨大，产量和经济上得不偿失，甚至导致生态条件变劣。

适宜区的划分一般采用主导因素法，即选择对作物生长、发育过程起主导或决定作用的因素进行划分，如喜温作物以温度作为主导因素，喜湿作物以水分作为主要因素；干旱地区降水量往往是主要因素，有时要综合考虑多个因素进行适宜区的划分。

8.2.4.4 作物生产基地或商品基地的确定

确定作物种植适宜区后，结合历史生产状况和未来的生产目标，决定作物生产的集中产地，并在此基础上确定生产基地或商品生产基地。作物商品生产基地的条件是：

①有较大的生产规模，土地集中连片。

②生产技术条件好、生产水平高。

③在生态经济分区上属于最适宜区或适宜区。

④资源条件好，发展潜力大。

⑤作物产品的商品率高，能提供较多较好的农产品。

8.2.4.5 确定作物结构

一般要考虑以下几个方面：

①粮食作物、经济作物、饲料作物的比例。

②禾谷类作物和豆科作物的比例。

③主导作物和辅助作物的比例。需求量大、生态适应性好的作物为主导作物，需求量少、面积小的作物为辅助作物。主导作物是粮食和经济收入的主要来源，应安排较大的种植面积。但也不能忽视辅助作物如小杂粮、绿肥、饲料等作物的发展。

④春、夏、秋播作物的面积和比例。

8.2.4.6 确定作物的配置

把已确定的作物结构安排到具体的土地上即进行作物的配置。

8.2.4.7 可行性鉴定

围绕作物布局所涉及的方面进行全面分析，论证其科学性、可行性，并进行相应的调整和修改，最后确定作物布局方案，并组织实施。

作物布局设计是一项复杂、重要的工作，必须在定性分析的基础上进行定量研究，明确各种因素之间的定量关系，最后确定作物布局的具体内容。由于农业生产本身的复杂性和许多指标的不确定性，给作物布局的定量化研究带来了困难，限制了一些数学方法的运用和运用效果。目前，在作物布局定量研究中运用较多的单项研究方法，有生态适应性适宜度比较法、生物节奏与气候节奏平行分析法、限制因素法、地区间产量比较法、相关和回归分析法等，运用较多的综合研究方法有决策指数法、线性规划法等。线性规划用来确定作物布局优化结构，比较简单、易懂，所需参数容易获得，结果较实用，但由于所用参数往往不够精确等原因，优化结构与实际有一定差异，必须结合实际情况对结果进行核对修正，以增强实用性和可行性。

8.3 复种

8.3.1 复种的相关概念与实施意义

8.3.1.1 复种及其相关概念

（1）复种

复种是指在同一田地上同一年内接连种植两季或两季以上作物的种植方式。

复种方法有多种，可在上茬作物收获后，直接播种下茬作物；也可在上茬作物收获前，将下茬作物套种在其株、行间（套作）。此外，还可以用移栽、再生作物等方法实现复种。根据一年内在同一田地上种植作物的季数，把一年种植两季作物称为一年二熟，如冬小麦—夏玉米（符号"—"表示年内复种）；种植三季作物称为一年三熟，如绿肥（黑麦或油菜）—早稻—晚稻；两年内种植三季作物称为两年三熟，如冬小麦—夏玉米→春玉米（符号"→"表示年际间作物接茬播种）。

耕地复种程度的高低，通常用复种指数表示，即全年总播种面积占耕地面积的百分比。公式为：

$$耕地复种指数(\%) = 全年作物总播种面积 \div 耕地面积 \times 100 \tag{8-1}$$

式中，全年作物总播种面积包括绿肥、青饲料作物的播种面积在内。根据上式，也可计算粮田的复种指数以及某种类型耕地的复种指数等。国际上通用的种植指数其含义与复种指数相同。

（2）熟制

熟制是我国对耕地利用程度的另一种表示方法，它以年为单位表示种植季数。如一年一熟、一年二熟、一年三熟、两年三熟、五年四熟等都称为熟制，其中对播种面积大于耕地面积的熟制，统称为多熟制。

（3）多作种植

多作种植指在同一田块上同一年内同时或先后种植两种或两种以上作物。包括复种、套作（如小麦生长后期，在小麦行中间套种玉米，以"小麦/玉米"表示），也包括间作（如玉米行间种植大豆，以"玉米//大豆"表示）和混作（如小麦与豌豆混合播种，以"小麦×豌豆"表示）。多作种植既能以复种、套作种植方式实现年内多熟充分利用时间，又能以间作、混作种植方式在同一生长季节内种、收两种或两种以上的作物来集约利用空间。

8.3.1.2　实施复种的意义

①复种能提高光热资源利用率。我国许多地区作物生长季为 200 d 以上，甚至有些地区高达全年。通过提高复种指数，可延长周年内作物的光合作用时间，即提高了生长季的利用指数和热量资源，增加作物光合作用面积，从而提高光能、热量的利用率，最终提高单位面积上的作物产量和经济收益。

②复种能提高水资源利用率。我国降水的地带分布与季节分配与热量一致，具有雨热同季的特点。复种能充分利用湿润地区与半湿润地区的降水或灌溉水。依据不同作物的需水特性及其生态适应性，根据不同地区的具体情况，合理实施复种可以高效集约利用水资源。

③复种能提高耕地资源的集约利用程度。与一年一熟相比，复种增加了耕地的利用次数，使播种面积显著大于耕地面积，延长了耕地利用时间，周年内单位面积产量显著提高。复种是我国人多地少国情下提高粮食总产量的有效途径。复种还能提高对土壤肥力的利用强度。不同作物吸收土壤氮磷钾等养分的同时，增加了作物生物产量，遗留在田间的根茬量增多；所增加的作物茎秆通过牲畜过腹还田等形式直接或间接归还到土壤，有效提高土壤有机物质含量。

④复种能增加抵御自然灾害的能力。我国主要的作物产区地处大陆性季风气候区，旱涝等自然灾害频发且无规律地发生，全球气候变暖以及极端气候事件均呈增加趋势，给农业生产带来极大影响。复种通过增加种收次数和优势作物种类，能够增强农田系统的稳定性和连续性，提高农田抗御逆境和自然灾害的能力，提升和稳定农田的生产力，实现年内作物产量的稳定性，做到"一季遭灾害、全年不减收""上季遇灾下季补、早季损失晚季补"，从而实现"灾年不减产不减收"，最大程度地减小灾害损失。

⑤复种有利于发展作物多样化生产。通过复种能保证粮、经、果、饲、蔬、肥等作物的种植面积，能够合理进行不同类型作物的时空布局，提高有限耕地资源的生产力，协调不同类型作物相互争地的矛盾。通过复种有利于粮食作物、经济作物、油料作物、饲料作物、绿肥作物的全面发展，进而有利于实现农牧结合和促进畜牧业的发展。复种还可以增加全年农田绿色覆盖的时间，对丘陵山地、坡地农田具有很好的水土保持作用。绿肥作物作为填闲复种，对提升土壤肥力、恢复和改善农田生态环境具有很好的效果。

8.3.2　复种的条件

复种方式要与一定的自然、生产和技术条件相适应。影响复种的自然条件主要是热量和水分，生产条件主要是劳动力、机械、水利设施、肥料等，还需要现代农业生产技术提供保障。

8.3.2.1 热量条件

热量条件是决定一个地区能否复种或复种程度高低的首要条件。热量条件主要由积温、生长期和界限温度等指标来确定。

(1) 积温

积温是指作物整个生长期内某一界限以上日平均温度的总和。复种所要求的积温，不是各种作物本身所需积温的简单相加，而是在此基础上有所增减。例如，前茬作物收获后再复种后茬作物，则应加上接茬农耗期的积温；套作时则应减去前后两茬作物共处期间一种作物的积温。移栽条件下，则需减去作物移栽前的积温。在我国，若以≥10℃积温计算，一般情况下积温在2 500~3 600℃时，只能复种早熟青饲料作物或套作早熟作物；3 600~4 000℃时，可进行一年两熟，但要选择生育期短的早熟作物，或者采用套作、移栽等技术进行复种；4 000~5 000℃时，可进行多种作物的一年两熟；5 000~6 500℃时，可一年三熟；>6 500℃时，可一年三熟或一年四熟。若以≥0℃积温计算，黄淮海地区≥0℃积温与≥10℃积温相差300~600℃，平均相差500℃。

(2) 生长期

生长期是指某一地区在一年内适合作物生长的时间，一般以大于10℃的日数衡量。≥10℃的日数少于180 d，一般为一年一熟；180~250 d可实行一年两熟；250 d以上时可实行一年三熟。黄淮海地区，越冬作物主要是冬小麦，也可以用小麦收获到日平均气温15℃(喜温作物正常生长的下限温度)的终止日期来考虑复种。由于有些秋收作物的终止生长日期是初霜期，因而也有的以小麦收获到初霜(或最低气温-2℃)期间日数作为生长期。如果以小麦收获到日平均气温15℃的终止日期计，60~75 d时以冬小麦—糜子为宜，75~80 d时以冬小麦—早熟大豆或谷子为宜，85 d以上时方可种植冬小麦—早熟至中熟玉米。

(3) 界限温度

界限温度是指某些重要物候现象或农事活动开始、终止或转折点的温度数值，即作物各生育时期(包括播种、发芽、开花、灌浆、成熟等)的起点温度、生育关键时期的下限温度以及作物生长停止的温度。例如，冬季最低温-22~-20℃为冬小麦越冬的界限温度；对喜温作物，夏季的温度要满足其抽穗开花的需要，一般最热月平均温度18℃为喜温作物分布的下限。华北地区冬季最低温度平均为-22~-20℃，最热月平均温度为25~26℃，9月平均温度为20~22℃，小麦基本能安全越冬，喜温作物能正常生长。

8.3.2.2 水分条件

热量条件能满足复种的地区，还要看水分条件。水分条件是复种可行性的关键因素。最大复种指数与>0℃积温、多年平均降水量呈正相关关系，水热条件是限制复种指数提高的主要因素。影响复种的水分条件，主要有降水量、降水时间分布、地上地下水资源数量、蒸散量(田间耗水量)、农田水利建设等。

(1) 降水量

我国一些地区的热量条件可实行一年两熟，但降水量不一定能满足一年两熟的需求。例如，华北地区年均降水量600 mm，小麦—玉米一年两熟至少需水700 mm，高产的小麦—玉米一年两熟需水900 mm，所以进行复种时需有相应的灌水条件。年降水量>800 mm的地区，可以有较大面积的小麦—水稻一年两熟，实施稻—稻一年两熟或其他作物一年三熟时则要求降水量>1 000 mm。在有充足灌水条件下，熟制配置则不再受制于降水。

(2) 降水的时间分布

降水时间过于集中，造成旱季时间长，也影响复种。例如，云南、海南、广东、广西年降水量在1 200 mm以上，但因冬季干旱，冬闲田面积远大于长江流域。降水还影响温度。例如，杭州和成都地区，年平均温度及>10℃的积温均相等，年降水量杭州大于成都，但晚稻抽穗期的8~9月降水成都较杭州多，雨水多导致了成都秋季气温低，其双季晚稻的稳产性低于杭州，所以杭州是双季稻区，而成都基本上是水稻—小麦一年两熟。

降水的季节性分配不仅影响复种指数，还影响复种的作物组成。例如，黄淮海地区年降水量为500~800 mm，60%以上的降水量集中在7~8月，春季较少，秋季多干旱，年内降水分配不均。河北省平原区年均降水量500 mm，自然降水的季节性对春播作物一年一熟的保证率最高，主要是由于该类作物苗期较耐旱，生长发育中后期需水较多，恰与夏秋雨水充沛的降水特点吻合，所以旱地种植一般稳产性较好。自然降水对该地区两年三熟的保证率为30%，只能满足小麦需水量的30%，夏季作物易遭受涝害和秋旱，所以多数年份需要灌溉和少数年份排涝。该地区一年二熟的保证率低于20%，主要原因是缺水较多，再加上降水季节分配不均，稳产性较差，在无灌溉条件下，产量没有保证。因此，华北地区旱地应以一年一熟为主，少量搭配二年三熟；有一定灌溉条件但又缺乏保证的田地，以二年三熟或由抗旱夏播作物组成的一年二熟为主；只有在有保证的灌溉条件下，才可采用一年二熟。

(3) 灌溉条件

热量充足但降水不足、降水时间分配不均的地区，需要通过灌溉方式提高复种。干旱地区，没有灌溉条件，无法复种；半干旱、半湿润地区可以一年一熟，但降水不足、无灌溉条件下，需要全年休闲蓄水，为下季需水多的作物提供条件。因此，搞好农田水利等基本建设是扩大复种、提高产量的根本保证措施之一。

8.3.2.3 肥力条件

农田肥力条件是复种产量高低和效益好坏的决定因素。复种指数提高后，作物种类增多，产量增加，从土壤中带走的营养元素也相应提高，而自然归还率相对较低。因此，复种时，应注意营养元素的平衡和有机无机肥的配合，如施用有机肥和厩肥、秸秆还田、加大绿肥种植面积。

各地不同条件下，土壤养分含量的高低与复种程度之间并没有明显的相关性。但为了实现农田土壤可持续利用，使地力与肥料条件和复种程度相适应，保持产量稳定，保持或者提升地力，农业生产过程中应该分析并计算农田内养分投入与产出的收支平衡状况，判断当前的复种程度是否合理，明确是否需要调整复种指数或改变复种的作物种类和品种。生产实践表明，增施化肥提高复种指数的同时，应注重施用有机肥料，采用无机肥与有机肥相结合，将更有利于土壤肥力的提高和持久。

8.3.2.4 机械动力条件

复种条件下，农忙季节需要在短时间内保质保量地完成前茬作物收获、后茬作物播种以及田间管理等工作。复种农田田间作业程序多，时间紧，任务重，用工增加，对机械动力和效率要求较高。因此，充足的机械化条件是事关复种成败的一个重要因素。华北平原北部因小麦—玉米一年两熟热量资源紧张，普遍推行"双抢两晚"技术，即冬小麦成熟后抢时收获后抢种夏玉米，夏玉米为获得较高产量常采用适时晚收技术，导致冬小麦晚播种情况下必须抢时播种，这对机械化程度或作业效率提出了更高的要求。

8.3.2.5 经济效益

经济效益大小是复种稳定发展的决定性因素。一般需要采用相关经济指标对各种不同复种方式进行对比分析，或者拟订多个备选方案，从中选择最优方案。

提高复种经济效益的途径主要有 3 种：一是增加经营集约度，增加投入，提高产量，进而增加纯收入；二是在复种方式中引入经济作物、蔬菜等高价值作物；三是降低成本，在保证各茬作物满足需要的前提下节省投入。

因此，复种方式的选择与经济效益考量应做到因地制宜。一般生长期长的地方复种效果好，生长期短的地方复种效果差。我国由北向南、由西向东，随着热量、水分、生长期等的增加，复种效果越来越好。低地力、低水肥、低叶面积的地方，应以改善水肥条件，主攻叶面积，提高一季作物单产为主攻方向。高地力、高水肥、高叶面积，且作物生长期达到允许条件的地方，应主攻提高复种指数。人多耕地少、劳动力充裕、物质能量投入多的地方，适于复种，但应以增加经济收益为前提。地广人稀、耕作粗放的地方，不适于复种。灌溉农田的复种效果好。半干旱地区且无灌溉设施的地区不适宜复种。而降水量超过 700 mm 的半湿润地区，无灌溉措施条件下也可进行适当的复种。

8.3.3 复种模式和技术

复种是一种时间、空间、投入、技术高度集约型农业。作物生产方式由一熟种植转向多熟种植后，需要在季节、茬口、劳力、机械化、肥水、品种等方面进行协调。除加强农田基本建设、增加资金投入创造基础条件外，必须组装集成与之相适应的技术体系，才能发挥复种的产量潜力，实现季季高产、全年增收。农业技术方面需要注意各茬作物组合和品种搭配，加强田间管理，实现季节性自然资源的充分利用。

8.3.3.1 典型复种模式

(1) 两年三熟

这种复种模式主要分布在黄土高原东南部、山东省的东部丘陵和中南部山区，主要种植模式有：春玉米→冬小麦—大豆，冬小麦—大豆(绿豆、糜子、谷子)→冬小麦，春甘薯→小麦—芝麻(大豆、花生)，小麦→小麦—玉米等。

(2) 一年两熟

≥10℃积温在 3 500~4 500℃的暖温带是旱作一年两熟制的主要分布域，例如华北平原、汾渭谷地。≥10℃积温在 4 500~5 300℃的亚热带是稻麦两熟的主要分布区，并兼有部分双季稻，如江淮平原、西南地区。主要模式包括麦玉两熟、麦豆两熟、麦薯两熟、麦棉两熟、稻田两熟等。

麦玉两熟 麦玉两熟是一年两熟制中面积最大的复种模式，包括小麦—玉米、小麦/玉米。小麦—玉米主要分布于华北、长江中上游和西南等地，即小麦收获后复播玉米或者免耕直播玉米，适于机械化作业。小麦/玉米是华北平原北部等热量有限区普遍采用的一种复种方式，多采用田间带状种植形式，以利于农事操作；目前华北平原等地通过选用早熟玉米品种或机械铁茬直播方法，改变成了小麦—玉米模式。

麦豆两熟 主要分布在华北平原与江淮丘陵大豆产区，以麦后接茬复种大豆为主，适应热量条件稍差的气候,适于机械化作业。

麦薯两熟 山东、河南、河北、四川、广西、江苏部等旱地或丘陵坡地,盛行小麦—甘薯一年二熟。

麦棉两熟 麦棉两熟主要分布在黄淮和江淮棉区,小麦收后,70 cm 等行距育苗移栽复种棉花。

稻田两熟 主要以小麦—水稻、水稻—水稻、油菜—水稻、蚕豆—水稻、马铃薯—水稻、烤烟—水稻一年二熟为主,集中分布在江淮丘陵、西南地区、汉中盆地,气候风险较小,单季稻增产潜力大,适于机械化作业。

(3) 一年三熟

旱地三熟 湖南西北、四川丘陵等南方丘陵旱地降雨较多地区,实行以小麦—玉米—甘薯、小麦—玉米—大豆为主的一年三熟制。

稻田三熟 以双季稻为基础的一年三熟,主要分布于中亚热带以南湿润气候区,包括冬作与双季稻三熟、两旱一水三熟和热三熟等模式:

①冬作与双季稻三熟制。冬作与双季稻三熟制包括小麦—水稻—水稻、油菜—水稻—水稻、绿肥(紫云英、黑麦草)—水稻—水稻、芥菜—水稻—水稻、马铃薯—水稻—水稻、甜玉米—水稻—水稻、蚕豆—水稻—水稻等模式,主要分布于长江中下游和华南各地。在≥10℃积温为 5 000~5 500℃、5 500~6 500℃和 6 000~7 000℃地区,双季稻应分别选用早中熟、中晚熟和晚熟品种,分别发展早三熟、中三熟和晚三熟。

②两旱一水三熟。长江中下游水源有限和种植业结构调整地区常采用两旱一水三熟。例如,小麦/玉米—水稻、油菜—玉米—晚稻、蔬菜—水稻—蔬菜、蔬菜—春玉米(蔬菜)/棉花、小麦—大豆(花生)—水稻、小麦—早稻—泥豆、小麦—水稻—花生等。华南地区常采用春烟—水稻—蔬菜、春玉米—晚稻—蔬菜、春花生—晚稻—马铃薯等。

③热三熟制。≥10℃积温为 7 000℃以上地区,可发展水稻—水稻—水稻、甘薯—花生—水稻、花生—水稻—水稻等喜温作物一年三熟。

8.3.3.2 复种技术

(1) 作物组合技术

确定熟制后,选择适宜的作物组合,有利于解决复种与所需热量和水肥条件之间的矛盾,提高作物的生态适应性,做到趋利避害。主要的作物组合技术有以下 5 种:

①充分利用休闲季节增种一季作物。华北、西北以小麦为主的地区,小麦收获后有 70~100 d 的夏闲季节,可种植夏播作物。夏闲期在 65~75 d 可复种荞麦、糜子、早熟大豆、谷子;85d 以上可复种早熟玉米;105 d 以上可复种中熟玉米。南方可利用冬闲田种植小麦、大麦、油菜、蚕豆、豌豆、马铃薯、冬季绿肥等作物。

②用短生育期作物替代长生育期作物。甘肃、宁夏等西北灌区的油料作物胡白(油用亚麻)生育期长达 120 d,与作物复种产量不高,改种生育期短的小油菜与小麦、谷子、糜子、马铃薯等作物复种,可获得较好的效益。长江中下游小麦—水稻—水稻一年三熟制生长季节较为紧张的地区,用生育期较短的大麦、元麦代替生育期较长的小麦,可有效解决复种与生长季节紧张的矛盾。

③利用间隙生长期进行填闲种植。所谓间隙生长期,是指在大田作物生产中,不足以生长一季粮经作物,但田间空闲时间又较长,一般在 2 个月左右。填闲种植是指利用间隙

生长期种植有一定收获量且有一定价值的短生长期蔬菜、绿肥、饲料等作物。利用短暂的田间空闲时间种植的这些短生长期作物称为填闲作物。例如，在四川盆地稻麦两熟制条件下，水稻收获至小麦播种之间有两个月左右的时间，增种一季萝卜、白菜、莴苣等蔬菜或紫云英饲草，可以取得较好的经济效益。

④发展再生作物。再生作物是在头季作物收获后，利用其茎秆上的休眠芽萌发生长而成的新植株，经过田间管理再进行一次收获的一种生产方式，常见的有再生稻和再生高粱等。这种生产方式不需要重新整地和播种，生产成本低，而且再生芽已在母体（头季茎秆）上发育，头季收获后的再生生育期较短，有利于提高复种指数。例如，四川、重庆的再生稻一般生育期只有 60 d 左右，生育期比插秧稻缩短 1/2 以上，生长过程中只需要施用促芽肥，促壮苗，可获得 3 000~4 500 kg/hm² 的产量，而且再生稻因灌浆期温度较低，品质更优，经济效益更好。

⑤提高抗逆能力的作物组合。水肥条件较差的两年三熟种植方式，选用耐旱耐瘠的春甘薯→小麦—夏花生等作物组合，比采用喜水肥多的春玉米→小麦—早稻作物组合投资少，产量稳定，经济效益高。低洼易涝地区，为适应夏季降水集中的气候特点，采用小麦和喜水耐涝的水稻或高粱复种组合，比小麦—玉米复种组合高产稳产。南方地区，可以通过改变复种方式和作物组合避开自然灾害。例如，四川 7 月下旬到 8 月中旬一般年份伏旱严重，小麦收获后复种夏玉米因常遇到"卡脖旱"，导致玉米产量低且不稳定；通过改玉米复种为套作，在 3 月中下旬将玉米套种入麦田，7 月上旬收获，既可充分利用 5~6 月的光热资源，又可避开"卡脖旱"；麦收后，移栽套种甘薯，因甘薯抗旱性强，伏旱时虽然受到一定影响，伏旱后仍可继续良好生长。这种小麦/玉米/甘薯多熟种植在大面积上产量可超过 7 500 kg/hm²，小面积可超过 11 250 kg/hm²。

(2) 品种搭配技术

作物组合确定后，为进一步缓解复种与热量条件之间的矛盾，选择适宜的作物品种，是实现复种的重要技术措施。一般来说，生育期长的品种比生育期短的品种增产潜力大。但在复种情况下，不能仅考虑一季作物的高产，必须着眼全年高产、全面增产，使前季作物与后季作物的生长期彼此协调。在生长季节充裕的地区应选用生育期长的品种，生长季节紧张的地方应选用早熟高产品种。华北平原北部地处一年两熟的北缘，基本上种植秋播作物小麦和夏播作物玉米，要获得周年产量最高，其中的关键是根据生长季节选择生育期较短的高产优质玉米品种。实践证明，河北省选择中早熟夏玉米品种比生长期超过季节允许范围的品种产量要高。

品种组合还可起到避灾减灾的作用。例如，四川和贵州东部夏季伏旱严重，水稻品种应以中早熟为主，以便避开伏旱；云南春旱严重，水稻应选择耐迟栽品种；沿海地区风力较大，为避免水稻倒伏宜选择矮秆品种。

(3) 抢时争时技术

确定作物组合、品种选配后，为进一步缓解复种与热量条件紧张之间的矛盾，抢时争时，是实现生长季节充分利用的重要技术措施。

①改直播为育苗移栽，缩短本田生长期。机械化程度高、水利条件较好的地区，采用育苗移栽可缩短本田生长期。移栽主要用于水稻、甘薯、烟草、棉花、蔬菜等作物。例如，中稻秧田期一般为 30~40 d，双季稻秧田期长达 75~90 d。长江下游 ≥10℃ 积温为

5 600℃，大麦、元麦同双季稻组成的一年三熟制现行品种需积温 5 500℃，加上农耗期，总积温不能满足一年三熟，但早稻和晚稻育秧能争取 650℃和 1 200℃的积温，弥补了本田生长期积温的不足。为缩短育苗移栽返苗期，生产上广泛应用营养钵、营养袋、营养块等育苗移栽技术，例如，河北省坝上甘蓝、西兰花生产通过温室穴盘育苗和机械化田间移栽，在无霜期 110 d 条件下实现了一年两熟，头茬避免了种子直播出苗后的春化抽薹问题，每茬争取农时 25~30 d，头茬早收获、早上市；后茬收获延后与其他地区蔬菜错期上市，实现了经济效益翻番。

②套作技术的运用。套作是解决前后茬作物争季节矛盾的一种有效方法，普遍采用此技术的是越冬作物行间套作各种粮食作物、经济作物和蔬菜，或水稻套作绿肥或其他粮食作物等。例如，麦田套作玉米、棉花、花生、烤烟；中稻、晚稻田套作绿肥；早稻田套作大豆、黄麻等。

③促进早发早熟技术。促早发是让作物幼苗生长时期有较好的水分、养分、光照等条件，促使作物早出苗、早发育。早发是早熟的基础。具体做法是：前作及时收获，后茬作物及时播种，缩短农耗期。例如，黄淮海地区冬小麦及时收获后免耕直接播种夏播作物。采用促进早熟技术，也有助于解决复种中争季节的矛盾。例如，棉花、烤烟施用乙烯利有促进成熟的作用。另外，重视施用基肥，避免后期重施化肥等，也是促进早发早熟、防止贪青晚熟的技术措施。

④作物晚播技术。部分茬口衔接紧张的地区，有的作物采用晚播实现复种。例如，华北平原北部小麦—玉米采用的"双抢两晚"技术，玉米晚收后小麦晚播；长江中下游地区麦收后棉花种植多采用晚播技术。晚播作物可适当加大播种量，增加其密度等措施保障产量。例如，晚播小麦可提高其种植密度，改进播种方法，并在返青后加强水肥管理促其早发；晚播棉花可采用高密度、低打顶等技术，实现晚播不减产。

⑤地膜覆盖技术。采用地膜覆盖可提高地温，保持土壤湿度，有利于作物早发早熟。华北地区，地膜覆盖有利于实现瓜菜和鲜食玉米、饲草的一年三熟。

8.4　间混套作

间混套作是间作、混作和套作的总称，是精耕细作集约种植的一种传统农业种植方式，是我国农业文明的重要组成部分。间混套作是时间上和空间上集约种植、实现作物高产高效的重要技术。它既是我国耕作制度改革的中心，也是我国农作制度的重要内容和特色；既是促进农作物高产、优质、高效、持续增产的重要技术措施，也是我国粮食安全的重要保证，已成为我国合理利用农业资源、实现农业可持续发展的重要保障。

8.4.1　间混套作的有关概念及生产意义

8.4.1.1　间混套作的有关概念

间作、混作、套作是区别于单作的种植方式。

（1）单作

单作是指在同一块田地上种植一种作物的种植方式，也称纯种、清种、净种或平作。例如，大面积种植的小麦、玉米、水稻、大豆等作物。这种种植方式的作物单一，群体结构单一，全田作物对环境条件要求一致，生育进程一致，耕作栽培技术一致。单作便于田间统一种植、管理与机械化作业，是目前机械化、规模化生产的主要方式。单作条件下，作物生长发育过程中个体之间只存在种内关系。

(2) 间作

间作是指在同一块田地上于同一生长期内，分行或分带相间种植两种或两种以上作物的种植方式，通常用"//"表示。例如，玉米间作大豆记为"玉米//大豆"。所谓分带是指间作作物成多行或占一定幅度的相间种植，形成带状，构成带状间作，如四行棉花间作两行甘薯，两行玉米间作四行大豆等。间作为成行或成带种植，应实行分别管理。

分行相间种植称为条状间作或直行间作；分带相间种植称为带状间作，即各间作作物分别各由多行组成一带相间种植。带状间作比条状间作管理更方便，更易于机械操作和提高劳动生产率。

随着种植业结构的调整，农作物与多年生木本植物相间种植的面积越来越大，木本植物包括林木、果树、桑树、茶树等，农作物包括粮食、经济、园艺、饲料、绿肥作物等。例如，苹果数行间间作大豆、蔬菜等。采用以农作物为主间作林果的间作方式称为农林间作，以林果业为主间作农作物的称为林农间作。

间作与单作不同，间作是不同作物(植物)在田间构成的人工复合群体，个体之间既有种内关系又有种间关系。间作是集约利用空间的种植方式。

(3) 混作

混作是指在同一块田地上，同期混合种植两种或两种以上作物的种植方式，也称混种，通常用"×"表示。例如，燕麦与豌豆混作记作"燕麦×豌豆"。混作与间作都是于同一生长期内，由两种或两种以上作物在田间构成复合群体，是集约利用空间的种植方式，也不增加复种面积。但不同点是，间作的作物在田间分布规则有序度高；而混作在田间一般是无规则分布，可同时撒播，也可在同行内混合、间隔播种，或一种作物成行种植而另一种作物撒播于其行内或行间。混作不便于作物的分别管理，并且要求混种的作物生态适应性和生育进程较为一致。

(4) 套作

套作是指在前季作物生长后期的株行间，播种或移栽后季作物的种植方式，也称套种、串种，通常用"/"表示。例如，小麦生长后期，每隔一定行数小麦播种一行玉米，记为"小麦/玉米"。套作与间作都有共生期(共处期)，即两种或以上作物共同生长在一起的时期，其不同点是，套作的共生期较短，共生期一般不超过其全生育期的一半，而间作的共生期长，共生期超过其全生育期的一半。间作属于同一个生长季节内的关系，是一种集约利用空间的种植方式；而套作主要属于前后作之间的关系，它不仅能阶段性地充分利用空间，更能延长后季作物对生长季节的利用，是一种复种的形式，有利于提高复种指数和年总产量。

(5) 立体种植

狭义的立体种植是指在同一块农田上同时种植两种或两种以上的作物(包括木本植物)，从平面、时间上多层次地利用空间以提高生产能力的种植方式。立体种植具有多物种、多层次立体利用资源种植的特点，因此狭义的立体种植是间作、混作、套作与现代化技术相结合的总称。广义的立体种植还包括山地、丘陵、河谷地带的不同作物沿垂直高度形成的分梯度分层次的立体种植组合。例如,半湿润地区低山丘陵常见的山顶种树(林)、山腰种果(草)、山脚种粮(菜)的种植模式。

8.4.1.2 间混套作的生产意义

间混套作可提高资源利用效率,防除病虫草害,增加农业生产系统的生产力和稳定性,满足农产品需求的多样化,是促进农作物高产、高效、持续增产的重要技术措施。

①有利于提升产量,提高资源利用效率。合理地间混套作比单作显著地增加作物产量,提高土地生产力。单作情况下,时间和土地没有充分利用,太阳能、土壤中的水分和养分存在一定数量的浪费,而间混套作构成的复合群体在一定程度上弥补了单作的不足,能较充分地利用光温水肥等资源要素,转化为更多的农产品产量。我国20世纪八九十年代涌现出的"吨粮田(每亩周年产量1 000 kg以上)""双千田(两季作物每季500 kg以上)",大多数采用了间混套作技术,在较短的时间内为解决我国温饱问题作出了巨大贡献。

一般采用土地当量比(land equivalent ratio, LER)来反映间混套作对土地的利用程度。土地当量比是指为获得与间混套作中各个作物同等的产量(产值),所需该种植方式中各作物单作面积之和,也是间混套作中各组分产量与对应单作产量之比的总和,其计算公式为:

$$LER = \sum_{i=1}^{n} \frac{y_i}{y_{ii}} \tag{8-2}$$

式中,y_i为单位面积内间混套作中第i个作物的实际产量(产值);y_{ii}为单位面积上第i个作物单作时的产量(产值)。

例如,在西南旱地小麦/玉米/大豆模式中,小麦、玉米和大豆产量分别为4 500 kg/hm², 7 000 kg/hm²和1 500 kg/hm²,单作产量分别为6 000 kg/hm²、7 500 kg/hm²和2 500 kg/hm²,则有

$$土地当量比(LER) = \frac{套作小麦产量}{单作小麦产量} + \frac{套作玉米产量}{单作玉米产量} + \frac{套作大豆产量}{单作大豆产量}$$
$$= 4\ 500/6\ 000 + 7\ 000/7\ 500 + 1\ 500/2\ 500$$
$$= 0.75 + 0.93 + 0.6$$
$$= 2.28$$

土地当量比>1时,表示间混套作有利,且土地当量比值越大增产效益越大;土地当量比等于或小于1时,表示间混套作无产量优势。

②有利于农业稳产保收。合理的间混套作增加了田间作物群体的生物多样性,利用不同作物生态适应性差异、资源利用的时空补偿机制,以及对自然灾害的抵抗能力差异,可增强农田生态系统生产力的稳定性、抵抗异常自然灾害的抗性和农产品的市场适应性。例如,甘肃黄土高原区采用的芸芥、油菜混作,利用芸芥耐旱而油菜喜湿的特点,在干旱和丰水年份都能够实现稳产。间混套作还可改变田间环境,发挥天敌对作物虫草害的控制作用,通过化感作用减轻作物病害和草害的发生,还可以通过时间、空间差异改变原有病虫草害的发生环境,使大量杂草在结籽前消亡,害虫在幼龄期死亡,从而减少化学农药的使用,减轻环境污染,促进作物的稳产保收、改善农产品质量。

③有利于保护土壤和培肥地力,促进农田物质循环。不同种植方式下地面覆盖率差异较大,间作能明显地提高地表覆盖率,减少雨水对地表的冲刷,从而降低土壤侵蚀,起到

水土保持的作用。间混套作在一定条件下还具有培肥地力、促进农田物质循环的作用。例如，豆科作物与非豆科作物间套作，一方面增加产量，另一方面培肥地力，保证后茬作物有较好的土壤肥力基础。华北地区采用小麦、玉米、甘薯间套作模式，比小麦和玉米复种一年两熟的年生物产量高，归还给土壤的有机物质数量也相应提高，这对提高农田有机质积累、促进碳素循环具有积极意义。

④有利于协调作物争地矛盾，促进多种经营。在有限耕地上科学安排间混套作，可在一定程度上调节粮食作物与油、烟、菜、瓜、饲料等作物的争地矛盾，有利于多种作物全面发展和种植业结构优化。特别是在人均耕地少的地区，作物多样化往往依赖于间混套作。间混套作能满足对农产品的多样化需求，对优化种植业结构具有重要作用。例如，将蔬菜等作物引入各茬粮食作物中进行间套作，不仅保证了粮食产量的持续稳定增长，而且解决了粮菜争地矛盾，丰富了蔬菜市场供应。粮食作物和豆科饲料作物间混套作，对建立饲料基地、提高饲料品质、发展畜牧业具有重要意义。

8.4.1.3　间混套作实践中存在的问题

生产实践中，间混套作也存在一些问题和不足，主要是增加了农事操作与田间管理上的复杂性和田间作业的难度，比较费工费时。间混套作条件下，田间同时存在多种作物，不同作物的形态特征不同，对环境条件的要求也有差异，其生长发育进程也不一致，因此采取的栽培管理措施可能不尽相同，导致田间操作不方便，增加了机械化作业难度。

8.4.2　间混套作的效益原理

间混套作是人为作用下，在田间形成一个由多种栽培植物组成的群落或复合群体。在这个复合群体内，各个体之间以及个体与环境之间存在着一定的相互关系，使得整个群体具有特定的外观、结构和功能。田间管理的目的是协调好群体内各个体之间及其与环境条件之间的关系，使整个群体生产出更多的优质产品。栽培植物群体内各个体之间的关系可概括为竞争和互补。竞争是指各物种个体之间争夺资源要素的现象，间混套作复合群体内同时存在种内和种间竞争。竞争的结果是相互制约，从而影响各自的生长发育，因此竞争是一种负相互作用。互补是几种植物互为补充利用环境中的光、热、水、肥、气等资源要素的现象，包括不同抗逆性的植物互为补充，抗御旱、涝、风等自然灾害。互补是正相互作用。自然生态系统中各种物种能够协调共生在一起，就是它们各自占据不同的生态位而存在着互补关系。间混套作是模仿自然群落，在耕地上人为组合的复合群体，其主要目的是充分利用作物之间的互补效应，缓解群体内的竞争，从而提高群体生产力。

8.4.2.1　间混套作增产增效的生态位理论

生态位是指生物在完成其正常生活周期所表现的对环境综合适应的特征，也是一个物种所处的环境以及其本身生活习性的总称，包括空间生态位、营养生态位和时间生态位。间混套作下作物在复合群体中所占据的空间位置、营养级别和生长季节不同，即存在着生态位差异。作物构成的复合群体，具有空间上的成层性分布和时间上的变化性分布特征，使得不同作物能够分层利用不同空间层次和强度的光、温、水、肥、气，同时不同作物占据不同的生长季节，表现在时间上的变化分布，通过延长复合群体对生长季节的利用，促进资源高效利用。根据生态位原理，人工选择适宜的作物种类，组配成具有空间成层分布和时间上有变化的田间群体结构，并运用合理的管理技术，发挥作物间的互补作用、削弱竞争关系，充分利用自然环境资源和社会资源，显著提高单位土地面积的产量和效益，这就是间混套作能够增产增效的原因所在。

8.4.2.2 空间上的互补与竞争

间混套作复合群体在空间上的互补和竞争，主要表现在光和二氧化碳等方面。在间混套作的复合群体中，将高矮、株形、叶型、需光特性、最大叶面积指数出现时间、生育期等差异较大的作物合理搭配在一起，以适应资源空间分配的不均匀性，提高全田种植总密度，充分利用空间。生产实践表明，复合群体在作物苗期能扩大全田的光合面积，提高光截获量；在生长旺盛期可增加叶片层次，减少光饱和浪费；在生长后期还延长了全田绿叶期，增加了光合时间。风速与作物群体内二氧化碳的流通量成正比，对光合作用影响很大。采用高位、低位作物间套作，低位作物生长带具有高位作物通风透光廊道的作用，有利于减少群体内部通风阻力，促进复合群体内空气的流通和二氧化碳的交流，从而提高复合群体的光合作用。空间上的互补作用是间混套作增产的关键所在。

间混套作复合群体在空间上的竞争主要是光的竞争。间混套作时，冠层较高的作物截光面积大，使低位作物因遮阴而光照变劣，导致低位作物受光叶面积缩小、受光时间缩短，光合作用效率降低，生长发育不良，可能导致生物产量与经济产量下降。间套作时，为了提高单位面积两种作物的总产量，必须从有利于缓和两种作物的光竞争、提高全田的光照度着眼，要求两种作物具有适当的高度差，以在太阳高度角较大时增加受光面积。若高度差过小，易出现单一群体的弊端，即生长前期漏光多，旺盛生长期光竞争激烈；高度差过大时，低位作物受遮阴过大，茎叶徒长或无法生长。

8.4.2.3 时间上的互补与竞争

间套作复合群体通过延长光合时间而产生增产增值的效果，即时间上的互补效应。各种作物的时间生态位不同，都有一定的生育期，单作农田只有前茬作物收获后，才能种植后茬作物。间套作可将不同生育期的作物在不同季节进行合理搭配，在一年一熟有余、一年多熟不足的地区，解决前后茬作物争季节的矛盾，充分利用一年之中的不同季节，实现一年多熟。若前茬作物生长期过长，会通过延长共处期或延迟套作时间从而降低后茬作物产量。生育期相近的作物间作时，不同作物之间的种间竞争大于生育期有差别的作物之间的竞争。因此，生产上应将生育期长短不同的作物进行间作，减轻种间竞争，提高单位面积总产量。

8.4.2.4 水肥的互补和竞争

利用不同作物在根系分布范围和肥水特性上的差异即营养生态位的异质性，合理组配作物，可以均衡利用地力，提高作物产量。单作条件下田间只有一种作物的不同植株，这些植株的根系入土深浅和分布范围一致，肥水的需求特性及吸收肥水的土壤层次和范围相同，植株根系相互靠近时，对肥水的竞争作用比较突出。间混套作条件下不同作物的根系有深有浅，有疏有密，尤其是密集分布的范围也不尽相同，如棉花、高粱、玉米的根系较深，水稻、谷子、甘薯、花生根系较浅。不同作物肥水需求特性也有差异，从土壤中吸收养料的种类和数量各不相同。将营养生态位具有差异的作物合理组配在一起，可以互为补充而全面均衡地利用土壤中的养分和水分，充分发挥土地生产潜力。当前西南丘陵山区常见的玉米与大豆条带间作，玉米功能根群主要分布在 40~55 cm 土层，而大豆功能根群主要在 30 cm 土层以内，二者间作能够合理利用不同土层的水分和养分，充分发挥营养异质效应。玉米//甘薯、小麦×豌豆等也都能在养分吸收方面发挥互补作用。但一些需水需肥多的作物间混套作时，如玉米与高粱间作，就会激烈争夺土壤养分和水分，难以达到增产的效果。

8.4.2.5 物种间的互补与竞争

(1) 边行效应

边行效应是指作物的边行植株生长发育较中间的好或差的现象，包括边行优势和边行劣势。边行植株生长发育较中间植株好、产量高的现象称为边行优势或正边际效应，反之则为边行劣势或负边际效应。边际效应在农业生产中是一种普遍现象，单作的田边地角可见明显的边行优势。间混套作中尤其是高秆与矮秆作物间混套作时，靠近矮秆作物的高秆作物植株常表现为边行优势，而靠近高秆作物的矮秆作物植株常表现为边行劣势。上位的高秆作物边行优势一般因为通风透光条件好、根系吸收范围大，而带来生长发育状况及产量较高的边际优势。但下位的矮秆作物因受到上位高秆作物的影响而表现为边际劣势。因此，生产上应采取正确的技术措施，充分发挥边际优势、减轻边际劣势，保证全面增产增收。

(2) 补偿效应

合理的间混套作可以减轻作物的病虫草害，提高整个群体抵抗自然灾害的能力，这种作用称为补偿效应或抗灾作用。间混套作的群体结构发生变化，通风透光状况、温度、湿度等群体生态条件发生改变，从而影响病原菌、害虫及其天敌的生活、繁殖与传播，以及病虫的寄主资源密集度，抑制了生态可塑性小的病虫害的发生发展。复合群体的作物组分可对害虫造成视觉、嗅觉干扰，使其难以发现寄主，只能在非适合的作物上短时间生长发育，降低了其生存和免疫能力。同时作物多样性增加，天敌增多，也可减轻病虫害。例如麦棉套作，瓢虫和食蚜蝇可减轻棉蚜的危害。

间混套作可以抑制杂草生长。例如，多年生牧草在第一年生长缓慢，田间杂草对其影响较大；若牧草与麦类作物混播，可借助麦类作物的快速生长抑制杂草，保证多年生牧草的正常生长。

间混套作具有较高的抵抗自然灾害的能力。将生物学特性，例如抗旱、耐涝、耐冻、抗风能力，有一定差异的作物组合在同一群体内，可通过作物间的补偿效应提高群体整体抗灾能力。调整套作作物播种期也可避免或减轻自然灾害。

但不合理的间混套作也会加重某些病虫害的发生。间混套作过密，减弱植株间的光照度，增加湿度，给病虫害发生创造了条件。当间混套作的作物有共同的病虫害时，也有利于一些病虫害发生。例如，玉米与谷子间作时，粟秆蝇危害加重；玉米与棉花间作时，红蜘蛛寄生部位升高，借风力传播加快；小麦与棉花连续套作，可促使灰飞虱寄生，引起小麦丛矮病严重发生甚至导致小麦绝收。

(3) 化感效应

间混套作的化感效应是指间混套作作物间通过化感作用而产生的增产增值效应。间混套作时，将具有正效应的作物组合在同一群体中，也可通过作物与病虫草之间的负效应，减轻病虫草对目标作物的危害。例如，马铃薯和菜豆间作、小麦和豌豆间作可互相刺激生长；大蒜和棉花套作时，大蒜分泌的大蒜素可减轻田间病虫害。

8.4.3 间混套作的关键技术

间混套作技术的选择应以强化互补、弱化竞争为基本要求,选择搭配合适的作物类型和品种,配置好田间结构,协调群体矛盾,是间混套作技术的主要内容。

8.4.3.1 作物与品种选配

根据作物的形态特征和生长发育特性,选择适宜的作物和品种搭配,是缓和作物间竞争、充分实现互补的基础。合理的间混套作群体应该达到"双向分层次利用空间,延续不间断利用时间,均衡互补吸收养分,趋利避害,各取所需"的目的。将生态适应性具有适度差异的作物组合为复合群体时,应互补性强、竞争小,可总结为"六对一",即:一高一矮、一松一紧、一尖一圆、一深一浅、一长一短、一早一晚。作物与品种选配应遵循的原则是:

①生态适应性的选配。作物的生态适应性是作物对外界环境条件的适应能力。首先,要求间混套作的作物对环境条件的适应性在共生期内大体相同,否则它们就不可能生长在一起。例如,喜凉的甜菜与喜温的甘蔗不能生长在一起。其次间混套作作物的生态适应性应有一定差异,生态适应性相同的作物虽然能生长在一起,但竞争激烈,二者彼此制约,产量也要降低。例如,小麦与豌豆对于氮肥,玉米与甘薯对于磷、钾肥,棉花与生姜对于光照,在需要的程度上不尽相同,它们种植在一起能趋利避害,各取所需,充分利用生态条件。

②株形方面坚持高矮松紧搭配原则。要求作物种类不同,株形差别大。禾谷类作物株型多紧凑,叶片上倾,与茎秆夹角较小,便于密植和优化群体受光结构;而马铃薯、豆类、其他蔬菜以及各种果树,大多株形松散。田间配置复合群体时,应尽量将紧凑型较高的作物和松散型矮秆作物组合在一起,做到高矮松紧搭配,可发挥作物冠层的光互补效应。

③作物生育期方面坚持早晚搭配原则。为弱化作物共处期的矛盾,间套作时应避免将两种生育期相近的作物组合在同一群体内,也可通过调整播种时间调节共处期。同时考虑田间配置方式、前茬作物长势、作物种类等。带幅宽的种植方式可提早间套作,带幅窄的可晚间套作;前茬作物长势好的可晚间套作,长势差的可早间套作;较耐阴作物可早间套作,喜光作物宜晚间套作。

④作物根系方面坚持深浅搭配原则。为全方位利用土壤水分和养分,应选择根系下扎深度不同的作物组合。一般直根系作物根系下扎较深,而须根系作物、各种蔬菜的根系横向发展特征明显;生育期短的作物根系分布较浅,生育期长的作物根系分布较深。除充分利用生物本身的特征外,还可利用栽培、管理措施调节各种作物的根系深度,减轻作物间的水肥竞争。

⑤光热资源适应性方面坚持喜光和耐阴作物搭配原则。水稻、玉米、棉花、小麦、谷子等都是喜光作物,光饱和点和光合强度较高。而大豆、马铃薯、豌豆、生姜、荞麦以及蔬菜类作物较耐阴。构建复合群体时,应将喜光类作物设计为上位作物,耐阴作物设计为下位作物,做到阴阳搭配,提高光能利用效率。

⑥水肥适应性方面坚持适度差异原则。作物对水分最大需求时期的错位有利于发挥互补作用,而喜水和抗旱作物的组合对水分资源具有更广的适应性。但是水分适应性差异过

大的作物不宜组合在一起,如芝麻、甘薯等怕淹忌涝型作物不能组合在同一群体内。养分适应性方面,对养分需求种类和时期不同是形成互补的基本要求,如耗氮富碳类禾本科作物和富氮类豆科作物间易形成互补。

⑦化感作用方面选择互利而无害的作物搭配。不同作物根系分泌物间的作用有三种表现:相互起促进或抑制作用、单方面起促进或抑制作用、作用不明显或不发生作用。作物搭配时,应选择具有相互促进作用或对一方有促进而对另一方无害的作物进行组合。

⑧间混套作作物选择应考虑增产,还需衡量其经济效益。只有经济效益较高的模式才能在生产上大面积推广应用。如果作物组合的经济效益较低,甚至不如单作,其面积必然会缩小,最终被其他模式所替代。

8.4.3.2 复合群体田间结构的配置

间混套作复合群体中,不同作物的组合比例、空间分布及其相互关系,构成作物的田间结构。作物的田间结构分为垂直结构和水平结构。垂直结构是群体在田间的垂直分布,是植物群落的成层现象在田间的表现,层次的多少由作物种类决定。一般间混套作的作物种类不多,因而垂直结构比较简单。水平结构是作物群体在田间的横向排列,由于作物靠根固定于土壤中,并吸收一定范围内的水分和养分,所以水平结构就显得非常复杂和尤其重要,对于作物的生长发育和产量形成具有重要的意义。鉴于垂直结构比较简单,在选择作物品种时就基本确定。因此此处重点分析间混套作水平结构的组成。作物密度、顺序、带宽、幅宽、行数、间距、行距和株距,构成作物的水平结构(图 8-1)。这些参数之间协调配合就能够充分利用自然资源和社会资源,促进作物生长发育,提高产量;但配合失调,反而会加剧竞争,激化作物之间的矛盾。

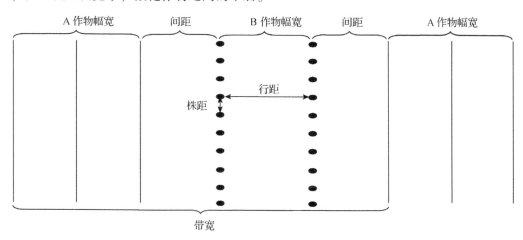

图 8-1 作物间套作种植田间水平结构示意

①密度。提高种植密度,增加叶面积指数和照光叶面积是间混套作增产的原因之一。确定密度的原则是,不减少或少减少主作物密度,或复合群体中某种作物密度比单作时减少,但总密度高于任何一个作物的单作,通过这种作物的增产对另一种作物密度减小的补偿而有余,实现整体增产。

②幅宽、行数和行株距。幅宽是指间套作作物两边行相距的宽度。幅宽关系到各作物的面积和产量,幅宽过窄,可能对生长旺盛的高秆作物有利,却对不耐阴的低秆作物不

利；幅宽过大，高秆作物增产不一定明显。幅宽取决于行数的多少和行距的大小，行数通常用行比来表示，即各作物行数的实际数相比。例如2行玉米间作2行大豆，其行比为2∶2；6行小麦与2行棉花套作，其行比为6∶2。在确定行数时，一般高秆作物不可多于边际效应所影响行数的2倍，矮秆作物的行数不可少于边际效应所影响行数的2倍，以充分发挥高秆作物的边行优势，减少矮秆作物的边行劣势。生产上根据具体情况确定行数，还要考虑机械化生产的需要。行株距大小决定了各作物密度的大小，通常以单作为基础，高秆作物可比单作适当小些，矮秆作物可比单作适当大些，以充分利用光热条件。

③间距。间距是相邻两作物边行的距离。间距过大会影响作物行数，浪费土地；间距过小则加剧作物间资源竞争的矛盾。生产上，以充分利用土地和不影响作物生长发育为原则，按照"挤中间，空两边"的思路调整间距和行距，即同一作物内的行距适当减小，尽量加大间距，减少两作物间的竞争。

④带宽。带宽是间混套作的各种作物顺序种植一遍所占地面的宽度，包括各个作物的幅宽和间距。一方面，幅宽、间距、行数和行距都是在带宽内进行调整；另一方面，它又将田块划分成若干条带，是间混套作的最基本单元。带宽过窄时，间作作物互相影响，特别对矮秆作物的产量影响较大，且不便于田间机械化作业；带宽过宽时，减少了边行效应，高秆作物增产效果不明显。机械化生产条件下，合理的带宽和田间配置显得尤为重要。

8.4.3.3　田间管理技术

田间管理是进一步缓和作物间竞争，实现互补的有力保障。根据间混套作的效应原理，要发挥复合群体的互补优势，必须实现时间、空间、营养等方面生态位分离与互补。间混套作常用的技术措施主要是：

①适时播种，保证全苗。作物的播种期不仅影响该种作物的产量和品质，而且影响间混套作的所有作物，尤其影响后作的产量。在适宜播种期范围内，间作时，矮位作物适当早播、高位作物适当晚播，主作适当早播、副作适当晚播，以平衡两种作物的生长；套作时，前作适当早播早收，后作适当晚播，以缩短共生期，减少共生矛盾；混作时，应尽可能保证同时收获。秋播作物播种期受到前茬作物晚收的影响时，应采取促进早熟措施，加强冬前管理，保全苗促壮苗。春播作物一般在冬闲地上播种，应提高播种质量；也可采用育苗移栽或地膜覆盖栽培，保证全苗和提早成熟。夏播作物生长期短，播种期越早越好。通过播种期的调整，还可使间混套作作物避开病虫危害，缩短共生期。

②加强水肥管理，促控结合。间混套作的作物由于竞争，往往生长缓慢，因此需要加强肥水管理，促进生长发育。间混套作的农田，因为植株密度的增加，容易出现水肥不足现象，应加强追肥和灌水。套作农田共生期间，低层作物受到抑制，光照差，苗弱苗细，易形成高脚苗，应及早增施磷、钾肥；或采取促高秆作物提早成熟，待收获后，加强低层作物水肥管理，弥补共生期间所受亏损。

③加强有害生物综合防控。间混套作可以减少一些病虫害，也可能增添或加重某些病虫害。在进行作物种类和品种组配时，应选择作物的病虫害不互为寄主的作物进行间混套作，还要针对各种组合的病虫害对症下药。同时运用群落规律，利用诱集植物和繁衍天敌等方法，进行生物防治。

④化学调控。应用植物生长调节剂，对复合群体条件下的作物生长发育进行调节和控

制，具有控上促下，协调各种作物正常生长发育、塑造理想株型、促进发育和成熟等一系列综合效应。该方法具有用量小、投资少、见效快、效益高、使用简便、安全等特点。

⑤早熟早收。间套作时每一种作物都要争取早熟早收，一是减少竞争，二是为后作提供时间。秋播作物与春播作物套作，要在夏收前控制水肥，催熟抢收；春播作物前期促早发，夏收后加强管理，抢灭茬，抢追肥，抢灌水，抢治虫，尽快促进生长，防止早衰。夏播作物间套作在供给充足的水肥同时，也要促进早熟，特别要防止后期贪青晚熟。

⑥提高机械化水平。间套作情况下，由于不同作物田间管理时间和方式不同，会增加劳动投入和作业条件的复杂性。因此，可采用带状间套作方式，提高田间的机械化作业水平，对不同作物进行机械化管理，也可根据间套作模式设计专用或通用农机具。

8.5 轮作、连作与休闲

8.5.1 轮作

8.5.1.1 轮作的概念

轮作是在同一田地上，在一定时间内，有顺序地轮换种植不同作物的种植方式。是用地养地相结合，改善农田生态环境，提高作物产量和品质的一项农业技术措施。

轮作以"→"表示。大豆→小麦→玉米，是在一年一熟条件下，三种作物在三年内组成的一个轮作周期。在一年多熟条件下，既有年际的轮作，也有年内的换茬，如南方的绿肥—水稻—水稻→油菜—水稻—水稻→小麦—水稻—水稻，是由不同的复种方式组成的轮作，这种轮作也称为复种轮作。

8.5.1.2 轮作的生产作用

(1) 有效遏制农作物的病虫草害

轮作通过改变农田作物组成和生态环境，起到切断病原菌的寄主和害虫的食物链、破坏有害生物所需环境的作用，有利于作物病虫草害的综合治理。作物的病原菌一般都有一定的寄主，害虫也有专食性或寡食性，在土壤中都有一定的生活年限，连续种植同种作物，该作物就会加重感染某种病虫害。当前一些土传病虫害，如棉花枯萎病、黄萎病，甘薯茎线虫病，大豆褐斑病，烟草花叶病毒病，西瓜枯萎病，花生蛴螬等，采用轮作能有效控制病虫害的发生。

有些作物的根系分泌物可抑制某些病菌，通过与这类作物进行轮作可有效减轻病害的发生，如胡萝卜、洋葱、大蒜的根系分泌物可抑制马铃薯晚疫病的发生。轮作可缓解虫害，如轮作可以显著降低燕麦蚜虫、甘薯茎线虫数量。

作物的伴生性杂草，如稻田的稗、麦田的野燕麦等，与作物的生活型相似，甚至形态也相似，很难被消灭；寄生性杂草，如大豆菟丝子、向日葵列当、瓜列当等，连作后更容易滋生蔓延，而轮作则可以通过改变农田生态环境有效地抑制或消灭杂草。

水旱轮作比一般轮作防治有害生物的效果更为突出。例如，油菜菌核病、烟草立枯病、小麦条斑病的病原菌，通过淹水几个月几乎可以消失；水稻和棉花水旱轮作可以有效遏制棉花枯萎病和黄萎病以及水稻纹枯病的发生；稻麦轮作后，旱生条件下的藻类、萍类、鸭舌草、慈姑、娘子菜等水生性杂草不能生长，而麦田里的野燕麦在淹水条件下很容易丧失发芽能力。

(2) 协调和均衡土壤水分和养分的利用

轮作是一种用地与养地相结合的技术措施，合理轮作可以有效调节土壤养分和水分。不同作物从土壤中吸收养分的种类、数量以及养分利用效率各不相同，将营养生态位不同且具有互补作用的作物进行轮作，可协调前茬与后茬的养分供应，均衡利用土壤中的各种养分。一般而言，水稻、玉米、小麦等禾谷类作物对氮、磷的吸收量较多，而对钙的吸收量较少；豆类作物对氮、磷和钙的吸收量较多，对硅的吸收量较小，但豆科作物吸收的氮素中40%~60%来自根瘤菌的共生固氮，对土壤氮的实际消耗不大，但对磷的消耗却很大；块根、块茎类作物对钾的吸收量较大，同时也需要较多的氮素；纤维和油料作物吸收氮、磷都很多。因此，如果连续种植对土壤养分需求趋势相同的作物，容易导致土壤中特定养分被片面消耗。合理轮作可以均衡使用土壤肥力，前茬作物收获后留下的残茬和根系中所含的养分，在一定程度上可补充土壤中的养分。

不同作物需要水分的数量、时期和吸收能力也不相同，水稻、玉米、棉花等作物需水较多，谷子、甘薯等耐旱能力较强。不同作物根系深度差异较大，对不同土层水分的利用不尽相同。将对水分适应性不同的作物进行轮作换茬，能充分合理地利用全年自然降水和土壤中蓄积的水分。例如，在西北旱农区，豌豆收获后土壤贮存的水分较多，对后茬作物的生长极为有利，因此豌豆是多种作物的良好前茬。

(3) 改善土壤理化性状，调节和提高土壤肥力

①改善土壤物理性状。不同作物生长过程以及相对应的土壤耕作和栽培措施，对土壤物理性状的影响有很大的区别，不同作物地上部的覆盖度不同，地下部的根系发育各有特点，生长发育期间采取的管理措施也不一样，因而对土壤结构、耕层构造和对土壤侵蚀状况将产生不同的影响。合理轮作有利于改善土壤结构，促进作物生长，同时良好的土壤结构增强了土壤的抗侵蚀能力，对减轻水土流失、保护土壤资源有重要的意义。

②改善土壤化学性状。轮作对包括土壤有机含量、全氮含量、速效养分含量和酶活性在内的土壤肥力指标有重要的影响。作物的残茬、落叶和根系以及根系分泌物，是补充土壤有机质的重要来源，对于维持和提高土壤有机质含量有重要意义。不同作物的残茬和根系以及根系分泌物向土壤中归还有机质和矿质养分的数量不同，质量也有差别。例如，轮作可以提高燕麦田土壤中的有机质、全氮、速效氮、速效钾和速效磷的含量，而且轮作系统中的过氧化氢酶、脲酶、蔗糖酶和碱性磷酸酶的活性均高于连作系统。

③改善土壤生物学性状。作物根系分泌物及根际微生物的分泌物，对土壤肥力均有重要影响，不同作物有不同的与其共生或寄生的微生物类群，如菌根真菌、固氮菌等，从而影响土壤有机质的分解与形成、养分转化等过程。而十字花科作物以及甘蔗、烟草、三叶草、苜蓿、绿豆、小麦等作物的根系分泌物，能刺激好气性非共生固氮细菌的活动，有利于土壤中氮素养分的积累，但亚麻类作物根系的分泌物则有抑制固氮菌的作用。

(4) 合理利用农业资源，提高作物产量和经济效益

根据作物的生理生态特性，轮作中前后茬作物合理搭配，茬口衔接紧密，既有利于充分利用土地、水分、光照、温度等自然资源，还可以错开农忙季节，充分利用农机具、劳动力、肥料、资金等社会资源，做到不误农时、精耕细作和资源的高效利用。

8.5.1.3 轮作在生产中的地位

轮作在培肥农田地力、提高作物产量、保持农田生物多样性、控制农田病虫草害、降低农业生产成本等方面具有重要作用，因而非常符合当前农业可持续发展的需要。

①低投入传统农业阶段，轮作的主要作用集中体现在地力培肥上。在少肥或无肥的传统农业阶段，轮作主要依靠豆科作物的生物固氮作用，维持土壤中的氮素平衡；依靠谷类作物和绿肥作物残留下的茎叶、根茬及施用有机肥等，维持土壤有机质的平衡；依靠不同作物生长发育期间所采取的农业技术措施及作物根系生长特性等的差异，进行合理的作物轮换，从而维护土壤良好的结构；依靠轮作换茬和相应的栽培管理技术，有效地控制病虫草等有害生物的危害。

②高投入现代农业阶段，轮作的作用受到削弱，在生产中的地位下降。现代农业中，化肥、农药、除草剂的施用量大大增加，轮作养地的基础作用受到削弱。但采取合理的轮作，不仅可以继续发挥生物固氮养地作用和减轻病虫草危害，而且在一定程度上可以减少制造化肥、农药的能量消耗。

③现代可持续农业体系中，轮作的作用重新受到重视。由于现代农业中农用化学品具有高耗能、高成本、高污染等特点，大量使用势必导致农业生产的不可持续，而轮作在保障粮食安全的前提下可以部分替代农用化学品，因此被认为是可持续农作技术的重要组成部分。

8.5.1.4 主要轮作模式

(1) 豆禾轮作

豆禾轮作就是将豆类作物与禾谷类作物进行轮换种植，即耗地作物与养地作物轮换种植，这是我国各地利用相当普遍的用地与养地相结合的一种轮作方式。近年来，不同品种间的轮作制度也逐步被应用于实际生产中，主要是利用品种间的作物表现型、对养分和水分的需求、抗病性和根际微生物群落结构等的差异，打破部分连作障碍，实现作物种植的增产增效。

(2) 水旱轮作

水旱轮作就是在同一田地上有顺序地轮换种植水稻和旱地作物的种植方式。各种各样的旱地作物，如小麦、油菜、马铃薯、豆类、西瓜、玉米等，均可与水稻进行水旱轮作。水田在种植水稻期间，土壤长期浸水，往往导致土壤板结、透气不良、有机质矿化过程缓慢、水稻生长不良、施肥效果差等一系列问题。冬季轮种麦、油菜、豆类的双季稻田土壤容重变轻，明显增加土壤非毛管孔隙，改善土壤通气条件，提高氧化还原电位，防止稻田土壤次生潜育化过程，消除土壤中有毒物质，促进有益微生物活动，从而提高地力和施肥效果。

水旱轮作比一般轮作防治病虫害效果更为突出。油菜菌核病、烟草立枯病、小麦条斑病的病菌等，通过淹水 2~3 个月均能完全消灭。水田改旱地种棉花，可以遏制枯黄萎病发生；棉地改种水稻，水稻纹枯病大大减轻。

水旱轮作更容易防除杂草。稻田改旱地后，一些生长在水田里的杂草，如眼子菜、鸭舌草、瓜皮草、野荸荠、萍类、藻类等，因得不到充足的水分而死去；旱田改种水田后，香附子、苣荬菜、马唐、田旋花等旱地杂草，泡在水中则被淹死。

(3) 草田轮作

草田轮作指在田地上轮换种植多年生牧草和大田作物的种植方式。草田轮作中应用较多的是豆科牧草，突出作用是能显著增加土壤有机质和氮素营养。在水土易流失地区，多年生牧草可有效地保持水土，在盐碱地区可降低土壤盐分含量。草田轮作有利于农牧结合，增产增收，提高经济效益。

(4) 休耕轮作

休耕轮作是一种特殊的轮作方式，是为了让土地休养生息而在一定时期内采取的保护、养育、恢复地力的措施，或者是为调控产量而主动在作物生产季节撂荒一部分土地的种植制度。

新时期我国休耕轮作制度试点已在全社会展开。在区域层面，基于各自的问题导向、资源本底和耕地利用特点，有针对性地设计差异化的休耕模式，可以实现农业可持续发展。在生态脆弱区，以保护和改善农业生态环境为优先目标；在粮食主产区，以调控农业产能为主导目标；在地下水漏斗区，探索节水保水性休耕模式，减少耗水量大的作物种植面积，使地下水位得到逐渐恢复；在重金属污染区，探索实施清洁去污型休耕模式，采取生物、化学等措施将重金属污染物从耕地中提取出来；在生态严重退化区，探索实行生态修复型休耕模式，使生态系统结构和功能得到恢复。

8.5.1.5 轮作与作物布局的关系及其生产不足

作物布局对轮作起着制约作用或决定性作用。作物的种类、数量及每种作物相应的农田分布，直接决定着轮作的类型与方式。作物布局也要考虑轮作与连作的因素。

轮作在生产经营管理方面也存在一些缺点。一是采用轮作将增加作物种类，经营规模较小的生产单位，难以同时熟练掌握多种作物的生产技术；二是不同作物的轮作、栽培、收获和贮藏加工等过程都需要不同的农机具、设备和建筑，必然增加总投资；三是社会需求量大的粮、棉、糖等作物，实行轮作难以满足全社会对这些农产品的需求。

8.5.2 连作

8.5.2.1 连作的概念及其生产必要性

连作是指在同一田地上连续多年种植相同作物的种植方式，生产上常把连作称为重茬。

连作是现代农业生产中广泛应用的一种种植制度，特别有利于专业化、商品化的集约经营。我国国情条件下，连作普遍存在，主要原因是：

①社会需要决定连作。有些作物（如粮、棉、糖等）是人们生活必不可少的食物，社会需要量大，不实行连作很难满足全社会对这些农产品的需求。

②资源利用决定连作。我国各地资源优势不同，所适宜种植的作物也随之而异，为充分利用当地优势资源，不可避免地出现最适宜作物的连作栽培，如南方的水稻连作栽培、黄淮海平原的冬小麦—夏玉米复种连作生产。有些地方因受到自然条件限制，只能种植某种作物，必须实行这种作物的多年连作，如南方许多泥田、低洼田，因排水不良，只得年年栽培水稻或其他水生作物。

③经济效益决定连作。一些不耐连作的经济作物，由于经济效益高，因而继续实行连作。

④作物结构决定连作。在商品粮、棉、糖生产基地，这些作物比重在轮作计划中占绝对优势，加之现代化的克服连作障碍技术手段的应用，作物种类必然出现单一化现象，导致商品性作物的多年连作或连作年限延长。

8.5.2.2 连作障碍出现的原因

连作障碍是指连续在同一土壤上栽培同种作物或近缘作物引起的作物生长发育异常，从而导致作物产量锐减，品质恶化。导致连作障碍的根本原因有以下几个方面：

①连作导致土壤养分失衡。同种作物连年种植于同一块田地上,由于作物的吸肥特性决定了该作物吸收矿质营养元素的种类、数量和比例是相对稳定的,而且对其中少数元素有特殊的偏好,吸收量大,而对另外一些元素则吸收量小,连年种植该种作物,势必造成土壤中某些元素的严重匮乏,造成土壤中养分比例的失调,作物生长发育受阻,产量下降。

②连作导致土壤物理性状恶化。某些作物连作或复种连作,会导致土壤物理性状显著恶化,不利于同种作物的继续生长。例如,南方在长期推行双季连作稻,因为土壤淹水时间长,加上年年水耕,土壤大孔隙显著减少,容重增加,通气不良,土壤次生潜育化明显,物理性状恶化,严重影响连作稻的正常生长。此外,作物在生长发育过程中会大量吸收阳离子元素和释放 H^+,导致土壤 pH 值降低,造成土壤酸化。酸化土壤不利于有益微生物繁殖,抑制了土壤养分循环,而一些有害微生物会大量繁殖导致作物生长不良。连作条件下土壤有机质含量降低,土壤团粒结构减少,造成土壤板结。

③连作导致土壤水分大量消耗。某些作物吸收水量大,连作易造成土壤水分这一生态因子的恶化,导致水分供应不足而减产。

④连作导致有毒物质积累。植物在正常生长活动过程中,不断向周围环境特别是土壤中分泌特有的化学物质(次生代谢物质),并因此产生自毒作用,这些分泌物在土壤中积聚,对同种植物产生毒害作用,即植物的化感自毒作用。这些分泌物主要会降低植物体中的赤霉素和生长素,抑制植物体的酶活性,影响植物对矿质元素的吸收,对一些作物自身的生长发育有强烈的抑制作用。

连作农田土壤中另一类有毒物质为还原性有毒物质,主要有铁、锰等的还原性物质及硫化氢。我国南方稻区常采用双季稻连作,还原性有毒物质积累加强,这些有毒物质对水稻根系生长有明显的阻碍作用。

⑤连作导致病虫草害加重。病虫害蔓延加剧是连作减产的另一个因素。连作时,某些土传病害显著加重,害虫虫口密度增大,危害加剧。某些专化性病虫害蔓延加剧。例如,小麦根腐病、玉米黑粉病、西瓜枯萎病等,在连作情况下都将显著增加,均会导致作物产量锐减和品质下降。

作物连作栽培时,伴生性杂草和寄生性杂草在与作物共生期间争夺养分、水分和生存空间,恶化生态环境,对作物的危害累加效应突出,导致作物产量锐减,品质下降。

⑥连作导致土壤供肥能力降低。根系分泌物介导的植物—微生物—土壤互作关系对于土壤肥力、健康状况以及植物生长发育具有重要作用。连作时土壤微生物种群数量和比例失调,土壤酶活性下降,降低了土壤的供肥能力,致使作物减产。例如,太子参、甘蔗、烟草等不同作物连作下,它们的根系分泌物在特定组分的介导下,某些类群的微生物,如土传病原菌开始大量繁殖,同时抑制有益微生物,如假单胞菌等拮抗菌的生长,改变植物根系分泌物的组分和数量,为趋化性病原微生物提供更多的碳源和能源,形成恶性循环,造成植物生长发育不良。

8.5.2.3 消除连作障碍的技术途径

①化学技术。一些病虫草害及土壤微生物区系变化等生物因素造成的连作障碍,可以用现代植物保护技术予以缓解。例如,水稻旱种的连作障碍主要是由土壤线虫引起,采用杀线虫的甲基异柳磷进行土壤处理或呋喃丹种衣剂进行拌种处理,可以减轻发病程度,并收到显著增产效果。

②选择耐连作作物。不同作物对连作障碍的反应敏感性不同，有的表现极为敏感，有的表现为钝感，所表现出的连作减产幅度也有大有小。连作弊端少的作物可以连作，例如玉米、水稻采取适宜的栽培措施，连作减产轻微或不减产。对耐连作程度不高的作物，例如花生、马铃薯、甘蔗、向日葵等，可在其主要连作障碍得以消除后实行短期连作。不耐连作的作物则不能进行连作，否则会导致明显减产，甚至绝收。

③更换作物品种。作物不同品种的生物学特性有所不同，抗病虫品种比感病虫品种连作受害轻。选用高产抗病虫的不同品种进行有计划的轮换种植，可减缓连作障碍的形成，有效避免某些病虫害的发生与蔓延，延长连作年限。不同品种的需肥特性也有一定程度的差异，品种轮换对于维持土壤养分平衡也能起到一定的作用。

④合理施肥。连年种植同种作物会导致土壤养分不平衡，进而有碍作物的正常生长发育。可以根据作物养分需求特点，通过及时施足化肥和有机肥等办法，对土壤养分加以有效调控，使作物正常生长发育。

⑤精耕细作。及时防除田间杂草，定期耕翻，保持良好的耕层结构，充分发挥土壤潜在肥力。

⑥推广应用新技术。物理技术可采用烧田熏土、蒸气消毒、激光处理、高频电磁波辐射等进行土壤处理，杀死土壤病菌、虫卵及杂草种子，消灭土壤中的障碍性微生物，减少土壤毒质，可使连作受害减轻。

化学技术可采用先进的保护技术，以高效低毒农药进行土壤处理或茎秆叶片处理，有效减轻病虫草的危害。应用乙醇、氨水、过氧化氢洗涤土壤，消除土壤残留毒质；及时补充化肥和有机肥保持土壤有机质和矿质养分的动态平衡。

农艺技术可通过合理的水分管理，冲洗土壤毒质；实行水旱轮作，改变农田生态环境，均可有效防止多种连作障碍的出现。农艺技术中轮作换茬简单易行、经济有效。

8.5.2.4 不同作物对连作的耐受程度

不同作物、不同品种、同一作物不同品种连作致害的原因和程度有差异，同一种作物同一品种在不同气候、不同土壤及不同栽培条件下对连作的忍耐力也有差别。按照作物对连作的反应敏感性差异，结合我国主要作物种类以及各地经验，可归纳为4种：

①忌连作作物。忌连作作物以茄科的马铃薯和烟草及番茄，葫芦科的西瓜，亚麻，甜菜等为典型代表，它们对连作反应最为敏感。这类作物连作时，作物生长严重受阻，植株矮小，发育异常，减产严重，甚至绝收。其忌连作的主要原因是，一些特殊病害和根系分泌物对作物具有毒害作用。

②不耐连作作物。不耐连作作物以禾本科的陆稻，豆科的豌豆、大豆、蚕豆和菜豆，麻类的大麻和黄麻，菊科的向日葵，茄科的辣椒等作物为代表，其对连作反应的敏感性仅次于忌连作作物。这类作物连作，生长发育受到抑制，造成较大幅度的减产。连作障碍多为病害所致，这类作物宜间隔3~4年再进行种植。

③耐短期连作作物。甘薯、紫云英、苕子等作物为耐短期连作作物，它们对连作反应的敏感性属于中等类型，生产上常根据需要对这些作物实行短期连作。这类作物在生产上连作2~3年受害较轻。

④耐连作作物。这类作物主要有水稻、甘蔗、玉米、洋葱、麦类、棉花等作物，它们在采取适当的农业技术措施前提下耐连作程度较高，其中以水稻和棉花耐连作程度最高。

8.5.3 休闲

休闲是指耕地在可种作物的季节只耕不种或不耕不种的方式。农业生产中，耕地进行休闲是一种恢复地力的技术措施，其目的主要是使耕地短暂休息，减少水分和养分的消耗，并蓄积雨水，消灭杂草，促进土壤潜在养分转化，为作物生长发育创造良好的土壤条件。在休闲期间，自然生长的植物还田，还有助于培肥地力。休闲的不利方面是不能将光、热、水、土等自然资源转化为作物产品，易加剧水土流失，加快土壤潜在肥力的矿化，对积累土壤有机质不利。

根据休闲时间的长短，可分为全年休闲和季节休闲。全年休闲在一年内不种植任何作物，主要分布于半干旱的人少地多地区，如青海、西藏、甘肃、宁夏、陕西、内蒙古等地有少量分布。其成因主要是降水不足，一般年份降水量 250~400 mm，通过休闲，可把两年的降水量蓄积，供一年作物之用。季节休闲在农区较为普遍，因休闲的季节不同，又有冬闲、夏闲、秋闲之分。冬闲为作物秋收后至来年春播作物播种前的休闲，一般在冬季翻耕或不翻耕，利用冬季的冻融与干湿交替作用，改善土壤物理性质，促进土壤潜在养分的矿化。西南丘陵山区在排水不良或春季干旱又无灌溉条件的稻田，冬季贮水以备春耕插秧用的冬闲田称为冬水田。夏闲为小麦、油菜等夏收作物收获后的休闲，在豫西、晋南、渭北以及干旱地区采用，主要是用来蓄积夏季雨水，提供给下季作物利用；低洼地区主要是躲避雨涝等灾害；东北、西北小麦收割后夏闲时间短，一般只有两个月左右。秋闲是在早秋作物收获后，秋播作物播种前的短暂休闲，一般 1~2 个月。

撂荒是指荒地开垦种植几年后，较长期弃而不种，待地力恢复时再行垦殖的一种土地利用方式。生产实践中，当休闲年限在两年以上并占到整个轮作周期的 2/3 以上时，称为撂荒。

本章小结

种植制度主要是探讨一个地区或生产单位如何进行作物布局、如何选择合适的种植方式和配套的种植技术、如何对种植系统进行整体优化等，以提高种植业系统的生产力。本章主要讲述了种植制度的基本原理和技术，包括作物布局、复种、间作、套作、轮作和连作，重点介绍作物布局的影响因素和原则、复种和间套作的效益原理和技术、轮作和连作的作用及其在农业生产上的应用，以求生产出数量多、品质优的农产品，在满足社会需求的同时，不断提高农业生产经济效益和保护生态环境。

大豆玉米带状复合种植技术（摘编）

玉米、大豆是我国重要的大宗农产品，需求量巨大。但玉米和大豆存在争地矛盾，成为长期困扰我国粮食安全的一大难题。为解决这一难题，2023 年农业农村部编写出版全国大豆玉米带状复合种植技术方案，要求继续在 17 省（自治区、直辖市）开展大豆玉米带状复合种植技术示范，同时提出稳定西北地区技术实施规模，扩大西南、黄淮海和长江中下游地区推广面积，切实发挥技术稳玉米增大豆的作用。该技术的主要要点是：

选配品种 大豆应选用耐阴、抗倒、耐密、熟期适宜、宜机收、高产的品种。黄淮海地区要突出花荚期耐旱、鼓粒期耐涝等特点，西北地区及南方地区要突出耐干旱等特点。玉米应选用株形紧凑、株高适中、熟期适宜、耐密、抗倒、宜机收的高产品种，黄淮海地区要突出耐高温、抗锈病等特点，西北地区要突出耐干旱、增产潜力大等特点，南方地区要突出耐苗涝、耐伏旱等特点。

选择模式 综合考虑当地清种玉米大豆密度、整地情况、地形地貌、农机条件等因素,确定适宜的大豆带和玉米带的行数、带内行距、两个作物带间行距、株距。坚持4∶2行比配置为主、其他行比配置为辅,大豆玉米间距60~70 cm,大豆行距30 cm,玉米行距40 cm。

机械播种 充分保障带状复合种植玉米密度与净作相当,大豆密度达到净作70%以上。优先推荐大豆玉米带状复合专用播种机,也可根据现有播种机调整改造。大豆播深3~4 cm、玉米播深4~5 cm。黏性土壤墒情好时宜浅播;沙性土壤墒情差的应增加播深。

田间施肥 玉米要施足氮肥,大豆少施或不施氮肥;带状复合种植玉米单株施肥量与净作玉米单株施肥量相同,1行玉米施肥量至少相当于净作玉米2行的施肥量。增施有机肥料作为基肥,适当补充中微量元素,鼓励接种大豆根瘤菌。玉米按当地常年产量和每产100 kg籽粒需氮2.5~3 kg氮计算施氮量,可一次性作种肥施用,也可分次施用。

控旺防倒 水肥条件好、株型高大的玉米品种,在7~10片展开叶时喷施健壮素、胺鲜·乙烯利等控制株高。肥水条件好、有旺长趋势的大豆在分枝期(4~5片复叶)至初花期用5%的烯效唑可湿性粉剂对水喷施茎叶控旺。

病虫害防控 根据大豆玉米带状复合种植病虫害发生特点,在做好播种期预防工作基础上,加强病虫调查监测,掌握病虫发生动态,采取"一施多治、轻简高效"防控策略,协调农艺、物理、生物、化学等技术,及时发现、适时防治。

杂草防除 遵循"化学措施为主,其他措施为辅,土壤封闭为主,茎叶喷施为辅,科学施药,安全高效,因地制宜,节本增效"原则。化学除草优选芽前土壤封闭除草;苗后定向除草要注重"治早、治小",抓住杂草防除关键期用药。严禁选用对玉米或大豆有残留危害的除草剂。

机械收获 大豆宜机收,时间在完熟期,豆荚和籽粒均呈现出品种固有色泽,植株变黄褐色,手摇植株会发出清脆响声。玉米适宜收获期在完熟期,苞叶变黄,籽粒脱水变硬、乳线消失,籽粒呈现出品种固有色泽。

思考题

1. 简述种植制度的概念和功能。
2. 简述种植制度未来发展的目标。
3. 简述作物布局的概念及其在农业生产上的重要意义。
4. 简述作物布局的依据或原则。
5. 简述复种的概念及农业生产上实施复种的重要意义。
6. 简述实施复种的条件。
7. 简述间作和套作的概念并分析其在农业生产上的重要意义。
8. 简述轮作在农业生产上的重要作用。
9. 导致连作障碍的原因是什么?哪些途径或方法能够减轻连作障碍?

曹敏建,王晓光,2020. 耕作学[M]. 3版. 北京:中国农业出版社.
陈阜,张海林,2021. 耕作学[M]. 北京:中国农业出版社.
李存东,2018. 农学概论[M]. 2版. 北京:科学出版社.
洪德林,陈兵林,2021. 农学概论[M]. 北京:中国农业出版社.
李凤超,1995. 种植制度的理论与实践[M]. 北京:中国农业出版社.
张立峰,2015. 农田生产工程学[M]. 北京:科学出版社.

第 9 章 作物病虫草害防治

作物病虫草害是影响作物高产、优质、高效、生态、安全的重要障碍因素。农作物病虫害防治工作应以农业生态系统为基础，充分考虑生态环境和生物多样性的保护，提高综合治理水平，促进农作物健康生长。了解农作物与农田病、虫、草害之间的关系，明确作物病虫草害的危害特征，采取有针对性的防治措施，能够改善农作物产品质量、实现作物生产整体效益最大化，为我国的生态环境保护以及农业经济全面发展提供支持。

9.1 概述

农作物病虫害是我国的主要农业灾害之一，具有种类多、范围广、影响大、易暴发成灾等特点，其发生范围和严重程度对我国国民经济特别是农业生产常造成重大损失。

作物病虫害防治是指对危害农作物及其产品的病虫草鼠等有害生物的监测与预报、预防与控制、应急处置等防治活动及其监督管理。

9.1.1 有害生物与生物灾害

有害生物是指在一定条件下，对人类的生活、生产甚至生存构成危害或威胁的生物。以植物为寄主和食物的生物，数量和种类都非常多，在条件适宜时大量繁殖，并使伤害蔓延加重，都可能给植物造成伤害，破坏生态环境和生态系统的生物多样性，对环境安全和经济、社会的可持续发展造成相当程度的负面影响，给人类的生产生活造成损失。

生物灾害是指由生物的活动和变化造成的灾害。狭义的生物灾害是指由生物本身活动带来的灾害现象，为纯自然现象；广义的生物灾害还包括人类不合理活动导致的生物界异常而产生的灾害，即生态危机。按成灾主体的性质分为植物灾害、动物灾害和微生物灾害。

农业生物灾害是一种重要的自然灾害，包括：农作物病害、农作物虫害、农作物草害。农业生物灾害事关粮食安全、农业安全、生态安全，是严重影响和危害中国农业生产的重要生物灾害之一。我国是一个农业大国，幅员辽阔，气候多样，农作物种类多，种植面积大，导致我国成为世界上农业生物灾害频繁发生的国家之一，每年发生的生物灾害1 700多种，其中重大生物灾害100多种，每年因生物灾害造成的农作物产量损失10%左右。就局部地区而言，生物灾害比旱灾、水灾更为严重，形势更为严峻。

9.1.2 有害生物及生物灾害对农业生产的威胁

农作物的病虫草害始终伴随着农业生产活动而不断发展变化，现代农业生产中生物灾害暴发的机会和频率越来越高，经济损失增大。据联合国粮食与农业组织估计，世界各国农作物因病虫草危害所造成的损失达 700 亿~900 亿美元。这些损失中虫害占 40%，病害占 33%，杂草害占 27%。粮食作物损失量占总产量 20%，棉花损失 30%。我国已知的水稻病害有 100 多种，水稻害虫有 346 种；棉花病害有 80 多种，棉花害虫有 380 多种；储粮害虫有 100 多种。

近年来随着全球气候变暖，作物品种及栽培技术变革，我国农作物病虫草害发生呈面积逐渐增加、危害程度逐渐加重、灾害损失逐渐扩大的态势，并呈现出以下突出的特点：

①暴发频率逐年提高。20 世纪 50~70 年代，全国每年发生面积 333.3 万 hm^2 以上的农业有害生物种类只有 10 余种，80 年代为 14 种，90 年代为 18 种，2000—2004 年平均每年 30 多种。无论是水稻、小麦、玉米、大豆等主要粮食作物，还是蔬菜、果树等园艺作物的生物灾害均呈加重态势。

②迁飞性害虫此起彼伏。近年来，全国各类重大迁飞性害虫此起彼伏，相继暴发。北方农区飞蝗 1995—2004 年连续 10 年暴发，草地螟 1998—2004 年连续 7 年大发生。2005—2007 年南方的稻飞虱、稻纵卷叶螟连续大发生。2019 年草地贪夜蛾在我国云南、广西出现，并已经蔓延到了 20 多个省（自治区、直辖市）。

③流行性病害连年猖獗。一是北方小麦条锈病，2001—2005 年连续 5 年大流行，最高年份发病面积 560 万 hm^2。二是南方稻瘟病，2004—2007 年连续 4 年大流行，最高年份发病面积 580 万 hm^2，对农业生产造成巨大威胁。

④区域性有害生物种类突发成灾。近年来许多区域性病虫种类严重发生。南方的水稻条纹叶枯病成为江苏、浙江等水稻区的顽症；北方的小麦吸浆虫已蔓延至天津、北京等地，形势十分严峻。

⑤抗药性有害生物种类加重发生。近年来全国有 500 种以上的有害生物对常用农药产生了不同程度的抗性。南方稻区的褐飞虱对吡虫啉产生了中、高度抗性；北方地区的蚜虫对乐果产生了高度抗性；安徽等地有 2%~7% 的赤霉菌菌株对多菌灵产生了抗性；部分棉区的棉铃虫对 Bt 棉的抗性等位基因频率由 0.6% 上升至 2%~8%，有潜在抗性暴发风险。

⑥检疫性有害生物种类大肆侵入。进入 21 世纪，随着我国与世界各国贸易量的剧增，每年都有新的检疫性有害生物种类发现，并以每年 1~2 种的速度增加。截至 2017 年年底，我国农林生态系统外来入侵物种已达 630 余种，已成为世界上遭受生物入侵危害最为严重的国家之一。

9.1.3 有害生物防治策略

近代农业是以消灭为主的防治策略，尤其是 20 世纪 40 年代有机合成农药的出现，给人类提供了前所未有的有力武器，人类控制生物灾害的能力大大加强。神奇的农药防治效果，加之与有害生物长期斗争的敌对心态，以及对有害生物的复杂性及其防治的艰巨性认识不足，使人类产生了消灭有害生物的强大自信心和强烈愿望，认为完全有能力而且应该彻底消灭有害生物，从而形成了以化学防治为主的彻底消灭有害生物的防治策略。

对化学农药的过度依赖，导致出现了"3R"问题，即农药残留（residue）、有害生物再猖獗（resurgence）、有害生物抗药性（resistance）问题。农药残留导致人畜中毒，直接或间接影响人体健康及安全，并在生态食物链中富集，影响自然生态；其次是广谱杀生性农药的使用，大量杀伤天敌等有益生物，严重破坏了自然生态的控制作用；次要病虫害暴发成灾或害虫产生抗药性并造成再猖獗，使药剂防治次数不断增加以致农田有害生物越治越多，形成恶性循环。

1967 年，联合国粮食与农业组织（FAO）在罗马召开的"有害生物综合治理（integrated pest management，IPM）"专家讨论会上，提出了有害生物综合治理的概念，即依据有害生物的种群动态与环境间的关系，协调运用适当的技术与方法，使有害生物种群保持在经济损害允许水平以下。1975 年，我国农业部主持召开的全国植物保护工作会议上，将"预防为主，综合防治"确定为中国的植物保护方针，从而结束了集约化化学防治时代，开创了有害生物综合治理的新世纪。

9.2 作物病害及其防治

9.2.1 作物病害及其症状

植物生长发育过程中，由于受到病原生物的侵染或者不良环境条件的影响，其影响或者干扰强度超过了植物的忍受限度，植物正常生理代谢功能受到严重影响，产生一系列病理学变化过程，在生理和形态上偏离了正常发育的植物形态，有的植株甚至死亡，造成巨大的经济损失，这种现象就是植物病害。植物病害对植物生理功能的影响最初表现在水分和矿物质的吸收和输导、光合作用、养分的转移与运输、生长与发育速度，最终影响是产物的积累与储量以及品质等方面。

9.2.2 作物病害的类型

植物病害的种类有很多种，病因也各不相同，造成的病害也形式多样，每一种植物可以发生多种病害，一种病原生物又能侵染几十种至几百种植物，引起不同症状的病害；同一种植物又因为品种的抗病性不同，出现的症状呈现多样性，因此，植物病害具有多种分类标准。按照植物或者作物类型的不同可以分为大田作物病害、果树病害、蔬菜病害、牧草病害和森林病害等；按照寄主受害部位可分为根部病害、叶部病害和果实病害等；按照病害症状的表现可以分为腐烂型病害、斑点或坏死型病害、花叶或者变色型病害等；按照病原生物类型可以分为真菌病害、细菌病害、病毒病害等；按照传播方式和介体不同分类，有种传病害、土传病害、气传病害和介体传播病害等。

按照病因类型可以分为两大类，第一类无病原生物参与，只是由植物自身的原因或者由外界环境条件的恶化所引起的病害，这类病害在植物间不会传染，因此称为非侵染性病害（noninfectious disease），如植物自身遗传因子或者先天性缺陷引起的遗传性病害或者生理病害；大气温度过高或者过低引起的灼伤与冻害等。另一类是由病原生物侵染造成的病害，称为侵染性病害（infectious disease），因其病原生物能够在植物植株间传染，因此又称为传染性病害，如由真菌侵染引起的真菌病害，如稻瘟病；由细菌侵染引起的细菌病害，如大白菜软腐病；由病毒侵染引起的病毒病害，如烟草花叶病毒；由寄生植物引起的寄生性植物病害，如大豆菟丝子；由线虫引起的线虫危害，如大豆胞囊线虫病等。

9.2.2.1 侵染性病害(传染性病害)

按照病原生物种类不同,侵染性病害还可进一步分为:真菌、细菌、病毒、线虫、寄生性植物、原生生物、叶螨或瘿螨。

(1) 真菌病害

真菌在自然界分布范围很广,从寒带到热带,从空气、水体到土壤。真菌可寄生于动、植物活体,还可以寄生于动物尸体及植物的枯枝落叶作为养分生长。植物病原真菌是诱发植物或大批农作物产生病害的一类致病微生物的统称。其种类繁多,分布广泛,而且是植物病害最主要的致病因子。植物病害中真菌病害约占95%。真菌孢子通过风、水、土壤和动物进行传播。同时,真菌性病害具有较强的植物侵染能力,可以直接通过伤口或者表皮侵染植物。常见的真菌性病害包括根腐病、炭疽病、枯萎病、灰霉病、白绢病、黄萎病等。

(2) 细菌病害

细菌是一类原核生物,基本形态有球状、杆状和螺旋状,个体大小差别很大。在引起植物病害的几类病原生物中,细菌的重要性仅次于真菌和病毒。已知由植物病原细菌引起的病害在500种以上,如茄科的细菌性青枯病、各种作物的软腐病和马铃薯环腐病都是世界性病害。植物细菌性病害每年都会造成农作物减产和重大的经济损失。植物细菌性病原主要分布在热带和亚热带地区,在温暖湿润的环境条件下,细菌病原适应能力强、增殖迅速。病原细菌能够通过植物天然孔口或者伤口入侵植物,并利用寄主的代谢产物作为营养成分,在寄主体内大量繁殖,逐步损害植物的正常生长和发育。因此,细菌性病害大多具有蔓延快、危害大等特点,发病后往往比真菌性病害更难防控。

(3) 病毒病害

病毒是指没有完整的细胞生命形态,由一个核酸长链和蛋白外壳构成,只能在适合的寄主细胞内完成自身复制的非细胞生物,又称分子寄生物。不同植物病毒形态及大小差异较大,大部分植物病毒形态为球状、杆状和线状,少数为弹状、杆菌状和双联体等。植物病毒不会主动传播,在田间的传播主要由各种介体完成。植物病毒的介体种类很多,主要有昆虫、螨类、线虫、真菌、菟丝子等,其中以昆虫类最为重要(蚜虫、叶蝉与飞虱)。

(4) 线虫病害

线虫又称蠕虫,是一类低等的原生动物,在地球上分布十分广泛,主要栖息地为淡水、海水及土壤,部分能寄生于人、动物和植物体内,引起动植物病害。危害植物的线虫被称为植物病原线虫或植物寄生线虫,简称植物线虫。许多植物病原线虫很细,虫体接近透明,导致肉眼不易发现。线虫细长呈线形,有的呈纺锤形,横断面呈圆形。现已报道了超过4 100种植物寄生线虫,其中根结线虫是植物寄生线虫中最具破坏性的群体之一,其寄主范围广泛,已涵盖114科3 000多种植物。作为植物的主要病原物之一,植物病原线虫在全世界普遍发生,广泛寄生于各种农作物,对农业生产造成了十分严重的危害,全世界每年因为植物线虫病导致的经济损失达1 570亿美元。

(5) 寄生性植物

寄生性植物隶属于被子植物,由于缺少足够的叶绿体,会导致根系或叶片等部分退化,不能独立完成自养生活,因而其生长发育在不同程度上依赖于寄主。营寄生生活的植物大多是高等植物中的双子叶植物,能开花结籽,其中最重要的是菟丝子科、桑寄生科、列当科、玄参科和樟科的寄生植物，如菟丝子、列当等。

(6) 原生生物

原生生物是除植物、真菌和动物外的真核生物。目前所有已知的原生生物中，有约15%表现出共生(寄生或互惠)的生活方式，大多数对其寄主无明显危害，但其中一些会引起动植物病害，如锥虫属原生动物引起咖啡、椰子等植物韧皮部坏死病。土壤专性原生生物根肿菌导致芸薹属根肿病。

(7) 叶螨或瘿螨

叶螨与瘿螨具有刺吸式口器，靠取食叶片的叶肉细胞为生，导致叶面上出现斑斑点点或弯弯曲曲的痕迹。取食的伤口为病害侵染提供了方便。在蜱螨亚纲里，只有瘿螨能够传播植物病毒病，并且瘿螨和传播的病毒之间具有高度的专化性。小麦糜疯病是由拟郁金香瘤瘿螨和黍瘿螨传播的。葡萄瘿螨寄生导致葡萄毛毡病。

9.2.2.2 非侵染性病害(非传染性病害)

植物非侵染性病害是由于植物自身生理缺陷或遗传性疾病，或由生长环境中不适宜的物理、化学等因素直接或间接引起的一类病害。它和侵染性病害的区别在于没有病原生物的侵染，在植物不同的个体间不能互相传染，所以又称为非侵染性病害或生理病害。非侵染性病害降低植物抗病性，有利于侵染性病原的侵入和发病，如冻害不仅可以使细胞组织死亡，还往往导致植物的生长势衰弱，使许多病原物更易于侵入。侵染性病害有时也削弱植物对非侵染性病害的抵抗力，如某些叶斑病不仅引起木本植物提早落叶，也使植株更容易受冻害和霜害。常见植物病害中，非侵染性病害的比例约占四分之一。

9.2.3 植物病害的病状和病症类型

植物病害的病状主要分为变色、坏死、腐烂、萎蔫、畸形五大类型。植物病害的病症主要分为霉状物、粉状物、点状物、块状物、线状物、颗粒状物、真菌的大型子实体、细菌的菌脓等几大类型。病害的症状并不是一成不变的，可因品种抗病性、菌系或天气条件不同有较大的变化。另外，还存在一病多症(同菌异症)或同症异病(异菌同症)现象，前者如同一病原菌在植物不同生育阶段，侵染不同器官，而表现多种症状，后者是指多种病原菌可能引起同一种植物的相同或相似症状。有些病毒侵入植物后，会有隐症现象，即不产生表观症状，但植物长势衰弱，产量下降，品质变劣。

9.2.4 病原物的侵染过程和病害循环

9.2.4.1 侵染过程

病原物的侵染过程(infection process)就是病原物与寄主植物的可侵染部位接触，侵入并在寄主体内定殖、扩展、进而危害直至寄主表现症状的过程，又称病程(pathogenesis)。病原物的侵染过程不仅是病原物侵染活动的过程，同时受侵寄主也产生相应的抗病或感病反应，并且在生理、组织和形态上产生一系列的变化，逐渐由健康的植物变为感病的植物或最终死亡。病原物的侵染是一个连续的过程，由于病原物种类和植物病害的种类繁多，其侵染过程的特点不同，一般将侵染过程分为接触期、侵入期、潜育期和发病期4个时期。

(1) 接触期

接触期(contact period)是病原物的传播体以各种方式传到植物体表面萌芽侵入的时期。病原物对植物的寄主也有一定的选择性和专化性，同时还需要一定的环境条件，所以病原物和寄主的接触期长短差异很大。

(2) 侵入期

病原物在寄主表面或周围萌发或生长到侵入部位，就可能侵入寄主植物。从病原菌侵入寄主到建立寄生关系的这段时间称为病原物的侵入期(penetration period)。植物的病原物大多数是内寄生，极少数是外寄生。

从病原物开始萌发侵入寄主，到与寄主建立寄生关系为止的一段时间，称为侵入期。病原物的侵入途径一般有以下 3 种。

①直接侵入。直接侵入是指病原物直接穿透寄主的角质层和细胞壁进入植物。植物病原线虫、寄生性种子植物和部分真菌能够直接侵入寄主。直接侵入是寄生性种子植物主要的侵入途径，也是病原真菌和病原线虫最普遍的侵入方式。

②自然孔口侵入。植物体表的自然孔主要有气孔、皮孔、水孔、蜜腺等，绝大多数细菌和真菌都可以通过自然孔侵入。

③伤口侵入。植物表面的各种伤口，包括外因造成的机械损伤(冻伤、灼伤、虫伤)植物自身在生长过程中造成一些自然伤口，都可能是病原物侵入的途径。所有的植物病原原核生物、大部分的病原真菌、病毒均可通过不同形式造成的伤口侵入寄主。植物病毒必须在活的寄主植物组织上生存，故需要以活的寄主细胞上极轻微的伤口作为侵入细胞的途径。

(3) 潜育期

潜育期(incubation period)是病原物从与寄主建立寄生关系到开始表现明显症状的时期，是病原物在寄主体内繁殖和蔓延的时期，也是寄主植物调动各种抗病因素积极抵抗病原物危害的时期，故此期是病原物与寄主植物相互斗争的关键时期。

病原物与寄主之间营养关系对潜育期最为重要。病原物必须从寄主获得必要的营养物质和水分，才能进一步繁殖和扩展。许多病原物都能分泌淀粉酶，将淀粉等大分子糖类分解为葡萄糖等小分子化合物，以利于病原物吸收。

同一种病原物在不同植物上，或同一植物在不同发育时期，以及营养条件不同，潜育期的长短亦不同。病原物处于潜育阶段时，环境条件中温度对潜育期的影响作用较大。

(4) 发病期

发病期是从出现症状直到寄主生长期结束，甚至植物死亡的时期。症状出现后，病原物仍有一段生长和扩展的时期，然后进入繁殖阶段产生子实体，症状也随之有所发展。这个时期的出现标志着寄主在与病菌的斗争中失败，病菌杀死寄主后病害发生。不同种类的病菌或同一种类病菌，在寄主不同生育时期，病害的病症表现不同。

9.2.4.2 病害循环

病害循环(disease cycle)是指病害从前一个生长季节开始发病，到下一个生长季节再度发病的过程，也称侵染循环(infection cycle)。一种植物病害侵染循环主要有 3 个关键环节，即初次侵染和再次侵染、病原物的越夏和越冬、病原物的传播途径。

(1) 初次侵染和再次侵染

在一个作物生长季节中，经过越冬或越夏的病原物，在新一代植株上引起的第一次侵染称为初次侵染或初侵染；由初侵染植株上新产生的孢子或其他繁殖体，不经休眠又侵染其他植株，这种重复侵染称为再次侵染或再侵染，许多侵染性病害在一个生长季节中，病原物可能有多次再侵染。

多数植物病害，有多次侵染，这类病害称为多循环病害（polycylic disease）。有些病害在一个生长季节中只有初侵染而没有再侵染，称为单循环病害（monocyclic disease）。

(2) 病原物的越冬和越夏

病原物的越冬和越夏，是植物收获后或休眠后病原物存在方式和存活场所，病原物以何种方式和在什么场所，度过寄主休眠期而成为下一季节的初侵染源。病原物的越冬或越夏，与某一特定地区的寄主生长的季节性有关。大多数植物在越冬前收获或进入休眠，病原即进入越冬；早春作物在夏季收获或休眠，这些作物上的病原即要进入越夏。

病原物越冬、越夏的方式有寄生、腐生和休眠。病原真菌有些以菌丝体在寄主体内越冬或越夏，有些以菌丝体形成的菌核、子座等在寄主内外越冬，有些则形成各种有性孢子和无性孢子；病原细菌可以在病株残体、病株上收获的种子、块根、块茎内越冬，有些还可在土壤中越冬。病毒、植原体大都只能在活的介体昆虫和植物体内及种子中越冬。

(3) 病原物的传播

越冬或越夏后的病原物，必须传播到可以侵染的植物上才能发生初次侵染，由初次侵染形成的病原物在植株之间传播则进一步引起再次侵染。病原物有时可以通过本身的活动主动传播，但主要的传播途径是依赖外界的因素，其中有自然因素和人为因素。自然因素中以风、雨水、昆虫和其他动物传播的作用最大；人为因素中以种苗、种子、块茎块根和鳞球茎等调运、农事操作和农业机械的传播最为重要。

9.2.5 作物病害防治方法

植物病害防控的基本原理是通过相关的措施，促进和调控各种生物因素与非生物因素的生态平衡，将病原物的种群数量及其危害程度控制在经济效益、生态效益、社会效益允许的阈值之内，确保植物生态系统群体健康。

(1) 植物检疫

植物检疫又称法规防治，是一个国家或地区政府为防止检疫性有害生物的进入和（或）传播而由官方采取的所有措施。通过科学的方法，运用一些设备、仪器和技术，对携带、调运的植物及植物产品等进行有害生物检疫，并且依靠国家所制定的法律法规保障实施的行为。其目的是防止植物及其产品的危险性病、虫、杂草传播蔓延，以此来保护农业与环境安全。

(2) 植物抗病品种的利用

选育和利用抗病品种是防治植物病害最经济、最有效的途径。其对许多难以运用农业措施和农药防治的病害，特别是土壤病害、病毒病害以及林木病害，利用抗病品种可能是唯一可行的防治途径。

(3) 农业防治

农业防治是在农业生态系统中，利用和改进耕作栽培技术及管理措施，调节病原物、寄主和环境条件之间的关系，创造有利于作物生长，不利于病害发生的环境条件，控制病害发生和发展的方法。农业防治不需要特殊设施，是经济、安全的，且与其他防治方法相结合能有效控制一些顽固性病害的基本方法。

选用无病繁殖材料 生产和使用无病种子、苗木、种薯以及其他繁殖材料，可以有效地防止病害传播和降低初侵染源的数量。为确保无病种苗生产，必须建立无病种子繁育制度和无病母本树制度。种子生产基地须设在无病地区，并采取严格的防病和检验检疫措施。带病种子需进行种子处理。通常用机械筛选、风选或用盐水漂洗等方法剔除种子间混杂的菌核、菌瘿、虫瘿、病植物残体以及病秕籽粒。对于表面和内部带菌的种子则需实行热力消毒或杀菌剂处理。

建立合理的种植制度 合理的种植制度有多方面的防病作用，它既能调节农田生态环境，改善土壤肥力，又能减少病原物，阻断病害循环。合理轮作能使病原物因缺乏寄主而迅速消亡，适于防治土壤传播的病害。各地作物种类和自然条件不同，种植形式和耕作方式也各不相同，对病害的影响也不一致，各地必须根据当地具体条件，建立合理的种植制度。

保持田园卫生 田园卫生措施主要包括清除病株残余、深耕除草、土壤消毒等措施。其目的是消灭和减少初次侵染及再次侵染的病菌来源。

加强栽培管理 改进栽培技术、合理调节环境因子、改善环境条件、调整播期、优化水肥管理等是重要的农业防治措施。灌水不当，田间湿度过高，往往是多种病害发生的重要诱因。地下水位高、排水不良、灌溉不当的田块，会造成田间湿度高，结露时间长等因素，有利于病原真菌、细菌的繁殖和侵染，容易诱发多种根病、叶病和穗部病害严重发生。因此，合理调节温度、湿度、光照等要素，创造不适于病原菌侵染和发病的生态条件，对于保护地病害防治和贮藏期病害防治具有重要意义。

(4) 生物防治

生物防治是指在农业生态系统中利用有益生物或有益生物的代谢产物来调节植物的微生态环境，使其有利于寄主而不利于病原物，或者使其对寄主与病原物的相互作用发生有利于寄主而不利于病原物的影响，从而达到防治植物病害的各种措施。生物防治具有高度的选择性、自然资源丰富、不污染环境、对人畜安全等特点，是一种环保、可持续的农业生产方式。

(5) 物理防治

物理防治是现代植物保护技术的重要组成部分，是通过物理手段抑制、杀死或消灭病原体，从而保护作物不被感染，包括人工捕捉、灯光诱控、色板诱控、辐照不育、物理阻隔、温度控制和气调防治等。

(6) 化学防治

化学防治是指使用化学农药防治植物病害的方法，具有高效、速效、经济等优点。在植物病害综合防治中占有重要地位，也是防治植物病害的重要手段之一。但要特别重视农药的正确使用，如果使用不当或长期使用，不仅会增强某些病虫害的抗药性，降低防治效果，而且会对植物产生药害，引起人畜中毒，杀伤有益微生物，导致病原物产生抗药性、污染环境、破坏生态等问题。

施药方法 杀菌剂与杀线虫剂的主要施药方法有喷雾法、喷粉法、种子处理、土壤处理、熏蒸法、烟雾法。此外，化学杀菌剂还用于涂抹、浸果、蘸根、树体注射、仓库及器具消毒等。

合理使用农药 为了充分发挥药剂的效能，做到安全、经济、高效，必须合理使用农药。任何农药都有一定的应用范围，因而要根据药剂的有效防治范围、作用机制，以及防治对象的种类、发生规律和危害部位的差异，合理选用药剂与剂型，做到对"症"下药。如果药剂使用不当，会使植物受到损害，这称为药害。在施药后几小时至几天内出现急性药害，在较长时间后才出现的称为慢性药害。长期连续使用单一杀菌剂会导致病原菌产生抗药性，降低其防治效果。有时对某种杀菌剂产生抗药性的病原菌，对未曾接触过的其他杀菌剂也有抗药性，这称为交互抗药性。为延缓抗药性的产生，应轮换使用或混合使用病原菌不易产生交互抗药性的杀菌剂，还要尽量减少施药次数，降低用药量。

9.3 作物虫害及其防治

9.3.1 昆虫的器官

昆虫属节肢动物门中的昆虫纲，昆虫的体躯分为头、胸、腹三部分，有三对足，绝大多数具有两对翅。

9.3.1.1 昆虫的外部器官

昆虫的器官分布在头、胸、腹各个部位，昆虫的头部是昆虫体躯最前面的1个体段，呈圆形或卵圆形，其外壁坚硬，由坚硬的头壳、触角、眼和口器组成，昆虫头部是昆虫感觉和取食的中心；昆虫的胸部是昆虫体躯的第二体段，由前胸、中胸和后胸组成，每个胸节上着生一对足，分别为前足、中足和后足，大多数昆虫的成虫期在中胸和后胸上着生有一对翅，分别为前翅和后翅，昆虫的胸足和翅是昆虫的主要运动器官；昆虫的腹部大多近纺锤形或圆筒形，通常比胸部略细，以近基部或中部最宽，昆虫的外生殖器官在昆虫的腹部，是昆虫生殖的中心。

9.3.1.2 昆虫的感觉器官

昆虫在与寄主植物漫长的进化中，通过感觉器官能够感受到寄主植物中的挥发性化合物，并将此作为求偶、觅食和寻找产卵场所的信息。在昆虫的感觉器官中，昆虫的触角和眼具有重要作用。

(1) 触角

大多数昆虫具有一对触角(antenna)，由柄节、梗节和鞭节组成。柄节是触角基部的第一节，常较粗短；梗节是第二节，常较细小；鞭节是第三节，由若干鞭小节组成。昆虫根据触角的不同形态，形成了各种类型的触角，主要有：丝状、刚毛状、念珠状、锯齿状、栉齿状、棒状、锤状、膝状、鳃叶状、羽毛状、具芒状、环毛状。

昆虫触角具有嗅觉、触觉甚至还有听觉作用，昆虫大多通过其触角上众多不同种类的感受器接受外来信息。例如，豆野螟(*Maruca testulalis*)雄虫可以感受到雌性成熟的成虫释放的性信息素；实蝇类昆虫可以感受到寄主植物特殊挥发物或人工合成类似物。

(2) 眼

复眼 昆虫的复眼存在于大多数有翅亚纲(Pterygota)成虫和半变态类(Hemimetabola)

若虫中，但在某些原始低等昆虫、内寄生昆虫和长时间生活在黑暗环境的昆虫种类中，复眼高度退化或消失。昆虫的复眼由数量不等的小眼构成，不同昆虫个体的小眼数量有差异。一般来讲，低等原始的昆虫没有复眼或单个复眼，只存在几个小眼，例如，双尾目（Diplura）昆虫一般不存在复眼，部分缨尾目（Thysanura）昆虫的单个复眼仅有8个以下的小眼。昆虫复眼作为主要的视觉器官，能感受物体的大小、形状和颜色，对昆虫的取食、觅偶、产卵、归巢和避敌等行为起着重要的作用。

单眼 昆虫的单眼分为背单眼和侧单眼，背单眼是昆虫成虫和不完全变态类昆虫的若虫或稚虫所具有的单眼，大部分的昆虫在成虫期同时具备单眼和复眼，两者之间交互作用，调节着昆虫的运动及生理活动。侧单眼是全变态类幼虫的视觉器官，侧单眼位于幼虫头部两侧且左右对称，从外观上看大多数侧单眼呈半球形或圆屋顶状。侧单眼变异较大，在数目上常常1至7对不等，有的甚至缺失。

9.3.1.3 昆虫的取食器官

在漫长的演化历程中，伴随着环境的变迁和寄主选择的多样性，昆虫食性和取食方式均发生了变化，口器结构也发生了一系列的分化，形成了多样的口器类型。

根据昆虫食性和取食方式的不同，口器一般可分为三大类：第一类是取食固体食物的咀嚼式口器，第二类是取食液体食物的吸收式口器，第三类则是既能咀嚼固体食物，又能取食液体食物的嚼吸式口器，其中咀嚼式口器是昆虫口器类型中最原始的类型，其他口器类型都是由咀嚼式口器演化而来的。

(1) 咀嚼式口器

咀嚼式口器着生于昆虫头部的前方或下方，由上唇、下唇、上颚、下颚和舌五部分组成，其中上颚、下颚、下唇分别是由昆虫头部的第1对、第2对、第3对附肢演变而成，而舌是由头部颚节区腹面体壁扩展出来的一个囊状物。

(2) 吸收式口器

吸收式口器，主要是取食液体食物，吸收式口器又可根据昆虫口器吸收方式不同分为以下7种：刺吸式口器、虹吸式口器、锉吸式口器、捕吸式口器、刺舐式口器、舐吸式口器、刮吸式口器。

9.3.1.4 昆虫的运动器官

昆虫在长期进化过程中经过自然选择，形成了多种运动方式和运动能力，其中昆虫的胸足由于形态结构特征不同，形成了步行、跳跃、游泳等多种运动方式，昆虫在胸部形成了两对翅（绝大多数为两对翅）为其飞行生活奠定了基础。

(1) 胸足

昆虫的胸足（thoracic leg）是昆虫重要的运动器官，一般由基节、转节、腿节、胫节、跗节和前跗节组成。

由于生活环境的不断变化，各类昆虫为了适应其生活环境的改变，足的类型和功能发生了相应的变化。主要有步行足、跳跃足、开掘足、捕捉足、携粉足、游泳足、抱握足、攀缘足。

(2) 翅

昆虫是无脊椎动物中唯一具有飞行能力的类群，昆虫翅的出现和飞行能力的获得是昆虫能成功进化的重要因素。飞行能力的获得，不仅使昆虫可以很容易地开发新的空间，而且当周围环境变得不利时,它们还可以快速地寻找到更好的栖息地,同时当面对捕食者或其他威胁时,翅可以帮助它们快速地逃离。

昆虫的翅膀呈三角形,根据翅膀展开时距离身体的远近将翅缘分为三个部位,分别为前缘、后缘和外缘。而根据翅膀上面的皱褶将翅膀又划分为四个区域,依次为腋区、前区、臀区和轭区。不同的昆虫为了适应不同的生活环境,进化出了不同的翅膀类型,主要有膜翅、覆翅、鞘翅、半鞘翅、鳞翅、毛翅、缨翅、平衡棒。

9.3.1.5 昆虫的生殖器官

昆虫的外生殖器是昆虫用于交配和产卵的器官,主要由腹部的生殖节上的附肢特化而成。在有翅亚纲昆虫中,交配涉及两个阶段,第一阶段雌雄外生殖器结合,第二阶段雄虫将精子输送至雌虫生殖道内,完成受精。

(1) 雄性外生殖器

雄虫外生殖器称作交配器,一般由腹部末端第9节及其附肢组成。雄虫外生殖器依据形态可分为两大类,一类是演化较原始的昆虫,具有成对的阳茎,如浮游目(Ephemeroptera)、原尾目(Protura)和部分革翅目(Dermaptera)等;另一类形态结构多为管状,如有翅亚纲,还有少部分为叶状结构,一般为较原始的目所特有。雄虫外生殖器通常分为两个部分,第一部分为抱握雌虫生殖器的结构,第二部分为将精子运输至雌虫体内的结构。

(2) 雌性外生殖器

雌性外生殖器称为产卵器,一般由腹部末端第8、9节及其附肢组成。产卵器的基本构造为管状构造,由3对产卵瓣构成,分别为第一产卵瓣(腹产卵瓣),第二产卵瓣(内产卵瓣)和第三产卵瓣(背产卵瓣)。昆虫的产卵器主要分为两大类:一般产卵器,保留了产卵器最基本的产卵瓣结构,并出现了相应的发展、特化或消失;另一类是腹部8~9节或者8~10节组成的可延伸的管状结构,叫作特化产卵器,其产卵瓣的结构已经退化或与腹部愈合。

9.3.1.6 昆虫的体壁

昆虫有着与人类等高等动物截然不同的身体结构与生物学特性。昆虫周身包被着一层坚硬的外骨骼,它保护着昆虫柔软的内部器官,抵御外来侵害,维持昆虫形态,防止体内水分大量蒸发,肌肉附着其上为昆虫提供动力。昆虫的体壁(integument)由表皮(cuticle)、底膜和真皮细胞组成。

表皮层分为上表皮、外表皮和内表皮,外表皮和内表皮统称为原表皮。昆虫表皮不同结构层中化学组成成分及其物理性质不同,外表皮由蜡质、脂质及蛋白质组成;上表皮由部分表皮蛋白与脂质构成;原表皮主要由几丁质纤维与表皮蛋白构成,是昆虫真皮细胞最主要的分泌物。

昆虫需要进行周期性蜕皮,来满足自身生长发育的需求。昆虫的蜕皮包括两个过程,分别称为皮层溶离和蜕皮。皮层溶离指真皮细胞层与旧的表皮之间产生间隙,开始分泌蜕皮液,降解内表皮的同时在间隙中形成极薄的蜕皮膜,保护新生成的表皮不被降解。这个过程一直会持续到所有内表皮都被降解,之后便是蜕皮。

9.3.1.7 昆虫的内部结构

昆虫各个内部器官组成的系统除了行使其特有的功能外,还相互配合完成昆虫个体的生命活动。按照功能可分为呼吸系统、消化系统、排泄系统、生殖系统、循环系统和神经系统等。

(1) 呼吸系统

昆虫的呼吸系统是由外胚层内陷形成的管状气管系统，通过这一管状系统直接将氧气输送到需氧组织、器官和细胞，再经呼吸作用，将体内贮存的化学能以特定形式释放，为日常活动提供所需能量。

(2) 消化系统

昆虫的消化系统由消化道以及相关腺体组成，消化道的主要功能是进行食物的摄取、运输、消化和吸收，并且能够控制水盐平衡以及排泄等。根据胚胎期组织学的来源、功能的分化以及存在部位的不同，消化道可分为三个部分：前肠、中肠和后肠，前肠和后肠均来自外胚胎，中肠来自内胚层，昆虫消化食物主要依赖唾液腺分泌的消化酶。

(3) 排泄系统

昆虫的排泄系统主要依赖于马氏管，马氏管是着生于中、后肠交界处，是浸浴于血淋巴中的盲管。马氏管与后肠共同构成昆虫的排泄系统，其在排出代谢废物、保持盐类和水分的平衡起着非常重要的作用。

(4) 生殖系统

昆虫的生殖系统使得昆虫种族后代的繁殖得以延续，昆虫强大的生殖能力和多种生殖方式与其复杂多变的生殖系统的构造密切相关。

雌虫内生殖系统主要由1对卵巢、两根侧输卵管、1根中输卵管组成。有些昆虫种类还有交配囊。另外，大多数昆虫种类还具有1个贮藏精子的受精囊和1对附腺。卵巢小管的数目尽管在种内基本不变，但在不同种类间差异很大。

雄虫内生殖系统主要由精巢、输精管、贮精囊、附腺和射精管组成。精巢是精子发生和发育的场所，由2个睾丸体构成，形状呈近球形。

对于两性生殖类群，由外生殖系统与内生殖系统配合完成雌雄交尾，随着雌虫体内卵巢中卵子逐渐成熟，在雌性体内多器官作用下将卵子推向受精囊，与来自交配囊的精子结合，完成受精，随后产出体外，进行胚后发育。

(5) 循环系统

昆虫的循环系统是大多数生理过程的中心，它向细胞传递营养和激素，清除废物，并且具有协调防御机制、调节传热、协助气体交换、促进蜕皮、维持体内平衡等功能。循环系统由血淋巴、血腔和一系列肌肉泵组成，血淋巴兼有哺乳动物的血液及淋巴液的特点，但不具有运输氧气的功能。因此，昆虫大量失血后并不会危及生命，但可能破坏其正常的生理代谢。

(6) 神经系统

昆虫神经系统联系着体壁表面以及体内各种感觉器官和反应器，是昆虫的信息传递系统和重要的综合控制系统。昆虫使用各种感受器从体内、外获取各种信息，通过神经系统的综合作用和编码程序，激发机体的各种行为反应；昆虫能够通过神经系统调节自身的生长发育。

9.3.2 害虫危害症状及其特点

9.3.2.1 地下害虫

地下害虫是指其一生或一生中某个阶段生活在土壤中,危害植株的地下部分或近土表层嫩茎的杂食性害虫。我国已知的地下害虫有8目38科320余种,其中以蛴螬种类最多,其次为金针虫和地老虎等。

地下害虫分布遍及全国各地,在水田、旱地、丘陵、山坡地、林地、果园、草原等均有发生,而以长江以北各省份发生最严重。近年来,由于化学农药的大量使用,未经腐熟的农家肥和作物的残茬还田,农民对地下害虫的防治意识匮乏等原因,使地下害虫发生数量日益增大,对农作物的产量和质量产生重大影响。

(1) 地下害虫的危害症状

地下害虫主要危害作物的种子、地下根、茎、幼苗等部位,其取食幼苗后,作物受害轻则萎蔫,生长迟缓,重则干枯而死,造成缺苗断垄,对作物产量影响很大。

按危害方式来分类,地下害虫可分为三个类型:昼夜均栖息在土壤中,并危害农作物的地下部分,如蛴螬类(图 9-1、图 9-2)及金针虫类(图 9-3);白天栖息在土壤中,夜间出来危害农作物的地上部分,如地老虎类;白天栖息在土壤中,夜间到地面活动,危害农作物的地下和地上部分,如蝼蛄类(图 9-4)。

图 9-1 田间的蛴螬

图 9-2 蛴螬及其危害症状

图 9-3 金针虫及其危害状

图 9-4 田间的蝼蛄

(2) 地下害虫的危害特点

食性杂、寄主范围广 地下害虫的食性很杂,分布遍及全国各地,在水田、旱地、丘陵、山坡地、林地、果园、草原等均有发生,主要危害多种农作物及林果苗木、蔬菜、草皮、中草药等的种子和幼苗,在作物的整个生育期均有发生,且多种地下害虫可交错重叠发生。

生活周期长 地下害虫因种类多、生活周期长、在作物的整个生长期内都有发生。从播种期持续危害到收获期，且多种地下害虫常常交错重叠发生。

危害周期明显 在北方地区一年中，随着地温的季节周期性变化，地下害虫表现出明显的危害周期性，形成了随着地温的变化而在土壤中垂直移动的特点。一般一年中有2次危害高峰期，分别为春季和秋季。夏季地温过高，危害较轻。一天中，一般上午和傍晚危害重。

危害严重且发生隐蔽 地下害虫常导致植物苗期受害，轻者缺苗、断垄，重者需翻耕改种。在植物生长期，尤其是油料作物(如花生、大豆等)，块根(茎)作物(如甘薯、马铃薯、甜菜等)生长期受害，直接降低作物产量和品质，地下害虫长期生活在地下，隐蔽性强，不易被发现，造成的经济损失很大。

9.3.2.2 食叶类害虫

食叶类害虫是以叶片为食的害虫。幼虫一般取食叶片，常咬成缺口或仅留叶脉，甚至全吃光。少数昆虫潜入叶内，取食叶肉组织，或在叶面形成虫瘿。常见的食叶类害虫主要包括鳞翅目(叶蛾、刺蛾、舟蛾、毒蛾、夜蛾、尺蛾、螟蛾等)、鞘翅目(叶甲、金龟子)、膜翅目(叶蜂)、直翅目(蝗虫)、双翅目(潜叶蝇)等昆虫，它们对作物均可造成严重危害。

(1) 食叶类害虫危害症状

蚕食叶片类害虫 幼虫直接取食叶肉，造成缺口或仅留叶脉，甚至全部吃光。

潜叶类害虫 以幼虫潜食叶片，使叶片皱缩、褪绿、干枯、植株衰弱，乃至整株死亡；潜食造成的伤口可诱发次生菌寄生，促使叶片腐烂、脱落。

(2) 食叶类害虫危害特点

营裸露生活 食叶害虫大多数营裸露生活，易受天气、天敌等外界环境条件的影响。因此，食叶害虫的虫口密度的变动幅度较大，具有一定的突发性与潜伏性。

繁殖能力强 食叶害虫都具有强大的繁殖能力，且产卵集中，发生量大，具有主动迁移、迅速繁殖的能力。

发生具有阶段性和周期性 食叶害虫的发生不是偶然的，虫口密度的消长具有一定的规律。其发生发展一般经历以下四个阶段：

①初始阶段。此时害虫食料充足，气候条件适宜，害虫数量呈上升趋势。害虫的虫口密度小，作物无明显的被害症状，害虫也不易被发现。

②增殖阶段。在气候、食料的有利条件下，害虫的种群密度显著增长并持续上升，这个时期的作物有明显的危害症状。

③猖獗阶段。前期的虫口密度急剧增长，虫口暴发成灾，随后食料匮乏，后期害虫因食料不足导致个体发育不良。由于生存条件恶化，害虫大量死亡或转移，繁殖力下降。猖獗后期，害虫数量大幅下降。

④衰退阶段。此阶段虫口密度减少，气候条件的恶化，害虫数量显著下降，作物受害惨重，天敌数量减少，预示一次大发生的结束。

9.3.2.3 刺吸类害虫

刺吸类害虫是具有种类多、分布广、食性杂、繁殖力强、危害重等特点，直接危害造成枝叶及花卷曲、畸形、萎蔫，甚至整株枯萎或死亡，间接危害造成环境污染，病毒传播。

图9-5 玉米上的蚜虫

图9-6 大豆上的蝽(斑须蝽)

刺吸式害虫常见的主要有蚜虫类(图9-5)、蝽类(图9-6)、介壳虫类、粉虱类和蝉类等,由于它们个体小,发生初期易被忽视,如果防治不及时,常造成较大危害。

(1) 刺吸类害虫的危害症状

刺吸类害虫直接吸取植物的汁液养分,受害部分出现黄化、失绿的斑点;害虫吸取汁液后,引起植株水分的流失,造成叶片卷曲,皱缩变形,甚至枯死;部分种类(如蚜虫)刺吸类害虫危害后,在植株上分泌蜜露或蜡质物,污染植株叶面和果实;有些种类有发达的产卵器,产卵时使植物的枝叶产生伤口,影响植株生长发育。

(2) 刺吸类害虫的危害特点

刺吸式口器,成虫和若虫均能危害　成虫和若虫吸食叶片、嫩梢及果实汁液,引起刺吸点以上叶脉变黑,叶肉组织颜色变暗枯死,易形成畸形果,导致农作物产量大幅度降低,甚至绝收。

繁殖能力强　除了两性生殖外,刺吸类害虫具有孤雌生殖的能力,均为不完全变态,通过孤雌生殖产生许多后代提高种群数量,具有群居危害的特点。刺吸类害虫的生命周期短,其繁殖速度极快,一年能繁殖几十代,因此往往频繁发生且暴发成灾。

寄主范围广　刺吸类害虫寄主广泛,在玉米、水稻、高粱、水稻、小麦、蔬菜、油料作物、烟草、棉花等作物上均有分布,且大多数刺吸类害虫具有多食性,能够同时取食多种作物,在农业生产上造成巨大危害。

传播病毒　刺吸类害虫分泌的蜜露,沉积在植物叶片表面上,并引起黑色霉菌,减少光合作用,导致作物煤污病等病害的流行。同时此类害虫也是多种病毒病的传播媒介,具有传播病毒病的能力,严重降低作物的品质和质量。

9.3.2.4　钻蛀类害虫

钻蛀性害虫大多数为咀嚼式口器害虫,主要以幼虫和成虫钻到植株体内取食危害,阻断养分和水分的运输,破坏输导组织,使被害植物枯萎死亡。

作物上常见的钻蛀类害虫主要包括鳞翅目螟蛾科:玉米螟(图9-7)、桃蛀螟、水稻二化螟等,由于其隐蔽性强、危害快、种类多,且一般深藏在植株体内,药剂难接触到虫体,造成防治困难,有很强的危害性。

(1) 钻蛀类害虫的危害症状

钻蛀类害虫以幼虫期危害为主,蛀食成孔洞、隧道,使养料、水分输送受阻,树干易折断,枯萎死亡。玉米上最常见的钻蛀类害虫为玉米螟,以幼虫危害植株,心叶期取食叶肉、咬食未展开的心叶,造成"花叶"状。抽穗后蛀茎食害,蛀孔处易风折,对产量影响很大。还可直接蛀食雌穗嫩粒,并招致霉变降低品质。水稻螟虫是典型的钻蛀类害虫,皆

图 9-7 钻蛀类害虫玉米螟幼虫(a)及成虫(b)

以幼虫蛀入稻株茎秆中取食组织，致使苗期和分蘖期呈现枯心苗，孕穗期中为死孕穗，抽穗期出现白穗，黄熟期成为虫伤株。二化螟、大螟还可在叶鞘内蛀食，形成枯鞘。大豆上常见的钻蛀性害虫是大豆食心虫，以幼虫蛀食豆荚，幼虫蛀入前均作一白丝网罩住幼虫，一般从豆荚合缝处蛀入，被害豆粒咬成沟道或残破状。

(2) 钻蛀类害虫的危害特点

危害隐蔽 钻蛀类害虫钻蛀到作物体内进行危害，药剂很难接触到昆虫，其生活隐蔽性特点增加了害虫防治的难度，使相关虫害防治技术的应用具有较高的局限性。

虫口稳定 钻蛀性害虫的移动性较弱，与其他害虫相比，钻蛀性害虫受到自然环境、气候环境的影响较弱，具有较为稳定的繁衍条件。

危害严重 钻蛀类害虫主要为咀嚼式口器，钻蛀植株茎秆，往往导致植株折秆，妨碍植株的生长发育，严重影响作物的质量和品质。

9.3.2.5 迁飞性害虫

迁飞性害虫是指具有远距离迁飞习性的一类害虫。具有完整的迁飞活动，包括迁出、过境和迁入，是农作物虫害危害最大的类群，往往引起短时间、大区域暴发，如不及时防控会造成重大灾害。

我国地处东亚季风区，是著名的东亚昆虫迁飞场，地理位置、地形地貌、气候特点、植被和作物种植制度为迁飞性害虫提供了优越的适生条件，因此，迁飞性害虫危害更加突出，是我国农作物生长威胁最大的有害生物。目前我国农作物主要迁飞性害虫包括草地贪夜蛾、飞蝗(飞蝗和其他迁移性蝗虫)、草地螟、黏虫(图 9-8)、稻飞虱(褐飞虱和白背飞虱)、稻纵卷叶螟、小麦蚜虫(荻草谷网蚜、禾谷缢管蚜和麦二叉蚜)等 7 种(类)，重大迁飞性害虫年均发生面积为 6 453 万 hm^2，防治面积为 7 839 万 hm^2，造成的实际损失为 285 万 t，其造成的严重灾害不容忽视。

图 9-8 迁飞性害虫黏虫幼虫(a)及成虫(b)

(1) 迁飞性害虫的危害症状

迁飞性害虫幼虫取食植株叶片后，造成孔洞，及呈现不规则的缺刻，严重发生时，短期内吃光叶片，只剩叶脉。植株可能会由于叶片完全被啃食干净而出现整株植株凋亡的情况；幼虫会将果穗当成主要食物，导致大部分果穗腐烂、籽粒不全，影响作物产量与质量；迁飞性害虫危害症状往往成片发生。在大暴发时，害虫所到之处颗粒无收。

(2) 迁飞性害虫的危害特点

突发性 迁飞性害虫的发生具有不规律性和突发性，在相同地点同种害虫不同年份或季节发生的程度也具有很大差异，给害虫预测预报工作造成很大困难。

暴发性 成虫迁入数量大、批次多，是造成迁飞性害虫暴发的主要原因，同时迁飞性害虫具有很强的繁殖力，如一头草地贪夜蛾成虫能够产卵 1 500 粒左右，且繁殖速度快，造成短时间内害虫的大暴发。

暴食性 迁飞性害虫是一种暴食性害虫，多以幼虫危害植株，能吃光作物叶片，咬断作物的穗，大发生时将玉米叶片吃光，只剩叶脉，造成严重减产，甚至绝收。

毁灭性 迁飞性害虫寄主范围广，多为杂食性害虫，在种群密度大、吃光其喜好寄主后，黏虫、飞蝗等迁飞性害虫都饥不择食，可将所有绿色植物掠食一空，导致该地区颗粒无收，造成毁灭性灾害。

具有远距离迁飞的能力且不在当地越冬 我国地跨热带、亚热带、温带和寒温带等多个季风气候带，给迁飞害虫发生危害提供了适宜的时空条件，有利于迁飞害虫在我国季节性南北往返迁飞危害。迁飞害虫的越冬区划是明确其迁飞的初始虫源，揭示害虫迁飞特性的重要依据。

9.3.3 环境因素与害虫

环境是影响害虫生命活动的重要因素，包括非生物因素和生物因素。温度、湿度、光照、降水、土壤环境、大气 CO_2 浓度等非生物因素综合作用于害虫，直接影响害虫自身生长、发育、繁殖等行为，也会通过影响害虫天敌或寄主而间接影响害虫。生物因素则是通过害虫复杂的种间或种内关系直接或间接影响害虫生命活动。

9.3.3.1 CO_2 浓度对害虫的影响

CO_2 浓度变化会对害虫的呼吸作用及体内的生理活动产生直接影响。在仓储害虫防治中应用高浓度 CO_2 能起到很好的防治效果。CO_2 浓度变化也可以通过影响寄主植物的化学成分而对害虫产生间接影响，高 CO_2 浓度下，植物会减少抗虫化学物质的积累。例如，茉莉酸和蛋白酶抑制剂等，这种减少会降低植物的防御能力，使得害虫更容易取食和繁殖。目前国内外有关 CO_2 浓度变化对害虫影响的研究主要集中于咀嚼式口器害虫和刺吸式口器害虫。

9.3.3.2 气候变暖对害虫的影响

害虫作为变温动物，其体温会随着环境温度升高而升高，这使得它们的新陈代谢和生理生化反应速率加快。例如，研究结果表明：在适宜温度范围内，温度每升高 1℃，蝗虫生理生化反应速率约提高 9.8%。

气候变暖会扩展害虫的适生区域，扩大害虫地理分布，低温限制的害虫向高纬度和高海拔地区扩散；加快害虫各虫态的发育；延后害虫在冬前进入滞育的时期；会使低温适生害虫种群减少，种群丰富度下降；还会使高温适生害虫种群增加。

9.3.3.3 光和辐射对害虫的影响

光的波长、强度和周期对害虫的行为、趋势和滞育等生命活动均有影响。害虫的趋光性与光的波长有关，不同害虫有不同强度的趋光性，且对波长具有选择性。

光的强度即亮度，主要影响害虫昼夜的行为活动，如交配、产卵、取食和栖息等。例如，蚜虫、蓟马和粉虱对波长为 550~600 nm 的黄绿光有趋性；梨小食心虫成虫对强光照表现出明显的产卵偏好性，即使在微光条件下依然可以准确辨别出光照强度差异。

光周期主要对害虫的生活节律起信息作用。害虫对生活环境中光周期变化节律的适应所产生的各种反应，称为光周期反应，又称为光周期现象。许多害虫的地理分布、形态特征、年生活史、滞育特征、行为以及蚜虫的季节多型现象等，都与光周期的变化有密切关系。光周期对害虫体内色素的变化也产生影响。

9.3.3.4 其他环境因子对害虫的影响

全球变暖导致的诸多气候因子变化，除了 CO_2 浓度和温度升高之外，全球也在普遍面临着臭氧浓度增加、酸雨、干旱、洪涝、冰川退缩等极端天气和气候事件。

臭氧浓度增加对害虫生长发育有促进作用。高臭氧浓度下蚜虫的种群数量和产卵量增加，豌豆蚜的相对生长速率提高 20% 以上。许多咀嚼式口器害虫在臭氧升高条件下的生长发育更好，例如，取食臭氧处理后的菜豆叶，墨西哥豆瓢虫的蛹重明显大于取食未经处理的蛹重，高浓度臭氧导致烟草上的烟田蛾生长率和存活率提高。

在干旱少雨的情况下，害虫种群数量会随之增加。降水减少，棉铃虫幼虫及其蛹溺水的情况就会减少，其种群密度就会增加。蚜虫吸食汁液少，不会因水分过多而饱胀致死，其种群数量也会增加。

9.3.3.5 生物因子对害虫的影响

生物因子是指害虫会受到环境中的所有生物生命活动产生的直接或间接影响。这种影响主要表现在营养联系上，如种间、种内竞争及共生、共栖等，其中食物和天敌是生物因子中两个最为重要的因子。

生物因子与害虫生长发育、繁殖存活和行为等关系密切，制约着害虫种群的数量动态。与非生物因子相比，生物因子对害虫的影响有以下特点：非生物因子对害虫的影响是比较均匀的，而生物因子在某些情况下仅影响害虫的某些个体。例如，温度、湿度和降雨等对害虫种群中各个个体的影响基本一致，而在同一生境内，害虫被捕食的概率是不相同的，只有在极个别情况下，害虫种群的全部个体才有可能被天敌所捕食或寄生；非生物因子对害虫的影响与种群个体数量无关，但生物因子对害虫的影响则与个体数量关系密切；非生物因子一般仅单方面对害虫发生影响，而生物因子与害虫之间是相互作用的。例如，害虫天敌数量的增多，会导致害虫种群数量下降，而害虫种群数量的下降，又势必造成天敌食物不足，天敌数量也随之下降，从而又导致害虫种群数量的增加；非生物因子可以通过对生物因素的影响而对害虫产生间接影响。

9.3.3.6 土壤环境对害虫的影响

土壤与害虫的关系十分密切，它既是一些害虫生活场所，可以直接影响害虫生存，又能通过影响植物而间接影响害虫。有 98% 以上的害虫种类在其生活史中或多或少都与土壤有联系，它们有的终身生活在土壤中，有的仅个别发育阶段或时期在土外生活、活动。因而土壤的生态环境，如温度、湿度、含水量、机械组成、化学性质和生物组成，以及各种农事活动等，均对害虫产生较大的影响。

土壤温度同气温一样，主要影响土壤害虫的生长发育。土壤高温和低温等主要影响昆虫的繁殖、生存，尤其是对害虫生活习性和行为产生重要影响。

土壤湿度对地下害虫的分布有一定影响。例如，细胸金针虫、小地老虎多发生于土壤湿度大的地方或低洼地，沟金针虫多发生于土壤湿度小的干旱地区。在土壤内越冬、越夏的害虫，解除滞育后也受土壤湿度的影响。例如，小麦吸浆虫幼虫在 3~4 月遇到土壤水分不足时，不化蛹而继续滞育，若土壤长期干旱，则可滞育几年。土壤湿度过大，往往使一些土壤害虫罹病死亡。

土壤中生物种类和数量十分丰富，其中又以无脊椎动物，尤其是害虫为多，它们相互作用、相互影响而共同组成了土壤生物群落。在防治地下害虫时，应避免盲目灌施农药，减少对有益土栖微生物的杀害，防止恶化土壤环境和降低土壤肥力。

9.3.4　害虫主要防治方法

9.3.4.1　植物检疫

植物检疫(plant quarantine)是依据国家法规，对调出和调入的植物及其产品等进行检验和处理，以防止人为传播的危险性病、虫、杂草传播扩散的一种带有强制性的防治措施，又称为法规防治(legislative control)。植物检疫是植物保护事业中一项带有根本性的预防措施。

9.3.4.2　农业防治

农业防治是根据农田环境、寄主植物与害虫之间的相互关系，利用一系列栽培管理技术，有目的地改变某些因子，有利于作物的生长发育，而不利于害虫，从而达到控制害虫的发生和危害，保护农业生产的目的，农业防治是有害生物综合防治的基础。农业防治措施如下：

①合理作物布局。通过对各种作物田块的设置、品种搭配和茬口安排，充分利用土地资源，发挥作物的生产潜能，增加粮食产量，提高农业生产效益，同时有效控制有害生物的发生和流行。

②合理轮作和间作。合理轮作和间作能够有效切断有害生物的寄主供应，利用作物间天敌的相互转移，或土壤生物的竞争关系，恶化发生环境，从而减少田间有害生物的积累。例如，东北地区实行禾本科作物与大豆轮作，可抑制大豆食心虫的发生。

③深翻土地与晒土灭虫。深翻土地能够有效改善土壤生态环境，破坏土壤深层的害虫生存条件，将其深翻至表面后，害虫的幼虫、蛹、卵等易受机械损伤，在通过阳光暴晒或冷冻后致其死亡。例如，玉米螟的蛹在土表下两厘米处越冬，冬季深翻可有效破坏其蛹室以及造成蛹损伤而死亡。同时，深翻耕种技术能够构建肥沃耕层，从而实现粮食高产稳产。

④合理灌溉与施肥。合理灌溉不仅可以有效地改善土壤水、气条件，满足作物生长发育的需要，还可以有效地控制病虫害的发生和危害。例如，麦田春灌可以减轻蛴螬和金针虫的危害；棉田适期灌水，可以有效地杀死棉铃虫老熟幼虫和蛹。

合理施肥能够有效改善作物的营养条件，改变土壤的性状，还可以直接杀死有害生物，如棉田施用过磷酸钙可以杀死叶螨和蛞蝓，稻田施用石灰可以杀死蓟马、飞虱、叶蝉等，氨对病菌有直接杀伤作用。

⑤加强田间管理。田间管理是各种增产措施的综合运用，同时对防治害虫具有重要作用。科学选择播种时间，避开病虫害高发阶段，能够确保农作物健康生长；清除田间枯枝落叶、落果、遗株等作物残余物，可将部分害虫和病残体随之带出田外，减少田间病虫害数量；控制杂草能够有效切断害虫营养桥梁，控制害虫数量。

⑥选育抗虫品种。植物抗虫性是植物某些品种所具有的可以降低害虫最终危害程度的可遗传特性。利用品种的抗虫性选育抗虫品种是防治害虫的一个重要途径。

9.3.4.3 生物防治

传统的生物防治是指通过捕食性或者寄生性天敌昆虫及病原菌的引入增殖释放来压制另一种害虫。随着科学技术的不断进步，生物防治的定义与范畴进一步扩大为："利用自然的或经过改造的生物、基因或基因产物来减少有害生物的作用，使其有利于有益生物，如作物、树木、动物和益虫及微生物"。

(1) 生物防治的理论基础及特点

大量的害虫种类受到自然作用的控制，其中最重要的自然控制作用是天敌因素，即"自然生物控制"。因此，在一定的农业生态系中，分析害虫种群与天敌种群之间的相互关系，人为加强天敌种群控制害虫的能力，就能把害虫种群数量降低到不足以对作物造成损害的水平，这是害虫生物防治的理论依据。

生物防治具有许多优点，一是能有效地控制害虫。例如，在棉花苗期利用瓢虫捕食棉蚜；通过蜘蛛及其他天敌昆虫来控制稻飞虱和稻叶蝉等均可收到显著效果。二是减少环境污染，降低残毒遗留量。三是降低农业成本，增加农民收入。生物防治的局限性首先是作用较缓慢，不能像使用化学农药快速地达到较好的杀虫效果；其次是以虫治虫，以菌治虫受地域性和气候条件的限制较大；第三是天敌生物的专一性较强，往往一种天敌只对一种或几种较近似种类的害虫起作用，而对其他害虫则毫无防治效果。

(2) 天敌昆虫

利用天敌昆虫对害虫进行生物防治已经成为目前较为广泛的方法。常见的捕食性天敌主要是草蛉类(图9-9)、瓢虫类(图9-10)、螳螂、蜻蜓、螨类、蝇类、虻类、蜂类、蝽象、蓟马、步甲和蜘蛛(图9-11)等。

图9-9 草蛉　　　　　图9-10 异色瓢虫　　　　　图9-11 蜘蛛

(3) 昆虫病原微生物

许多微生物包括细菌、真菌、病毒和原生动物等，都能使昆虫致病，甚至死亡，因此在害虫的生物防治中起着重要的作用。

细菌(bacteria)　　细菌的生长周期短，易于培养，有利于降低生产成本，而且具有强传染性、专一致病性等特点，能大大提高杀虫效率。苏云金杆菌(*Bacillus thuringiensis*)是细菌防治害虫方面主要的细菌。

真菌(fungi)　昆虫病原真菌是昆虫病原生物群中的最大类群。调查发现，越冬昆虫60%的疾病由真菌感染而引起。病原真菌是最先被利用、最早被发现的一种昆虫病原微生物。当前采取人工增殖方式毒杀蝗虫的病原真菌主要是白僵菌、绿僵菌以及黄绿僵菌等。

病毒(virus)　昆虫病毒的特异性较强，寄生昆虫的病毒一般不感染人类、高等动物和高等植物，使用相对比较安全。病毒侵入昆虫的途径主要是通过口器。过去昆虫病毒的生产主要是采集自然昆虫培养，近年来随着人工饲料研究的进展，人工大量饲养寄主昆虫成为可能，并且为大量繁殖昆虫病毒奠定了基础。

昆虫病原线虫(nematode)　自然存在于土壤中，是一种专门寄生昆虫的线虫。这类线虫可侵染和杀死鳞翅目和鞘翅目等昆虫幼虫，对环境、植物及非靶标生物无副作用，在害虫生物防治中发挥着重要作用。昆虫病原线虫分为斯氏科(Steinernematidae)和异小杆科(Heterorhabditidae)，用于害虫生物防治的昆虫病原线虫主要包括斯氏属(*Steinernema*)和异小杆属(*Heterorhabditis*)。

微孢子虫(microspore)　近年来我国在草地上利用微孢子虫防治蝗虫，引发蝗虫微孢子虫病的流行，使蝗虫种群密度长期处在较低水平，取得了良好的生态效益和经济效益。

其他有益动物　节肢动物门(Arthropoda)蛛形纲(Arachnida)中的蜘蛛类(Spiders)及蜱螨类(Tickites)中的一些种类对害虫的控制作用已日益受到人们的重视。在稻田、棉田和果园中对一些重要害虫的种群数量有着明显的抑制效果。捕食性螨类是一个重要的天敌类群。利用捕食螨防治农业害螨用于生产无公害或有机农产品的技术称为"以螨治螨"，已被全国农技推广中心列入全国重点示范推广的绿色防控技术。食虫鸟和某些两栖类动物在捕食害虫方面也有一定的作用。

(4)昆虫不育防治技术

昆虫不育防治就是利用某种特异方法破坏昆虫生殖腺的生理功能，或是利用昆虫遗传成分改变，使雄性不产生精子，雌性不排卵，或受精卵不能正常发育。将这些大量不育个体释放到自然界中，与自然种群交配造成后代不育，经若干代连续释放，使害虫的种群数量逐渐减少，最终导致种群灭绝。

(5)昆虫激素的利用

昆虫激素的类别很多，根据激素的分泌特点及作用过程可分为内激素(endohormone, 又称昆虫生长调节剂 insect growth regulator)和外激素(ectohormone, 又称昆虫信息素 insect pheromone)两大类，内激素是昆虫分泌在体内的化学物质；外激素则是昆虫分泌在体外的挥发性化学物质。在害虫防治工作中研究和应用较多的激素是保幼激素和性外激素。

昆虫保幼激素作为杀虫剂，多是选择昆虫在正常情况下不存在保幼激素或只存在少量保幼激素的发育阶段(幼虫末期和蛹期)，使用过量保幼激素，抑制昆虫的变态或蜕皮，影响昆虫的生殖或滞育。性外激素(sexual pheromone)也称性信息素。人工合成的性外激素通常叫做性引诱剂，简称性诱剂，作为一种绿色防控新技术，具有高效、安全、环保、专一、操作方便、不伤害益虫等优势。

9.3.4.4　物理防治

物理防治是利用各种物理因子、人工或器械防治害虫，主要包括捕杀、诱杀、趋性利用、温湿度利用、阻隔分离及激光照射等新技术的应用。此方法一般简便易行，成本较低，不污染环境，既可用于预防害虫，也能在害虫已经发生时作为应急措施，可与其他方法协调进行。

①诱集灭虫。利用害虫的趋光性、趋化性和其他一些习性进行诱杀。例如，利用一些夜蛾、螟蛾和金龟甲等成虫的趋光性进行黑光灯诱杀（图 9-12），特别是利用高压荧光灯（高压汞灯）诱杀棉铃虫，在其大发生时降低田间落卵量效果显著；在诱蛾器皿内置糖醋酒液，或加以适量的杀虫剂以诱杀多种夜蛾科成虫等。这些都是诱集和杀灭害虫行之有效的方法。

（a）

（b）

图 9-12 物理防治所用设备黑光灯

②阻隔分离。物理阻隔技术是根据害虫的生活及危害习性采用生物或非生物材料防止害虫蔓延，其中防虫网阻隔技术是农业生产中应用最为广泛的物理阻隔技术。

③低温或高温灭虫。禾谷类粮食在入仓前暴晒或夏季在太阳直射下晒粮，对储粮害虫有致死作用。用开水浸烫豌豆或蚕豆种，经 25~30 s 后在冷水中浸数分钟，可杀死里面的豌豆象或蚕豆象，而不影响种子发芽。

④人工机械捕杀。利用人工或简单的器械捕杀害虫。例如，人工抹卵或捏杀老龄幼虫；根据金龟甲等的假死性，可震落捕杀；拉网捕杀小麦吸浆虫等成虫。

⑤辐射法。辐射法是利用电波、γ 射线、X 射线、红外线、紫外线、激光、超声波等电磁辐射进行有害生物防治的物理防治技术，包括直接杀灭和辐射不育。这类技术在室内研究中具有广泛的杀灭病虫的效果，但目前能进行大面积田间应用的方法较少。

9.3.4.5 化学防治

化学防治就是利用化学农药来控制病虫、杂草等有害生物的种群数量，对于常发生的有害生物来说，化学防治是目前最重要的手段之一，往往也作为虫害草害大暴发时的应急措施，具有较好的效果。化学防治具有防治谱广、见效快、应急性强等优点，化学防治是农业防治、生物防治和物理防治无法替代的，对我国农业的发展作出了巨大贡献，因此常用作防治有害生物的必要措施。

传统上一般将杀虫剂按有效成分进行分类，主要分为无机和有机杀虫剂，后者又有天然和合成之分。合成杀虫剂细分为有机氯、有机磷、有机氮、拟除虫菊酯等。杀虫剂药效的发挥取决于一系列的因素，包括化合物物理化学性质、剂型、助剂的选择及气候、土壤等环境因子等，但这些因素协调作用的关键是在于其作用方式，它主要分为神经、生长调节、呼吸等作用。按照其不同的作用方式，杀虫剂分为以下剂型：

（1）胃毒剂

指药剂通过害虫的口器和消化道进入虫体使害虫中毒死亡，如灭幼脲、氟啶脲等。此类杀虫剂适用于防治咀嚼式口器害虫，如黏虫、蝗虫等。

（2）触杀剂

触杀剂主要是药液接触害虫体表，穿透体壁或通过昆虫气门进入虫体内，使昆虫中毒死亡的杀虫剂，如拟除虫菊酯、氨基甲酸酯等。当下生产中常用杀虫剂的大多数是触杀剂。

（3）熏蒸剂

药剂在常温下气态存在或可以分解、挥发为气体，通过害虫呼吸系统进入害虫体内，使其中毒死亡，如毒死蜱、丙溴磷等。熏蒸剂一般在能密闭或近于密闭的条件下施用。

（4）内吸剂

将药剂喷到作物上，药剂被作物的叶、茎、根或种子吸收，并在植株体内传播到各个部位，在体内保持一定时期的毒效，或经过植物代谢作用产生更毒的代谢物。当害虫取食带毒的作物时，药剂随之进入害虫体内，使害虫中毒死亡，如吡虫啉、杀虫双等。

（5）拒食剂

昆虫取食药剂会影响昆虫嗅觉器官，使其不能正常识别食物，最终逐渐饥饿、脱水死亡，如拒食胺、氟铃脲等。

（6）驱避剂

驱避剂本身无杀虫活性，依靠其物理、化学作用影响害虫，可驱散害虫或使害虫忌避，如樟脑、避蚊胺等。

（7）引诱剂

引诱剂是植物产生或人工合成的可以将害虫诱集到一起，配合其他物理或化学措施灭杀害虫。包括性引诱、取食引诱、产卵引诱，如性信息素、蔗糖液等。

（8）不育剂

破坏害虫生殖系统，可使害虫丧失繁殖能力，但还能与田间正常的个体进行交配，交配后正常个体也不能繁殖，经过连续多次使用，使害虫的种群密度逐渐降低，如绝育磷、不育特等。生产上使用较少。

（9）生长发育调节剂

能通过干扰害虫的生长和发育过程，从而抑制害虫的繁殖和发育能力，达到控制害虫的目的，如灭幼脲、虫酰肼等。

9.4 作物草害及其防除

农田杂草是指与栽培作物伴生并对其构成危害、影响人类生产活动的一类植物。在农业生产中，草害是与病害及虫害相并列的主要危害之一。杂草作为农业生态系统中的一个组成部分，其生长迅速，不但与农作物争夺水分和养分，还是多种病虫害的中间寄主，若防除不及时就会迅速蔓延，影响农作物的生长。据联合国粮食及农业组织报道，全世界范围内广泛分布的杂草约 3 万种，其中 1 800 种严重危害农田，导致农作物产量损失达 9.7%。主要农田杂草约 580 余种，其中水田 129 种、旱田 427 种、水旱田均有 24 种，难以防除的恶性杂草约有 30~40 种。稗、野燕麦、看麦娘、藜、蓼、苋、扁秆蔍草、眼子菜、马唐、鸭舌草为农田十大害草。

9.4.1 农田杂草种类

根据杂草植物学特征，分为双子叶杂草和单子叶杂草，这两类杂草对除草剂敏感度有明显差别。根据农田杂草发生情况，稻田中主要危害杂草为稗草、千金子、异型莎草、扁秆蔍草、鸭舌草、雨久花、野慈姑、鳢肠、眼子菜等；玉米田主要危害杂草为马唐、苍耳、藜、打碗花、马齿苋、苘麻等；大豆田主要危害杂草为狗尾草、牛筋草、反枝苋、苣荬菜、鸭跖草等；麦田主要杂草为牛繁缕、节节麦、硬草、看麦娘、野燕麦等。

9.4.2 农田杂草的生物学特性

(1) 休眠性

在长期的自然选择过程中，大多数杂草种子形成了休眠的特性，即当种子成熟后的数月内，即使外部环境条件满足发芽要求也不发芽。而且即使打破休眠后，如果环境条件不适，也将产生二次休眠的现象。

(2) 早熟性

杂草的营养生长期较短，并能根据环境的变化缩短营养生长转向生殖生长，使杂草在短时间内就能成熟结实，如有的稗草从发芽到结实仅需 30 d。

(3) 多产性

杂草具有强大的繁殖能力。其繁殖方式分为种子繁殖和营养繁殖两种类型。以种子繁殖的杂草，其种子具有籽粒小、数量大的特征，一株杂草的种子数少则 1 000 粒，多则数十万粒，因此在每公顷的土地上常常有数百万至数千万粒杂草种子。这些种子不仅数量多，而且生命力强。可见，强大的繁殖能力是杂草大量蔓延的主要原因，也是杂草造成危害的重要特征。

9.4.3 农田杂草的综合防除

农田杂草的防除要遵循"预防为主、综合防治"的植保方针，运用生态学的观点，从生物和环境关系的整体出发，本着安全、有效、经济、简易的原则，因地因时制宜，合理运用农业、生物、化学、物理的方法，把杂草控制在经济危害水平以下，以实现农业增产和保护人畜健康的目的。农田杂草综合防除的关键，在于把杂草防除在萌芽期或幼苗期，即以最少投入获得最佳的经济效益。

9.4.3.1 植物检疫

植物检疫是防止国外危险性杂草进入我国，同时可防止省与省之间、地区与地区之间危险性杂草传播的主要手段。因此，加强危险性杂草的检疫工作是防除杂草的重要措施。

9.4.3.2 农业措施

①轮作。轮作是农田杂草控制的基础，通过科学地轮作倒茬，可使原来生长良好的优

势杂草种群处于不利的环境条件，从而逐渐减少或灭绝。特别是对寄生杂草，轮作是一项非常经济有效的防除措施。

②精选良种。精选良种是减少农田杂草传播及危害的一项重要措施。播前可利用杂草种子的大小、轻重、有芒或无芒、光滑程度、漂浮能力等不同特性，采用机械、风力、筛选、水选及人工拾捡等措施，对作物种子进行精选，清除混杂在作物种子中的杂草种子，是一种经济有效的方法。

③迟播诱发。迟播诱发是利用农作物的生物学特性和杂草的生长特点，有计划地推迟农作物的播种期，可使土内草籽先发芽出土，通过耕翻灭草防止其结实，从而控制农田杂草危害，然后再进行播种的方法。

④施用腐熟的厩肥。厩肥是农家的主要有机肥料，堆肥或厩肥必须经过50~70℃高温堆沤处理，闷死或烧死混在肥料中的杂草种子，然后方可施入田中。

⑤合理密植，以密控草。科学合理的密植，能加速作物的生育进程，利用作物自身的群体优势抑制杂草，即以密控草，可以收到较好的除草效果。

9.4.3.3 物理措施

人工或机械除草利用人工拔除或机械切断草根，干扰和抑制杂草生长，达到控制和清除杂草的目的。人工拔草时一定要做到"除小、除早、除尽"。

9.4.3.4 化学控制

化学除草是除草剂被杂草吸收后，通过破坏杂草的光合作用、呼吸作用，干扰杂草激素作用和干扰其核酸、蛋白质与脂肪合成，最后将杂草杀死。化学除草已经成为当今农民使用最广泛、最依赖的主要除草技术。

（1）土壤处理

将除草剂施到土壤表层，形成一定厚度的药土层，接触杂草种子、幼芽、幼根、芽鞘或胚轴等部位吸收进入杂草体内，在生长点和其他功能组织起作用而杀死杂草。

（2）茎叶处理

杂草出苗后通过茎叶喷雾处理杀灭杂草，茎叶处理效果可达80%~90%，相当于人工除草2~3次，可增产10%~20%。

本章小结

植物病虫害是农业生产中最大的威胁，病虫害防治情况直接影响着农业的生产与发展。本章首先介绍了当前农业生产的有害生物及其防治策略，详细分析了作物虫害、病害、草害的危害特征，重点介绍了植物检疫、农业防治、生物防治、物理防治、化学防治和抗病虫品种应用等植物病虫害防治技术和方法。

绿色高效：水稻主要病虫害绿色防控技术

水稻是人类重要的粮食作物之一。我国是稻米生产大国和消费大国，水稻生产对我国粮食安全战略至关重要。吉林省是我国重要的优质粳稻生产基地，针对吉林省水稻生产上病虫害绿色防控技术难题：一是稻瘟病和稻曲病等主要病害侵染流行规律和致病分子机制不清楚；二是抗病、优质、高产的水稻种质资源和品种缺乏；三是水稻二化螟天敌昆虫赤眼蜂繁育效率低、成本高等问题，吉林农业大学构建了一套以抗病分子设计育种、抗病品种布局和生物防控为核心的"三位一体"水稻病虫害绿色防控技术体系。该技术精准布局培育抗病、优质、高产水稻新品种2个,确定稻曲病防控的最佳时期和防控措施,延长赤眼蜂产品货架期3倍,提高了生产效率,放蜂效率提高10倍以上,防治成本降低75%。在吉林省累计推广440万亩,新增经济效益21.51亿元,减施化学农药约44万kg,社会和生态效益显著,保障了该省水稻的绿色生产,提升了"吉林大米"品牌的竞争力。该技术要点是:

(1) 分析了吉林省主推品种中抗瘟基因组成与稻瘟菌群体的遗传变异规律,筛选出抗病核心种质104份,鉴定了吉林省7个稻区1080株稻瘟菌无毒基因的分布与优势生理小种,为科学布局抗病品种提供指导。

(2) 阐明稻曲病菌致病分子机制和侵染特征,提出"水稻破口前一周是稻曲病防控的最佳时期",确定稻曲病防控最佳时期和防控措施。

(3) 集成创新水稻抗病分子标记辅助选择育种体系,并育成抗病、优质、高产水稻新品种'吉农大158'和'吉农大128',均中抗稻瘟病和纹枯病,品质优良,比对照品种分别增产8.0%和8.7%。

(4) 创新了赤眼蜂繁育技术和生产工艺。实现了米蛾幼虫饲养、成蛾与卵收集、高效杀胚、共寄生繁育、滞育贮存、无人机释放等全链条的关键技术突破,研制生产新设备6台套,创建米蛾卵高效繁育稻螟赤眼蜂生产线。赤眼蜂产品货架期延长3倍,米蛾生产效率提高3倍以上,放蜂效率提高10倍以上,防治成本降低75%。设计出无人机机载放蜂器,实现赤眼蜂在水稻二化螟防治上的大规模应用。

(5) 创制了两种微生物杀菌剂,其中高效低毒生物杀菌剂"200亿芽孢可分散油悬浮剂"对稻瘟病防效达85%。

(6) 集成一套以抗病分子设计育种、抗病品种布局和生物防控为核心的"三位一体"水稻病虫害绿色防控技术体系,并在吉林省内大面积推广应用,核心示范区水稻移栽后生物防控全程替代化学防控。

思 考 题

1. 昆虫的触角由哪三节组成?昆虫触角的作用有哪些?
2. 昆虫的口器有哪几种类型?不同口器取食危害有何不同?
3. 地下害虫危害后产生何种症状?地下害虫的危害特点有哪些?
4. 迁飞性害虫危害后产生何种症状?迁飞性害虫的危害特点有哪些?
5. 什么是侵染性病害和非侵染性病害?如何区分?
6. 什么是病原物的侵染过程?包括哪几个时期?
7. 什么是病害循环?包括哪几个关键环节?
8. 什么是植物检疫?包括哪些程序和检疫方法?
9. 植物病虫害农业防治的方法有哪些?农业生产中有哪些实例?
10. 植物病虫害物理防治的方法有哪些?农业生产中有哪些实例?
11. 植物病虫害生物防治的方法有哪些?农业生产中有哪些实例?
12. 如何合理使用化学农药?

参考文献

边磊,孙晓玲,高宇,2012. 昆虫光趋性机理及其应用进展[J]. 应用昆虫学报,49(6):1677-1686.

常豆豆,王从丽,李春杰,2022. 昆虫病原线虫致病机制研究进展[J]. 中国生物防治学报,38(5):1325-1333.

陈小平,柳爱平,关少飞,等,2021. 双酰胺类杀虫剂及其应用市场与防治刺吸式口器害虫前景[J]. 世界农药,43(11):1-12.

韩召军, 2012. 植物保护学通论[M]. 北京: 高等教育出版社.
贾芳, 2020. 玉米田主要阔叶杂草对草甘膦耐受水平及耐受机理研究[D]. 北京: 中国农业科学院.
贾芳, 陈景超, 崔海兰, 等, 2021. 玉米田两种阔叶杂草苍耳和藜对草铵膦敏感性测定[J]. 中国生物防治学报, 37(3): 518-524.
姜帆, 向均, 梁亮, 等, 2022. 植物检疫检测技术应用现状及发展趋势[J]. 植物保护学报, 49(6): 1576-1582.
姜雪, 黄启凤, 杨新宇, 2023. 辽宁省大豆根腐病病原菌的分离鉴定及其生物学特性和对常用杀菌剂的敏感性[J]. 植物保护学报, 50(1): 240-248.
姜玉英, 刘杰, 曾娟, 等, 2021. 我国农作物重大迁飞性害虫发生危害及监测预报技术[J]. 应用昆虫学报, 58(3): 542-551.
雷朝亮, 2011. 普通昆虫学[M]. 2版. 北京: 中国农业出版社.
林乃铨, 2010. 害虫生物防治[M]. 北京: 科学出版社.
刘婷婷, 2020. 以抗五氟磺草胺稗为优势种的稻田杂草化学防除技术研究[D]. 南京: 南京农业大学.
马媛媛, 罗金燕, 王艳丽, 等, 2022. 首次发现巴西果胶杆菌(*Pectobacterium brasiliense*)引起甘薯茎腐病[J]. 植物病理学报, 52(3): 504-507.
桑文, 高俏, 张长禹, 等, 2022. 我国农业害虫物理防治研究与应用进展[J]. 植物保护学报, 49(1): 173-183.
宋杰辉, 2018. 稻曲病菌的侵染机制研究[D]. 武汉: 华中农业大学.
韦中, 宋宇琦, 熊武, 等, 2021. 土壤原生动物——研究方法及其在土传病害防控中的作用[J]. 土壤学报, 58(1): 14-22.
谢联辉, 2023. 普通植物病理学[M]. 北京: 科学出版社.
杨晓婧, 2021. 飞蝗表皮微生物多样性研究[D]. 太原: 山西大学.
张仁军, 陈雅琼, 张洁梅, 等, 2021. 健康与根结线虫病烟田根际土壤微生物群落对比分析[J]. 中国农学通报, 37(26): 124-132.

第10章 农产品收获、贮藏与加工

农作物主要农产品的适时收获有利于提高产量，保证较高的农产品质量，为后期农产品加工提供基础性保障；根据不同作物的贮藏特性采取有针对性的安全、有效的贮藏措施，是满足后期加工的关键。掌握农产品收获、贮藏、加工技术，是实现农业产前、产中、产后全产业链发展，提高农产品附加值，增加农业收益的重要条件。

10.1 农产品收获

以粮食为主的农产品的适时收获不仅有利于提高产量，而且可以使收获的粮食达到较好的成熟度和饱满度，保证较高的粮食质量。同时，高质量的粮食也有利于收获后的安全贮藏与加工。农作物收获前，应及时到田间调查，掌握不同作物的成熟程度，根据当地气候条件，准确预测农作物的成熟期，做到农作物适时收获。掌握各种农作物收获后的贮藏特性是实现科学储粮、安全储粮的必要条件。针对不同农作物的贮藏特性，采取适当的贮藏方式进行贮藏，才能保证粮食贮藏期间的品质，实现安全储粮，为后期加工提供良好的基础。

10.1.1 小麦适时收获

我国冬小麦一般在10月上旬左右播种，第二年5月下旬至6月上旬收割；春小麦一般在3月下旬至4月上旬播种，7月中下旬收获。收获时小麦田间全株茎秆和叶片基本呈亮黄色，籽粒饱满，是收获的最好时机。小麦全株茎秆和叶片开始泛黄时收获，此时会严重降低产量和品质；而小麦全株茎秆和叶片全部干枯时收获，极易造成脱粒或掉穗，导致不必要的损失。

10.1.2 稻谷适时收获

稻谷必须籽粒饱满、充分成熟后收获。一般情况下稻谷谷粒黄化、成熟度达85%~90%时收割，边收边脱。切忌长时间堆垛和在公路上打场暴晒，以免造成粮食污染和品质下降。过早收割，会造成未充分成熟的稻谷青粒较多，会降低粒重，影响产量和品质。稻谷收割过迟时遇高温雨水，会加剧惊纹粒(也称裂纹米、爆腰米，是稻米加工过程中产生碎米的主要原因之一)。

10.1.3 大豆适时收获

大豆收获过早，籽粒尚未成熟，蛋白质和脂肪含量不高，含油率低；收获过晚，豆荚炸裂，籽粒落地，造成减产。一般在大豆黄熟的末期就可收获，此时田间有80%以上的植株叶片、叶柄脱落，植株变黄褐色，茎和豆荚全变成黄色，用手摇动植株可听到籽粒的响声，说明籽粒已经成熟，呈现出本品种所固有的特征。大豆收获后应抓紧晾晒脱粒，以防增加害虫感染危害的概率。

10.1.4 花生适时收获

当田间花生植株整体呈衰老状态，主枝和侧枝顶端停止生长，茎枝上部叶片枯黄，下部叶片脱落，茎秆变黄，荚果壳网纹明显，果内海绵层已有黑色光泽，籽仁饱满，呈现出本品种所固有色泽时，即可进行收获，留作种子的花生要提前收获，保证在降霜前收获完毕。

10.1.5 芝麻适时收获

芝麻果实由下而上逐渐成熟，一般下部叶片凋萎，茎叶变黄，蒴果有的变为淡黄色和黄绿色时即可收获。收获时要捆成小捆，以利于晾晒和脱粒。

10.1.6 向日葵适时收获

向日葵对收获期要求较为严格，一般在正常成熟期里收获损失较小(约1.4%)，延迟收获则会增加损失。向日葵最佳收获期的特征是：植株茎秆及花盘背面变黄，茎秆大部分叶片枯黄脱落，花盘托叶变为褐色，舌状花脱落，籽粒变硬并呈现本品种特有色泽。向日葵一般在花期后36 d左右(此时可塑性物质已不再增加，种子含水量已降到30%以上)达到正常成熟，可以进行收获。

10.2 粮食产品的贮藏与加工

10.2.1 小麦的贮藏与加工

10.2.1.1 小麦的贮藏特性

(1)吸湿性强

小麦种皮较薄，无外壳保护，组织松软，含有大量的亲水物质，吸水能力强，极易吸附空气中的水汽，易滋生病虫，引起发热霉变或生芽。其中白皮小麦的吸湿性比红皮小麦强，软质小麦的吸湿性比硬质小麦强。吸湿后的小麦籽粒体积增大，容易发热霉变。

(2)后熟期长

小麦收获后有明显后熟期，一般春小麦的后熟期较长，可达6~7个月；冬小麦后熟期相对较短，为1~2.5个月。红皮小麦比白皮小麦的后熟期长。多数小麦后熟期为60 d，少数超过80 d，一般以发芽率达80%为后熟完成的标志。小麦在后熟期间，呼吸作用增强，生理代谢旺盛，后熟完成后，可改善小麦品质，提高贮藏的稳定性；但代谢旺盛易发热、生霉，导致粮堆"出汗"，发生霉变。完成后熟的小麦有较好的耐藏性，正常条件下可贮藏2~5年。

(3) 耐高温能力强

小麦具有较强的耐热性。一般含水量在 17% 以下的小麦，在温度不超过 54℃ 时进行干燥，小麦的呼吸酶不会被破坏，蛋白质不变性，发芽率也不会降低，磨成的小麦粉工艺品质不但不降低，反而有所提高，做成的馒头，松软膨大，面筋好。所以小麦可以采用高温贮藏。

(4) 易受虫害

小麦是抗虫性差、染虫率较高的粮种。除少数豆类专食性虫种外，小麦几乎能被所有的储粮害虫侵染，其中以玉米象、谷蠹、赤拟谷盗、印度谷蛾、麦蛾等危害最严重。小麦成熟、收获、入库季节，正值高温季节，入库后若遇阴雨，易造成害虫危害。

10.2.1.2 小麦贮藏仓房主要类型及其特性

(1) 仓房的分类

根据不同的分类方法可将小麦贮藏仓房分为多种类型。按照建筑结构形式可分为房式仓、筒式仓及地下仓等。房式仓又可分为平房仓和楼房仓；筒式仓在我国又可分为立筒仓和浅圆仓。按照仓内粮食堆装形式，可分为散装仓和包装仓。按照建造位置可分为地下仓、地上仓、半地下仓等。按照设备和建筑条件可分为一般粮仓、简易仓、机械化仓、装配仓等。按照控温条件可分为低温仓、准低温仓和常温仓。

(2) 主要储粮仓型

平房仓 平房仓是形状如平房的粮仓。可散存储粮也可包装贮藏，大多数为砖石承重墙，双坡屋顶，也有拱形屋顶的拱顶仓。木质或钢结构屋架，水泥地坪，门多数设计成对开、双扇门。屋顶现在多采用混凝土预制板或双层彩钢板。平房仓的建材多种多样，因此型式也多种多样，在我国这种仓型占 70%~80%，是使用时间最长、应用最普遍的一种仓型。我国平房仓根据建造年代不同，通常可分为以下几类：

① 砖木结构的"苏式仓"。为 20 世纪 50 年代建造的砖木结构散装平房仓，此类仓装粮线低（约 2~2.5 m），跨度小（20 m），仓容小，仓矮，内有许多木柱，不利于机械化作业。

② "苏式仓"改造的平房仓。针对"苏式仓"在使用中出现的问题，20 世纪七八十年代对原"苏式仓"进行了不同形式的改造，改造形式主要有升顶加高、换顶加高、去内柱、加墙柱、下挖仓底增加出粮输送线、增加机械通风系统、吊顶隔热改造等。

③ 砖混结构的平房仓。此类仓大多建立于 20 世纪的 70~90 年代，多采用砖墙和混凝土仓顶，装粮线一般在 3~5 m，仓顶形状有双坡面、水平面、折叠状、拱形等。

高大平房仓 高大平房仓是指跨度 21 m 以上，且设计堆粮高度不小于 6 m 的平房仓。按标准设计装粮线为 6 m，跨度有 21 m、24 m、27 m、30 m、33 m、36 m 六个跨度系列，仓房结构多采用砖混结构，也有一部分采用双层彩钢板（内有一层隔热材料）的仓顶。仓顶形状以双坡面为主，也有采用平顶形状的。

④ 超高大平房仓。近年来出现了装粮线超过 6 m 的平房仓，如装粮线 7 m、8 m、12 m 等"超高大平房仓"仓型。

⑤ 机械化平房仓。机械化平房仓的仓容进一步增大，如跨度达到 48 m、60 m，能够实现机械化进出仓作业。

浅圆仓 浅圆仓是仓内直径一般在 20 m 以上，内径与仓壁高度之比小于 1.5 的筒式仓[图 10-1(a)]。20 世纪 90 年代初的浅圆仓为落地式，平面形状为圆形，仓壁主体结构多为钢筋混凝土，壁厚为 250~270 mm。近年来又建了一批架空式浅圆仓，可自流出仓。目前浅圆仓向着直径、高度及容量越来越大的趋势发展，单仓容量 2 万 t 以上的新浅圆仓不断增加。对国内引进的球形气膜仓进行改进后，其储粮性能类似于浅圆仓，且气密性更高。

(a) (b)

图 10-1 主要储粮仓型
(a)浅圆仓 (b)立筒仓

立筒仓 立筒仓指内径与仓壁高度之比小于 1.5 的筒仓[图 10-1(b)]。立筒仓往往是由一组或数组不等的仓群与工作塔组成一个完整的体系，工作塔中设有符合储粮工艺要求的各种清理、称重、运输、除尘等设备，筒仓群和工作塔通过上下通廊连接，机械化程度较高。

立筒仓的结构可采用砖石、钢板、钢筋混凝土（现浇或预制）等。20 世纪初，人们开始用钢板建造立筒仓。目前薄壁钢板立筒仓成为世界各地迅速发展的一种新型筒仓。薄壁钢板立筒仓的建造工艺有铆接、焊接、装配式及利浦螺旋卷边等，现在应用较多的是装配式及利浦螺旋卷边钢板立筒仓。薄壁钢板立筒仓具有自重轻、对基础要求低、施工期短、强度高、造价低等突出优点。

钢筋混凝土结构的立筒仓是目前立筒仓中采用最多的一种形式。此种材料结构的立筒仓直径一般在 6~12 m，装粮高度为 15~30 m，建筑工艺常采用滑模整体浇筑，也可采用预制构件装配。

楼房仓 楼房仓是一种多层的房式仓。早在 20 世纪 20 年代我国就有使用，常作为粮食加工厂的成品库，仓内粮食多为包装粮。楼房仓造价高，一次性投资大，但可以充分利用空间，节约用地，特别适合于土地资源紧张的大城市。

地下仓 地下仓是仓体的大部分建于地下的粮仓，具体分为岩体地下仓（如平洞仓、立洞仓）、土体地下粮仓（如窑洞仓、喇叭仓）等。根据仓周围地质结构不同又分为地下土洞库和地下石洞库两种。这种仓的隔热性能好，粮温稳定。地下仓的形状多种多样，地下土洞库一般为散装贮藏，而地下石洞库多为包装贮藏。

(3) 主要仓型的性能

平房仓 平房仓可用于贮藏散装粮和包装粮；还可临时用于其他物资的存放及产品的加工车间等，利用率高。该仓型具有粮食贮藏技术成熟、经验丰富、储粮安全性高，使用较为广泛等特点。

存在的主要缺点是，占地面积大，屋顶面积大，接受太阳热辐射量大，隔热性和密闭性差；仓房低矮，不利于机械设备的使用、移动，造成机械化程度低，特别是仓内有柱、梁等更是影响机械设备的安装和使用。

浅圆仓 浅圆仓直径大（18~40 m），粮层深（12~50 m），单仓容量大（5 000~30 000 t），单位仓容占地面积小，机械化程度高、经济合理、结构受力合理、抗震性能好。浅圆仓在使用中也存在一定的不足，如入仓时自动分级严重、破碎率高，出仓速度较慢，仓内余粮出仓需要单独处理，贮藏期易出现"冷心热皮"、发热结露等现象。

立筒仓 立筒仓具有占地面积小，生产效率高，使用人员少，机械化、自动化程度高，气密性好，流通费用低等突出优点。但是，立筒仓储粮由于粮堆高度多在十几米至数十米，在进行机械通风、熏蒸杀虫、深层取样、进仓检查等工作时不如房式仓方便。立筒仓进粮时由于落点固定，落差大，所以自动分级较明显，破碎率高，在贮藏期间储粮稳定性较差，品质变化明显，甚至出现"挂壁"现象。

楼房仓 楼房仓节约土地，应用灵活。尤其是散装楼房仓，仓容量大，贮藏管理同房式仓，简便成熟，而且下面楼层隔热性能好，粮温稳定。缺点是建造成本高，仓内有支柱，机械化作业程度低，二层以上出粮不便。

地下仓 由于地下仓所处的地理位置以及仓房的结构性能与地面仓房截然不同，所以地下仓具有自身特点：温度低、干燥、密闭；结构牢固，隐蔽性好，具有防爆、防火的特点；不占耕地或少占耕地；造价低廉，耗用建材少；地下储粮可抑制虫、霉危害，一般不用化学药剂熏蒸，对粮食及环境污染减少；储粮稳定性好，可延长粮食保鲜期，便于日常管理，能节约人力、物力、降低保管费用。

(4) 仓储机械设备

根据仓储机械设备在粮食仓储作业中的作用，可将其分为装载设备、卸载设备、输送设备、粮食清理设备、称重设备、出入仓设备及粮食贮藏技术专用设备。

装载设备 装载设备指将粮食装到汽车、集装箱、火车、轮船等物流运输工具的过程中所用设备。散装粮根据运输工具不同，装载作业中使用不同的机械设备。汽车装载一般使用移动式带式输送机[图 10-2(a)]、提升机和溜管；火车装载可用的设备有带式输送机、斗提机[图 10-2(b)]、高位料仓、抓斗[图 10-2(c)]和架空输送线等；轮船装载可用设备有带式输送机、固定式装船机和移动式装船机等。

卸载设备 卸载设备指将粮食从物流运输工具上卸下来的过程中使用设备。汽车卸载一般使用移动式带式输送机、液压卸车翻板[图 10-2(d)]等；火车卸载可用的设备有刮板输送机[图 10-2(e)]和螺旋输送机、抓斗和链式提升机[图 10-2(f)]、翻车机等；轮船卸载可用设备有吸粮机[图 10-2(g)]、双皮带夹运卸船机、波纹挡边（板）输送带机械式卸粮机、立式双螺旋机械式卸船机、埋刮板卸船机、慢速大料斗卸船机、抓斗、链斗式卸船机、斗轮式卸船机等。

输送设备 输送设备指用于输送粮食物料的连续输送设备。在粮食流通过程中，常用的输送设备有带式输送机[图 10-2(h)]、埋刮板输送机、斗式提升机、螺旋输送机[图 10-2(i)]、振动输送机、气力输送设备、溜管和溜槽、无尘装载管等。

图 10-2 粮食装卸及输送设备
(a)移动式输送机 (b)斗提机 (c)抓斗 (d)液压卸车翻板 (e)刮板输送机 (f)链式提升机
(g)吸粮机 (h)带式输送机 (i)螺旋输送机(绞龙)

清理设备 清理设备指清除粮食中杂质的设备,在粮库中分初清和细清两种。初清指清除粮食中的粗杂,如麻绳、土块、茎、叶等杂质和灰尘等,常用设备有圆筒初清筛[图10-3(a)]、鼠笼初清筛、网带初清筛[图10-3(b)]、吸风分离器[图10-3(c)]等;细清指清除的粮粒稍大的杂质,如土块、石子等大杂,比粮粒小的杂质,如沙子、土粒等小杂,常用设备有振动筛、回转筛、高速筛、去石机、磁选机等。

降尘设备 降尘设备是除尘设备的一种类型,目的是降低粮食筛选清理、装卸、出入仓时外溢的粉尘,防止发生粉尘爆炸等事故。常用降尘设备有脉冲除尘器、卸粮坑风网系统、清理计量和粮食垂直输送设备风网系统、仓上水平输送设备风网系统、粮仓除尘风网系统和移动式除尘设备等。

称重设备 称重设备用于测量粮食的质量。常用的称重设备有非连续累计料斗秤、地中衡、轨道衡、电子皮带秤、百分台秤等。

出入仓设备 出入仓设备主要用于粮食的出仓或入仓环节。例如,多功能装仓机、多

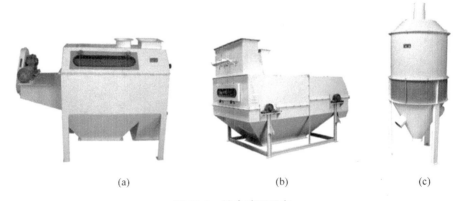

图 10-3 粮食清理设备
(a)圆筒初清筛 (b)网带初清筛 (c)吸风分离器

功能出仓机(刮板扒谷机、翼轮扒谷机、螺旋扒谷机、移动吸粮机)、清仓设备及有关辅助设备。

粮食贮藏技术专用设备 粮食贮藏技术专用设备指在贮藏技术实施过程中需要的专用设备。常见的储粮技术有机械通风、氮气气调、环流熏蒸、低温控温等。

机械通风最常用的设备是通风机。常见的通风机有离心式通风机[图 10-4(a)]、轴流式通风机[图 10-4(b)]和混流式通风机[图 10-4(c)]。离心式通风机按其产生压力不同,可分为低压风机、中压风机和高压风机。低压风机风压小于 1 000 Pa,常用于老型房式仓储粮机械通风系统中;中压风机风压为 1 000~3 000 Pa,常用于管道较长、粮层较厚,系统阻力较大的风网,在新型高大平房仓和浅圆仓机械通风系统内运用较多;高压风机风压大于 3 000 Pa,常用于阻力较大的立筒仓通风系统。轴流风机根据压力可分为低压轴流风机(风压小于 500 Pa)和高压轴流风机(风压大于 500 Pa),常用于储粮中缓速通风降温或气调和熏蒸的环流系统中。

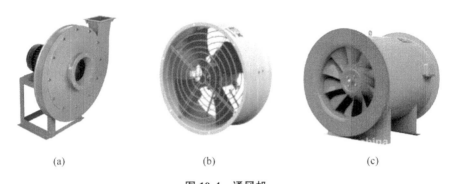

图 10-4 通风机
(a)离心式通风机 (b)轴流式通风机 (c)混流式通风机

氮气气调、环流熏蒸、低温控温技术均是在机械通风的基础上建立起来的,在具体的实施过程中,应根据其工作特点和目的选用不同的风机和相应的专用设备。气调贮藏技术应用过程中所需设备除轴流通风机外,专用设备是制氮机,主要包括分子筛制氮机和膜分离制氮机。环流熏蒸设备除环流风机外,专用设备有施药装置、浓度检测设备等。低温控温技术应用过程中所需设备除环流风机外,专用的控温设备有谷冷机、小型贮藏物冷却机、空调等。

10.2.1.3 小麦安全贮藏技术

（1）高温密闭贮藏

小麦趁热入仓密闭贮藏,适用于一般农户储粮。利用小麦的耐热性,在三伏盛夏,选择晴朗、气温高的天气,对小麦及时晾晒、贮藏,可起到降低小麦含水量、干燥、促进后熟、杀虫抑菌的作用。具体做法：①选择高温晴朗的天气晾晒麦粒。先晒地面,后摊晒小麦。要求摊薄、摊匀。②勤翻动。将麦温晒到50℃持续2 h(高温时间越长越好),使含水量不超过12.5%。③闷堆杀虫。将摊晒的小麦堆2 500 kg左右的小堆,热闷半小时,使麦温保持46℃以上。④清洗消毒预热。入库前应对仓库、工具、器材等进行清洗、消毒、预热。⑤趁热入仓库存,及时覆盖密闭,防吸湿散热、害虫复苏危害等,使粮温在40℃以上持续10 d左右,可杀死害虫卵、幼虫、蛹、成虫。达到目的后,根据情况可以继续密闭,也可转为通风降温至常温状态。

（2）低温贮藏

小麦虽能耐高温,但在高温下长时间贮藏会降低小麦品质。因此,可将小麦在秋凉以后进行自然通风或机械通风充分散热,并在春季气温回升前进行压盖密闭以保持低温状态。

低温贮藏是小麦长期安全贮藏的基本方法,也是目前我国粮食安全贮藏的主要技术。低温贮藏主要是通过控制粮堆处于较低温度状态,抑制储粮虫霉发生,增加粮食贮藏稳定性,减少储粮损失,延缓粮食陈化,特别是在面粉、大米、油脂、食品等色、香、味保鲜方面效果显著。同时,低温贮藏还可减少化学药剂的应用,避免或减少农药污染。低温贮藏还可作为高水分粮、偏高水分粮的一种应急处理措施,是绿色贮藏技术中最具发展前景的技术。

我国《粮油贮藏技术规范》(GB/T 29890—2013)中定义的低温贮藏指粮堆平均温度常年保持在15℃及以下,局部最高粮温不高于20℃的贮藏方式；准低温贮藏指粮堆平均粮温常年保持在20℃及以下,局部最高粮温不高于25℃的贮藏方式。低温贮藏的关键在于合理利用适宜的冷源保持较低的仓温、粮温。目前人类所能利用的冷源可分为自然冷源与人工冷源两大类。根据所利用的冷源及获取低温的方法不同,低温贮藏可分为自然低温贮藏、机械通风低温贮藏和机械制冷低温贮藏3类。

自然低温贮藏 自然低温贮藏指在贮藏期间单纯地利用低温季节或低温时机等的自然冷源(即自然条件)来降低和维持粮温,并配以隔热或密封压盖粮堆的措施。自然低温贮藏按获得低温的途径不同,又可分为地上自然低温贮藏、地下低温贮藏和水下低温贮藏。

目前大部分地区的自然低温贮藏主要是地上自然低温贮藏,其过程一般是先将粮食降温冷却,然后密封仓房,压盖粮面,利用粮食的不良导热性,使粮温长期处于低温状态。根据利用冬季干冷空气冷却粮食的方式不同,可将地上自然低温贮藏分为仓外自然低温冷却、仓内自然低温冷却、转仓冷却3种方式。

①仓外自然低温冷却。指先将粮食在仓外冷却后再入仓的方法。仓外自然低温冷却需进行粮食的搬倒,且要有足够的仓外场地,这一点限制了许多仓库的使用,增加的费用也越来越高。

②仓内自然低温冷却。即将粮食在仓内就仓冷却。这种方法适合于包装粮和散装粮。在冬季严寒干燥季节，将仓房门窗打开，使仓外冷空气自然在粮面流通，逐层冷却粮食。由于粮食是热的不良导体，粮温降低较慢，特别是对水分大、粮堆高的粮食冷却效果不太理想。但该方法经济方便，不需任何机械设备，所以在我国北方使用较为普遍。仓内自然冷却时，应注意选择适宜的天气，以仓外低温、干燥的空气为选择原则，进行合理通风。

③转仓冷却。是将粮食连续通过一定长度仓外输送作业线及设备，由一个仓房转入另一仓房，或仍转入原仓房，使粮食在转运输送的过程中得到冷却。仓内外温差越大，粮食在仓外的输送作业线越长，与冷空气接触的时间越久，冷却效果越好。在现代大型粮仓中，粮食输送设备完善，机械化程度高，采用此冷却方法较方便，效果较好。但由于这种方式需要运行一批输送和出入仓设备，也将增加储粮成本。另外，这种方法主要适用于散装粮，对于包装粮则冷却效果较差。

在进行自然低温贮藏粮食时，要想获得理想的贮藏效果，除了使粮温降到尽可能的低温，还要注意做好隔热保温工作，对普通的房式仓围护结构进行适当的隔热改造。一般在粮食冷透、粮温降到接近仓外冷空气温度时，应立即密封仓房门窗。另外，仓房围护结构中的各类孔洞，务必在春暖气温回升之前采用具有隔热性的材料密封。

机械通风低温贮藏 利用冷空气等自然冷源通过通风机等机械设备对粮堆进行强制通风使粮温下降，增加其贮藏稳定性。当然机械通风低温贮藏仍然属于利用自然冷源的范畴，同样受不同地区气候条件和季节性的限制，所以常在秋末冬初进行。但是机械通风低温贮藏由于实行了强力通风，强制冷却，其冷却效果好于自然低温贮藏，保管费用有所提高。

机械制冷低温贮藏 机械制冷低温贮藏通常指在低温仓中利用一定的人工制冷设备，使粮仓维持在一定的低温范围，并使仓内空气进行强制性循环流动，达到温湿分布均匀的方法。此方法利用人工冷源冷却粮食，不受地理位置及季节的限制，应用效果较好。但由于机械制冷低温贮藏设备价格较高，且对仓房隔热性有一定的要求，所以投资较大，运行管理费用偏高，限制了其推广应用。

目前我国用于机械制冷低温贮藏的方法有空调制冷低温贮藏、谷物冷却机制冷低温贮藏。

①空调制冷低温贮藏。早期空调制冷低温贮藏使用窗式空调器，目前多使用分体挂壁式空调器或风管式中央空调。空调器的压缩机为全封闭式，冷凝器为风冷式，运行简单可靠，管理方便，易于安装，不需要水源及冷却塔。蒸发器为机械吹拂式，节流机构为毛细管，使用制冷剂常为氟利昂。挂壁式空调器的室内机应安装在离地面较高的窗口上，尽可能靠仓间顶部，以防止从空调器中吹出的冷风直接接触粮面而产生结露。室外机要安装牢固，最好安装在背阴处，仓外机与仓内机之间的冷气管外要包裹保温隔热材料，以防冷量损失。

②谷物冷却机制冷低温贮藏。谷物冷却机制冷低温贮藏是通过与仓内储粮通风系统对接，将谷物冷却机的送风口接在仓墙上通风口处，直接向仓内粮堆通入冷却后的控湿空气，使仓内粮食温度降到低温状态，并能在一定程度上控制仓内粮食水分，从而达到安全贮藏的一种粮食贮藏技术。外界空气经过谷物冷却机控湿降温后，得到恒温恒湿空气，在穿过粮堆时与粮食进行热湿交换，从而降低仓内粮食温度、控制仓内粮食湿度，达到低温储粮的目的。谷物冷却机制冷低温贮藏一般不受自然气候条件和地理区域限制，凡配备机

械通风系统的仓房均可应用。谷物冷却机制冷主要用于降低贮藏温度，在降温的同时可以保持和适度调整粮食水分。

（3）气调贮藏

气调贮藏是指人为改变粮食环境中大气的气体成分，达到延缓粮食陈化、抑制虫霉危害的一种储粮技术。气体成分主要是指大气本身所包含的 O_2、N_2 和 CO_2 等气体的比例成分。气调储粮通过物理的、化学的和生物的方法控制储粮环境中的气体成分，对粮仓的气密性要求高。

气调贮藏密封技术

①密封材料。气调贮藏的密封材料可分为用于密封粮堆的塑料薄膜类密封材料和用于气调仓围护结构喷涂的密封喷涂材料。

目前在气调贮藏粮堆密封时采用的塑料薄膜多为复合薄膜（层压薄膜）。这类薄膜一般具有透氧率低、超宽幅、抗拉强度大、无污染、无异味等特点，主要用于仓房内墙、粮面、门窗等部位的密闭。已开发的气调粮仓专用复合薄膜有三层共挤聚乙烯薄膜、茂金丝复合粮食专用膜、PA/PE 尼龙复合膜等。

密封喷涂材料主要用于对仓房进行密封喷涂处理。目前常用的密封喷涂材料主要包括氯丁橡胶、丙烯酸树脂、聚氨酯树脂、环氧树脂等。

②密封技术。气调贮藏的前提是储粮仓房必须达到一定的气密性。一般在储粮前采用对仓房进行气密改造或者塑料薄膜密封粮堆两种方法达到气调贮藏对仓房的气密性要求。对仓房进行气密改造主要包括对仓房内墙面的密封、地坪与仓顶的密封、门窗的密封和仓房孔洞的密封。具体要求如下：

仓房内墙面的密封：采用的气密涂料应满足《粮油贮藏 平房仓气密性要求》（GB/T 25229—2010）中的要求。

地坪与仓顶的密封：将地坪采用石灰、水泥、砂浆做基底进行硬化，地坪分隔缝用气密材料和填充料混匀后灌封处理。仓壁与仓顶连接处主要采用聚氨酯涂料与聚酯纤维无纺布进行密封处理；在密封涂布前先用聚氨酯泡沫或嵌缝胶等将较宽缝隙填充，再将各交接处做成弧形，采用二布三涂进行密封处理，并对裂缝、气泡、砂眼等进行修补处理，达到密封要求。

门窗的密封：一般是安装带有压紧功能的气密挡粮门、气密保温窗。也可因地制宜对普通门窗进行密封。

仓房孔洞：主要指粮仓进出粮口、通风管道口、轴流风机口、检修口、气调供气孔、粮情检测电源管线、供电管线及各工艺电源管线等通道口处，可酌情采用密封窗、塑料薄膜、硅酮胶、聚氨酯泡沫、高耐候气密胶、磁性密封条等加以覆盖和嵌缝。注意所有管线间的缝隙要用硅酮胶、发泡聚氨酯等气密材料填塞密封。

③粮堆密封。粮堆密封主要工艺可分为查漏补洞、制备帐幕、密封粮堆。

查漏补洞是预防塑料薄膜漏气的一项重要工序，一般要求做到五查：塑料薄膜热合前查、塑料薄膜热合后查、吊在仓内查、密闭后查、查粮情时查。

在应用塑料薄膜制备帐幕时，应先根据粮堆大小、密闭形式等情况量剪塑料薄膜，做到合理下料。较大的帐幕一般采用分片焊接，将数片焊接好的薄膜运至粮面后再连接成整体。热合帐幕时要保质保量，做到热合适度、牢固、不脱焊、不假焊。

密封粮堆方式包括单面密闭、五面及六面密闭。单面密闭是用塑料薄膜密封全仓粮面，适用于仓房围护结构好、仓墙和地坪防潮性好、密闭性能高的散装贮藏的仓房。单面密闭在大型粮仓中均是配合使用塑料槽管来密封粮堆。塑料槽管可事先用膨胀螺栓固定在装粮线附近，粮食入满后，将热合好的帐幕盖在粮面上，四周以充气膨胀气密压条将薄膜卷起嵌入塑料槽管中，依靠塑料的弹性达到帐幕与仓墙间的密封。五面及六面密封是高大平房仓气密性处理的有效措施，还能起到一定的防潮作用。仓房五面密闭时，首先根据仓房大小热合好两块塑料薄膜，一块是仓房四周的薄膜，一块是粮面薄膜。把热合好的四周薄膜沿墙壁四周吊挂起来，下端延长 30~50 cm 用黏合剂与地面黏合好，待粮食入满后平整粮面，若仓房较大，可将四周墙体敷设的薄膜通过塑钢异形双槽管和充气膨胀气密压条进行无缝连接；若仓房较小，也可采用热合或黏合的方式，并注意引出测温、测湿、测虫线头及测气管口。六面密闭比五面密闭多了一个薄膜底，其余相同。薄膜之间的连接酌情采用槽管、热合或黏合的方式。

仓房气密性评价及检测

①仓房的气密性评价。仓房的气密性评价常采用充气后仓内压力衰减一半所用的时间来评价其气密性。此气密评价指标是以施用压力衰减到初始值的一半所需的时间来表示，通常称它为"压力半衰水平"或"压力半衰时间""压力半衰期"等。我国储粮仓房的气密性评价也采用压力衰降法，测定压力范围规定为 500 Pa 降至 250 Pa。《粮油贮藏 平房仓气密性要求》(GB/T 25229—2010) 将气调仓分为 3 个等级 (表 10-1)。

表 10-1 平房仓的气密性等级

用途	气密性等级	压力差变化范围 (Pa)	压力半衰期 t (min)
气调仓	一级	500 ~250	$t \geqslant 5$
	二级	500 ~250	$4 \leqslant t < 5$
	三级	500 ~250	$2 \leqslant t < 4$

平房仓仓房气密性达不到上述标准气密性等级要求，若进行气调储粮可采取仓内薄膜密封粮堆的方法，其粮堆气密性同样分为 3 个等级 (表 10-2)。

表 10-2 平房仓内薄膜密封的粮堆气密性等级

用途	气密性等级	压力差变化范围 (Pa)	压力半衰期 t (min)
气调储粮	一级	−300 ~ −150	$t \geqslant 5$
	二级	−300 ~ −150	$2.5 \leqslant t < 5$
	三级	−300 ~ −150	$1.5 \leqslant t < 2.5$

另外，不同仓型空仓与实仓的压力半衰期有差别，一般空仓的压力半衰期大于实仓。因此，《二氧化碳气调储粮技术规程》(LS/T 1213—2022) 中对于二氧化碳气调仓的气密性要求为：空仓 500 Pa 降至 250 Pa 的压力半衰期大于 5 min，实仓 500 Pa 降至 250 Pa 的压力半衰期大于 4 min。

②气密性检测方法。仓房气密性检测方法为：在气密性测试前，首先做好仓房门窗、各类孔洞及缝隙的密闭工作。之后将风机通过闸阀与通风口连接，正压力计与仓房相通，

用风机将空气压入仓内；或将风机通过管道与密封粮堆连接，负压力计与粮堆相通，从薄膜密闭的粮堆中抽出空气，此过程应确保各连接处不存在漏气现象，且检压部位远离加压处。接下来启动风机向仓内加压或抽负压，至仓内/粮堆内压力超过设定压力值的10%时迅速关闭闸阀。当仓（粮堆）内外压力达到规定的压力差后停机，根据压力衰减到设定值一半时所需的时间，判断仓房或粮堆的气密性。每仓检测次数不少于3次，将检测结果填入检测记录表中。

气密性检测一般采用中低压离心风机，风压为 1 000～3 000 Pa、风量为 5 000～15 000 m³/h。正压测试采用柔性材料如帆布管连接，负压测试采用刚性管件或带有支撑的柔性管件。闸阀一般采用气密性好、开关迅速、操作方便的部件，直接安装在通风口上。压力计或微压表的压力范围为≤±1 500 Pa，精度≤±10 Pa，一般用乳胶管从熏蒸浓度检测箱处连接。秒表的精度为≤0.1 s。

③仓房漏气部位的检查。仓房漏气部位的检查方法包括肥皂泡法、观察法和听声法。

肥皂泡法检查的具体做法如下：用风机向仓内压入空气，使仓内外压力差保持在300～500 Pa。将2%肥皂水或其他家用洗涤剂与水混合液用喷雾器或喷枪喷射到仓房表面（主要是门窗及周边接缝处），漏气的地方可以观察到气泡，需对其做气密处理。本方法尤其适用于微小甚至是极微小缝隙或孔洞的检测，如环流设备、环流管道、闸阀门的连接处，通风口盖板处，也包括仓内部件与墙面以及塑料薄膜的连接处等漏气部位。

观察法是在光线较好的情况下，观察仓内墙面及仓顶等处有无裂缝、孔洞，仓内地面、地面与墙体交接处有无裂缝，仓内预埋粮情检测箱、电源管、信号电缆管等是否密封妥当。

听声法是向仓内压入空气（或从仓内抽出空气），使仓内外压力差达到 600～650 Pa，停止风机、关闭阀门，保持环境的清静。用耳朵贴近门窗及其他可能漏气部位，如听到"吱吱"风声，说明该处明显漏气，需做气密处理。听声时需使仓内外压力差保持 300 Pa 以上，采用声音放大器或在仓内听声可提高查漏气效果。

氮气气调贮藏

①氮气气调贮藏的方法。氮气气调贮藏利用氮气置换掉密封粮堆内的空气，使氮气浓度达到95%以上。当氮气浓度达到97%以上，O_2 含量仅2%～3%时，暴露13～15 d 便可有效控制粮堆内的害虫。氮气气调贮藏分为利用制氮设备富集氮气气调和直接充氮气气调两种方式。

直接充氮气气调：该方法是利用真空泵等机械设备，把密封粮堆内的空气基本抽尽，再充入适量的氮气，使粮堆处于高氮缺氧状态。首先将由密封粮堆中引出的导气管与真空泵的进气口连接，开启真空泵，抽空粮堆内气体。当粮堆内真空度80 kPa时，即可充入氮气，直至密闭粮堆内外气压平衡为止。充氮气浓度达95%，粮堆内其余5%左右气体中的氧气，会随粮堆内生物体的呼吸消耗而逐渐降低，甚至达到缺氧状态。

利用制氮设备富集氮气：该方法是目前较常用的氮气气调贮藏方法。利用制氮设备富集氮气气调系统一般由制氮设备、输气管道、进仓管道、控制阀、粮堆内分配管道、环流风机等组成。常用制氮设备有两种类型：变压吸附制氮（PSA）设备和膜分离制氮设备（表10-3）。

——变压吸附制氮(PSA)。以空气为原料、碳分子筛作为吸附剂,利用碳分子筛对氧分子的吸附速度远大于对氮分子、吸附性能随着压力的增加而提高的特性,通过切换电磁阀的控制,在高压条件下吸附压缩空气中的氧分子,在低压条件下对吸附剂进行解吸再生,释放已被吸附的氧分子,从而完成氧氮分离。与传统制氮法相比,变压吸附制氮具有工艺流程简单、自动化程度高、产气快、能耗低、产品纯度高、设备维护方便、运行成本较低、适应性较强等特点,深受小型氮气用户的欢迎,成为中、小型氮气用户的首选方法。

目前我国采用分子筛富氮脱氧工艺的设备占氮氧分离设备总量的90%左右,其中,在制氮、制氧领域内使用较多的是碳分子筛。碳分子筛是一种兼具活性炭和分子筛某些特性的碳基吸附剂。碳分子筛具有很小微孔组成,孔径分布在 0.3~1 nm。较小直径的气体(氧气)扩散较快,较多进入分子筛固相,这样气相中就可以得到氮的富集成分。一段时间后,分子筛对氧的吸附达到平衡,根据碳分子筛在不同压力下对吸附气体的吸附量不同的特性,降低压力使碳分子筛解除对氧的吸附,这一过程称为再生。变压吸附法通常使用两塔并联,交替进行加压吸附和解压再生,从而获得连续的氮气流。

在制氮主机部分中,净化后的空气经由两路分别进入两个吸附塔(塔A和塔B),通过制氮机上气动阀门的自动切换进行交替吸附与解吸,这个过程将空气中的大部分氮与少部分分氧进行分离,并将富氧空气排空。氮气在塔顶富集由管路输送到后级氮气储罐,并经流量计后进入用气点。利用分子筛富氮脱氧的速度快,经反复循环富氮排氧,可使粮堆氮含量高达95%~98%,氧含量则相应降低到5%以下。

——膜分离制氮。利用中空纤维膜将氮气从大气中分离。中空纤维膜是一种具有分子级分离过滤作用的介质。当两种或两种以上的气体混合物通过高分子中空纤维膜时,会出现不同气体在膜中相对渗透率不同的现象。根据这一特性,可将气体分为"快气"和"慢气"。膜分离制氮利用各气体组分在中空纤维膜丝中的溶解扩散速率不同,因而在膜两侧分压差的作用下导致其渗透通过中空纤维膜壁的速率不同而分离。当空气混合气体通过中空纤维膜时,在中空纤维膜两侧压差的作用下,"快气"如氧气、二氧化碳和水汽会迅速渗透过纤维壁,以接近大气压的低压从膜件侧面的排气口排出。"慢气"如氮气在流动状态下不能迅速渗透过纤维壁,而是流向纤维束的另一端,进入膜件端头的产品集气管内,从而达到混合气体分离的目的。膜分离制氮无阀门切换和吸附剂再生过程,是一个静态、连续的分离过程。与变压吸附制氮相比,具有整机一体化、可移动使用方便、无切换阀门和吸附剂再生过程,设备可靠性高等特点。

膜分离制氮与碳分子筛制氮相比,由于中空纤维膜较容易被压缩气源中的油分和尘埃所堵塞,使用一定时间后会出现产氮能力下降现象,而且细菌的侵入会加速膜分解;但碳分子筛因有再生过程,所以对气源要求不像中空纤维膜那么苛刻(表10-3)。膜分离制氮机要求气源温度为 45~50℃,因此需要安装加热器,但温度高会加速中空纤维膜老化;而碳分子筛可在常温下工作。从经济实用角度考虑,若膜分离制氮机生产纯度为98.5%的氮气,其所需的设备成本和运行成本都比碳分子筛高,且氮气纯度越高,用碳分子筛越经济。因此,膜分离制氮机适宜在产品氮气纯度<98%的岗位上工作。

表 10-3　变压吸附制氮和膜分离制氮主要特点比较

项目	变压吸附制氮	膜分离制氮
分离介质	炭分子筛	中空纤维膜
原理	加压吸附，减压脱附	溶解—扩散
耗能部件	空压机	空压机
氮产量(Nm^3/h)	20~3 000	1~2 000
压力(MPa)	0.5~0.7	0.8~1.2
储罐	需要氮气储罐	无需氮气储罐
露点(℃)	-40	-40~-70
耗电(kW/Nm^3)	0.25	0.5
启动时间(min)	30	5
维修、保养部件	过滤器芯、电磁阀、气动阀，有一定故障率和维修量	过滤器芯，甚少维修和保养
质寿命(a)	8	10
制氮机机械噪声(dB)	<75	<30
工艺流程	空压机、储气罐、过滤器、冷干机、吸附塔、缓存罐	空压机、储气罐、过滤器、膜组件
设备投资	较小	较大
外形尺寸	较大	较小
氮气纯度范围	95%~99.99%	95%~99.9%
增容	困难	容易
固定式	普遍采用，需机房和管网	可固定，但很少用
移动式	移动困难，很少使用	需移动平台，每仓要求大的供电能力

直接充氮气气调：该方法是利用真空泵等机械设备，把密封粮堆内的空气基本抽尽，再充入适量的氮气，使粮堆处于高氮缺氧状态。首先将由密封粮堆中引出的导气管与真空泵的进气口连接，开启真空泵，抽空粮堆内气体。当粮堆内真空度 80 kPa 时，即可充入氮气，直至密闭粮堆内外气压平衡为止。充氮气浓度达 95%，粮堆内其余 5% 左右气体中的氧气，会随粮堆内生物体的呼吸消耗而逐渐降低，甚至达到缺氧状态。

②充氮气方式。进行氮气气调储粮时一般先用气密性好的塑料薄膜将粮面密封，最大限度增加仓房气密性。一般常用充氮气方式有 3 种：上充下排连续充气、上充下排结合尾气回收利用、上充下排结合环流降氧。

上充下排连续充气：先从粮堆上部充气，当粮面薄膜鼓起时，从地上笼风道口排气，持续充气，若排气浓度达到 93%~95% 时，停止充气，开启环流风机，均匀粮堆内氮气浓度，当检测点浓度差≤2% 时，停止环流。根据仓内氮气浓度情况，重复上述过程，使粮堆氮气浓度达到 98% 以上。若使用气囊密封粮面进行充氮气气调则继续充气，待气囊隆起时停止充气,让粮堆内氮气自然均匀扩散,或开启环流风机,均匀粮堆内氮气浓度。待气囊消失后再次启动充气,重复上述操作,直至整仓氮气浓度达到98%以上。充氮气调杀虫期间每天检测氮气浓度,当氮气浓度低于98%时及时补气,维持时间不低于30 d。

上充下排、尾气回收利用:从粮堆上部充气,当粮面薄膜鼓起时,从地上笼风道口排气,持续充气,若排气浓度达到85%以上时,将排出的尾气通过氮气输送管道引入另外仓房,直至整仓氮气浓度达到98%以上,维持时间不低于30 d。

上充下排、环流降氧:这种技术一般在采用膜分离制氮设备进行氮气气调时使用较多。从粮堆上部充气,地上笼风道口不排气,薄膜鼓起后,将制氮设备的空气源采集口与机械通风口相连,抽取粮堆和气囊内的富氮空气,制氮设备将富氮空气中的氮和氧分离,氮气通过进仓管道充入粮面气囊。气囊消失时,停止环流;重复上述过程,粮堆内的氮气浓度达到目标浓度后继续充气,使气囊隆起。维持仓内氮气浓度达到98%以上的时间不低于30 d。

③氮气浓度检测。及时检测氮气气调处理环境中的氮气浓度是确保取得理想储粮效果的关键。对于高大平房仓整仓进行氮气气调处理的仓房,一般情况下沿着粮堆的对角线设置10个氮气浓度检测点。其中9个检测点设置在每个对角线的两端距离仓房墙角50 cm、对角线的中部,分别位于粮堆的表面以下50 cm、粮堆中部、粮堆的底部距离地面50 cm处。另一个检测点位于粮堆表面中部距离大约1 m处(图10-5)。可以采用氮气浓度检测仪检测仓房内部环境中的氮气浓度,用氧气浓度检测仪检测仓房内部环境中的氧气浓度。

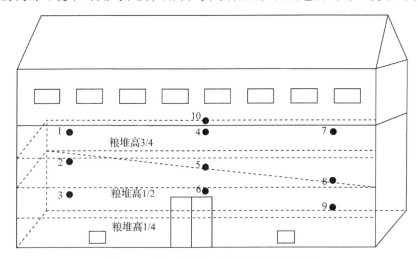

图 10-5　高大平房仓氮气浓度检测点设置

注:仓房对角线上分别高两角 7 m(1#、2#、3#)、3 m(7#、8#、9#)及仓房中间(4#、5#、6#)3个位置分三层布置相应检测点。第一层为粮堆高3/4处,第二层为粮堆高1/2处,第三层为粮堆高1/4处;粮面上仓房中部气囊内布置1个点(10#)。

对于浅圆仓一般也设置10个氮气浓度检测点。粮食入仓后,分两层布置检测点,第一层在粮面下1 m处共布置5个点,分别为东面、西面离墙1~2 m各一点;南面、北面的半径中点各一点;圆心一点;第二层在扦样最深处共布置4个点,分别为东面、西面的半径中点各一点;南面、北面离墙1~2 m各一点;空间浓度检测点设在粮面中心上方1 m位置,共计10个检测点(图10-6)。

气体取样管采用管径4 mm的耐压软管,埋入粮堆的取样管应带取样头,仓外取样箱

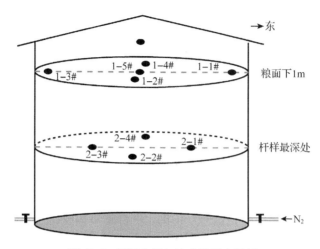

图 10-6 浅圆仓氮气浓度检测点设置

内应张贴布管图，并做好穿墙 PVC 管的气密处理。

现代化的气调储粮仓房均配置有气体浓度监测系统。气体浓度监测系统主要由气体采集、气体管路控制、气体浓度测量、数据传输和监控微机等部分组成，采用先进的检测和自控技术，实现粮仓气体浓度的全自动测量和数据处理。

在气调处理期间，一般半个月入仓检查一次。工作人员佩戴空气呼吸器入仓检查气囊是否漏气、气囊鼓起、气囊内有无结露等情况，并在检查门附近从通风口中取出预先放置的虫笼，检查虫笼内试虫存活情况，分析害虫防治效果。

缺氧气调储粮 此处的缺氧气调储粮是指利于粮堆本身的呼吸作用或人工辅助的方法，降低粮堆内的 O_2 含量，使之达到缺氧抑虫、杀虫的目的。

①自然缺氧。自然缺氧是在密封的环境中，利用粮食及粮堆中微生物和害虫等生物的呼吸作用，逐渐消耗粮堆中的 O_2，同时提高 CO_2 的含量，使粮堆达到缺氧的目的。

贮藏中的粮食都是生命体，都有正常的呼吸作用，这是自然缺氧的基础。但不同的粮食品种，其呼吸强度也不同，降氧速率也不同。在考虑实施自然缺氧时，必须了解和掌握贮存粮种的降氧能力。降氧能力高的粮种，可以采用自然缺氧的方法；而降氧能力低的粮种，只能采用其他的气调方法。实验表明，稻谷、小麦、玉米、大豆等粮种都具有很好的自然降氧能力，通常它们的降氧能力依次为：玉米>小麦>稻谷>大豆。但薯干、面粉等由于其呼吸率很低，很难达到自然缺氧的目的。

粮食本身的状态，如新陈度、含水量、粮温、有无害虫等与降氧速率也有很大的关系。

新收获的粮食，由于其代谢旺盛，呼吸强度很高，其降氧效果就好。例如，小麦的自然缺氧，最好是采用新收获两周以内的粮食。随着贮存期的延长，其呼吸强度便会逐渐降低。贮存几年以后的粮食，很难达到自然缺氧的效果。

水分高，降氧快。这除了和粮食本身的生理状况有关外，可能还与微生物的活动有关。粮食水分是影响微生物活动的最主要因素，随着粮食水分的增加，微生物的代谢活动也开始加强。粮食水分的增加，同时也意味着贮存风险的增加。特别是在粮堆密闭良好的情况下，容易出现结露、放热现象，在采用自然缺氧技术时必须注意。

粮温高，降氧快。温度提高，会增加粮食、害虫及微生物的呼吸强度。通常在 20℃

以下,自然降氧的速率比较缓慢,随着粮温的增高,降氧速率明显加快。因此,自然降氧最好在粮温较高的季节进行。

有虫粮,降氧快。一般害虫的呼吸强度要比粮食大十万倍以上,所以有虫粮食降氧速率快。而且虫口密度越大,降氧越快。

必须指出的是,粮食水分高、温度高、害虫多等都是影响储粮安全的主要因素,所以,在利用这些条件快速降氧的同时,应进行全面的分析,权衡利弊,慎重采用。

②微生物辅助降氧。微生物辅助降氧是利用某些微生物呼吸量大的特点,辅助低水分粮、陈粮及成品粮等呼吸强度低的粮食快速降氧的一种方法。一般以酵母菌、糖化菌为菌种,采用三级扩大培养,一级试管斜面培养,二级以稻壳和麸皮为原料,进行曲盘培养,三级为培养箱培养。在培养箱与粮堆间设置通气管,进行气体交换。当粮堆内的 O_2 浓度降低到气调要求后,拆除培养箱,密封好粮堆,保持缺氧状态。

③脱氧剂降氧。脱氧剂降氧是指在密封环境中加入脱氧剂,通过脱氧剂与环境中的 O_2 发生作用,除去 O_2 使之达到缺氧目的的气调技术。

脱氧剂脱氧具有安全、无毒、无污染、脱氧速度快优点,但使用成本较高。

脱氧剂是指能同空气中的游离 O_2 发生化学反应,以除去 O_2 的一类化学试剂。目前使用的脱氧剂主要有铁型脱氧剂、硫酸盐脱氧剂和碱性糖制剂三类。在粮食贮藏气调中使用的主要是铁型脱氧剂。其成分以还原铁粉为主剂,以填充剂(如活性炭)为载体,加入催化剂(如金属卤化物)按一定比例配制而成。

使用脱氧剂降氧时,应做好粮堆的密闭工作。使用时将脱氧剂分别装于透气性的纸袋内,每袋装 1 kg 左右,均匀地散布在粮堆表层和四周,然后严格密闭粮堆。影响脱氧剂脱氧效果的主要因素有粮温、粮食水分、相对湿度以及剂量等。一般情况下,粮温高、水分大的粮堆脱氧速率快于粮温和水分低的粮堆。

10.2.1.4 小麦加工

小麦加工主要是生产小麦粉即面粉,小麦粉是面制食品的重要原料。小麦加工大致分为小麦加工前处理工序、小麦制粉工序和小麦粉后处理工序三个阶段。

(1) 小麦加工前处理工序

清除杂质 小麦在田间生长、收获、干燥、运输和贮藏过程中时常会混入各种杂质。这些杂质包括砂石、泥土、金属物、砖瓦块等无机杂质和小麦秸秆、异种粮粒、杂草种子、霉变粒、发芽粒等有机杂质两类。这些杂质直接影响小麦制粉的安全生产和产品质量。一般根据杂质的形状、比重、颜色与小麦的差别,采用筛选、风选、比重分选、磁选、色选和表面清理等方式将混在小麦中的杂质和附在麦粒表面的杂质在制粉前进行清除。

小麦水分调节 为适应不同加工工艺对小麦水分含量的要求,满足加工、产品质量的要求,需要通过水热处理对小麦进行水分调节,使水分提高到最佳入磨水分(硬麦为 15.5%~17.5%,软麦为 14.0%~15.0%)。小麦水分调节也称着水和润麦,分为室温水分调节和加温水分调节两种方式。室温水分调节利用的是室温水或不高于40℃的温水。加温水分调节利用的是46℃的温水或46~52℃的热水。加温水分调节可以缩短润麦时间,但比室温水分调节所需设备多、费用高。

小麦的搭配 小麦的搭配是指将不同类型的小麦按一定比例混合加工,其目的是合理利用原料，保证生产过程稳定，确保产品质量，降低生产成本。

（2）小麦制粉工序

小麦制粉的目的就是将加工前处理的小麦通过机械作用过程加工成适合不同用途的小麦粉，并将副产品分离出来。制粉的首要问题是保证出粉率高和小麦粉中麦皮含量低。

制粉是小麦加工工艺中最复杂、最重要的工序，主要包括研磨、撞击、清粉和筛理等步骤，将胚乳与麦皮、麦胚尽可能完全分离。研磨主要是利用碾式磨粉机、盘式磨粉机等设备的机械作用力把小麦籽粒剥开，然后将胚乳从麸片上刮净，再将胚乳磨成一定细度的小麦粉。撞击是利用高速旋转体及构件与小麦胚乳颗粒之间产生反复、强烈的碰撞打击作用，使胚乳撞击成一定细度的小麦粉，其利用的主要设备有撞击磨、强力撞击机、撞击松粉机、打板松粉机等。清粉的主要目的是通过气流和筛理的联合作用，将研磨过程中的麦渣和麦心按质量分成麸屑、连皮胚乳粒和纯胚乳粒三部分，实现对麦渣、麦心的提纯，其利用的主要设备是清粉机。筛理的目的在于把研磨撞击后的物料按颗粒大小和比重进行分级，并筛出小麦粉，其常用的设备有平筛、圆筛、打麸机和刷麸机等。

小麦制粉方法因生产规模和产品种类与质量的不同可分为一次粉碎制粉和逐步粉碎制粉两种。

一次粉碎制粉 是一种最简单的制粉方法，它的特点是只有一次粉碎过程。小麦经过一道粉碎设备粉碎后，直接进行筛理（或不筛理）制成小麦粉。一次粉碎制粉很难实现将麦皮与胚乳完全分离，胚乳粉碎的同时也有部分麦皮被粉碎，而麦皮上的胚乳也不易刮干净。因此一次粉碎制粉的小麦粉质量差，适合于磨制全麦粉或特殊食品用小麦粉，不适合制作高等级的食用小麦粉。

逐步粉碎制粉 是小麦粉加工企业广泛采用的制粉方法，按照加工过程的复杂程度它又可分为以下两种：

①简化分级制粉。将小麦研磨后筛出小麦粉，剩下的物料混在一起继续进行第二次研磨，重复数次，直到获得一定的出粉率和小麦粉质量。这种方法不提取麦渣和麦心，所以单机就可以生产。

②分级制粉。根据具体的生产工艺差异，可分为两种方法。

提取麦渣、麦心，不清粉的分级制粉方法：将小麦经过几道研磨系统研磨后产生的物料分离成麸片、麦渣、麦心和粗粉，然后按物料的粒度和质量分别送往相应的系统研磨。我国曾经广泛采用的"前路出粉法"生产标准粉基本上属于这一类型，这种方法通常采用5~10道研磨和筛理系统。心磨一般采用齿辊，小麦粉粒度较粗，出粉率高（>85%）。这种方法也能生产不同质量的等级面粉，但高等级面粉的出率较低。该制粉过程的原理如图10-7所示。

提取麦渣、麦心并进行清粉的制粉方法：提取麦渣、麦心并进行清粉的制粉方法，原理如图10-8所示，在前几道研磨系统尽可能多地提取麦渣、麦心和粗粉，并将提取出的麦渣、麦心送往清粉系统按照颗粒大小和质量进行分级提纯。精选出的纯度高的麦心和粗粉送入心磨系统磨制高等级小麦粉，而精选出的质量较次的麦心和粗粉则送往相应的心磨系统磨制质量较低的小麦粉。

由于前几道皮磨系统的关键在于提取麦渣、麦心和粗粉，出粉的重点放在心磨系统，故这种制粉方法又称作"中路出粉法"。这种制粉方法，高等级粉的出率较高，在小麦粉

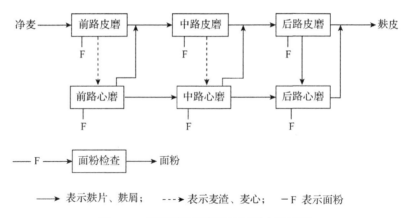

图 10-7 提取粗粒不清粉的制粉方法原理

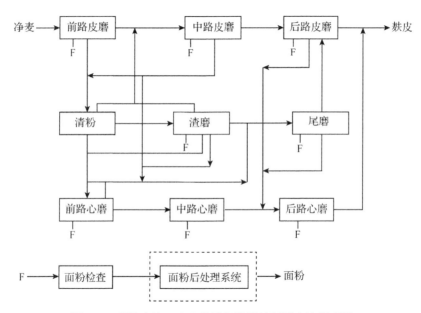

图 10-8 提取麦渣、麦心并进行清粉的制粉方法原理图

厂中得到广泛采用。在这种制粉方法中，心磨一般采用光辊，以挤压力为主，尽量避免麸皮破碎，并辅以撞击机、松粉机以松开粉片并提高取粉率。

小麦制粉过程中，按照处理物料种类和方法的不同，将制粉系统分成皮磨系统、渣磨系统、清粉系统、心磨系统和尾磨系统，它们分别处理不同的物料，并完成各自不同的功能。皮磨系统是制粉过程中处理小麦或麸片的系统，其作用是将麦粒剥开，分离出麦渣、麦心和粗粉，保持麸片不过分破碎，最大限度地将胚乳和麦皮分离，并提出少量的小麦粉。渣磨系统是处理皮磨及其他系统分离出的带有麦皮的胚乳颗粒，它提供了第二次使麦皮与胚乳分离的机会，从而提高了胚乳的纯度。麦渣分离出麦皮后生成质量较好的麦心和粗粉，送入心磨系统磨制成粉。清粉系统的作用是利用清粉机的筛选和风选双重作用，将在皮磨和其他系统获得的麦心、麦渣、粗粉及连麸粉粒和麸屑的混合物按质量分级，再送往相应的研磨系统处理。心磨系统是将皮磨、渣磨、清粉系统取得的纯胚乳颗粒研磨成具有一定细度的小麦粉。尾磨系统位于心磨系统的中后段，主要处理从渣磨、心磨、清粉等系统提取的含有麸屑质量较次的胚乳粒，从中提出小麦粉。

(3) 小麦粉后处理工序

小麦粉后处理是小麦粉加工的最后阶段，包括小麦粉的收集与配制、小麦粉的散存、称量、杀虫、微量元素的添加，以及小麦粉的修饰与营养强化等。在现代化的小麦粉加工厂，小麦粉的后处理是非常重要的环节，设置小麦粉后处理有以下功能。

稳定小麦粉质量　面粉厂向食品加工工厂等客户提供质量稳定均匀的小麦粉，才能稳定客户产品的配方和工艺操作，生产出品质稳定的食品。但面粉厂使用的原料小麦受品种、气候、地域、耕作条件等的影响，其在品质上有很大差别，生产出的小麦粉品质也有较大差异。因此，需通过小麦粉搭配来生产出质量稳定的小麦粉。

提高小麦粉质量，增加小麦粉品种　在小麦粉后处理中可加入各种所需的小麦粉添加料、添加剂以改变小麦粉的组成或改变小麦粉的理化性状，满足制作各种面制食品的需要；还可以添加各种人体需求而面粉中缺乏的营养素，生产出营养强化面粉。这些措施不仅可以提高面粉质量，还可以增加面粉品种。

在小麦粉后处理的工艺中设置有杀虫机，可以击杀虫卵；设置有再筛设备，可以去除可能存在的杂质。这些措施也是保证面粉质量的有效方法。

10.2.2　稻谷的贮藏与加工

10.2.2.1　稻谷的贮藏特性

稻谷贮藏期间，由于其本身呼吸作用以及微生物与害虫生命活动的综合影响，往往会发热、霉变、生芽，导致稻谷品质劣变，丧失生命力，造成重大损失。稻谷呼吸作用、微生物和害虫生命活动的强弱，与稻谷的水分、温度以及大气的湿度与氧气等因素密切相关，其中水分与温度又是最主要的因素。这些因素综合对稻谷呼吸作用、微生物和害虫生命活动产生影响，它们之间既有互相促进的一面，又有互相制约的一面。因此，在实际工作中，要善于利用各种因素相互制约的一面，控制其中的某一个因素，以压制其他的不利因素，从而把稻谷呼吸强度、微生物与害虫的生命活动压制到最微弱的程度，以防止稻谷发热、霉变、生芽，确保稻谷安全贮藏。

稻谷具有完整的外壳，能缓和稻米吸湿，对虫霉有一定的抵抗力。正常贮藏条件下，稻谷的生活力第一年很强，呼吸旺盛，一年以后则逐渐减弱，变化较小，贮藏稳定性相应增高。稻谷的贮藏具有三种明显的特性。

(1) 容易陈化，不耐高温

稻谷的胶体结构疏松，较高水分的稻谷对高温的抵抗力较弱，在强烈阳光下暴晒或高温下烘干，都会增加爆腰率和变色率，降低食用品质和工艺品质。

高温促进稻谷脂肪酸增加，引起品质下降，加工大米的等级也明显降低。水分和温度越高，脂肪酸上升、品质下降就越明显。但是水分低的稻谷耐高温能力较强。

(2) 容易发热、霉变、生芽

新收获的稻谷生理活性强，早中稻入库后粮堆内的积热难以散发，在一、二周内上层粮温往往会突然上升，超过仓温10~15℃，出现发热现象，即使水分正常的稻谷，也会出现这种现象。稻谷发热过程大致可分为三个阶段。

第一阶段，当稻谷水分大于安全水分，或者粮堆内温差较大引起水分转移，使稻谷水分增加到超过安全水分时，灰绿曲霉首先生长，粮堆积累湿热，局部曲霉和青霉也随之大量繁殖，积累的湿热如不能及时散发，发热现象便开始出现。

第二阶段，当粮温升高至35~40℃，水分超过15%~15.5%时，白曲霉迅速生长，稻谷水分和温度继续增加，黄曲霉菌也大量生长，促使稻谷变色并发生霉味。

第三阶段，在白曲霉与黄曲霉的共同作用下，能使稻谷温度升高到55℃。这些霉菌活动所产生的水汽在稻谷中积聚，会使少量嗜热性霉菌或嗜热性细菌与放线菌大量繁殖，可使粮温继续升高，并使稻谷严重霉烂变质，不能食用。

按发生的部位，稻谷发热的类型可分为局部发热、上层发热、下层发热和垂直发热。局部发热也称窝状发热，是粮堆某一小范围内的发热。上层发热通常发生在粮堆上层15~30 cm处。下层发热即粮堆底部水平层发热，其主要原因是仓底潮湿，稻谷吸湿；热粮倒在仓库冷地坪上，温差过大，产生结露；新入库高温粮，进入冬季，上层已冷却，而下层热量未散，出现温差，产生结露，从而形成发热。垂直发热即粮堆某一垂直线上的发热。

稻谷霉变的过程通常分为初期变质、生霉和霉烂三个阶段。稻谷管理过程中常以达到生霉阶段作为发生霉变事故的标志。

初期变质是稻谷霉变的初期阶段。稻谷中带有的微生物在适宜的环境开始繁育，利用自身分泌的酶类分解稻谷，破坏谷粒表面组织，继而侵入谷粒内部危害。稻谷出现劣变的初期症状是：首先谷粒表面湿润，有"出汗""返潮"现象，散落性降低，用手搓稻谷或插入稻谷堆有涩滞感觉；其后谷粒软化，硬度下降，体积膨胀；进而谷粒粒色加深，初期鲜艳，很快变灰发暗，胚部出现变色现象，最后出现轻微的异味。

生霉阶段是微生物开始分解稻谷和吸收营养，后在适宜的条件下便迅速大量繁殖，使稻谷品质明显劣变。微生物首先在稻谷胚部的破碎部位形成可以看得见的菌落，而后扩大到谷粒的一部分或全部，这就是稻谷上出现的"生毛""点翠"等发霉现象。生霉阶段的稻谷已经明显变质，色泽、气味已有显著变化，并有被霉菌毒素污染的可能，以致失去食用价值。

霉烂阶段是稻谷霉变的后期阶段。此时粮食微生物的种类和数量不断增加，稻谷中的有机物质被微生物大量分解，致使稻谷霉烂、腐败、产生霉、酸、腐臭等难闻的气味，甚至成团结块，完全失去食用价值。

（3）容易黄变

稻谷在收获期间，遇长时间连续阴雨，不能及时干燥，往往会在堆内发热，产生黄变。黄变的稻谷称为黄粒米，也称为黄变谷、沤黄谷或稻笋黄。黄粒米的发生，一般是晚稻比早稻严重，主要是因为晚稻收获时，气温低、阴雨天多，稻谷难以干燥。稻谷在贮藏期间受温度和水分影响也会发生黄变。

10.2.2.2 稻谷的安全贮藏技术

为了能够较长期地保持稻谷品质和新鲜度，稻谷安全贮藏应遵循"干燥、低温、密闭"的原则。稻谷的安全贮藏一般采用低温控温贮藏和气调贮藏，其基本方法同小麦安全贮藏技术。

10.2.2.3 稻谷的加工

稻谷加工工艺流程是指将原粮稻谷加工成成品大米的整个生产过程，包括清理、砻谷、碾米三个工段。在保证成品米的质量、提高出米率、减少加工过程中的损失的前提下，实际加工生产过程中可根据具体情况、具体要求合理调整各工段内的工序。

(1) 清理工段的工序设置及其顺序

清理工段的主要任务是：以最经济最合理的工艺流程，清除稻谷中的各种有机杂质和无机杂质，为后续砻谷工序提供符合质量要求的净谷。

清理工段的一般工序设置及其顺序为初清、除杂、去石、磁选等，除稗工序根据常年加工稻谷的含稗量而定。

初清主要是除去原粮中的特大型杂质，如稻穗、麻绳、草秆、石块等，以免影响后续加工过程，并改善卫生条件。称重是为了准确地反映原粮的加工量，以便于经济核算。除杂是在初清基础上去除原粮中的其他有机和无机杂质。去石是进一步去除原粮中采用筛选、风选所不能去除的并肩石。除稗是去除原粮中所含的稗子。磁选是为了去除原粮中的铁磁性金属杂质。除上述工序外，若原粮为长芒稻谷或含带芒稗子较多时，还应考虑设置打芒工序，避免稻芒或稗芒影响清理设备的正常工作。

(2) 砻谷工段的工序设置及其顺序

砻谷工段的主要任务是：去除稻谷的颖壳得到纯净的糙米，所得糙米含杂总量低于 0.5%。其中，含稻谷数应低于 40 粒/kg，含稗粒数应低于 100 粒/kg，分离出的稻壳中含饱满粮粒应低于 30 粒/100 kg。砻谷工段包括脱壳、谷壳分离、谷糙分离、糙米整理、砻糠整理等工序。

砻谷的目的是去除稻谷颖壳，所用设备基本上都是胶辊砻谷机，有少部分碾米厂采用砂盘砻谷机或离心砻谷机。谷壳分离是为了分离砻下混合物中的谷壳。谷糙分离是为了得到纯净的糙米，最常用的是比重分离法，即采用重力谷糙分离机进行谷糙分离。

糙米精选一般采用厚度分级机和比重精选机等设备将稻谷脱壳过程中产生的糙碎、糙秕及未熟粒（青白片）等从糙米中分离出来，便于后续碾白工序顺利进行。糙米调质指采用喷雾加湿等方法使糙米的水分含量达到最佳的碾制水平，并使糙米皮层软化，表面摩擦系数增加，降低皮层与胚乳之间的结合力，减少糙米中的碎米含量，提高出米率。

(3) 碾米工段的工序设置及其顺序

碾米工段的主要任务是碾去糙米表面的部分或全部皮层，制成符合一定标准的成品大米。该工段可分为碾米与成品大米处理两部分，主要包括碾白、擦米、凉米、白米分级、抛光、色选以及糠秕整理等工序。其工艺效果的好坏直接影响到成品大米的质量及出米率。

碾米的主要目的是根据成品大米的精度等级要求，部分或全部地碾除糙米的皮层。根据糙米的品种、类型、工艺品质以及成品等级要求等合理采用摩擦擦离碾白或碾削碾白两种方式。

根据碾米工艺、碾米设备、成品要求等，通过擦米、凉米工序擦除米粒表面附着的米糠，降低出机米温度，使成品大米含糠指标达到成品米质量要求，便于成品大米包装贮藏。

白米分级工序主要采用筛选、精选组合分出超标准碎米，并将大米按粒度大小进行分等。抛光是通过向抛光室内喷入室温水雾或加温水，使成品大米表面光洁，晶莹剔透。色选的目的是去除成品大米中的有色粒。一般根据原粮品种、成品米要求等确定大米色选的道数。配米是根据用户对成品大米的要求、加工成本等将不同品种、不同含碎标准大米进行混配，以使成品大米的蒸煮品质、口感、含碎指标等符合不同用户的要求，并使生产效益最大化。

对于加工后的成品米主要采用含气包装、充气包装和真空包装三种包装方式。含气包装主要用于普通大米的包装，所使用方法设备较简单，包装材料成本较低。真空包装通过将包装袋内抽为真空状态，可以较好地抑制大米当中的虫霉滋生，并使成品米与包装袋密实紧贴，便于储运。充气包装主要是向包装袋内充入二氧化碳或氮气等气体抑制成品米的呼吸作用和虫霉滋生，防止大米中的脂肪分解与氧化，避免或减少因米粒中脂肪酸败产生的陈米味，达到保鲜目的。

10.3　油料产品的贮藏与加工

10.3.1　油料产品的贮藏

10.3.1.1　油料产品的贮藏特性

油料，是植物制油原料的统称，是指可以加工提取油脂的原料。植物油料包括食用油料和工业用油料，本节主要讨论食用油料。植物油料中含有大量的脂肪，且主要是不饱和脂肪酸所构成的甘油酯，在贮藏期间易于酸败变质，稳定性差，较难保管。油料的贮藏特性主要是包括以下方面。

(1) 具有一定的耐藏性

油料在正常状态下有完整的皮层保护，并且几乎所有油都会含有维生素 E 及磷脂等天然抗氧化剂，有一定的防止油料中脂肪氧化的作用，因此耐藏性较好。

(2) 易变质

所有油料都有大量的脂肪，一般油料的脂肪含量在 20%~50%。植物油料所含的脂肪，主要由不饱和脂肪酸组成，在条件适合时极易出现酸价增高，也容易变质。油料品质劣变大都是氧化变质，也可能是种子本身及微生物的脂肪酶作用下引起水解产生游离脂肪酸，而导致的水解变质，这在含量与温度较高的情况下尤为突出。因霉菌分解脂肪的能力极强，因而在油料中脂肪水解比蛋白质、碳水化合物的水解快得多。脂解酶在水分超过15%，温度在 40~50℃时活性加强，水解变质的油料，不仅酸价增高，而且发生苦味，出油率低，油质差，碘价降低，干燥性差。

(3) 易发热霉变

油料籽粒一般呈圆形或椭圆形，籽粒表面光滑，堆成垛以后，料堆孔隙度比粮堆孔隙度更小(花生果和葵花籽除外),散落性更大,自动分级更严重,对仓房的侧压力也更大,堆内积热和积湿不易散发,容易引起料堆持久发热、霉变。因此,从贮藏安全和仓房安全两方面考虑,油料的堆装不宜过高;另外,油料中脂肪的氧化能释放出更多热量,这也是油料容易发热的原因之一。

(4) 粒内水分相对集中,稳定性差

脂肪是一种疏水物质,因此油料中的水分都集中在脂肪以外的蛋白质亲水胶体部分,使油料的含水量在较低的情况下其亲水胶体部分水分含量也会很高,容易引起发热变质。因此油料贮藏的安全水分比谷类粮食安全水分要低的多。当油料水分为15%时,脂肪含量以35%计,则油料亲水部分水分已达23%,贮藏稳定性大大下降。

油料的安全水分与油料中脂肪含量有关,含油量越高,其安全水分的数值就越低。油料的安全水分必须以非脂肪的亲水胶体部分含水量作为计算基础,通常以15%作为基准水分,再乘以油料中非脂肪部分所占的百分比即可推算出各种油料安全水分的理论值。计算公式如下:

油料安全水分(临界水分)= 油料中非脂肪部分×15%

(5) 不耐高温,易"走油"

油料中脂肪的导热性不良,热容量大,堆内升温后降温速度很慢。高温会促使脂肪氧化分解,破坏油料中脂肪和蛋白质共存的乳化状态,从而导致油料出现浸油(俗称"走油")现象并降低出油率。

(6) 籽粒易于破损

油料中的脂肪(油)是以液滴状态分布于细胞中,脂肪的比重小,占有较大的容积,因而使整个油料的结构比较柔软。油料在收获、运输、贮藏过程中容易发生机械损伤,以致不完善粒增加,从而使其耐储性能降低,这是油料不耐贮藏的重要原因之一。

(7) 吸湿性强,籽粒易于软化

油料不仅富含脂肪,蛋白质的含量也很高。蛋白质是一种亲水胶体物质,对水的亲和能力和持水能力比糖类物质强。因此,油料的吸湿性比禾谷类粮食大,在相同的温度条件下,油料更容易吸收空气中的水蒸气,增加水分含量。同时,油料的散湿性也强,水分含量相同的粮食和油料,油料水分散发的速度和数量均大于在相同温湿度条件下的粮食。油料吸湿后,籽粒变软,机械强度低,耐压性降低,在翻扒和搬捣时容易破损。所以,油料保管一般都以密闭低堆为主,以防止干燥的油料吸湿返潮和籽粒受潮后挤压变形,影响油料的安全贮藏和商品价值。

由于油料具有上述特点,故其贮藏要求应比一般粮食更高、更严,除要防止发热、生霉外,还要保证油料不酸败、不变苦、不浸油。通常仓房要有较好的隔热、防潮和密封性能,仓房容量不宜过大,仓外墙壁要粉白或刷白,以减少日光辐射热量的吸收,有利于实现低温贮藏;要勤加检查,坚持定期检测料温、水分与质量变化情况,以便及时发现问题,妥善处理。

10.3.1.2 大豆安全贮藏技术

大豆是我国主要的油料作物之一。大豆不耐高温,宜采用以控温为主、适时通风为辅的贮藏方式。针对其后熟期长、安全水分标准低、吸湿性强、不耐高温、易浸油赤变等贮藏特性,加强入仓粮质与水分的控制,及时检查发现粮堆的隐患点,运用适时通风、环流均温、空调控仓温与表层粮温和谷冷控制粮堆温度等技术进行处理,在入仓的关键 15 d 内,使粮堆处于稳定状态,有助于确保大豆的安全贮存。

(1) 控制大豆水分

水分含量是影响大豆贮藏品质及安全贮藏期限的直接因素,有效地保持大豆干燥是大豆贮藏的关键。通常大豆水分低于 12.5% 为安全,12.5%~13.5% 为半安全,高于 13.5% 为不安全。因此,入库大豆的水分含量超过 12.5% 时,应迅速进行降水处理,芽用或种用的大豆入库水分含量应控制在 12% 以下。降低大豆水分含量可通过翻动粮面散湿、通风散湿、除湿机控湿或采用储粮新工艺控湿等实用技术。

在环境湿度较低的地区,结合及时扒沟、勤翻粮面,进行粮面通风降温散湿是降低稍高水分大豆粮面水分的实用方法。

对环境温度高、仓内湿度大的仓房或在梅雨季节,严格密封仓房门窗,采用除湿机(图 10-9)吸湿降水并结合粮面翻动,每天间歇性地开启除湿机 4~8 h 将仓内相对湿度控制在 65% 左右,可有效控制仓湿和降低粮堆表层的水分。

在气温高、湿度低的地区,多次间歇通风降水是较经济实用的降水方法,具有降水效果好、操作简单、节省劳力与费用、有利于保持大豆品质等优点,但此方法只适用于粮堆较低的仓房。

对仓顶隔热性能较差、粮食水分偏高的粮堆,可采用"表干内湿、控温保水"储粮新工艺,即按照粮堆生态体系原理采用负压通风降低粮堆表层水分、补冷控温维持体系内的湿热平衡的做法,解决"失水多、湿粮难保管"等难题。

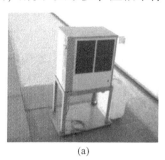

(a)   (b)

图 10-9　福建平房仓(a)与浅圆仓(b)内的除湿机控湿

(2) 清理杂质及减轻自动分级

杂质清理是保证大豆安全贮藏的一项重要措施。大豆收获后由于清杂工作不彻底,常使大豆中夹带一些豆荚壳、茎叶和杂草籽等易腐烂和增加水分的杂质,特别是破碎粒含量也比较高,容易使大豆感染害虫,吸湿受潮、引起发热、霉变、生芽、浸油赤变和酸败变质。经过清理的大豆不仅入仓时可减缓因自动分级形成局部杂质集中的现象,还可增大粮堆的孔隙,增强粮堆的通透性,有利于提高粮堆通风、谷冷的环流降温和粮堆冷却效果。

布料器属被动减缓浅圆仓入粮自动分级的专用设施,主要是通过增多粮食落点,减缓入仓粮内杂质聚集现象,达到提高储粮稳定性的目的。现有的四种国产减缓自动分级装置(图 10-10)尚存不足之处,但在浅圆仓内通过增加入粮落点可显著减缓自动分级现象,推迟粮堆发热时间并降低大豆发热程度;平房仓内采用输送机摆头、人工清扫粮堆表面杂质等措施也可较大限度减缓自动分级现象,消除杂质聚集对储粮安全的影响。

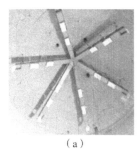 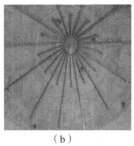  

(a)　　　　　　　　(b)　　　　　　　　(c)　　　　　　　　(d)

图 10-10　浅圆仓内常用的四种布料器

(3) 新粮入仓后平衡通风

进口大豆来粮时大多处于我国高温季节，大豆进仓后急需进行通风降温散湿，防止粮堆发热霉变。因此，大豆入仓后应立即开展平衡通风，切实加强通风管理工作，在晴天开启仓房门窗，翻扒粮面或进行机械通风，以增强大豆的贮藏稳定性。根据不同季节入仓大豆的温度不同采用不同的通风措施。

低温季节入仓　在 11 月到翌年 4 月入仓的大豆，入仓时粮温较低，平整粮面后即可利用仓外低温进行通风，将粮温降至 20℃ 或 15℃ 以下，有条件的粮库可将粮温降至 $-5\sim5℃$，之后进入低温或准低温储粮，重点监测粮堆温度变化和储粮害虫发生情况，及时处理各种问题。

高温季节入仓　在 5~10 月入仓大豆，入仓时粮温较高，尤其是温度高于 25℃ 的大豆粮堆，当风道上压有一定厚度的粮食后便要开机降温，当粮仓装满、简单平整粮面后，立即利用大风量通风或用谷冷降温。高温季节入仓的大豆平衡通风应做到以下几点：排除进粮时的湿热，提高稳定性；排除长途海运中熏蒸粮堆释放的有害气体；通风时在粮堆内积热区加插导风管，迅速排除粮堆内的局部高温；有低温天气时，及时采用通风降温或用谷冷降温，将粮温降至 25℃ 以下；到初秋时应开展第一次机械通风，将粮温由 25℃ 降至 16~20℃，之后随着气温逐渐下降，依次开展第二次和第三次通风，将粮温进一步降至当地的冬季粮温水平，一般为 $-5\sim15℃$。

(4) 密闭压盖

大豆贮藏的关键是维持仓内的低温状态，粮面压盖是弥补仓房隔热性能不佳的最经济做法，具有控温效果好、费用低、操作简便等优点。贮藏期间密闭压盖主要工作要点是：压盖时间应选在每年春季回温前，通常采用麻袋、PEF 板、塑料薄膜等材料进行铺垫隔湿和覆盖密闭防潮处理，使大豆保持干燥。在春季相对湿度高，粮堆表面容易吸湿返潮时，应及时采取密封粮仓、加设除湿机等措施，吸收空间与表层大豆的水分，保持仓内干燥。在日常管理中，高温高湿地区的高大平房仓应根据当地的气候特点，采用散装密闭方式，将平均粮温控温维持在 20℃ 以下，可保证大豆安全贮存两年以上。

(5) 虫害防治

进口大豆因其水分、杂质含量高，粮堆中多掺杂有玉米、小麦、草籽等，因此储粮害虫相对较多，主要有印度谷蛾、粉斑螟蛾、锈赤扁谷盗、赤拟谷盗、谷蠹、玉米象、米扁虫、书虱等。进口大豆虫害防治贯彻"以防为主，综合防治"保粮方针，综合采用多种防虫、抑虫、杀虫等防治方法达到虫害防治的根本目的。目前，采用的虫害防治方法主要包括物理防治、化学防治及生态防治等。

物理防治 对仓房门窗、通风口、轴流风机口等位置做好物理隔离，避免仓内与外界虫害产生交叉感染，是防止储粮害虫滋生的首要前提条件。

化学防治 储粮害虫化学防治主要是依靠储粮防护剂、熏蒸剂抑制或杀灭害虫，此方法虽然见效快，却危害人身健康，并造成环境污染，粮食中若农药残留超标将引发食品安全等系列问题，不利于绿色储粮发展理念的实施。

生态防治 严格控制储粮环境处于低温状态，抑制害虫发生。或者通过氮气气调防治储粮害虫。也可以通过粮面压盖有效地防止印度谷蛾、地中海螟蛾和粉斑螟蛾等蛾类害虫，使蛾类害虫无法爬出粮面在空中交尾和产卵。生态防治是储粮害虫防治重点发展方向。

(6) 适时通风、环流均温控制粮温

大豆贮藏期间应利用低温季节进行降温通风，待粮温降低后，进入低温密闭贮藏，这样既能隔绝外界温湿度的影响和害虫感染，又能防止浸油、赤变。大豆贮藏期间为有效控制粮堆温度，可采取以下措施：对低温粮堆要及时密闭保冷，维持大豆的低温状态并预防低温粮表面结露；在高温季节，除必要定期检查外尽量减少进仓次数，及时排除仓内聚集的湿热；在秋末冬初要防范高温粮结露，抓住气温比粮温低 5 ℃以上的有利时机，及早开始防结露通风；对于粮堆表层的轻微结露，可采取扒沟、翻动粮面等方式疏松粮堆，选择适宜时机利用通风方式排除仓内湿热气体，从而缓解和制止隐患的进一步扩大；表层结露严重的，不宜采取深翻挖坑方式以免结露层下移，应迅速采取分开结露层并单独烘晒的办法，从而阻止更大范围的发热、霉变。

适时通风的密闭压盖控温技术，虽然能控制上层粮温上升过快，但粮堆表层粮温仍然会上升至 25 ℃以上，难以达到准低温储粮的目的，此时可考虑环流均温技术。不同地区的气候条件不同，对大豆贮存造成的影响也不同，度夏时粮库需因地制宜采取环流均温与补冷措施。

北方粮库可利用漫长的低温时机进行通风，在大粮堆中形成一个巨大冷芯，度夏时利用粮堆冷芯实施整仓环流的控温模式，即粮堆通过冬季冷却具有大冷芯，环流风机、环流管、风道、粮堆及上部空间构成一个环流系统，盛夏时在风机作用下，把粮堆内的冷气经环流管注入仓内上部空间，与仓内空气进行交换，通过整仓环流均温（图10-11）达到调节仓温和表层粮温的作用，从而实现（准）低温储粮。但此法应用的前提是仓房的隔热性能良好，具有风道及环流系统。

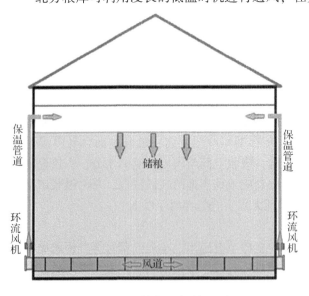

图 10-11 整仓环流均温示意

南方地区只能在冷空气南下时对粮堆进行通风降温，在大粮堆内形成的冷芯较小。对于安全水分、基础粮温不高的大豆粮堆在度夏时，实施仓

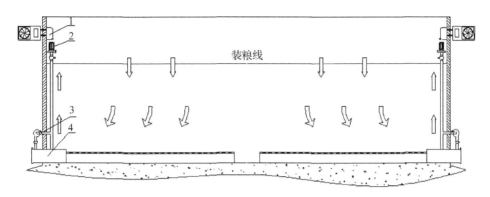

1. 降温空调；2. 单管通风管；3. 环流风机；4. 风道分配箱。
图 10-12 漳州库平房仓空调内环流补冷均温示意

内空调补冷、内环流均衡温湿度的控温模式（图 10-12、图 10-13），具体做法是：当夏季仓温超过 25℃，开启空调与内环流系统，空调设置温度为 23℃，将仓温降至 25℃；盛夏时内环流运行 3 次左右、每次 20 d 左右；谷冷机用于大粮堆的补冷和防止偏高水分大豆的发热。此法应用的前提是仓房隔热性能好，仓内有风道和局部环流系统，能确保粮堆冬季通风冷却、春夏季隔热保冷、除湿机控湿能够顺利进行。

华南地区在我国的最南部，基本上无可利用的低温时机，大粮堆也无冷芯，需采取不同于北方粮库的做法——谷冷机补冷均温模式，确保大豆仓的度夏安全。应用的前提是做好仓房的隔热改造，及时实施环流均温补冷，控制大豆贮存温度，达到安全度夏的要求。

（7）加强粮温检测，掌握粮情变化动态

粮温变化是储粮稳定程度的主要标志。在粮食贮藏过程中，主要依靠粮温检测来反映粮情的变化和掌握内

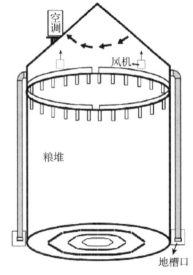

图 10-13 中储粮厦门库浅圆仓空调内环流补冷均温示意

部粮情的变化趋势。因此，在大豆储粮管理中，首先要重视粮温变化规律，粮温在春夏季比仓温低，秋冬季比仓温高，春暖秋凉季节转换时，两者温度相平衡。其次采取两结合的方式检查粮情，即定点与机动点相结合，仪器检测与感官检测相结合，取长补短，相辅相成。每周进仓检查粮情制度的制定就是要通过人体感官的检测去弥补仪器检测的不足。第三，采用五比较的方式分析粮情，即相同贮藏条件下的粮堆与粮堆相比较，以便粮温上升与气温上升幅度相比较，同一粮堆前后两次检测结果相比较，同一粮堆不同测点相比较，同粮堆同层各测点相比较，以便及早发现储粮问题发生早期的温度变化，为采取相应措施提供依据。

按照《粮油贮藏技术规范》的要求对储粮、仓房进行粮情检查。水分在 12.5% 以内的大豆每周至少检测粮温、查仓一次；水分在 12.6%~13.5% 的大豆每周至少检测粮温、查仓两次，水分超过 13.6% 的大豆必须每天检查粮温和查仓。在检查粮温、粮质的同时加

强仓湿检查，仓湿过大时应开启窗户、轴流风机降湿或开启除湿机控湿。在夏季高温和气温转换季节，应加强粮面及以下 10~50 cm 的粮情检查，观察粮质变化，严格控制大豆温湿度变化。当粮堆和仓房内温湿度出现异常时，应入仓通过感官鉴别、结合扦样分析判断粮食是否发热，特别要关注粮堆表层、仓房四周、杂质积聚区和发热区域的粮情变化。如遇雨、雪天气，还应加强对仓房、窗户和粮面等部位的检查，注意仓内和粮堆上有无雨雪渗漏点、虫情及其他现象，防止个别部位大豆吸湿生霉。对偏高水分大豆，即使在冬天也会发生问题，检查时要注意粮堆中是否存在结露、出汗等现象。

10.3.1.3 油菜籽安全贮藏技术

（1）常规贮藏

常规贮藏是油菜籽常用贮藏方法。对于新收获的菜籽，根据含水量及不同地区气候情况，应分别采取不同的措施保证油菜籽的安全贮藏，重点做好干燥降水、分批堆垛、分级贮藏等环节。

干燥降水是油菜籽安全贮藏的关键措施。降水的方法以日晒为主，烘干为辅。一般情况下，将油菜籽的水分控制在 9% 以内才能安全度夏；水分超过 10%，在高温季节易结块，水分超过 12% 可能发生霉变成饼。

油菜籽吸湿、散湿均较快，降水干燥的油菜籽质量优于烘干。日晒时，应先将晒场晒热再铺放油菜籽，在晒场未晒热前，避免"冷铺"，晒干后也要避免热入仓，使上下层油菜籽温度和水分一致，增加贮藏稳定性。如不具备日晒条件应及时采用烘干机烘干，但烘干温度不宜太高，适当控制出口料温，避免将籽粒烘焦，影响出油率。晒干或烘干的油菜籽都必须及时摊凉或通风使其充分冷却后才能入仓贮存。

分批堆垛轮流入仓可有效降低入库油菜籽温度，使堆垛上、中、下三层温度较为均匀。油菜籽入仓后及时翻动堆面通风散热，迅速将堆垛温度降至周围气温，有利于安全贮藏并能较好地保持质量。

根据水分高低对新入库的油菜籽进行分级贮藏管理。水分在 9% 以下的油菜籽，适于较长期的保管，一般在 7 月底以前不致发热霉变，可以陆续进厂加工。水分为 10%~12% 的菜籽，不能立即进厂加工，应加强检查只作短期贮存 1~2 个月，抓住时机降水干燥，将水分降至 9% 以下再进厂加工。水分在 12% 以上的油菜籽属于危险油料，随时可发热、霉变、生芽，应尽快降水或采取应急措施进行处理。如留作种子用的，则应选择水分在 8% 以下的油菜籽包装堆放，堆高不超过 6 包，以利于品质保持。

压盖防潮是防止菜籽在贮藏期吸湿的方法，常用麻袋进行压盖防潮，一般在多雨季节，用干燥无虫的麻袋覆盖在菜籽堆表面，晴天及时将覆盖的麻袋取出晒干，待冷凉后再覆盖在菜籽堆上。如此反复，即可防止油菜籽吸收外界水分，保证上层油菜籽不吸湿返潮。

（2）高水分油菜籽的应急贮存

油菜籽每年大都在 5 月底至 6 月初收获，由于时间紧、数量大，又正值梅雨季节，因此有时不得不在雨中抢收。抢收的油菜籽，水分大都在 20% 以上，如果不能立即干燥降水，必须采取应急措施处理。

贮藏高水分油菜籽最常用的有效措施就是密闭。密闭方法主要有磷化铝化学密闭和自然缺氧密闭两种方式。生产上采用这两种密闭方法处理高水分油菜籽，虽然对品质略有影响,但可以保持油菜籽在 2~3 周内不发热、不生芽、不霉烂。为确保油菜籽安全贮藏,在应急处理期间,应积极采取烘干机降水,或者抓住有利时机将油菜籽出仓暴晒降水。

10.3.1.4 花生安全贮藏技术

花生果有果壳保护,贮藏稳定性较好;花生仁皮薄肉嫩,贮藏稳定性较差,在贮藏期间容易发霉、浸油、变质。但花生果贮藏占用仓容较大(约比花生仁多占仓容 2 倍以上),故国家储备库都以贮存花生仁为主。

(1) 花生果的贮藏

花生收获后及时干燥 花生收获后及时进行晾晒或采用烘干机干燥,将花生果含水量控制在 9%~10% 以内,可使花生果较长时间在仓内或露天散存贮藏。花生采摘后一般应晾晒 5~6 d,堆积 1~2 d,使其内部的水分不断向外扩散,最终达到安全水分的要求。一般情况下,采用烘干机对花生进行干燥,降水效果更好。

适时通风降温 花生入库后应及时通风,排除堆内积热。在冬季要根据气温变化抓住有利时机间歇性地反复通风,使料温随气温变化逐步降至 10℃ 以下,至翌年气温上升前再及时密闭仓房,覆盖垛面,隔热保冷,进行低温干燥密闭贮藏。

气调贮藏 采用气调贮藏可较长时间保持花生果的新鲜度。一般在密封贮藏的花生果中采用脱氧剂(铁粉通用型),营造缺氧环境,既可防止花生果吸湿转潮,也可降低花生果脂肪的水解速率,延缓脂肪氧化酸败,保持花生果品质。

防虫防鼠 花生果和花生仁在贮藏期间都会遭受储粮害虫和老鼠的危害。危害花生的主要害虫有印度谷蛾、锯谷盗、赤拟谷盗和玉米象等,尤其以印度谷蛾危害最严重,常发生在堆垛表层,严重时出现"封顶"现象。因此,在春暖后害虫开始繁殖季节,要及时悬挂长效敌虫块进行防治。同时,在花生果和花生仁贮藏期间要及时做好防鼠工作。

(2) 花生仁的贮藏

贮藏花生仁要注意三个关键环节,即干燥、低温和密闭。花生仁没有花生果外壳的保护,烈日暴晒时易出现脱皮浸油现象,并影响出油率。一般情况下可在烈日下阴晾干燥,或在冬季仓内通风干燥、摊晾干燥、露天包装通风干燥,逐步把花生仁含水量降至 8%,便于长期安全贮藏。在贮藏过程中,应采取各种措施,尽可能进行低温密闭贮藏,使花生仁堆内最高温度不超过 20℃。另外,也可采用气控贮藏花生仁。一般将花生仁堆用塑料薄膜密闭后抽真空充氮保管,真空度抽至 53 328.8 Pa(真空度过高花生仁易变形出油),充以适量氮气,会很快使花生仁堆内缺氧,从而能抑制花生仁的呼吸强度与虫霉活动,并防止吸潮。这种方法可使花生仁从 3 月贮藏到 9 月,基本保持原有的色泽和品质。

10.3.1.5 芝麻安全贮藏技术

芝麻籽粒细小,大多采用密质麻袋包装贮存,也有部分地区,如河南芝麻产区用围囤或散装贮存。芝麻安全贮藏的关键措施是干燥、干净、低温密闭。干燥就是进行贮藏前要将芝麻的含水量降至 7%~8%。干净就是进行贮藏前要将芝麻的杂质认真清理,使杂质含量控制在 1% 以下,并尽可能减少破碎脱皮粒含量,以提高芝麻的耐储力。在贮藏时进行合理堆装,对于包装贮存的芝麻,堆积高度不宜超过 6 包,并应堆成通风垛;对于散装贮存的芝麻,堆装高度以 1.5~2 m 为宜。在芝麻贮藏期间,保持低温密闭状态,保持芝麻质量不致劣变。

对于种用芝麻不宜采取密闭贮藏,以免影响其发芽力,可采用包装通风垛贮藏,堆垛高度不宜超过 6 包；或在干燥通风的仓库中分囤贮藏，堆高不宜超过 1 m。

在芝麻贮藏期间，坚持监测芝麻堆内温湿度变化、虫霉发生情况，加强日常管理。对于发现的问题，根据情况分别处理，采用倒垛、转囤、通风、除杂等措施，消除湿热，以利安全贮藏。

10.3.2 油料产品的加工

(1) 油料的预处理

油料的预处理是对油料进行清选除杂，并将其制成具有一定结构性能的物料，以满足不同取油工艺的质量要求。油料预处理包括清理、破碎、剥壳去皮、调质、轧坯、蒸炒和挤压膨化等过程。清理是油料预处理及贮藏前的重要工序，为后续加工与贮藏提供良好的基础条件。清理主要采用风选、筛选、磁选、去石及色选等方法清除油料原料中的各种有机杂质和无机杂质。破碎的目的是使油料具有一定的粒度以符合轧坯条件，同时，油料破碎后表面积增大，利于软化时温度和水分的传递，软化效果好。根据不同油料的特点采取不同的破碎方法。常用的破碎方法有压碎、劈碎、折断、磨剥、击碎。剥壳去皮是带皮壳油料在制取油脂之前的一道重要工序，对花生、棉籽、葵花籽等一些带壳油料必须经过剥壳才能用于制油，生产高品质的油脂及饼粕。油料调质主要指调节油料的水分和温度，使之更加适宜于加工的各道工序。油料调质的方法主要有加水调质、加热软化或者加水调质和加热软化二者同时进行。轧坯是料坯制备的重要操作工序，经过破碎、软化后的油料，即可用轧坯设备对其进行碾轧，使之成为具有一定厚薄的坯片，通常称之为料坯或生坯。蒸炒指将油料生坯经过湿润、蒸坯、炒坯等处理转变为熟坯的过程。挤压膨化指利用挤压膨化设备将经过破碎、轧坯或整粒油料转变成多孔的膨化物料的过程，主要应用于大豆生坯、菜籽生坯、棉籽生坯的膨化浸出工艺，便于后续压榨取油。

(2) 油料生产加工工艺

油料生产加工工艺流程的选择与油料品种、产品质量、副产品质量、生产规模、技术条件、环境保护等要求都有关。油脂制取方法主要有压榨法、浸出法、超临界及亚临界萃取法等。油脂精炼方法主要包括毛油中杂质的去除、油脂脱胶、油脂脱酸、油脂脱色、油脂脱臭、油脂脱蜡及油脂改性相关的技术。虽然工业应用的油脂制取和精炼方法种类不多，但在生产过程中各工序的配合和工艺条件却千变万化。为此，有必要了解和掌握各种油料加工技术的共性和特性，选择合适的工艺流程，提高油脂生产效果。

油料的加工工艺指油脂产品的生产与加工过程，包括油脂制取工艺和油脂精炼工艺。油脂制取工艺基本程序如下：油料经预处理后，可以采用压榨（热榨、冷榨）、压榨—浸出、预榨—浸出、直接浸出等工艺。油脂制取工艺可以根据不同的油料品种、取油工艺、产品质量指标、油料综合利用、投资规模等多种因素采用多种方案。例如，大豆油脂制取可以采取多种方式：大豆湿热预处理—浸出工艺，大豆挤压膨化预处理—浸出等工艺流程。

大豆湿热预处理—浸出工艺流程：

大豆 → 清理 → 破碎 → 软化 → 轧坯 → 湿热处理 → 浸出

大豆挤压膨化预处理—浸出工艺流程：

大豆→清理→干燥→破碎→软化→轧坯→挤压膨化→干燥→浸出

食用植物油脂的精炼工艺可分为一般食用油脂精炼、高级食用油脂精炼及特殊油脂精炼，其精炼流程依油脂产品的用途和品质要求而不同。

本章小结

本章以提高农作物产量，改善农产品品质，满足农产品加工，实现农作物产前、产中、产后全产业链发展为目的，详细阐述了粮食作物及其和油料作物农产品适时收获的依据，介绍了不同农产品的贮藏特性和安全贮藏条件；充分阐释了农产品加工的工艺流程和技术措施。为延长农业产业链、提升价值链、打造供应链，拓宽农民增收渠道、构建现代农业产业体系，加快转变农业发展方式，实现一、二、三产业融合发展奠定了基础。

科技支撑，确保国家粮食贮藏安全：粮食储备"四合一"技术

民以食为天，食以粮为先。粮食是关系国计民生的重要战略物资，一直受到党和政府的高度重视。目前我国大型粮食储备库仓容较大，一般浅圆仓直径 18~40 m，粮层深 12~50 m，单仓容量达 5 000~30 000 t。粮食贮藏周期较长，一般 3 年左右。粮食在贮藏过程中需要密切关注储粮虫霉发生可能造成的危害、储粮品质变化等情况。这种大型粮堆粮食温度、水分和杂质含量不均，粮情复杂，如何确保粮食安全贮藏面临巨大挑战。我国粮食贮藏科技工作者坚持理论与实践相结合，长期联合科技攻关，通过研究开发与集成创新形成粮食储备"四合一"技术，较好解决了大型粮堆熏蒸杀虫不彻底、湿热转移严重、易结露发热霉变和陈化快等难题，成果已应用到全国 1 100 多个国家储备粮库以及 1 500 万 t 仓容的地方储备粮库，产生了巨大的生态和社会效益，获得了 2010 年度国家科学技术进步奖一等奖。其主要技术要点是：

(1) 粮食储备"四合一"技术整合了机械通风、环流熏蒸、谷物冷却、粮情测控等技术。

(2) 机械通风技术利用风机产生的压力，将外界低温、低湿的空气送入粮堆，促使粮堆内外气体进行湿热交换，降低粮堆的温度与水分，增进储粮稳定性。

(3) 环流熏蒸技术。指利用环流熏蒸设备强制熏蒸气体循环，促使熏蒸气体在粮堆内快速均匀分布。

(4) 谷物冷却技术采用谷物冷却机对粮堆进行降温通风，包括传统谷冷通风和横向谷冷通风。

(5) 粮情测控技术主要指利用现代计算机和电子技术对粮情进行检测、数据存储与分析，对储粮技术设施进行实时控制。

1. 如何理解农产品的适时收获？
2. 小麦的贮藏特性有哪些？
3. 小麦的贮藏仓房的主要类型有哪些？各有什么贮藏特性？
4. 小麦的安全贮藏技术有哪些？
5. 简述气调储粮概念。
6. 气调储粮密封技术有哪些？
7. 气调仓的气密性如何评价？
8. 简述氮气气调储粮的方法。

9. 如何检测氮气气调储粮时氮气浓度?
10. 简述小麦的加工工艺流程。
11. 稻谷的贮藏特性有哪些?
12. 简述稻谷加工工艺流程。
13. 什么是植物油料?
14. 油料的贮藏特性有哪些?
15. 简述大豆安全贮藏技术。
16. 简述油料生产加工工艺流程。

参考文献

白旭光,2020. 粮油储藏技术培训教程[M]. 北京:中国纺织出版社.

郭道林,周浩,王殿轩,等,2021. 中国粮食储藏学科的现状与发展展望(2015—2019)[J]. 粮食储藏,50(2):1-9.

李岩,蔡学军,张来林,等,2013. 高温高湿地区不同水分大豆度夏保管方法的研究[J]. 粮油食品科技,21(6):116-119.

吕建华,黄宗文,王殿轩,等,2020. 储粮害虫检测方法研究进展[J]. 中国粮油学报(9):196-204.

齐玉堂,2011. 油料加工工艺学[M]. 郑州:郑州大学出版社.

钱立鹏,付慧坛,张来林,2020. 一种储存偏高水分粮的新方法[J]. 粮食加工,45(4):81-84.

阮少兰,刘洁,2019. 稻谷加工工艺与设备[M]. 北京:中国轻工业出版社.

田建珍,温纪平,2011. 小麦加工工艺与设备[M]. 北京:科学出版社.

王殿轩,2020. 储藏物害虫综合治理[M]. 北京:科学出版社.

王若兰,2016. 粮油储藏学[M]. 2版. 北京:中国轻工业出版社.

吴琼,李岩,张来林,2021. 浅谈大豆的储藏(一)[J]. 粮食加工,46(3):70-75.

吴琼,李岩,张来林,2021. 浅谈大豆的储藏(二)[J]. 粮食加工,46(4):65-69.

第 11 章 作物学研究方法

现代作物科学研究离不开科学系统的试验。作物研究方法是分析、归纳、总结农作物产前、产中、产后不同阶段表型特征特性变化的重要手段。掌握作物研究方法，根据生产需要进行科学合理的系统试验设计，降低和控制试验误差，提高试验的准确性和精确性，能够科学合理地制定相关技术措施，增加作物产量，改善农产品品质，满足现代农产品加工的需求。

11.1 作物学研究的一般方法

按照从事农业科学研究活动过程人类认识发展的顺序，论证各种农业科学方法在认识过程中的地位和作用，揭示各种方法之间的内在联系。

11.1.1 农业观察方法与工具

生物观察是农业生物科学中一种古老的研究方法。早期生物观察是利用感觉器官直接从外界获得感性材料的肉眼观察，积累着从农业生产获得的经验知识。仪器观察是生物观察发展中的一次大的飞跃，仪器作为感官的延长和补充，扩大了感觉的范围，排除了肉眼观察的错觉和局限，使感性认识客观化、精细化、准确化。现代农业应用电子显微镜、X射线衍射技术、质谱仪、核磁共振技术等，可以观察到生物大分子，如蛋白质、核糖核酸等微结构，使生物学研究进入分子水平。随着空间技术的发展，遥感技术在农业科学上的应用实现了从地面观察到空间观察的过渡，做到了静态观察和动态观察的结合，这是生物观察方法发展中的又一次大的飞跃。遥感技术可用于植被资源调查、气候气象观测预报、作物产量估测、病虫害预测等农业科学领域，同时遥感技术与地理信息系统、全球定位系统紧密结合的"3S"一体化技术发展对农业生物观察和环境监测起到不可估量的作用，也给农业科学研究领域的其他方法带来了深刻的影响。观察手段和工具的不断进步，使观察的深度、广度、细度均发生了巨大的变化，并要求农业科研工作者坚持观察的客观性、全面性等一般原则，具备对研究对象的广泛知识，善于进行理论思维。

11.1.2 农业科学实验

近代自然科学被称为实验科学，现代农业科学的发展依赖于科学实验与生产经验的结合，因此现代农业和农业科学的发展都更加依赖于实验方法。随着以经验为基础的传统农业向以科学为基础的现代农业的转变，农业科学实验在农业科学的发展中占有越来越重要的地位，也是推广农业科研成果不可缺少的步骤。农业科学研究中常用的实验方法有：对照试验和重复试验、多点试验和中间试验等。农业科学实验是农业科学研究的主要方法之一。

11.1.3 调查研究

调查研究方法是通过调查获得丰富的第一手材料，经过理论思维和科学抽象对研究对象的规律性认识的一种方法。根据目的和调查对象的不同，调查研究的方法大致可分为直接调查和间接调查。农业土壤、水资源调查、动植物品种资源、病虫杂草调查以及作物生育状况调查等通过直接观察、考察、记载，或采取某些特定的方法对研究对象的性状进行测定，因而易于进行正确分析，结果比较可靠。而另一类是通过调查会或座谈会、个别访谈、问卷调查等收集已有的原始资料进行调查。这类调查得来的资料一般是第二手的，并非来自科研工作者的亲身实践，要去粗取精，去伪存真。因而两类调查研究方法要在应用中互相结合，互为补充。

11.1.4 数学模式识别方法

从现代农学建立之初，研究者就不断生成和积累各种各样的实验资料或调查资料，农业经营活动中也不断产生出大量的统计数据。这些原始数据从不同侧面显示了农业技术过程或社会经济行为产生的结果，而任何一个结果都是在多种因素共同作用下产生的，模式识别就是通过对观察数据的处理来解释表面现象背后的规律性，并检验其可靠性。模式识别传统上基于统计抽样理论和方法，即假定样本数据是真实可信的，并且能够很好地代表总体，农业科学中应用的数理统计方法就属完备信息情况下的模式识别方法。随着计算机的出现和广泛应用，模糊数学及信息科学、系统科学的发展，一些新的模拟识别技术被开发出来，在一定程度上解决了农业科学中信息不完备构成的限制。因此，农业数学的模式识别方法分为经典数理统计分析方法和新兴模式识别方法两种。

11.1.5 模拟方法

建立在相似理论基础上的模拟实验已经成为现代科学技术研究的一个重要手段。在农业科研中由于受到主客观条件的限制，对某些研究对象难以甚至无法进行直接的观察和实验，单纯的理论分析又不能得到关于研究对象的全面而具体的认识，或者用以提高效率、减少资源消耗，但可以借助模拟这种间接的实验方法以取得关于对象的信息。模拟仿真是利用经过验证的模式对未知情况作出判断，包括对未来变化趋势的预测。作物生长模拟技术在仿生学和计算机科学技术发展的基础上发展非常迅速，我国在该领域研究起步较晚，目前开发了主要涉及水稻、小麦、棉花和玉米等粮食作物的生长模拟模型，一定程度上替代了常规实验方法，多以田间试验结果为依据确定参数，在田块水平得出的模拟结果较好，扩展应用仍有待研究。作物生长模拟模型可以与经济评价模型整合，形成智能化的专家系统或决策支持系统，作为制定生产管理措施的辅助工具。

11.2 试验设计方法

试验设计与数据分析的任务就是以概率论与数理统计知识为理论基础，在生产实践或科学研究过程中，根据所研究的目的和要求，结合专业知识和实践经验，应用统计学的原理，经济、科学、合理设计试验方案，周密安排试验，有效地控制试验干扰，力求用较少的人力、物力、财力和时间，最大限度地获得丰富而可靠的资料；充分利用和科学地分析所获得的试验数据，从而达到能明确回答研究项目所提出的问题和尽快获得最优方案的目的。因此，试验设计与数据分析是关系到研究工作成败的关键。

11.2.1 试验设计的意义与任务

农业科学研究的根本任务是寻求提高农作物产量和品质，增加经济效益的理论、方法和技术。产量和品质是在大田生产中实现的，因此农业科学研究的主体是田间的研究，田间试验的结果将能直接用以指导田间的生产。

试验设计的意义体现在以下几个方面：①科学合理地安排试验，减少试验次数，缩短试验周期，提高效益。②能在众多影响因素中分清主次，找出影响指标的主要因素。通过试验设计，分清各个试验因素对试验指标的影响大小顺序，找出主要因素，抓住主要矛盾。③通过试验设计可以了解因素与水平指标间的规律性，即每个因素水平改变时，指标是怎样变化的。同时，通过试验设计可以了解各试验因素之间的相互影响情况，即因素间的交互作用。④通过试验设计可分析出试验误差影响的大小，可以正确估计和有效控制、降低试验误差，从而提高试验精度。⑤通过试验设计，可以迅速地找出最优生产条件，确定最优方案，并能预测在最优生产条件下试验指标及其波动范围。通过对试验结果的分析，可以明确进一步试验的研究方向。

11.2.2 田间试验的基本要求

为保证田间试验达到预定要求，使试验结果能在提高农业生产和科学研究的水平上发挥作用，田间试验有以下几项基本要求：

(1) 试验目的要明确

在大量阅读文献与社会调查的基础上，明确选题，制订合理的试验方案。对试验的预期结果及其在农业生产和科学实验中的作用要做到心中有数。试验项目首先应抓住当时的生产实践和科学实验中亟需解决的问题；并考虑到长远的和在不久的将来可能突出的问题。

(2) 试验条件要有代表性

试验条件应能代表将来准备推广试验结果的地区的自然条件（如试验地土壤种类、地势、土壤肥力、气象条件等）与农业条件（如轮作制度、农业结构、施肥水平等）。这样，新品种或新技术在试验中的表现才能真正反映今后拟推广地区实际生产中的表现。

(3) 试验结果要可靠

田间试验中准确度是指试验中某一性状（小区产量或其他性状）的观察值与其理论真值的接近程度。一般试验中，真值为未知数，准确度不易确定，故常设置对照处理，通过与对照相比以了解结果的相对准确程度。精确度是指试验中同一性状的重复观察值彼此接近的程度,即试验误差的大小,是可以计算的。试验误差越小,则处理间的比较越为精确。

(4)试验结果要能够重演

试验结果重演是指在相同条件下,再次进行试验或实验,应能获得与原试验相同的结果。这对于在生产实际中推广农业科学研究成果极为重要。

11.2.3 试验设计的常用术语

试验指标 用来衡量试验结果的好坏或处理效应的高低、在试验中具体测定的性状或观测的项目称为试验指标。

试验因素 试验中人为控制的、研究者拟研究的、影响试验指标的原因或条件称为试验因素。只研究一个因素对试验指标影响的试验称为单因素试验;同时研究两个或两个以上因素对试验指标影响的试验称为多因素试验。试验因素常用大写英文字母 A、B、C……表示。

因素水平 对试验因素所设定的质的不同状态或量的不同级别称为因素水平,简称水平。因素水平一般用代表该因素的英文字母添加数字下标 1、2……表示,如 A_1、A_2……B_1、B_2……等。

试验处理 事先设计好的实施在试验单位上的具体项目称为试验处理,简称处理。在单因素试验时,实施在试验单位上的具体项目就是试验因素的某一水平。例如,进行小麦品种比较试验,实施在试验单位上的具体项目就是种植某品种小麦。进行多因素试验时,实施在试验单位上的具体项目是各因素的某一水平组合。

试验小区 实施一个处理的一小块长方形土地称为试验小区,简称小区。

试验单位 实施处理的材料单位称为试验单位,亦称试验单元。试验单位可以是田间试验的一个小区,盆栽试验的一个盆钵,微生物培养基配方试验的一个培养皿,也可以是一穴、一株、一穗、一个器官等。

总体与个体 根据研究目的确定的研究对象的全体称为总体,其中的一个研究对象称为个体。统计研究的个体就是对农作物的某一性状或试验指标通过观察、测量所获得的一个观察值。根据总体全部个体计算所得的总体特征数称为参数,总体参数通常用希腊字母表示,如总体平均数 μ、总体标准差 σ 等。

有限总体与无限总体 包含有限个个体的总体称为有限总体,其个体数目常记为 N。包含无限多个个体的总体称为无限总体,例如,在统计学理论研究上服从正态分布的总体、服从 t 分布的总体,包含一切实数,属于无限总体。在实际研究中还有一类假设总体。

样本 从总体中抽取的一部分个体组成的集合称为样本。根据样本全部个体计算所得的样本特征数称为统计数,统计数常用小写英文字母表示。如样本平均数 $\bar{x}$、样本标准差 s 等。样本统计数是相应总体参数的估计值,如样本平均数 $\bar{x}$ 是总体平均数 μ 的估计值;样本标准差 s 是总体标准差 σ 的估计值等。

样本容量 样本所包含的个体数目称为样本容量,样本容量常记为 n。通常将样本容量 $n>30$ 的样本称为大样本,将样本容量 $n \leqslant 30$ 的样本称为小样本。

11.2.4 试验误差及其控制

11.2.4.1 试验误差的概念

同一处理的不同观察或测定值间的差异称为误差或变异,观测值间存在的误差可分为两种情况:一种是完全偶然性的,找不出确切原因的,称为偶然性误差或随机误差;另一种是有原因的,称为偏差或系统误差。系统误差使数据偏离其理论真值,偶然误差使数据分散,因而系统误差影响数据的准确性,即观测值与其理论真值间的符合程度,而偶然误差影响数据的精确性,即观测值间的符合程度。试验中由于非处理因素的干扰和影响,使观测值与真值间产生偏离而形成试验误差。试验误差主要来源于试验材料、测试方法、仪器设备及试剂、试验环境条件、试验操作等。

11.2.4.2 试验误差的控制

控制试验误差必须针对试验材料、操作管理、试验条件等的一致性逐项落实。为控制系统误差,试验应严格遵循"唯一差异"原则,尽量排除其他非处理因素的干扰。常用的控制措施有以下几方面:

①选择同质一致的试验材料。严格要求试验材料的基因型同质一致,至于生长发育的一致性,则可按大小、壮弱分级,然后将同一规格的试验材料安排在同一区组(Block,相对一致的小环境)的各处理组。

②改进操作和管理技术,使之标准化。原则是除了操作要仔细、一丝不苟,把各种操作尽可能做到完全一样外,一切管理、观测测量和数据收集都应以区组为单位进行,减少可能发生的差异。

③控制引起差异的主要外部因素。土壤差异是最主要的也是较难控制的因素。通过选择肥力均匀的试验地、采用适当的小区技术、应用良好的试验设计和相应的统计分析可以较好地控制土壤差异。

11.2.5 试验设计的基本原则

试验设计的主要作用是降低试验误差,提高试验的精确度,使研究人员能从试验结果中获得无偏的处理平均值以及试验误差的估计量,从而能进行正确而有效的比较。科学试验设计是以下面三个基本原则为依据的。

(1)重复

重复是指试验中同一处理设置的试验单位数。试验中同一处理种植的小区数即为重复次数。例如,每一处理种植一个小区,则为一次重复;如每处理有两个小区,称为两次重复。重复的主要作用是估计试验误差,试验误差是客观存在的,只能通过同一处理的重复间的差异来计算;重复的另一个重要作用是降低试验误差,提高试验精度,更准确地估计处理效应。

(2)随机

随机是指试验中的某一处理或处理组合安排的试验单位不按主观意见,而是随机安排。随机的作用一是降低或消除系统误差,因为随机可以使一些客观因子的影响得到平衡;二是保证对随机误差的无偏估计,因为随机安排与重复相结合,能提供无偏的试验误差估计值。但应当注意,随机不等于随意性,随机也不能克服不良的试验技术所造成的误差。

(3) 局部控制

局部控制是将整个试验环境分成若干个相对一致的小环境，再在小环境内设置成套处理，例如，田间分范围、分地段地控制土壤差异等非处理因素，使之对各试验处理小区的影响达到最大程度的一致。因为在较小地段内，试验环境条件容易控制一致。这是降低误差的重要手段之一。

试验设计的三个基本原则中，重复和局部控制是为了降低试验误差，重复和随机化可以保证对误差的无偏估计。

11.2.6 常用的试验设计

试验的类型很多，依照因素数量分类是重要方法之一。单因素试验设计包括完全随机设计、配对设计（配对条件不作为因素考虑）和序贯设计。两因素试验设计包括随机区组设计、均衡不完全配伍组设计、配对设计（配对条件作为因素考虑）和两层次分组设计。三因素以上的试验设计可采用拉丁方设计、尧敦方设计、裂区设计、析因设计、正交设计、均匀设计、配方设计、响应面设计等。各种试验设计的原理、程序、方法、优缺点和适用情景详见相关专业书籍。

11.3 统计分析方法

统计分析数据的方法大体上可分为描述统计和推断统计两大类。描述统计学是研究如何取得反映客观现象的数据，并通过图表形式对所搜集的数据进行加工处理和显示，进而通过综合概括与分析得出反映客观现象的规律性数量特征的一门学科。推断统计学是研究如何根据样本数据去推断总体数量特征的方法，它是在对样本数据进行描述的基础上，对统计总体的未知数量特征做出以概率形式表述的推断。

11.3.1 数据的描述性分析

在作物学研究中，通过普查、抽样调查，科学试验的观察、测定和记载等方式，可以得到大量的数据，或称为资料。这些数据必须按照一定的程序进行整理和分析，才能透过数据表现看到蕴藏在数据中的内部联系和规律性。数据的描述性分析就是要通过对数据的整理归类，运用制表和分类，图形以及计算概括性数据来描述数据特征的各项活动。描述性统计分析要对调查总体所有变量的有关数据进行统计性描述，主要包括数据的频数分析、集中趋势分析、离散程度分析以及一些基本的统计图形。

11.3.1.1 数据的类型

试验中观察记载所得数据，因所研究的性状、特性不同而有不同的性质，一般可以分为数量性状资料和质量性状资料两大类。数量性状是指能够以量测或计数的方式表示其数量特征的性状。观察测定数量性状获得的数据就是数量性状资料。根据获得数量性状资料方式的不同，数量性状资料又分为计量资料和计数资料两种。质量性状指能观察而不能量测的性状，即属性性状。质量性状可采用统计次数法和定级评分法进行记载。

11.3.1.2 数据资料的检查与核对

检查、核对原始资料的目的在于确保原始资料的完整性和正确性。完整性是指原始资料无缺失或重复。正确性是指原始资料的测量和记载无差错，或未进行不合理的归并。

11.3.1.3 数据资料的整理

数据整理是对调查、观察、实验等研究活动中所搜集到的资料进行检验、归类编码和数字编码的过程，它是数据统计分析的基础。试验资料经检查、核对后，根据样本确定是否分组。一般，对于小样本($n \leqslant 30$)资料不必分组，直接进行统计分析；对于大样本($n > 30$)资料，可将资料分成若干组，制成次数分布表，以了解资料集中与分散的情况。不同类型的资料，分组方法不同。

11.3.1.4 常用统计表与统计图

统计表是用表格形式表示数据间的数量关系；统计图是利用点、线、面、体等绘制成几何图形，以表示各种数量间的关系及其变动情况的工具，表现统计数字大小和变动的各种图形总称。使用统计表和统计图，可以把研究对象的特征、内部构成、相互关系等简明、形象地表达出来，便于比较分析。统计表由标题、横标目、纵标目、线条、数字、合计等构成。编制统计表的原则是结构简单，层次分明，内容安排合理，重点突出，数据准确，便于理解和比较分析。

常用的统计图有直方图、多边形图、条形图、圆饼图和线图等。统计图的选择取决于资料的性质。一般计量资料采用直方图、多边形图，计数资料、质量性状资料采用条形图、圆饼图等。

11.3.1.5 数据描述性分析方法

描述性分析即通过计算统计特征数来描述回答样本数据的分布特征，如用平均数等作为样本资料的代表值与另外一组资料进行比较，用样本的标准差等来评估对平均数的代表性，用偏度和峰度系数来评估数据资料分布的形态等。

(1) 资料集中趋势的描述

平均数是数据的代表值，表示资料中观察值的中心位置，并且可作为资料的代表而与另一组资料相比较，借以明确二者之间相差的情况。统计平均数具有重要作用，主要体现在：①反映总体各变量分布的集中趋势和一般水平。②便于比较同类现象在不同单位间的发展水平。③能够比较同类现象在不同时间的发展变化趋势或规律。④分析现象之间的依存关系。平均数的种类较多，主要有数值平均数(算术平均数、中数、几何平均数等)和位置平均数(众数和中位数)两大类。以算术平均数最常应用，中数、众数与几何平均数等几种应用较少。

一个数量资料中各个观察值的总和除以观察值个数所得的商数，称为算术平均数，记作 $\bar{x}$。因其应用广泛，常简称平均数或均数。均数的大小取决于样本的各观察值。

(2) 资料离散程度的描述

变量分布既有集中趋势的一面，又有离中趋势的一面。所谓离中趋势，就是变量分布中各变量值背离中心值的倾向。如果说集中趋势是总体或变量分布同质性的体现，那么离中趋势就是总体或变量分布变异性的体现。对离中趋势的描述，就是要反映变量分布中各变量值远离中心值或代表值的状况，以便客观地反映变量分布的特征。

变量分布的离中趋势要用离散指标来反映。离散指标就是反映变量值变动范围和差异程度的指标，即反映变量分布中各变量值远离中心值或代表值程度的指标，亦称为变异指标或标志变动度指标。离散指标的作用主要有以下几点：①可以用来衡量和比较平均数的代表性。②可以用来反映各种现象活动过程的均衡性、节奏性或稳定性。③为统计推断提供依据。常用的离散指标主要有：极差、方差、四分位差、异众比率、平均差、标准差、变异系数等。

方差，又称均方，每一个观察值均有一个偏离平均数的度量指标——离均差，但各个离均差的总和为0，不能用来度量变异，将各个离均差平方后加起来，求得离均差平方和（简称平方和）SS，由于各个样本所包含的观察值数目不同，为便于比较起见，用观察值数目来除平方和，得到平均平方和，简称均方或方差。样本均方用 s^2 表示，定义为：$s^2 = \dfrac{\sum_{i=1}^{n}(x_i - \bar{x})^2}{n-1}$，此处除数为自由度 $(n-1)$ 而不用 n。它是总体方差（σ^2）的无偏估计值；总体方差定义为：$\sigma^2 = \dfrac{\sum_{i=1}^{N}(x_i - \mu)^2}{N}$，均方和方差这两个名称常常通用，但习惯上称样本的 s^2 为均方，总体的 σ^2 为方差。

(3) 资料分布形状的描述

变量分布的形状要用形状指标来反映。形状指标就是反映变量分布具体形状，即左右是否对称、偏斜程度与陡峭程度如何的指标。具体来说，变量分布的形状一般从对称性和陡峭性两方面来反映，因此形状指标也有两个方面：一是反映变量分布偏斜程度的指标，称为偏度系数；二是反映变量分布陡峭程度的指标，称为峰度系数。

偏度系数可以表明变量分布是左偏还是右偏，即受低端变量值的影响大还是受高端变量值的影响大。而峰度系数则可以说明分布是尖陡还是扁平，即频数（频率）分布绝大部分集中于众数附近还是各变值的频数（频率）相差不大（如果各变量值的频数或频率相等，则分布呈一条直线，无峰顶可言）。由此可见，形状指标与平均指标、离散指标一样，都是变量分布特征的重要体现。偏度系数 S 的数值一般在 0 与 ±3 之间，S 越接近 0，分布的偏斜度越小，S 越接近 ±3，分布的偏斜度越大。正态分布的峰度系数 K 为 0，当峰度系数 $K>0$ 时为尖峰分布，当峰度系数 $K<0$ 时为平顶分布。

11.3.2 统计假设检验

在描述性统计的基础上，进一步的研究工作是推断统计，用来帮助研究者决定样本的数据是否证实或反驳研究的假设，以及假设的结论是否可以推广到更大的总体中去，对统计总体的未知数量特征做出以概率形式表述的推断。所谓统计推断是根据样本和假定模型对总体作出的以概率形式表述的推断，它主要包括假设检验和参数估计两项内容。

11.3.2.1 假设检验的基本原理

假设检验又称显著性检验，是统计学中一个很重要的内容。显著性检验的方法很多，常用的假设检验方法有 z 检验、u 检验、t 检验、χ^2 检验、F 检验等。尽管这些检验方法的用途及使用条件不同，但其检验的基本原理是相同的。

通常使用的假设检验实际是参数假设检验，假定数据服从某分布（一般为正态分布），通过样本参数的估计量对总体参数进行检验，比如 t 检验、u 检验、F 检验等，样本统计量服从某种已知分布的基础之上，对总体分布中一些未知的参数，如总体均值、总体方差和总体标准差等进行统计推断。如果总体的分布情况未知，同时样本容量又小，则需要采用非参数假设检验。常见的参数检验类型与对应的非参数检验见表 11-1。这里我们主要以参数假设检验为例介绍一下假设检验的原理等相关基础知识。

表 11-1　常见的参数检验类型与对应的非参数检验

功能	参数检验	非参数检验
与某数字对比差异	单样本 t 检验	单样本 Wilcoxon 检验
两组数据的差异	独立样本 t 检验	Mann-Whitney 检验
多组数据的差异	单因素方差分析	Kruskal-Wallis 检验
配对数据的差异	配对样本 t 检验	配对 Wilcoxon 检验

假设某地大面积种植玉米品种，单产为每公顷 7 500 kg，标准差为 1 125 kg。即总体平均数 μ_0 = 7 500 kg，σ = 1 125 kg。现从外地引入一新品种，通过 25 个小区试验，平均产量为每公顷 7 950 kg，即 $\bar{x}$ = 7 950 kg。问新引入品种的产量与当地大面积种植品种有无显著差异？即新引入品种产量的总体平均数 μ 与大面积种植品种总体产量的平均数 μ_0 是否不等。仅从抽样结果 $\bar{x}$ = 7 950 kg，还不能得出 $\mu \neq \mu_0$ 的结论。这是因为我们研究的仅是从总体中抽出的一部分个体所组成的样本，而不是总体本身，因而不可避免地存在着试验的抽样误差。由于试验误差的随机性，若重复试验，$\bar{x}$ 的取值很可能不再是 7 950 kg。怎样由样本的试验结果给总体做一结论呢？这就是统计假设检验要解决的问题。

(1) 假设检验的原理

试验表面差异 $\bar{x} - \mu_0$ = 7 950 - 7 500 = 450（kg）的构成有三种可能性：①既有真实差异又有试验误差；②全为真实差异；③全为试验误差。在农业及生物试验中，非处理因素对试验指标（如玉米产量）的干扰总是存在的，因而第二种可能性实际上不存在。第一种可能性既有真实差异又有试验误差，不便于讨论。这样统计推断只能由第三种可能性出发，先假设真实差异不存在，试验表面差异全为试验误差。然后，计算该假设（可视为一个随机事件）出现的概率，根据概率的大小来判断假设是否正确，即真实差异是否存在。这一过程为对试验样本所属总体所作假设是否正确的统计证明，一般称统计假设检验或假设测验。因此，统计假设检验没有复杂的统计运算，更多的是逻辑推断。

对所研究的总体首先提出一个无效假设　要由样本结果推断总体真实差异是否存在，首先需对样本所属总体作一假设，即假设总体参数与某一指定值相等或假设两个总体参数相等。如上例可假设新引入品种产量的总体平均数 μ 与大面积种植品种总体产量的平均数 μ_0 相等，即 $\mu = \mu_0$。这一假设的意义是，试验表面差异 450（kg）系试验误差，品种总体的产量差异不存在。因而上述假设称为零假设或无效假设，记作 H_0，可表示为 $H_0: \mu = \mu_0$。

提出无效假设的目的在于：可以从假设的总体里推断其某一统计数的随机抽样分布，从而可以计算出某一样本结果出现的概率，这样就可以研究样本和总体的关系，作为假设检验的理论依据。因此，提出的无效假设必须是有意义的，即在假设的前提下可以确定试验结果的概率。

与无效假设相对应的另一假设称为备择假设或对应假设，记作 H_A，可以表示为 H_A：$\mu \neq \mu_0$。即假设总体参数与某一指定值不相等或假设两个总体参数不相等。备择假设的意思是说，如果否定了无效假设则当然接受备择假设；如果接受了无效假设，当然也就否定了备择假设，在无效假设和备择假设中，无效假设是被直接测验的假设。

如果测验两个平均数，则假设两个样本的总体平均数相等，即 H_0：$\mu_1 = \mu_2$，也就是假设两个样本平均数的差数属随机误差，而非真实差异；其对应假设则为 H_A：$\mu_1 \neq \mu_2$。

在承认上述无效假设的前提下，获得平均数的抽样分布，计算假设正确的概率 仍以上述玉米新引入品种问题为例子，在 H_0：$\mu = \mu_0$ 下，我们就可以认为新引入品种是从当地大面积推广品种总体中随机抽取的一个样本，即新品种产量与原当地品种产量总体无显著差异。从该总体中随机抽取的样本平均数 $\bar{x}$ 必遵循平均数 $\mu_{\bar{x}} = \mu_0 = 7\,500$（kg），标准差 $\sigma_{\bar{x}} = \sigma/\sqrt{n} = 1\,125/\sqrt{25} = 225$（kg）的正态分布。根据 $\bar{X}$ 的这一抽样分布，可算出获得 $\bar{x} = 7\,950$（kg）或者说算得出现随机误差 $\bar{x} - \mu = 450$（kg）的概率。根据 u 测验公式可算得：$u = \dfrac{\bar{x} - \mu}{\sigma_{\bar{x}}} = \dfrac{7\,950 - 7\,500}{225} = 2$，因为假设是新品种产量有大于或小于当地品种产量的可能性，所以需用两尾测验。查概率附表当 $u = 2$ 时，概率 P 介于 0.04 和 0.05 之间。

根据"小概率事件实际上不可能发生"原理接受或否定假设 当一事件的概率很小时，可认为该事件在一次试验中几乎是不可能事件。这就是"小概率事件实际不可能性"原理。我们将用此原理决定接受或否定假设，当表面差异 $\bar{X} - \mu$ 全由随机误差造成的概率小于 0.05 或 0.01 时，我们就可认为它不可能完全属于抽样误差，从而否定无效假设，接受备择假设。上述玉米一例中，试验表面差异的概率小于 0.05，因而可以否定 H_0，说明新引进品种与当地大面积推广品种之间的产量差异是真实存在的。

用来判断是否属于小概率事件的概率值称为显著水平。一般以 α 表示，在农业试验中，α 常取 0.05 或 0.01，记为 $\alpha = 0.05$ 或 $\alpha = 0.01$。凡计算出的概率 P 小于 α 的事件，即为小概率事件。统计学通常把计算出的概率 $P \leq 0.05$，但 $P > 0.01$ 称所测差异显著；计算出的概率 $P \leq 0.01$ 称所测差异极显著；当 $P > 0.05$ 就认为不属于小概率事件，所测差异不显著。因此，统计假设检验又称差异显著性检验。除 $\alpha = 0.05$ 或 $\alpha = 0.01$ 为常用外，有时也可选用 $\alpha = 0.10$ 或 $\alpha = 0.001$。到底选用哪种显著水平，应根据试验的要求或试验结论的重要性而定。如果试验中难以控制的因素较多，试验误差可能较大，则显著水平 α 值取大些；如果试验耗费较大，对精确度要求较高，不容许反复，或试验结论的应用事关重大，则所选显著水平 α 值应取小些。显著水平 α 对假设检验的结论有直接影响，所以应在试验开始前规定。

综合上述，统计假设测验的步骤可总结如下：

①样本所属的总体提出统计假设，包括无效假设和备择假设。

②规定测验的显著水平 α 值。

③测验计算，即在无效假设正确的假定下，依据统计数的抽样分布，计算因随机抽样而获得实际差数的概率。

④统计推断，即将确定的 α 值与算得的概率相比较，依据"小概率事件实际不可能

性"原理做出接受或否定无效假设的推断。

(2) 接受区域与否定区域

统计假设检验是确定不同质的事物的数量界限的一种数理方法。这种方法根据"小概率事件实际不可能性"原理，在本质上将统计数的抽样分布分为接受区域和否定区域。接受区域是指一个假设总体的概率分布中，可能接受假设时所能取的一切可能值所在的范围，即接受范围的区间。在这个范围内的任何一个数值和假设数值的差异都是属于随机误差。否定区域是接受区域以外的其余区域，处在这个范围的任何一个数值和假设数值的差异，不作为随机误差，而是在本质上不同于假设的数值。因此，把这一部分数值所在的区域称为否定区域，即否定区就是否定 H_0 接受 H_A 的区域。

由上可知，接受区域和否定区域是指在概率分布中能否接受假设的区域，因而可以用于进行统计假设检验。若实得结果落在接受区域就接受 H_0，落在否定区域就否定 H_0，而接受 H_A。如何确定这两个区域的界线呢？因否定区域概率为 α，接受区域概率为 $(1-\alpha)$。只要确定了显著水平 α，便可确定相应分布的界限。如上述玉米产量一例中，显著水平 α 取 0.05，则标准正态分布的临界值为 ± 1.96，$-1.96 \leq u \leq 1.96$ 为接受区域，$u > 1.96$ 或 $u < -1.96$ 为否定区域。由试验结果定 $\bar{x} = 7\,950$ kg 计算得 $u = 2$，落入否定区域，故否定 $H_0: \mu = \mu_0$，接受 $H_A: \mu \neq \mu_0$，即新引入品种与当地大面积推广品种的产量有显著差异。

(3) 双尾检验和单尾检验

根据备择假设的不同，假设检验又分为双尾(又称两尾或双侧或双边)检验和单尾(又称一尾或单侧或单边)检验。双尾检验是指概率分布下，显著水平按左边和右边两尾的概率的和进行检验。假设检验有两个否定区，分别位于分布两尾，双尾检验考虑到 $\mu > \mu_0$ 和 $\mu < \mu_0$ 两种可能性。

(4) 假设检验中可能犯的两类错误

由试验的一个样本点判断 H_0 的成立与否，这是由结果推断原因的做法，属归纳推理。归纳推理的结果使我们可能犯两类错误。第一类错误是：H_0 正确，而样本点碰巧落入 H_0 的否定域而接受 H_A，这种错误称为弃真错误，弃真错误的概率为 α。第二类错误是：H_0 不真，而样本点碰巧落入 H_0 的接受域而接受了 H_0，这种错误称为纳伪错误。纳伪错误的概率为 β。β 的大小与 H_0 不真的程度及 H_0 接受域的长短有关。H_0 不真的程度越大、$1-\alpha$ 越大（H_0 接受域越长），则 β 越大。克服假设检验中可能犯的两类错误的方法，最主要的是适当增加样本容量和精细做好试验以控制试验误差。

11.3.2.2 单个样本的假设检验

单个样本的假设检验包括平均数的假设检验、方差的假设检验、二项频率数据的假设检验，最为常用的是平均数的假设检验。样本平均数的假设检验用于检验单个样本平均数与已知的总体平均数间是否存在显著差异，即检验该样本是否来自某一总体，由此推断样本所在总体的平均数。还可以检验样本与一些公认的理论数值、经验数值或期望数值，如正常生理指标、长期观察的平均值等的差异。

根据检验的对象和条件差别，采用不同的假设检验方法(表 11-2)。

表 11-2 单个样本的假设检验类别和方法

检验对象	条件	假设检验方法
均值 μ	σ^2 已知	μ 检验
均值 μ	σ^2 未知	t 检验
方差 σ^2	μ 已知	χ^2 方检验
方差 σ^2	μ 未知	χ^2 方检验

例如，上述玉米新引入品种产量的例子就是总体方差 σ^2 未知，用 S 代替 σ 进行 u 检验。当总体方差 σ^2 已知，或总体方差 σ^2 未知但样本为大样本($n>30$)时，样本平均数的分布服从 $N(\mu, \sigma^2)$ 的正态分布，用 u 检验法进行检验。总体方差 σ^2 未知时且样本容量较小($n<30$)，用样本标准差 S 代替 σ，此时样本平均数服从 t 分布，采用 t 检验法进行检验。t 分布是 1908 年 W. S. Gosset 首先提出的，又叫学生氏分布。具有一个单独参数自由度 v 以确定某一特定分布。当 v 增大时，t 分布趋向于正态分布。t 分布是一组随自由度 v 而改变的曲线，但当 $v>30$ 时接近正态曲线，当 $v=\infty$ 时和 u 分布重合。不同的自由度有不同的 t 分布曲线，但 u 分布与自由度无关。按 t 分布进行的假设测验称 t 检验。

从一个正态总体中抽样时，样本方差的分布服从自由度为 $n-1$ 的 χ^2 分布。利用这种分布可以对样本方差 s^2 与已知总体方差 σ^2 之间的差异显著性进行检验，即对样本变异性进行检验。

在生物学研究中，许多数据资料是用频率(或百分数、成数)表示的。当总体或样本中的个体分为两种属性时，如药剂处理后害虫的存活与死亡、种子播种后的发芽与不发芽等，这类资料组成的总体通常服从二项分布，因此称为二项总体。有些总体有多个属性，但可根据研究目的经适当的处理分为"目标性状"和"非目标性状"两种属性，也可看作二项总体。由于二项分布近似于正态分布，因此对二项分布数据的检验类似于对平均数的检验。二项分布的数据有次数和频率两种表示方法，具体单个样本频率的假设检验见相关参考书。

11.3.2.3 两个样本的差异显著性检验

两个样本的差异显著性检验的主要目的是在于检验两个样本所属两个总体平均数是否相同。常用的两个样本差异显著性检验类型和方法见表 11-3。

方差同质性，又称为方差齐性(homogeneity of variance)，是指各样本所属的总体方差是相同的。方差同质性检验是从各样本的方差来推断其总体方差是否相同。两个样本方差

表 11-3 常用的两个样本差异显著性检验类型和方法

检验对象	条件	假设检验方法
比较两总体均值	方差 σ_1^2、σ_2^2 已知	μ 检验
比较两总体均值	方差 σ_1^2、σ_2^2 未知但相等	t 检验
比较两总体均值	方差 σ_1^2、σ_2^2 未知且不等	近似 t 检验
承兑数据的两样本均值检验	—	t 检验
比较两总体方差	—	F 检验
比率	精确检验	二项式分布检验
比率	近似检验(样本量较小)	正态检验

的同质性检验,利用 F 统计量,对两个样本所属总体的方差进行同质性检验。两个样本频率差异的检验见相关参考书。这里我们重点介绍两个样本平均数的差异显著性检验。

(1)总体方差已知或大样本平均数的检验

两个总体方差 σ_1^2 和 σ_2^2,或总体方差 σ_1^2、σ_2^2 未知但两个样本都是大样本($n_1 \geqslant 30$ 且 $n_2 \geqslant 30$)时,用 u 检验法检验两个样本平均数 $\bar{x}_1$ 和 $\bar{x}_2$ 所属的总体平均数 μ_1 和 μ_2 是否为同一个总体。

①两个样本方差 σ_1^2 和 σ_2^2 已知时,两个样本平均数差数的标准误为:

$$\sigma_{\bar{x}_1-\bar{x}_2}=\sqrt{\frac{\sigma_1^2}{n_1}-\frac{\sigma_2^2}{n_2}} \tag{11-1}$$

统计量为:

$$u=\frac{(\bar{x}_1-\bar{x}_2)-(\mu_1-\mu_2)}{\sigma_{\bar{x}_1-\bar{x}_2}} \tag{11-2}$$

② σ_1^2、σ_2^2 未知时,可用样本标准差 s_1 和 s_2 分别代替 σ_1 和 σ_2 进行计算。

(2)总体方差未知的小样本数据的检验(成组数据)

成组数据的两个样本来自不同的总体,两个样本变量之间没有任何关联,即两个抽样样本彼此独立,所得数据为成组数据。两组数据以组平均数进行相互比较,来检验其差异的显著性。当总体方差 σ_1^2 和 σ_2^2 未知,且两样本为小样本($n_1<30$ 或 $n_2<30$)时,两组平均数差异显著性用 t 检验法进行检验。并根据两个样本方差是否同质采用不同的计算式(样本方差的同质性用 F 检验法进行检验)。

①两个样本的方差同质时,统计量为 t 分布,用 t 检验。

标准误为:

$$s_{\bar{x}_1-\bar{x}_2}=\sqrt{\frac{(n_1-1)s_1^2+(n_2-1)s_2^2}{(n_1-1)+(n_2-1)}\left(\frac{1}{n_1}+\frac{1}{n_2}\right)} \tag{11-3}$$

统计量为:

$$t=\frac{\bar{x}_1-\bar{x}_2}{s_{\bar{x}_1-\bar{x}_2}} \tag{11-4}$$

自由度为:

$$df=(n_1-1)+(n_2-1)=n_1+n_2-2 \tag{11-5}$$

例如,调查品种'鲁引1号'的6个点的块茎干物质含量(%)分别为 18.68、20.67、18.42、18.00、17.44、15.95;品种'大西洋'的6个点的块茎干物质含量(%)分别为 23.22、21.42、19.00、18.92、18.68。检验两个品种马铃薯块茎干物质含量是否有差异?

因为是小样本,故需用 t 测验;又由于事先并不知道两个品种马铃薯块茎干物质含量孰高孰低,故用两尾测验。上面已证实方差同质。所以

经计算:$s_1^2=2.412$、$s_2^2=3.997$,$\bar{x}_1=18.193$、$\bar{x}_2=20.248$,$s_{\bar{x}_1-\bar{x}_2}=1.069$,$t=-1.922$,$df=6+5-2=9$,查对应的 t 值表,得临界 t 值 $t_{0.05(9)}=2.262$。

由于 $|t|=1.922<t_{0.05(9)}$,所以 $P>0.05$,不能否定 H_0:$\mu_1=\mu_2$,表明两个品种马铃薯块茎干物质含量差异不显著,可以认为两个品种块茎干物质含量相同,两品种块茎干物质含量平均数位的差异是主要是试验误差因素引起的。

②两个样本的方差不同质时,统计量近似 t 分布,进行近似的 t 检验。

标准误为：

$$s_{\bar{x}_1-\bar{x}_2} = \sqrt{\frac{s_1^2}{n_1} + \frac{s_2^2}{n_2}} \qquad (11\text{-}6)$$

自由度 df' 不再是两样本自由度之和，其计算方法为：

$$df' = \frac{\left(\dfrac{s_1^2}{n_1} + \dfrac{s_2^2}{n_2}\right)^2}{\dfrac{\left(\dfrac{s_1^2}{n_1}\right)^2}{n_1-1} + \dfrac{\left(\dfrac{s_2^2}{n_2}\right)^2}{n_2-1}} \qquad (11\text{-}7)$$

（3）成对数据平均数的检验

在进行两种处理效果的比较试验设计中，配对设计比成组设计在误差控制方面具有较大的优势。配对设计是将两个性质相同的供试单元（或个体）组成配对，然后把相比较的两个处理分别随机地分配到每个配对的两个供试单元上，由此得到的观测值为成对数据。

例如，田间试验以土地条件最为接近的两个相邻小区为一对，布置两个不同处理；在同一植株某一器官的对称部位上实施两种不同处理；用若干同窝的两只动物做不同处理，每个配对之间除了处理条件差异外，其他方面的误差都尽可能控制到最小。在做药效试验时，测定若干试验动物服药前后的有关数值，则服药前后的数值也构成一个配对。由于同一配对内两个供试单元的背景条件非常接近，而不同配对间的条件差异又可以通过各个配对差数予以消除，因此配对设计可以控制试验误差，具有较高精确度。

在进行假设检验时，只要假设两样本的总体差数 $\mu_d = \mu_1 - \mu_2 = 0$，而不必假定两样本的总体方 σ_1 和 σ_2 相同。需要注意，即使成组数据的样本数相等（$n_1 = n_2$），也不能用成对数据的方法来比较，因为成组数据的两个变量是相互独立的，没有配对的基础。

设 n 个成对的观察值分别为 x_{1i} 和 x_{2i}，各对数据的差数为 $d_i = x_{1i} - x_{2i}$，则样本差数的平均数 $\bar{d} = \dfrac{\sum d_i}{n}$。若差数的标准差为 s_d，则样本差数平均数的标准误：

$$s_{\bar{d}} = \frac{s_d}{\sqrt{n}} \qquad (11\text{-}8)$$

统计量为：

$$t = \frac{\bar{d} - \mu_d}{s_{\bar{d}}} \qquad (11\text{-}9)$$

自由度为：

$$df = n - 1 \qquad (11\text{-}10)$$

进行假设检验时，零假设为 $H_0: \mu_d = 0$，备择假设 $H_A: \mu_d \neq 0$。

11.3.2.4 参数估计

参数估计是统计推断的另一重要内容。所谓参数估计就是用样本统计量来估计总体参数，有点估计和区间估计之分。将样本统计量直接作为总体相应参数的估计值叫点估计。点估计只给出了未知参数估计值的大小，没有考虑试验误差的影响，也没有指出估计的可靠程度。区间估计是在一定概率保证下指出总体参数的可能范围，所给出的可能范围叫置信区间，给出的概率保证称为置信度或置信概率。这里介绍正态总体平均数 μ 的区间估计。

设有一来自正态总体的样本,包含 n 个观测值 x_1, x_2, $\cdots$, x_n,样本平均数 $\bar{x} = \sum \dfrac{x}{n}$,标准误 $S_{\bar{x}} = \dfrac{S}{\sqrt{n}}$。总体平均数为 μ。因为 $t = \dfrac{(\bar{x}-\mu)}{S_{\bar{x}}}$ 服从自由度为 $n-1$ 的 t 分布。双侧概率为 α 时,则有:$P(-t_\alpha \leq t \leq t_\alpha) = 1-\alpha$,也就是说 t 在区间内取值的可能性为 $1-\alpha$,即:$P(-t_\alpha \leq \dfrac{\bar{x}-\mu}{S_{\bar{x}}} \leq t_\alpha) = 1-\alpha$。对其变形得:

$$\bar{x} - t_\alpha S_{\bar{x}} \leq \mu \leq \bar{x} + t_\alpha S_{\bar{x}} \tag{11-11}$$

亦即

$$P(\bar{x} - t_\alpha S_{\bar{x}} \leq \mu \leq \bar{x} + t_\alpha S_{\bar{x}}) = 1-\alpha \tag{11-12}$$

$\bar{x} - t_\alpha S_{\bar{x}} \leq \mu \leq \bar{x} + t_\alpha S_{\bar{x}}$ 称为总体平均数 μ 置信度为 $1-\alpha$ 的置信区间。其中 $t_\alpha S_{\bar{x}}$ 称为置信半径;$\bar{x} - t_\alpha S_{\bar{x}}$ 和 $\bar{x} + t_\alpha S_{\bar{x}}$ 分别称为置信下限和置信上限;置信上、下限之差称为置信距,置信距越小,估计的精确度就越高。

常用的置信度为95%和99%,故由 $\bar{x} - t_\alpha S_{\bar{x}} \leq \mu \leq \bar{x} + t_\alpha S_{\bar{x}}$ 可得总体平均数 μ 的95%和99%的置信区间如下:$\bar{x} - t_{0.05} S_{\bar{x}} \leq \mu \leq \bar{x} + t_{0.05} S_{\bar{x}}$;$\bar{x} - t_{0.01} S_{\bar{x}} \leq \mu \leq \bar{x} + t_{0.01} S_{\bar{x}}$。

11.3.3 方差分析

方差分析(analysis of variance)是 $k(k \geq 3)$ 个样本平均数的假设测验方法,这种方法是将 k 个处理的观测值作为一个整体看待,把观测值总变异剖分为各个变异来源的相应部分,从而发现各变异原因在总变异中相对重要程度的一种统计分析方法。其中,扣除了各种试验原因所引起的变异后的剩余变异提供了试验误差的无偏估计,作为假设测验的依据。因而,方差分析像 t 测验一样也是通过将试验处理的表面效应与其误差的比较来进行统计推断的,只不过这里采用均方来度量试验处理产生的变异和误差引起的变异而已。方差分析是科学的试验设计和分析中的一个十分重要的工具。

11.3.3.1 方差分析的原理

方差分析有很多类型,无论简单与否,其基本原理与步骤是相同的。本节结合单因素试验结果的方差分析介绍其原理与步骤。

(1)方差分析的线性模型

假设某单因素试验有 k 个处理,每个处理有 n 次重复,共有 nk 个观测值。这类试验资料的数据模式见表11-4。

表11-4 k 个处理每个处理有 n 个观测值的数据模式

处理	观测值						合计 $x_{i.}$	平均 $\bar{x}_{i.}$
A_1	x_{11}	x_{12}	$\cdots$	x_{1j}	$\cdots$	x_{1n}	$x_{1.}$	$\bar{x}_{1.}$
A_2	x_{21}	x_{22}	$\cdots$	x_{2j}	$\cdots$	x_{2n}	$x_{2.}$	$\bar{x}_{2.}$
$\vdots$	$\vdots$	$\vdots$	$\cdots$	$\vdots$	$\cdots$	$\vdots$	$\vdots$	$\vdots$
A_i	x_{i1}	x_{i2}	$\cdots$	x_{ij}	$\cdots$	x_{in}	$x_{i.}$	$\bar{x}_{i.}$
$\vdots$	$\vdots$	$\vdots$	$\cdots$	$\vdots$	$\cdots$	$\vdots$	$\vdots$	$\vdots$
A_k	x_{k1}	x_{k2}	$\cdots$	x_{kj}	$\cdots$	x_{kn}	$x_{k.}$	$\bar{x}_{k.}$
合计							$x_{..}$	$\bar{x}_{..}$

表 11-4 中，x_{ij} 表示第 i 个处理的第 j 个观测值($i=1, 2, \cdots, k$; $j=1, 2, \cdots, n$)；

$x_{i.} = \sum_{j=1}^{n} x_{ij}$ 表示第 i 个处理 n 个观测值的总和；

$\bar{x}_{i.} = \frac{1}{n}\sum_{j=1}^{n} x_{ij} = \frac{x_{i.}}{n}$ 表示第 i 个处理的平均数；

$x_{..} = \sum_{i=1}^{k}\sum_{j=1}^{n} x_{ij} = \sum_{i=1}^{k} x_{i.}$ 表示全部观测值的总和；

$\bar{x}_{..} = \frac{1}{kn}\sum_{i=1}^{k}\sum_{j=1}^{n} x_{ij} = \frac{x_{..}}{kn}$ 表示全部观测值的总平均数；

x_{ij} 可以分解为：

$$x_{ij} = \mu_i + \varepsilon_{ij} \tag{11-13}$$

式中，μ_i 表示第 i 个处理观测值总体的平均数；ε_{ij} 为试验误差，相互独立且服从正态分布 $N(0, \sigma^2)$。

为了看出各处理的影响大小，将 μ_i 再进行分解，令 $\mu = \frac{1}{k}\sum_{i=1}^{k} \mu_i$，$\alpha_i = \mu_i - \mu$，则构建出了单因素试验的线性模型亦称数学模型：

$$x_{ij} = \mu + \alpha_i + \varepsilon_{ij} \tag{11-14}$$

式中，μ 表示全试验观测值总体的平均数；α_i 为第 i 个处理的效应表示处理 i 对试验结果产生的影响。显然有 $\sum_{i=1}^{k} \alpha_i = 0$。在这个模型[式(11-14)]中 x_{ij} 表示为总平均数 μ、处理效应 α_i、试验误差 ε_{ij} 之和。ε_{ij} 相互独立且服从正态分布相互独立且服从 $N(0, \sigma^2)$。各处理 $A_i (i=1, 2, \cdots, k)$ 所属总体亦应具正态性，即服从正态分布 $N(0, \sigma^2)$。尽管各总体的均数 μ_i 可以不等或相等，σ^2 则必须是相等的。所以，单因素试验的数学模型可归纳为：效应的可加性、分布的正态性、方差的同质性。这也是进行其他类型方差分析的前提或基本假定。

若将表 11-4 中的观测值 $x_{ij} (i=1, 2, \cdots, k; j=1, 2, \cdots, n)$ 的数据结构，用样本符号来表示，则

$$x_{ij} = \bar{x}_{..} + (\bar{x}_{i.} - \bar{x}_{..}) + (x_{ij} - \bar{x}_{i.}) = \bar{x}_{..} + t_i + e_{ij} \tag{11-15}$$

式中，$\bar{x}_{..}$、$(\bar{x}_{i.} - \bar{x}_{..}) = t_i$、$(x_{ij} - \bar{x}_{i.}) = e_{ij}$ 分别为 μ、$(\mu_i - \mu) = \alpha_i$、$(x_{ij} - \mu_i = \varepsilon_{ij}) = \varepsilon_{ij}$ 的估计值。

式(11-14)和式(11-15)表明，每个观测值都包含处理效应($\mu_i - \mu$ 或 $\bar{x}_{i.} - \bar{x}_{..}$)，与误差($x_{ij} - \mu_i$ 或 $x_{ij} - \bar{x}_{i.}$)，故 kn 个观测值的总变异可分解为处理间的变异和处理内的变异两部分。

(2)平方和与自由度的分解

方差与标准差都可以用来度量样本的变异程度。因为方差在统计分析上有许多优点，而且不用开方，所以在方差分析中是用样本方差即均方来度量资料的变异程度的。将总变异分解为处理间变异和处理内变异，就是要将总均方分解为处理间均方和处理内均方。但这种分解是通过将总均方的分子——称为总离均差平方和，简称为总平方和，剖分成处理间平方和与处理内平方和两部分；将总均方的分母——称为总自由度，剖分成处理间自由度与处理内自由度两部分来实现的。

平方和的分解　在表 11-4 中，反映全部观测值总变异的总平方和是各观测值 x_{ij} 与总平均数 $\bar{x}_{..}$ 的离均差平方和，记为 SS_T。即

$$SS_T = \sum_{i=1}^{k} \sum_{j=1}^{n} (x_{ij} - \bar{x}_{..})^2 \tag{11-16}$$

因为

$$\sum_{i=1}^{k} \sum_{j=1}^{n} (x_{ij} - \bar{x}_{..})^2 = \sum_{i=1}^{k} \sum_{j=1}^{n} [(\bar{x}_{i.} - \bar{x}_{..}) + (x_{ij} - \bar{x}_{i.})]^2$$

$$= \sum_{i=1}^{k} \sum_{j=1}^{n} [(\bar{x}_{i.} - \bar{x}_{..})^2 + 2(\bar{x}_{i.} - \bar{x}_{..})(x_{ij} - \bar{x}_{i.}) + (x_{ij} - \bar{x}_{i.})^2]$$

$$= n \sum_{i=1}^{k} (\bar{x}_{i.} - \bar{x}_{..})^2 + 2 \sum_{i=1}^{k} [(\bar{x}_{i.} - \bar{x}_{..}) \sum_{j=1}^{n} (x_{ij} - \bar{x}_{i.})] + \sum_{i=1}^{k} \sum_{j=1}^{n} (x_{ij} - \bar{x}_{i.})^2$$

其中 $\sum_{j=1}^{n} (x_{ij} - \bar{x}_{i.}) = 0$。

所以

$$\sum_{i=1}^{k} \sum_{j=1}^{n} (x_{ij} - \bar{x}_{..})^2 = n \sum_{i=1}^{k} (\bar{x}_{i.} - \bar{x}_{..})^2 + \sum_{i=1}^{k} \sum_{j=1}^{n} (x_{ij} - \bar{x}_{i.})^2 \tag{11-17}$$

式 (11-17) 中，$n \sum_{i=1}^{k} (\bar{x}_{i.} - \bar{x}_{..})^2$ 为各处理平均数 n 与总平均数 n 的离均差平方和与重复数 n 的乘积，反映了重复 n 次的处理间变异，称为处理间平方和，记为 SS_t，即

$$SS_t = n \sum_{i=1}^{k} (\bar{x}_{i.} - \bar{x}_{..})^2 \tag{11-18}$$

式 (11-17) 中，$\sum_{i=1}^{k} \sum_{j=1}^{n} (x_{ij} - \bar{x}_{i.})^2$ 为各处理内离均差平方和之和，反映了各处理内的变异即误差，称为处理内平方和或误差平方和，记为 SS_e，即

$$SS_e = \sum_{i=1}^{k} \sum_{j=1}^{n} (x_{ij} - \bar{x}_{i.})^2 \tag{11-19}$$

于是有
$$SS_T = SS_t + SS_e \tag{11-20}$$

式 (11-5) 中，三种平方和的简便计算公式为：

$$\left. \begin{array}{l} SS_T = \sum_{i=1}^{k} \sum_{j=1}^{n} x_{ij}^2 - C \\ SS_t = \dfrac{1}{n} \sum_{i=1}^{k} x_{i.}^2 - C \\ SS_e = SS_T - SS_t \end{array} \right\} \tag{11-21}$$

其中，$C = \dfrac{x_{..}^2}{kn}$，称为矫正数。

自由度的分解　在计算总平方和时，各个观测值要受 $\sum_{i=1}^{k} \sum_{j=1}^{n} (x_{ij} - \bar{x}_{..}) = 0$ 这一条件的约束，故总自由度等于资料中观测值的总个数减 1，即 $kn-1$。总自由度记为 df_T，即 $df_T = kn-1$。

在计算处理间平方和时，各处理均数 $\bar{x}_{i.}$ 要受 $\sum_{i=1}^{k} (\bar{x}_{i.} - \bar{x}_{..}) = 0$ 这一条件的约束，故处

理间自由度为处理数减 1，即 $k-1$。处理间自由度记为 df_t，即 $df_t=k-1$。

在计算处理内平方和（误差平方和）时，要受 k 个条件的约束，即 $\sum_{j=1}^{n}(x_{ij}-\bar{x}_{i.})=0$ ($i=1,2,\cdots,k$)。故处理内自由度为资料中观测值的总个数减 k，即 $kn-k$。处理内自由度记为 df_e，即 $df_e=kn-k=k(n-1)$。

因为 $nk-1=(k-1)+(nk-k)=(k-1)+k(n-1)$，所以
$$df_T=df_t+df_e \tag{11-22}$$

综合以上各式得：$df_T=kn-1$，$df_t=k-1$，$df_e=df_T-df_t$。

各部分平方和除以各自的自由度便得到总均方、处理间均方和处理内均方，分别记为（MS_T 或 S_T^2）、MS_t（或 S_t^2）和 MS_e（或 S_e^2）。即

$$\left. \begin{array}{l} MS_T = S_T^2 = \dfrac{SS_T}{df_T} \\[6pt] MS_t = S_t^2 = \dfrac{SS_t}{df_t} \\[6pt] MS_e = S_e^2 = \dfrac{SS_e}{df_e} \end{array} \right\} \tag{11-23}$$

注意，总均方一般不等于处理间均方加处理内均方。

下面举例说明方差分析中自由度和平方和的分解。以 A、B、C、D 4 种药剂处理水稻种子，其中 A 为对照，每处理各得 4 个苗高观察值（cm），其结果见表 11-5，试分解其自由度和平方和。

表 11-5 水稻不同药剂处理的苗高   cm

药剂	苗高观察值	总和 T_i	平均 $\bar{x}_i$
A	18 21 20 13	72	18
B	20 24 26 22	92	23
C	10 15 17 14	56	14
D	28 27 29 32	116	29
		$T=336$	$\bar{x}=21$

自由度的分解：

总变异自由度：$df_T=(nk-1)=(4\times4)-1=15$；

药剂间自由度：$df_t=(k-1)=4-1=3$；

药剂内自由度：$df_e=k(n-1)=4\times(4-1)=12$。

总平方和的分解：为了计算方便，首先计算矫正数 $C=\dfrac{T^2}{nk}=\dfrac{336^2}{4\times4}=7\,056$

总平方和：
$$SS_T=\sum_{i=1}^{k}\sum_{j=1}^{n}x_{ij}^2-C=18^2+21^2+\cdots+21^2-7\,056=602$$

处理间平方和：

$$SS_t = \frac{1}{n}\sum_{i=1}^{k} x_{i.}^2 - C = (72^2 + 92^2 + 56^2 + 116^2)/4 - 7\ 056 = 504$$

误差平方和：
$$SS_e = SS_T - SS_t = 602 - 504 = 98$$

进而可得均方：$MS_T = S_T^2 = 602/15 = 40.13$

$MS_t = S_t^2 = 504/3 = 168.00$

$MS_e = S_e^2 = 98/12 = 8.17$

以上药剂内均方 $S_e^2 = 8.17$，是4种药剂内变异的合并均方值，它是表11-5资料的试验误差估计；药剂间均方 $S_t^2 = 168.00$，则是不同药剂处理对苗高效应的变异。

(3) F 检验

方差分析的一个基本假定是要求各处理观测值总体的方差相等，即 $\sigma_1^2 = \sigma_2^2 = \cdots = \sigma_k^2 = \sigma^2$，$\sigma_i^2 (i=1, 2, \cdots, k)$ 表示第 i 个处理观测值总体的方差。如果所分析的资料满足这个方差同质性的要求，那么各处理的样本方差 $S_1^2, S_2^2, \cdots, S_k^2$ 都是 σ^2 的无偏估计（unbiased estimate）量。$S_i^2 (i=1, 2, \cdots, k)$ 是由试验资料中第 i 个处理的 n 个观测值算得的方差。

显然，各 S_i^2 的合并方差 S_e^2（以各处理内的自由度 $n-1$ 为权的加权平均数）也是 σ^2 的无偏估计量，且估计的精确度更高。很容易推证处理内均方 MS_e 就是各 S_i^2 的合并。

$$MS_e = \frac{SS_e}{df_e} = \frac{\sum\sum(x_{ij} - \bar{x}_{i.})^2}{k(n-1)} = \frac{\sum SS_i}{k(n-1)} = \frac{SS_1 + SS_2 + \cdots + SS_k}{df_1 + df_2 + \cdots + df_k}$$

$$= \frac{df_1 S_1^2 + df_2 S_2^2 + \cdots + df_k S_k^2}{df_1 + df_2 + \cdots + df_k} = S_e^2 \xrightarrow{\text{估计}} \sigma^2 \tag{11-24}$$

式中，SS_i，$df_i (i=1, 2, \cdots, k)$ 分别表示由试验资料中第 i 个处理的 n 个观测值算得的平方和与自由度。这就是说，处理内均方 MS_e 是误差方差 σ^2 的无偏估计量。

试验中各处理所属总体的本质差异体现在处理效应 α_i 的差异上。我们把 $\sum \alpha_i^2/(k-1) = \sum (\mu_i - \mu)^2/(k-1)$ 称为效应方差，它也反映了各处理观测值总体平均数 μ_i 的变异程度，记为 σ_α^2。$\sigma_\alpha^2 = \frac{\sum \alpha_i^2}{k-1}$。因为各 μ_i 未知，所以无法求得 σ_α^2 的确切值，只能通过试验结果中各处理均数的差异去估计。然而，$\sum (\bar{x}_{i.} - \bar{x}_{..})^2/(k-1)$ 并非 σ_α^2 的无偏估计量。这是因为处理观测值的均数间的差异实际上包含了两方面的内容：一是各处理本质上的差异即（或）处理间的差异，二是本身的抽样误差。统计学上已经证明，$\sum (\bar{x}_{i.} - \bar{x}_{..})^2/(k-1)$ 是 $(\sigma_\alpha^2 + 1)n$ 的无偏估计量。因而，我们前面所计算的处理间均方 MS_t 实际上是 $n\sigma_\alpha^2 + \sigma^2$ 的无偏估计量。

因为 MS_e 是 σ^2 的无偏估计量，MS_t 是 $n\sigma_\alpha^2 + \sigma^2$ 的无偏估计量，所以 σ^2 为 MS_e 的数学期望，$n\sigma_\alpha^2 + \sigma^2$ 为 MS_t 的数学期望。又因为它们是均方的期望值，故又称期望均方，简记为 EMS。

当处理效应的方差 $\sigma_\alpha^2 = 0$，亦即各处理观测值总体平均数 $\mu_i (i=1, 2, \cdots, k)$ 相等时，处理间均方 MS_t 与处理内均方一样，也是误差方差 σ^2 的估计值，方差分析就是通过 MS_t 与 MS_e 的比较来推断 σ_α^2 是否为零，即 μ_i 是否相等的。统计学已证明，在 $\sigma_\alpha^2 = 0$ 的条件下，MS_t/MS_e 服从自由度 $df_1=k-1$ 和 $df_2=k(n-1)$ 的 F 分布。

统计学家专门设计了方差分析的 F 值表，可检验 MS_t 代表的总体方差是否比 MS_e 代表的总体方差大。若实际计算的 F 值 $\geq F_{0.05(df_1,df_2)}$，则 F 值在 $\alpha=0.05$ 的水平上显著，我们以 95% 的可靠性（即 5% 的风险）推断 MS_t 代表的总体方差大于 MS_e 代表的总体方差。这种用 F 值出现概率的大小推断两个总体方差是否相等的方法称为 F 检验（F-test）。显然，这里所进行的 F 检验是单尾检验。

在方差分析中所进行的 F 检验，目的在于推断各处理总体平均数是否有差异，或检验某项变异因素的效应方差是否为零。因此，在计算 F 值时总是以被检验因素的均方做分子，以误差均方做分母。分母项的正确选择是由方差分析的模型和各项变异原因的期望均方决定的。

在单因素试验结果的方差分析中，无效假设为 $H_0: \mu_1=\mu_2=\cdots=\mu_k$，备择假设为 H_A：各 μ_i 不全相等，或 $H_0: \sigma_\alpha^2=0$，$H_A: \sigma_\alpha^2 \neq 0$；$F=MS_t/MS_e$，也就是要判断处理间均方是否显著大于处理内（误差）均方。如果结论是肯定的，我们将否定 H_0；反之，不否定 H_0。反过来理解：如果 H_0 是正确的，那么 MS_t 与 MS_e 都是总体误差 σ^2 的估计值，理论上讲 F 值等于 1；如果 H_0 是不正确的，那么 MS_t 之期望均方中的 σ_α^2 就不等于零，理论上讲 F 值就必大于 1。但是由于抽样的原因，即使 H_0 正确，F 值也会出现大于 1 的情况。所以，只有 F 值大于 1 达到一定程度时，才有理由否定 H_0。

实际进行 F 检验时，是将由试验资料所算得的 F 值与根据 $df_1=df_t$（大均方，即分子均方的自由度）、$df_2=df_e$（小均方，即分母均方的自由度）查方差分析 F 值表所得的临界 F 值 $F_{0.05(df_1,df_2)}$，$F_{0.01(df_1,df_2)}$ 相比较作出统计推断的。

若 $F<F_{0.05(df_1,df_2)}$，即 $P>0.05$，不能否定 H_0，统计学上，把这一检验结果表述为：各处理间差异不显著，在 F 值的右上方标记"ns"，或不标记符号；若 $F_{0.05(df_1,df_2)} \leq F < F_{0.01(df_1,df_2)}$，即 $0.01<P\leq 0.05$，否定 H_0，接受 H_A，统计学上，把这一检验结果表述为：各处理间差异显著，在 F 值的右上方标记"*"；若 $F \geq F_{0.01(df_1,df_2)}$，即 $P\leq 0.01$，否定 H_0，接受 H_A，统计学上，把这一检验结果表述为：各处理间差异极显著，在 F 值的右上方标记"**"。

在方差分析中，通常将变异来源、平方和、自由度、均方和 F 值归纳成一张方差分析表（表 11-6）。

上述药剂处理水稻种子例子中算得药剂间均方 $S_t^2=168.00$，药剂内均方 $S_e^2=8.17$，具

表 11-6 方差分析表的一般形式

变异来源	自由度 df	平方和 SS	均方 MS	F
处理（组间）	$df_t=k-1$	$SS_t = \dfrac{1}{n}\sum_{i=1}^{k} x_i^2 - C$	$MS_t = \dfrac{SS_t}{df_t}$	$\dfrac{MS_t}{MS_e}$
误差（组内）	$df_e=k(n-1)$	$SS_e=SS_T-SS_t$	$MS_e = \dfrac{SS_e}{df_e}$	
总变异	$df_T=nk-1$	$S_T = \sum_{i=1}^{k}\sum_{j=1}^{n} x_{ij}^2 - C$		

自由度 $\nu_1=3$, $\nu_2=12$。试测验药剂间变异是否显著大于药剂内变异?

假设 $H_0: \sigma_t^2=\sigma_e^2$ 对 $H_A: \sigma_t^2>\sigma_e^2$, 显著水平取 $\alpha=0.05$, $F_{0.05}=3.49$。

检验统计量为: $F=\dfrac{168.00}{8.12}=20.56$。

计算得 $F=20.56$ 表示处理项的均方为误差项均方的 20.56 倍。专用 F 值表(统计软件内嵌)$\nu_1=3$, $\nu_2=12$ 时 $F_{0.05}=3.49$, $F_{0.01}=5.95$, 实得 $F>F_{0.01}>F_{0.05}$。

推断: 否定 $H_0: \sigma_t^2=\sigma_e^2$, 接受 $H_A: \sigma_t^2>\sigma_e^2$; 即药剂间变异显著地大于药剂内变异, 不同药剂对水稻苗高是具有不同效应的。

以上通过举例说明了对一组处理的重复试验数据经对总平方和与总自由度的分解估计出处理间均方和处理内均方(误差均方), 并通过 $F=\dfrac{MS_t}{MS_e}$ 测验处理间所表示出的差异是否真实(比误差大), 这一方法即为方差分析法。这里所测验的统计假设为 $H_0: \sigma_t^2=\sigma_e^2$ 或 $\mu_A=\mu_B=\mu_C=\mu_D$ 对 $H_A: \sigma_t^2>\sigma_e^2$ 或 μ_A、μ_B、μ_C 和 μ_D 间存在差异(不一定 μ_A、μ_B、μ_C 和 μ_D 间均不等, 可能部分不等)。分析结果可以归纳在一起, 列出方差分析表, 见表 11-7。

表 11-7 水稻药剂处理苗高方差分析表

变异来源	自由度 df	平方和 SS	均方 MS	F	F 值
药剂处理间	3	504	168.00	20.56**	$F_{0.05(3,12)}=3.49$
药剂处理内(误差)	12	98	8.17		$F_{0.01(3,12)}=5.95$
总变异	15	602			

(4) 多重比较

F 值显著或极显著, 否定了无效假设 H_0, 表明试验的总变异主要来源于处理间的变异, 试验中各处理平均数间存在显著或极显著差异, 但并不意味着每两个处理平均数间的差异都显著或极显著, 也不能具体说明哪些处理平均数间有显著或极显著差异, 哪些差异不显著。因而, 有必要进行两两处理平均数间的比较, 以具体判断两两处理平均数间的差异显著性。统计上把多个平均数两两间的相互比较称为多重比较(multiple comparisons)。

多重比较有多种方法, 常用的有最小显著差数法、Duncan、Tukey、Newman-Keuls、Bonferroni、Scheffee 与 Dunnett 等, 各种方法的基本过程都是找出一个或几个最小显著差数的标准, 再进行不同平均数之间的比较。每种方法都有其特点与局限性, 这里介绍最为常用的最小显著差数法和 Duncan 法。

最小显著差数法 最小显著差数法(least significant difference, LSD)是最早用于检验各组均数间两两差异的方法, LSD 法实质上是 t 测验。其程序是: 在 F 检验显著的前提下, 先计算出显著水平为 α 的最小显著差数 LSD_α, 然后将任意两个处理平均数的差数的绝对值 $|\bar{x}_{i.}-\bar{x}_{j.}|$ 与其比较。若 $|\bar{x}_{i.}-\bar{x}_{j.}|>LSD_\alpha$ 时, 则 $\bar{x}_{i.}$ 与 $\bar{x}_{j.}$ 在 α 水平上差异显著; 反之, 则在 α 水平上差异不显著。最小显著差数计算公式为:

$$LSD_\alpha=t_{\alpha(df_e)}S_{\bar{x}_{i.}-\bar{x}_{j.}} \qquad (11\text{-}25)$$

式中, $t_{\alpha(df_e)}$ 为在 F 检验中误差自由度下, 显著水平为 α 的临界 t 值; $S_{\bar{x}_{i.}-\bar{x}_{j.}}$ 为均数差异标准误, 可由下式计算得到:

$$S_{\bar{x}_{i.}-\bar{x}_{j.}} = \sqrt{\frac{2MS_e}{n}} \qquad (11\text{-}26)$$

式中，MS_e 为 F 检验中的误差均方；n 为各处理的重复数。

当显著水平 $\alpha=0.05$ 和 0.01 时，从 t 值表中查出 $t_{0.05(df_e)}$ 和 $t_{0.01(df_e)}$，则得：

$$LSD_{0.05} = t_{0.05(df_e)} S_{\bar{x}_{i.}-\bar{x}_{j.}}$$
$$LSD_{0.01} = t_{0.01(df_e)} S_{\bar{x}_{i.}-\bar{x}_{j.}} \qquad (11\text{-}27)$$

利用 LSD 法进行多重比较时，可按如下步骤进行：

①列出平均数的多重比较表，比较表中各处理按其平均数从大到小自上而下排列；

②计算最小显著差数 $LSD_{0.05}$ 和 $LSD_{0.01}$；

③将平均数多重比较表中两两平均数的差数与 $LSD_{0.05}$、$LSD_{0.01}$ 比较，作出统计推断。

常用字母标记法表示多重比较结果。一般以小写字母标记 0.05 水平的差异显著性，大写字母标记 0.01 水平的差异显著性。

以 LSD 法测验上述药剂处理水稻种子例子中，各种药剂处理的苗高平均数间的差异显著性。

计算得 $F=20.56$ 为显著，$MS_e=8.17$，$df_e=12$，故 $s_{\bar{y}_i-\bar{y}_j}=\sqrt{\frac{2\times 8.17}{4}}=2.02(\text{cm})$。

依据 t 值表，$\nu=12$ 时，$t_{0.05}=2.179$，$t_{0.01}=3.055$。故 $LSD_{0.05}=2.179\times 2.02=4.40(\text{cm})$；$LSD_{0.01}=3.055\times 2.02=6.17(\text{cm})$。然后将各种药剂处理的苗高与对照苗高相比，差数大于 4.40 cm 为差异显著；大于 6.17 cm 为差异极显著。由表 11-5 可知：药剂 D 与 A、D 与 C，以及 B 与 C 处理平均数差数分别为 11、15 和 9，大于 6.17，说明在 0.01 水平上差异显著；药剂 D 与 B、B 与 A 处理平均数差数分别为 6 和 5，大于 4.40，说明在 0.05 水平上差异显著；药剂 A 与 C 处理平均数差数为 4，小于 4.40，差异不显著。

Duncan 检验法　针对 LSD 法只有一个统一差数标准的问题，最小显著极差法（least significant ranges, LSR）根据秩次距的不同而采用不同的显著极差标准进行比较，这类方法也称为 Newman-Keuls 检验法。其中，由 D. B. Duncan 于 1955 年提出的最短显著极差（shortest significant ranges, SSR）法，又称 Duncan 检验法或新复极差法，使用较为广泛。

表 11-8　表 11-5 资料的差异显著性（Duncan 检验法）

处理	苗高平均数（cm）	差异显著性	
		0.05	0.01
D	29	a	A
B	23	b	AB
A	18	c	BC
C	14	c	C

由表 11-8 就可清楚地看出，该试验除 A 与 C 处理无显著差异外，D 与 B 及 A、C 处理间差异显著性达到 $\alpha=0.05$ 水平；处理 B 与 A、D 与 B、A 与 C 无极显著差异；D 与 A、C，B 与 C 呈极显著差异。

11.3.3.2 单因数试验资料的方差分析

在方差分析中，根据所研究试验因素的多少，可分为单因素、两因素和多因素试验资料的方差分析。单因素方差分析（one-way ANOVA）仅研究单个因素对观测变量的影响，目的在于正确判断该试验因素各水平的优劣。按试验设计的类型单因素试验可分为单因素完全随机试验、单因素随机区组试验、拉丁方试验等。

（1）单因素完全随机试验的方差分析

完全随机试验中根据各处理内重复数是否相等，可分为组内重复数相等、组内观察值数目不等和重复数不等和组内又可分为亚组的完全随机试验。

①组内观察值数目相等试验的方差分析。组内重复次数相等的数据的方差分析方法与前面介绍的方法步骤完全一致，不再赘述。

②组内重复次数不等试验的方差分析。与组内重复次数相等的数据的方差分析相比，组内项重复数不等的数据的方差分析只是平方和及自由度的计算略有差别，比较说明如下。

设处理数为 k；各处理重复数为 $n_1, n_2, \cdots, n_k$；试验观测值总数为 $N = \sum n_i$。则

$$C = \frac{x_{..}^2}{N}, \quad SS_T = \sum\sum x_{ij}^2 - C, \quad SS_t = \sum x_{i.}^2 n_i - C, \quad SS_e = SS_T - SS_t$$

$$df_T = N-1, \quad df_t = k-1, \quad df_e = df_T - df_t \tag{11-28}$$

组内重复次数不等试验的方差分析表列法和 F 检验的原理，与组内重复次数相等的数据的方差分析类似。

多重比较时，不论采用 LSD 法还是 Duncan 检验法，因各处理重复数不等，应计算出平均重复次数 n_0 来代替标准误 $S_{\bar{x}} = \sqrt{\dfrac{MS_e}{n}}$ 中的 n。

$$n_0 = \frac{1}{k-1}\left[\sum n_i - \frac{\sum n_i^2}{\sum n_i}\right] \tag{11-29}$$

于是，标准误 $S_{\bar{x}}$ 为：

$$S_{\bar{x}} = \sqrt{\frac{MS_e}{n_0}} \tag{11-30}$$

③组内又可分为亚组试验的方差分析。单因素完全随机试验，如果设若干个组，每组又分为若干个亚组，而每个亚组内又具有若干个观察值，称为组内又可分为亚组的完全随机试验，其测定结果简称为系统分组资料。这种试验设计也称为巢式设计（nested design）。例如，对数块土地取土样分析，每块地取了若干样点，而每一样点的土样又作了数次分析的资料，或调查某种果树病害，随机取若干株，每株取不同部位枝条，每枝条取若干叶片查其各叶片病斑数的资料等，皆为系统分组资料。

设一系统分组资料有 l 组，每组内又分 m 个亚组，每一亚组内有 n 观察值，则该资料共有 lmn 个观察值，方差分析的线性数学模型为：

$$x_{ijk} = \mu + \tau_i + \varepsilon_{ij} + \delta_{ijk} \quad (i=1,2,\cdots,l; \ j=1,2,\cdots,m; \ k=1,2,\cdots,n) \tag{11-31}$$

式中，μ 为总体平均；τ_i 为组效应或处理效应，$\tau_i \sim N(0, \sigma_\tau^2)$；$\varepsilon_{ij}$ 为同组中各亚组的效应，$\varepsilon_{ij} \sim N(0, \sigma_e^2)$；$\delta_{ijk}$ 为同一亚组中各观察值的随机变异，$\delta_{ijk} \sim N(0, \sigma^2)$。

按照方差分析的原理，组内又可分为亚组试验的任一观察值的总变异可分解为 3 种来

源的变异：组间(或处理间)变异；同一组内亚组间的变异；同一亚组内各重复观察值间的变异，将自由度及平方和分解成对应的3部分，就可以形成相应的方差分析表，进行亚组间效应和组间效应的 F 检验，判断各亚组间效应方差是否显著存在，组间效应是否显著，从而选择是否进行不同组间的多重比较。

(2) 单因素随机区组试验的方差分析

设某单因素试验因素 A 有 k 个水平，r 次重复，随机区组设计，共有 kr 个观察值，农业田间单因素随机区组设计试验的目的是研究因素 A 各水平的效应，划分区组是为了控制一个方向上的土壤差异，提高试验精确性所采用的局部控制手段。对于单因素随机区组设计试验，把区组也当作一个因素，成为区组因素，记为 R，有 r 个水平。于是把单因素随机区组设计试验资料当作因素 A 有 k 个水平、区组因素 R 有 r 个水平的两因素交叉分组完全随机设计单个观察值试验资料进行方差分析。

单因素随机区组设计试验资料中，因素 A 第 i 水平在第 j 区组的观察值 x_{ij} 可以用线性模型表示为：

$$x_{ij}=\mu+\tau_i+\beta_j+\varepsilon_{ij} \quad (i=1, 2, \cdots, k; j=1, 2, \cdots, r) \tag{11-32}$$

式中，μ 为试验全部观察值总体平均数；τ_i 为因素 A 第 i 水平的效应(或第 i 处理的效应)；β_j 为第 j 区组的效应；ε_{ij} 为随机误差，相互独立且服从 $N(0, \sigma^2)$。

其自由度和平方和的分解式为：

$$总自由度(df_T) = 区组自由度(df_r) + 处理自由度(df_t) + 误差自由度(df_e)$$
$$rk-1 = (r-1) + (k-1) + (k-1)(r-1) \tag{11-33}$$

总平方和(SS_T) = 区组平方和(SS_r) + 处理平方和(SS_t) + 误差平方和(SS_e)

$$\sum_{i=1}^{k}\sum_{j=1}^{r}(x_{ij}-\bar{x}_{..})^2 = r\sum_{i=1}^{k}(\bar{x}_{i.}-\bar{x}_{..})^2 + k\sum_{j=1}^{r}(\bar{x}_{.j}-\bar{x}_{..})^2 + \sum_{i=1}^{k}\sum_{j=1}^{r}(x_{ij}-\bar{x}_{i.}-\bar{x}_{.j}+\bar{x}_{..})^2 \tag{11-34}$$

按照方差分析的原理，进行自由度和平方和的分解后，就可进一步计算出各变异的均方，列出方差分析表(表11-9)，分别用区组的均方 MS_r，处理(因素 A)的均方 MS_t 与试验误差的均方 MS_e 进行 F 检验，分别判断区组间效应、处理间效应是否显著，从而选择是否进行处理间的多重比较。

表 11-9 单因素随机区组试验的方差分析模式

变异来源	自由度 df	平方和 SS	均方 MS	F
区组	$r-1$	SS_r	MS_r	$\dfrac{MS_r}{MS_e}$
处理	$k-1$	SS_t	MS_t	$\dfrac{MS_t}{MS_e}$
试验误差	$(k-1)(r-1)$	SS_e	MS_e	
总变异	$rk-1$	SS_T		

在农业田间试验中，如区组间的 F 检验显著，说明试验地的土壤肥力差异较大，采用区组技术能很好地控制试验误差；如区组间的 F 检验不显著，说明试验地的土壤肥力较均匀。因为随机区组设计试验的目的是研究处理各水平的效应，划分区组是为了控制试

验误差，所以一般可以不做区组间的 F 检验。

(3) 拉丁方试验的方差分析

拉丁方试验在纵横两个方向都应用了局部控制，使得纵横两向皆成区组。因此，在试验结果的统计分析上要比随机区组多一项区组间变异。设有 k 个处理作拉丁方试验，则必有行区组和列区组各 k 个。

在单因素拉丁方设计试验资料中，第 i 行区组在第 j 列区组交叉处的处理 t 的观察值 $x_{ij(t)}$，可以用线性模型表示为：

$$x_{ij(t)} = \mu + \alpha_i + \beta_j + \tau_{(t)} + \varepsilon_{ij(t)} \quad (i, j, t = 1, 2, \cdots, k) \quad (11\text{-}35)$$

式中，μ 为试验全部观察值总体平均数；α_i 为第 i 行区组的效应；β_j 为第 j 列区组的效应；$\tau_{(t)}$ 为处理第 t 水平的效应；$\varepsilon_{ij(t)}$ 为随机误差，相互独立且服从 $N(0, \sigma^2)$。

其自由度和平方和的分解式为：

总自由度(df_T) = 横行自由度(df_r) + 纵行自由度(df_c) + 处理自由度(df_t) + 误差自由度(df_e)

$$k^2 - 1 = (k-1) + (k-1) + (k-1) + (k-1)(k-2) \quad (11\text{-}36)$$

总平方和(SS_T) = 横行平方和(SS_r) + 纵行平方和(SS_c) + 处理平方和(SS_t) + 误差平方和(SS_e)

$$\sum_{i=1}^{k}\sum_{j=1}^{k}(x_{ij(t)} - \bar{x}_{..})^2 = \sum_{i=1}^{k}\sum_{j=1}^{k}(\bar{x}_{i.} - \bar{x}_{..})^2 + \sum_{i=1}^{k}\sum_{j=1}^{k}(\bar{x}_{.j} - \bar{x}_{..})^2 + \sum_{i=1}^{k}\sum_{j=1}^{k}(\bar{x}_{(t)} - \bar{x}_{..})^2 +$$
$$\sum_{i=1}^{k}\sum_{j=1}^{k}(x_{ij(t)} - \bar{x}_{i.} - \bar{x}_{.j} - \bar{x}_{(t)} - 2\bar{x}_{..})^2 \quad (11\text{-}37)$$

按照方差分析的原理，进行自由度和平方和的分解后，就可进一步计算出各变异的均方，列出方差分析表(表11-10)。若 $F_t = \dfrac{MS_t}{MS_e}$ 检验显著，则选择多重比较方法对处理间的差异进行比较。

表 11-10 拉丁方试验的方差分析模式

变异来源	自由度 df	平方和 SS	均方 MS	F
横行区组	$k-1$	SS_r	MS_r	$\dfrac{MS_r}{MS_e}$
纵行区组	$k-1$	SS_c	MS_c	$\dfrac{MS_c}{MS_e}$
处理	$k-1$	SS_t	MS_t	$\dfrac{MS_t}{MS_e}$
试验误差	$(k-1)(k-2)$	SS_e	MS_e	
总变异	k^2-1	SS_T		

11.3.3.3 多因数试验资料的方差分析

如果同时研究两个因素对观测指标的影响，由于两个因素的作用可能相互独立，也可能相互影响，因此在两因素试验中需要考察因素的主效应和交互作用。二因素试验中，因素 A 的每个水平与因素 B 的每个水平均衡相遇，构成交叉分组，其方差分析通常称为双因素方差分析。例如，研究3种肥料与3个小麦品种的盆栽试验，品种和肥料有交互作用，表现出来的互作效应平方和就越大。所以两因素方差分析要同时检验因素的主效应和交互作用的显著性，在分析方法和步骤上较单因素方差分析复杂，须分别计算出总平方和、各因素主效应平方和、互作效应平方和、随机误差平方和以及各自相应的自由度，再按期望均方计算 F 统计量，若差异显著，仍需进行多重比较。

当有三个或者三个以上的因素对因变量产生影响时，可以用多因素方差分析的方法来进行分析。其原理与单因素方差分析基本一致，也是利用方差比较的方法，通过假设检验的过程来判断多个因素是否对因变量产生显著性影响。在多因素方差分析中，由于影响因变量的因素有多个，其中某些因素除了自身对因变量产生影响之外，它们之间也有可能会共同(互作)对因变量产生影响。

这里我们简单介绍两因素完全随机试验、随机区组试验和裂区试验的统计分析方法，同时简要介绍多年多点试验结果的统计分析方法。

(1) 两因素完全随机试验资料的统计分析

两因素方差分析分为无重复观测值的方差分析和有重复观测值的方差分析两种情况。

设试验考察 A、B 两个因素，A 因素分 a 个水平，B 因素分 b 个水平。所谓交叉分组是指 A 因素每个水平与 B 因素的每个水平都要碰到，两者交叉搭配形成 ab 个水平组合即处理，试验因素 A、B 在试验中处于平等地位，试验单位分成 ab 个组，每组随机接受一种处理，因而试验数据也按两因素两方向分组。这种试验以各处理是单独观测值还是有重复观测值又分为两种类型。

①两因素无重复交叉分组完全随机试验资料的方差分析。对于 A、B 两个试验因素的全部 ab 个水平组合，每个水平组合只有一个观测值，全试验共有 ab 个观测值，两因素无重复观测值试验的线性模型为：

$$x_{ij}=\mu+\alpha_i+\beta_j+\varepsilon_{ij} \quad (i=1, 2, \cdots, a; j=1, 2, \cdots, b) \tag{11-38}$$

式中，μ 为试验全部观察值总体平均数；α_i 为因素 A 第 i 水平的效应；β_j 为因素 B 第 j 水平的效应；ε_{ij} 为随机误差，相互独立且服从 $N(0, \sigma^2)$。

上述这种试验资料如果 A、B 存在互作，则与误差混淆，因而无法分析互作，也不能取得合理的试验误差估计。只有 A、B 互作不存在时，才能正确估计误差。可以看出两因素无重复观测值试验的线性模型与单因素随机区组试验的线性模型完全一致，数据分析的原理流程是一样的。处理可看作 A 因素，区组可看作 B 因素。区别是单因素随机区组试验一般可以不作区组间的 F 检验，而两因素无重复观测值试验资料分析要分别对因素 A 和因素 B 做 F 检验和多重比较。

上述试验设计中每个处理(即水平组合)只有单个观察值，因素间的互作与试验误差混为一起，没有办法将其分开，因而无法分析互作，也不能取得合理的试验误差估计。这种试验设计是有缺陷的，它夸大了试验误差，尤其是当因素间的互作明显存在时。

②两因素有重复完全随机试验资料的方差分析。设 A、B 两因素分别有 a、b 个水平，交叉分组，每个水平组合有 n 次重复，采用完全随机设计，则全部试验共有 abn 个观察值，两因素有重复观测值试验的线性模型为：

$$x_{ijk}=\mu+\alpha_i+\beta_j+(\alpha\beta)_{ij}+\varepsilon_{ijk}$$
$$(i=1, 2, \cdots, a; j=1, 2, \cdots, b; k=1, 2, \cdots, n) \tag{11-39}$$

式中，μ 为试验全部观察值总体平均数；α_i 为因素 A 第 i 水平的效应；β_j 为因素 B 第 j 水平的效应；$(\alpha\beta)_{ij}$ 为 A×B 互作效应；ε_{ijk} 为随机误差，相互独立且服从 $N(0, \sigma^2)$。

其自由度和平方和的分解式为：

总自由度(df_T) = A 因素自由度(df_A) + B 因素自由度(df_B) + AB 互作自由度(df_{AB}) + 误差自由度(df_e)

$$abn-1 = (a-1) + (b-1) + (a-1)(b-1) + (n-1)ab \quad (11\text{-}40)$$

总平方和(SS_T) = A 因素平方和(SS_A) + B 因素平方和(SS_B) + AB 互作平方和(SS_{AB}) + 区组平方和(SS_r) + 误差平方和(SS_e)

$$\sum_{i=1}^{a}\sum_{j=1}^{b}\sum_{k=1}^{n}(x_{ijk}-\bar{x}_{...})^2 = \sum_{i=1}^{a}\sum_{j=1}^{b}\sum_{k=1}^{n}(\bar{x}_{i..}-\bar{x}_{...})^2 + \sum_{i=1}^{a}\sum_{j=1}^{b}\sum_{k=1}^{n}(\bar{x}_{.j.}-\bar{x}_{...})^2 +$$

$$\sum_{i=1}^{a}\sum_{j=1}^{b}\sum_{k=1}^{n}(\bar{x}_{ij.}-\bar{x}_{i..}-\bar{x}_{.j.}+\bar{x}_{...})^2 + \sum_{i=1}^{a}\sum_{j=1}^{b}\sum_{k=1}^{n}(x_{ijk}-\bar{x}_{ij.})^2$$

$$(11\text{-}41)$$

按照方差分析的原理，进行自由度和平方和的分解后，就可进一步计算出各变异的均方，列出方差分析表（表 11-11）。F 检验中，互作的分析非常重要。通常首先应由检验互作的显著性。如果互作不显著，则必须进而对 A、B 效应的显著性作测验。如果互作是显著的，通常不必再测验 A、B 效应的显著性，而直接进入各处理组合的多重比较，当然虽然习惯上仍对各因素效应作测验。因为在互作显著时，因素平均效应的显著性在实际应用的意义并不重要。

表 11-11 两因素等重复完全随机试验的方差分析模式

变异来源	自由度 df	平方和 SS	均方 MS	F
A	$a-1$	SS_A	MS_A	$\dfrac{MS_A}{MS_e}$
B	$b-1$	SS_B	MS_B	$\dfrac{MS_B}{MS_e}$
A×B	$(a-1)(b-1)$	SS_{AB}	MS_{AB}	$\dfrac{MS_{AB}}{MS_e}$
试验误差	$ab(n-1)$	SS_e	MS_e	
总变异	$abn-1$	SS_T		

（2）两因素随机区组试验的统计分析

设试验有 A、B 两因素，A 因素有 a 个水平，B 因素有 b 个水平，随机区组设计，r 次重复，该试验共有 abr 个观察值。两因素随机区组试验的线性模型为：

$$x_{ijk} = \mu + \alpha_i + \beta_j + (\alpha\beta)_{ij} + \gamma_k + \varepsilon_{ijk} \quad (11\text{-}42)$$

$$(i=1, 2, \cdots, a; j=1, 2, \cdots, b; k=1, 2, \cdots, r)$$

式中，μ 为试验全部观察值总体平均数；α_i 为因素 A 第 i 水平的效应；β_j 为因素 B 第

j 水平的效应；$(\alpha\beta)_{ij}$ 为 A×B 互作效应；γ_k 为第 k 区组的效应；ε_{ijk} 为随机误差，相互独立且服从 $N(0, \sigma^2)$。

其自由度和平方和的分解式为：

总自由度(df_T)= A 因素自由度(df_A)+B 因素自由度(df_B)+AB 互作自由度(df_{AB})+
区组自由度(df_r)+误差自由度(df_e)

$$abr-1 = (a-1)+(b-1)+(a-1)(b-1)+(r-1)+(r-1)(ab-1) \quad (11\text{-}43)$$

总平方和(SS_T)= A 因素平方和(SS_A)+B 因素平方和(SS_B)+AB 互作平方和(SS_{AB})+
区组平方和(SS_r)+误差平方和(SS_e) $\quad (11\text{-}44)$

按照方差分析的原理，进行自由度和平方和的分解后，就可进一步计算出各变异的均方，列出方差分析表（表 11-11）。F 检验中，互作的分析非常重要。通常首先应由检验互作的显著性。如果互作不显著，则必须进而对 A、B 效应的显著性作测验。如果互作是显著的，通常不必再测验 A、B 效应的显著性，而直接进入各处理组合的多重比较，当然虽然习惯上仍对各因素效应作测验。因为在互作显著时，因素平均效应的显著性在实际应用的意义并不重要。

表 11-12 两因素随机区组试验的方差分析模式

变异来源	自由度 df	平方和 SS	均方 MS	F
区组	$r-1$	SS_r	MS_r	$\dfrac{MS_r}{MS_e}$
A	$a-1$	SS_A	MS_A	$\dfrac{MS_A}{MS_e}$
B	$b-1$	SS_B	MS_B	$\dfrac{MS_B}{MS_e}$
A×B	$(a-1)(b-1)$	SS_{AB}	MS_{AB}	$\dfrac{MS_{AB}}{MS_e}$
试验误差	$(r-1)(ab-1)$	SS_e	MS_e	
总变异	$abr-1$	SS_T		

（3）两因素裂区试验的统计分析

设有 A 和 B 两个试验因素，A 因素为主处理，具 a 个水平，B 因素为副处理，具 b 个水平，设有 r 个区组，则该试验共得 abr 个观察值。两因素裂区试验的线性模型为：

$$x_{ijk} = \mu + \alpha_i + \gamma_k + \delta_{ik} + \beta_j + (\alpha\beta)_{ij} + \varepsilon_{ijk}$$
$$(i=1, 2, \cdots, a; j=1, 2, \cdots, b; k=1, 2, \cdots, r) \quad (11\text{-}45)$$

式中，μ 为试验全部观察值总体平均数；α_i 为主区因素 A 第 i 水平的主效应；γ_k 为第 k 区组的主效应，δ_{ik} 为因素 A 第 i 水平与第 k 区组的互作效应，作为主区误差；β_j 为副区因素 B 第 j 水平的效应；$(\alpha\beta)_{ij}$ 为 A×B 互作效应；ε_{ijk} 为副区随机误差，相互独立且服从 $N(0, \sigma^2)$。

表 11-13 两因素裂区试验自由度和平方和的分解

变异来源		自由度 df	平方和 ss
主区部分	区组	$r-1$	$SS_R = \dfrac{\sum T_r^2}{ab} - C$
	A	$a-1$	$SS_A = \dfrac{\sum T_A^2}{rb} - C$
	误差 E_a	$(r-1)(a-1)$	$SS_{E_a} =$ 主区 $SS-SS_R-SS_A$
	主区总变异	$ra-1$	主区 SS
副区部分	B	$b-1$	$SS_B = \dfrac{\sum T_B^2}{ra} - C$
	A×B	$(a-1)(b-1)$	$SS_{AB} =$ 处理 $SS-SS_A-SS_B$
	误差 E_b	$a(r-1)(b-1)$	$SS_{E_b} = SS_T-$ 主区 $SS-SS_B-SS_{AB}$
	总变异	$rab-1$	$SS_T = \sum x^2 - C$

由表 11-13 可见，两因素裂区试验和两因素随机区组试验在分析上的不同，在于前者有主区部分和副区部分，因而有主区部分误差(误差 a，简记作 E_a)和副区部分误差(误差 b，简记作 E_b)，分别用于测验主区处理以及副区处理和主、副互作的显著性。如对同一个两因素试验资料作自由度和平方和的分解，则可发现随机区组的误差项自由度和平方和分别为 df_e、SS_e，而裂区设计有两个误差项，其自由度和平方和分别为 df_{E_a}、df_{E_b} 和 SS_{E_a}、SS_{E_b}。而区组、处理效应等各个变异项目的自由度和平方和皆相同。由此说明，裂区试验和多因素随机区组试验在变异来源上的区别为：前者有误差项的再分解。这是由裂区设计时每一主区都包括一套副处理的特点决定的。

(4) 多点和多年试验的统计分析

农业研究需要在多个地点、多个年份甚至多个批次进行试验，各地点、各年份均按相同的试验方案实施，以更好地研究作物对环境的反应，如育种试验的后期阶段，包括区域试验，一般对品种应经过多年多点的考察以确定品种的平均表现、对环境变化的稳定性及其适应区域。对于这种进行多个相同的方案的试验，应该联合起来分析，这里以品种区域试验为例介绍相同方案的多点和多年试验的统计分析。

品种区域试验常采用随机区组试验设计，在多个地点、多个年份进行，每一地点、每一年份均采取相同的田间管理措施，这属于随机区组试验方案的多个试验联合分析。多个试验的联合分析要根据试验的目的选择地点，如品种区域试验一般是根据生态区的划分来确定试验地点的。多个试验的联合分析首先要对各个试验进行分析，然后检验各个试验的误差是否同质，如不同质则不可进行联合方差分析。

设一个品种区域试验，设置了 s 个试点，连续记性 y 年，共有 $y \times s$ 个环境，有 v 个品种参与试验，每个环境内品种重复 r 区组次，随机区组设计，则该试验共有 $s \times y \times v \times r$ 个观察值。第 i 个品种在第 j 个年份、第 k 个试点内第 l 区组的观察值为 x_{ijkl}，它的线性模型为：

$$x_{ijkl} = \mu + B_{jkl} + Y_j + S_k + (YS)_{jk} + G_i + (GY)_{ij} + (GS)_{ik} + (GYS)_{ijk} + \varepsilon_{ijkl} \quad (11\text{-}46)$$
$$(i=1, 2, \cdots, a; j=1, 2, \cdots, b; k=1, 2, \cdots, r; l=1, 2, \cdots, n)$$

式中，μ 为总体平均数，B_{jkl} 为第 j 年份、第 k 试点内第 I 区组的效应；G_i 为第 i 品种的效应；Y_j 为第 j 年份的效应；S_k 为第 k 年份的效应；$(YS)_{jk}$ 为年份与试点的互作效应；$(GY)_{ij}$ 为品种与年份的互作效应；$(GS)_{ik}$ 为品种与试点的互作效应；$(GYS)_{ijk}$ 为品种与年份、试点的二级互作效应；ε_{ijkl} 为随机误差，相互独立且服从 $N(0, \sigma^2)$。

方差分析的流程和其他有互作效应的方差分析类似。区域试验结果的综合分析，不仅要比较供试品种的平均表现；还要了解品种×试点、品种×年份，以及品种×试点×年份的互作效应，即了解不同品种在各试点、各年份的差异反应，从而进一步了解品种的稳产性及区域适应性。

11.3.4　回归与相关分析

由于客观事物在发展过程中是相互联系、相互影响的，因而在科研实践中常常需要研究两个或两个以上变量之间的关系。变量间的关系有两类，一类是变量间存在着完全确定性的关系，可以用精确的数学表达式来表示，这类变量间的关系称为函数关系；另一类是变量间关系不存在完全的确定性关系，不能用精确的数学公式来表示。这样一类关系在生物界中是大量存在的，统计学中把这些类变量称为相关变量。

相关变量间的关系一般分为两种，一种是因果关系，即一个变量的变化受另一个或几个变量的影响；另一种是平行关系，即两个以上变量相互影响，互为因果。

统计学上采用回归分析研究呈因果关系的相关变量间的关系。表示原因的变量称为自变量，表示结果的变量称为因变量。一个自变量与一个因变量的回归分析称为一元回归分析；多个自变量与一个因变量的回归分析称为多元回归分析。一元回归分析又分为直线回归分析与曲线回归分析两种；多元回归分析又分为多元线性回归分析与多元非线性回归分析两种。回归分析的任务是揭示出呈因果关系的相关变量间的联系形式，建立它们之间的回归方程，利用所建立的回归方程进行预测、预报或控制。

统计学上采用相关分析研究呈平行关系的相关变量之间的关系。对两个变量间的直线关系进行相关分析称为直线相关分析(也叫简单相关分析)；对多个变量进行相关分析时，研究一个变量与多个变量间的线性相关称为复相关分析；研究其余变量保持不变的情况下两个变量间的线性相关称为偏相关分析。在相关分析中，变量无自变量和因变量之分。相关分析只能研究两个变量之间相关的程度和性质或一个变量与多个变量之间相关的程度，不能用一个或多个变量去预测、控制另一个变量的变化，这是回归分析与相关分析的主要区别。

11.3.4.1　直线回归分析

直线回归是回归分析中最简单的类型，研究两个变量间的直线关系。变量间的直线关系用直线回归方程来描述，经过检验证明两个变量间存在直线关系时，可以用自变量的变化来预测因变量的变化。

下面结合例子来进行演示直线回归分析。某地 1991—1999 年 3 月下旬至 4 月中旬平均温度积累值(x，单位：旬·℃)和水稻一代三化螟盛发期(y，以 5 月 10 日为 0)的资料见表 11-14。计算其直线回归方程。

表 11-14 平均温度积累值 x 和水稻一代三化螟盛发期 y 资料

年份	1991	1992	1993	1994	1995	1996	1997	1998	1999
积温 x	35.5	34.1	31.7	40.3	36.8	40.2	31.7	39.2	44.2
盛发期 y	12	16	9	2	2	3	13	9	-1

(1) 直线回归方程的建立

直线回归的数学模型 设自变量为 x，因变量为 y，两个变量的 n 观测位为 (x_1, y_1)，(x_2, y_2)，…，(x_n, y_n)。可以用直线函数关系来描述变量 x、y 之间的关系：

$$Y = \beta_0 + \beta_1 x + \varepsilon \tag{11-47}$$

式中，β_0、β_1 为待定系数，随机误差 $\varepsilon \sim N(0, \sigma^2)$。设 (x_1, Y_1)，(x_2, Y_2)，…，(x_n, Y_n) 是取自总体 (x, Y) 的一组样本，而 (x_1, y_1)，(x_2, y_2)，…，(x_n, y_n) 是该样本的一组观察值，$x_1, x_2, \cdots, x_n$ 是随机取定的不完全相同的数值，而 $y_1, y_2, \cdots, y_n$ 为随机变量 Y 在试验后取得的具体数值，则有相互独立

$$y_i = \beta_0 + \beta_1 x_i + \varepsilon_i \tag{11-48}$$

式中，$i = 1, 2, \cdots, n$；$\varepsilon_1, \varepsilon_2, \cdots, \varepsilon_n$ 相互独立。该模型可理解为对于自变量中的每一个特定的取值 x_i，都有一个服从正态分布的 Y_i，取值范围与之对应，这个正态分布的期望是 $\beta_0 + \beta_i$，方差是 σ^2。$Y \sim N(\beta_0 + \beta_i, \sigma^2)$，$E(Y) = \beta_0 + \beta_1 x$，回归分析就是根据样本观察值求解 β_0 和 β_1 的估计 b_0 和 b_1。对于给定的 x 值，有

$$\hat{y} = b_0 + b_1 x \tag{11-49}$$

作为 $E(Y) = \beta_0 + \beta_1 x$ 的估计，$\hat{y} = b_0 + b_1 x$ 称为 y 关于 x 的直线回归方程，其图像称为回归直线，b_0 称为回归截距。b_1 称为回归系数。

参数 β_0、β_1 的估计 在样本观察值 (x_1, y_1)，(x_2, y_2)，…，(x_n, y_n) 中，对每个 x_i，可由直线回归方程 (11-22) 确定一个回归估计值，即 $\hat{y}_i = b_0 + b_1 x_i$，这个回归估计值 $\hat{y}_i$ 与实际观察值 y_i 之差 $y_i - \hat{y}_i = y_i - (b_0 + b_1 x_i)$，表示 y_i 与回归直线 $\hat{y} = b_0 + b_1 x$ 偏离度。

为使建立的回归直线 $\hat{y} = b_0 + b_1 x$ 尽可能地靠近各对观测位的点 (x_i, y_i) $(i = 1, 2, \cdots, n)$，需使离回归平方和（或称剩余平方和）$Q = \sum (y - \hat{y})^2 = \sum (y - b_0 - b_1 x)^2$ 最小。

根据最小二乘法，要使 Q 最小，需求 Q 关于 b_0、b_1 的偏导数，并令其为零，即

$$\begin{cases} \dfrac{\partial Q}{\partial b_0} = -2 \sum (y - b_0 - b_1 x) = 0 \\ \dfrac{\partial Q}{\partial b_1} = -2 \sum (y - b_0 - b_1 x) x = 0 \end{cases}$$

整理得关于 b_0、b_1 的二元一次联立方程组，称为 b_0、b_1 的正规方程组：

$$\begin{cases} b_0 n + b_1 \sum x = \sum y \\ b_0 \sum x + b_1 \sum x^2 = \sum xy \end{cases}$$

解正规方程组，得：

$$\begin{cases} b_1 = \dfrac{\sum xy - (\sum x)(\sum y)/n}{\sum x^2 - \dfrac{(\sum x)^2}{n}} = \dfrac{\sum (x-\bar{x})(y-\bar{y})}{\sum (x-\bar{x})^2} = \dfrac{SP_{xy}}{SS_x} \\ b_0 = \bar{y} - b_1\bar{x} \end{cases} \quad (11\text{-}50)$$

b_0 和 b_1 为 β_0 和 β_1 的最小二乘估计，分子 $\sum (x-\bar{x})(y-\bar{y})$ 为自变量 x 的离均差与因变量 y 的离均差的乘积和，简称乘积和，记作 SP_{xy}；分母 $\sum (x-\bar{x})^2$ 是自变量 x 的离均差平方和，简称平方和，记作 SS_x。

b_0 为回归截距，是回归直线与 y 轴交点的纵坐标，总体回归截距 β_0 的无偏估计；b_1 称为回归系数，是回归直线的斜率，总体回归系数 β_1 的无偏估计值。回归直线具有以下性质：

① 离回归的和等于零，即 $Q = \sum (y - \hat{y})^2 = $ 最小；

② 离回归平方和最小，即 $\sum (y - \hat{y}) = 0$；

③ 回归直线通过散点图的几何重心 $(\bar{x}, \bar{y})$。

将表 11-14 资料数据代入上述公式可以得出 $b_1 = -1.0996$(d/旬·℃)，$b_0 = 48.5485$(d)，于是，表 11-14 资料的直线回归方程为：$\hat{y} = 48.5485 - 1.0996x$。其含义为某地 3 月下旬至 4 月中旬平均温度积累值 x 每提高 1℃，水稻一代三化螟盛发期 y 将平均提早 1.0996 d。

(2) 直线回归的假设检验

即使 x 和 y 变量间不存在直线关系，由 n 对观测值 (x_i, y_i) 也可以根据上面介绍的方法求得一个回归方程 $\hat{y} = b_0 + b_1 x$，所以回归方程建立后，需要进行假设检验来判断变量 y 与 x 间是否确实存在直线关系。检验回归方程是否成立即检验假设 $H_0: \beta_1 = 0$ 是否成立，可采用 F 检验和 t 检验两种方法。

回归方程的 F 检验

① 平方和与自由度的分解。回归数据的总变异 $(y_i - \bar{y})$ 由随机误差 $(y_i - \hat{y}_i)$ 和回归效应 $(\hat{y}_i - \bar{y})$ 两部分组成，如图 11-1 所示。$\sum (y_i - \bar{y})^2$ 反映了 y 的总变异程度，称为 y 的总平方和，记为 SS_y；$\sum (\hat{y}_i - \bar{y})^2$ 反映了由于 y 与 x 间存在直线关系所引起的 y 的变异程度，称为回归平方和，记为 SS_R；$\sum (y_i - \hat{y}_i)^2$ 反映了除 y 与 x 存在直线关系以外的原因（包括随机误差）所引起的 y 的变异程度，称为离回归平方和或剩余平方和，记为 SSe。不难证明：

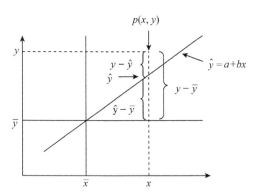

图 11-1 回归分析中变异源的分解

$$SS_y = SS_R + SS_e \quad (11\text{-}51)$$

其中 $SS_R = \sum (\hat{y}_i - \bar{y})^2 = \sum [(b_0 + b_1 x_i) - (b_0 + b_1 \bar{x})]^2 = b_1^2 \sum (x_i - \bar{x})^2$

$$= b_1^2 SS_x = b_1 \frac{SP_{xy}}{SS_x} \cdot SS_x = b_1 SP_{xy} = \frac{SP_{xy}^2}{SS_x}$$

$b_1^2 SS_x$ 直接反映出 y 受 x 的线性影响而产生的变异，而 $b_1 SP_{xy}$ 的算法则可推广到多元线性回归分析。

SS_y 是因变量 y 的离均差平方和，所以自由度 $df_y = n-1$；SS_R 反映由 x 引起的 y 的变异，所以自由度 $df_R = 1$；SS_e 反映除 x 对 y 的线性影响以外的其他因素引起的 y 的变异，自由度为 $df_e = n-2$。$df_y = df_R + df_e$

平方和与相应自由度的比为相应的均方，即

回归均方：

$$MS_R = \frac{SS_R}{df_R} = SS_R \quad (11\text{-}52)$$

离回归均方：

$$MS_e = \frac{SS_e}{df_e} = \frac{SS_e}{n-2} \quad (11\text{-}53)$$

②F 检验。零假设 H_0：$\beta_1 = 0$，备择假设 H_A：$\beta_1 \neq 0$。检验统计量：

$$F = \frac{SS_R}{MS_e} = \frac{\dfrac{SS_R}{df_R}}{\dfrac{SS_e}{df_e}} = \frac{SS_R}{\dfrac{SS_e}{n-2}} \quad (11\text{-}54)$$

$$df_1 = 1, \quad df_2 = n-2 \quad (11\text{-}55)$$

自由 $df_1 = df_R = 1$，$df_2 = df_e = n-2$。当 $F > F_\alpha$ 时，$P < \alpha$，否定 H_0，表明回归关系显著；当 $F < F_\alpha$ 时，$P > \alpha$，接受 H_0，表明回归关系不显著。

和方差分析的 F 检验一样，回归方程的显著性 F 检验也总是使用回归均方做分子，用回归均方做分母。

可按相应公式计算表 12-14 中资料 $n = 9$，$SS_y = 249.5556$，$SP_{xy} = -159.0444$，$SS_x = 144.6356$，$SS_R = \dfrac{SP_{xy}^2}{SS_x} = \dfrac{(-159.0444)^2}{144.6356} = 174.8886$，$SS_e = SS_y - SS_R = 249.5556 - 174.8886 = 74.6670$，检验统计量：

$$F = \frac{MS_R}{MS_e} = \frac{SS_R}{\dfrac{SS_e}{n-2}} = \frac{174.8886}{\dfrac{74.6670}{9-2}} = 16.40$$

根据 $df_1 = df_R = 1$，$df_2 = df_e = 7$，查相应的 F 表，F 临界值 $F_{0.01(1,7)} = 12.25$，因为 $F = 16.40 > F_{0.01(1,7)}$，$P < 0.01$，否定 H_0：$\beta_1 = 0$，接受 H_A：$\beta_1 \neq 0$，表明某地水稻一代三化螟盛发期 y 对其 3 月下旬至 4 月中旬平均温度积累值 x 的回归系数极显著，即某地水稻一代三化螟盛发期 y 与积温 x 之间存在极显著的直线关系。

回归系数的 t 检验 对直线关系的检验也可通过对回归系数 b 进行 t 检验完成。可以证明回归系数 b_1 的期望和方差分别为 $E(b_1) = \mu_{b_1} = \beta_1$，$D(b_1) = \sigma_{b_1}^2 = \sigma^2 / SS_x$。如果 σ^2 未知，则用离回归均方代替，求得 $\sigma_{b_1}^2$ 的估计值 $s_{b_1}^2$，即

$$s_{b_1}^2 = \frac{MS_e}{SS_x} \tag{11-56}$$

可知，样本回归系数的变异度不仅取决于误差方差的大小，取决于自变量 x 的变异程度。自变量 x 的变异越大(取值越分散)，回归系数的变异就越小，由回归方程所估计出的值就越精确。于是，回归系数标准误 $s_{b_1} = \sqrt{s_{b_1}^2} = \sqrt{\frac{MS_e}{SS_x}}$ 。

对回归系数 t 检验的假设为 $H_0: \beta_1 = 0$，备择假设 $H_A: \beta_1 \neq 0$。检验统计量 t 的计算公式为：$t = \frac{b_1 - \beta_1}{s_{b_1}} = \frac{b_1}{s_{b_1}}$，统计量 t 服从 $df = n-2$ 的 t 分布。t 与 t_α 比较，判断回归的显著性。

对于例子表11-14中资料：$s_{b_1} = \sqrt{\frac{MS_e}{SS_x}} = \sqrt{\frac{\frac{74.6670}{9-2}}{144.6356}} = 0.2715$，检验统计量：

$$t = \frac{b_1}{s_{b_1}} = \frac{-1.0996}{0.2715} = -4.05$$

根据 $df = n-2 = 7$，查 t 检验表得 $t_{0.01(7)} = 3.50$，因为 $|t| = 4.05 > t_{0.01(7)}$，$P < 0.01$，否定 $H_0: \beta_1 = 0$，接受 $H_A: \beta_1 \neq 0$，表明某地水稻一代三化螟盛发期 y 对其3月下旬至4月中旬平均温度积累值 x 的回归系数极显著，即某地水稻一代三化螟盛发期 y 与积温 x 之间存在极显著的直线关系。

对直线回归而言，t 检验和 F 检验是等价的，事实上 $F = t^2$。

有时也对回归截距 b_0 的显著性进行检验。回归截距的大小对回归的显著性没有影响，检验的目的是看回归直线是否通过原点，仍使用 t 检验法检验。检验时，零假设为 $H_0: \beta_0 = 0$(回归直线通过原点)，回归截距标准误：$s_{b_0} = \sqrt{MS_e \left(\frac{1}{n} + \frac{\bar{x}^2}{SS_x}\right)}$，检验统计量：

$$t = \frac{b_0 - \beta_0}{s_{b_0}} = \frac{b_0}{s_{b_0}} \tag{11-57}$$

(3) 回归方程的评价

通过对回归方程的假设检验，如果显著(或极显著)，说明 x、y 两变量间存在一定的直线关系。但不能明确指出两者直线关系的密切程度。为说明变量间回归关系的密切程度，可从拟合度和偏离度两个方面对回归方程进行评价。

回归方程的拟合度 建立回归方程的过程称为拟合。如果资料中各散点的分布紧密围绕于所建立的回归直线附近，说明两变量之间的直线关系紧密，所建立的回归方程的拟合度就好；反之，拟合度就差。统计学上使用决定系数来评价回归方程拟合度的好坏。决定系数(coefficient of determination)定义为回归平方和占(因变量)总平方和的比例，理解为回归关系引起的变异，记为 r^2，计算公式为：

$$r^2 = \frac{\sum(\hat{y} - \bar{y})^2}{\sum(y - \bar{y})^2} = \frac{SS_R}{SS_y} = \frac{SP_{xy}^2}{SS_x SS_y} = \frac{SP_{xy}}{SS_x} \cdot \frac{SP_{xy}}{SS_y} = b_{yx} \cdot b_{xy} \tag{11-58}$$

$0 \leq r^2 \leq 1$，即决定系数的取值范围为 $[0, 1]$。而 SP_{xy}/SS_x 是以 x 为自变量、y 为因变量时的回归系数 b_{yx}。若把 y 作为自变量、x 作为因变量，则回归系数 $b_{xy} = SP_{xy}/SS_y$，所以

决定系数 r^2 等于 y 对 x 的回归系数与 x 对 y 的回归系数的乘积。这就是说,决定系数反映了 x 为自变量、y 为因变量和 y 为自变量、x 为因变量时两个相关变量 x 与 y 直线相关的信息,即决定系数表示了两个互为因果关系的相关变量间直线相关的程度。

上例数据,决定系数 $r^2 = \dfrac{SP_{xy}^2}{SS_x SS_y} = \dfrac{(-159.0444)^2}{144.6356 \times 249.5556} = 0.7007$,即某地水稻一代三化螟盛发期 y 对其 3 月下旬至 4 月中旬积温 x 的直线回归方程的拟合度为 70.07%,表示某地水稻一代三化螟盛发期的总变异中,3 月下旬至 4 月中旬的积温对盛发期的线性影响占 70.07%。

回归方程的偏离度 离回归均方 MS_e 是回归模型中 σ^2 的估计值。离回归均方的算术根称为离回归标准误,记为 s_{yx},即

$$s_{yx} = \sqrt{\dfrac{\sum(y-\hat{y})^2}{n-2}} = \sqrt{MS_e} \tag{11-59}$$

离回归标准误 s_{yx} 表示回归估测值 $\hat{y}$ 与实际观测值 y 偏差的程度。统计学上使用离回归标准误来度量回归方程的偏离度。上例数据,$s_{yx} = \sqrt{MS_e} = \sqrt{\dfrac{74.6670}{7}} = 3.2600$。

11.3.4.2 直线相关分析

进行直线相关分析的基本任务在于根据 x、y 的实际观测值,计算表示两个相关变量 x、y 间线性相关程度和性质的统计量——相关系数 r,并进行显著性检验。

(1)相关系数和决定系数

在上一节回归方程的拟合度已经介绍过,决定系数 r^2 定义为回归平方和占(因变量)总平方和的比例。$0 \leq r^2 \leq 1$,但决定系数介于 0 和 1 之间,不能反映直线关系的性质——是同向增减或是异向增减。

乘积和 SP_{xy} 可以表示变量 x 和 y 的相互关系和密切程度,但其数值的大小不仅受变量 x 和 y 的变异程度的影响,还受度量单位以及样本容量的影响,不同资料的乘积和无可比性。消除这些影响后可以进行不同资料之间的相关性比较,因此,相关系数为:

$$\rho = \dfrac{1}{N}\sum\left(\dfrac{x-\mu_x}{\sigma_x} \cdot \dfrac{y-\mu_y}{\sigma_{xy}}\right) = \dfrac{\sum(x-\mu_x)(y-\mu_y)}{\sqrt{(x-\mu_x)^2 \cdot (y-\mu_y)^2}} \tag{11-60}$$

对于样本数据,相关系数为:

$$r = \dfrac{\sum(x-\bar{x})(y-\bar{y})}{\sqrt{\sum(x_i-\bar{x})^2 \cdot \sum(y_i-\bar{y})^2}} = \dfrac{SP_{xy}}{\sqrt{SS_x SS_y}} \tag{11-61}$$

r 的取值范围为 $[-1, 1]$。r 数值的大小表示两个变量相关的程度,$r = \pm 1$ 时两个变量完全相关(呈函数关系),$r = 0$ 时两个变量完全无关或零相关;r 的正与负表示两个变量相关的性质,r 为正值表示正相关,x 增大 y 也增大,r 为负值表示负相关,x 增大时 y 减小。

可以看出,在相关系数的计算中,两个变量是平等的,这是相关与回归的主要区别。

在直线回归分析中用于评价回归方程的决定系数 r^2 是统计学上用来度量变压间相关程度的另一个统计量。可见,决定系数就是相关系数的平方。

对于例子表 11-14 中资料：$r = \dfrac{SP_{xy}}{\sqrt{SS_x SS_y}} = \dfrac{-159.0444}{\sqrt{144.6356 \times 249.5556}} = -0.8371$

决定系数取值范围为 $0 \leq r^2 \leq 1$，它只能表示两变量相关的程度，不能表示相关性质。

(2) 相关系数的假设检验

相关系数 r 值的大小受样本数量的影响很大，其显著性需进行统计检验来证明，不能从数值进行直观判断。相关系数 r 是总体相关系数 ρ 的估计值，对 r 的检验是检验其是否来自 $\rho \neq 0$ 的总体。零假设 H_0：$\rho = 0$，备择假设 H_A：$\rho \neq 0$。可采用 F 检验法、t 检验法或查表法对相关系数 r 的显著性进行检验。

F 检验法 将 y 变量的平方和剖分为相关平方和与非相关平方和，即

$$SS_y = \sum (y - \bar{y})^2 = r^2 \sum (y - \bar{y})^2 + (1 - r^2) \sum (y - \bar{y})^2 \tag{11-62}$$

式中，$r^2 \sum (y - \bar{y})^2$ 为相关平方和，$(1 - r^2) \sum (y - \bar{y})^2$ 为非相关平方和。

y 的自由度也可以进行相应分解：相关平方和的自由度为 1，非相关平方和的自由度为 $n - 2$。于是统计量：

$$F = \dfrac{r^2 \sum (y - \bar{y})^2 / 1}{(1 - r^2) \sum (y - \bar{y})^2 / (n - 2)} = \dfrac{r^2}{(1 - r^2) / (n - 2)} \tag{11-63}$$

F 统计量服从 $df_1 = 1$，$df_2 = n - 2$ 的 F 分布。通过比较 F 与 F_α 的大小做出统计推断。

t 检验法 相关系数标准误为 $S_r = \sqrt{\dfrac{(1 - r^2)}{(n - 2)}}$，统计量：

$$t = \dfrac{r}{S_r} \tag{11-64}$$

服从自由度 $df = n - 2$ 的 t 分布。通过比较 t 与 t_α 的大小做出统计推断。显然，t 与 F 有如下关系：$t^2 = F$，即 F 检验与 t 检验结果一致。

统计学家已根据相关系数 r 显著性 t 检验法计算出了临界 r 值并列出了表格。所以可以直接采用查表法对相关系数 r 进行显著性检验。具体做法是：先根据自由度 $n-2$ 查临界 r 值，得 $r_{0.05(n-2)}$，$r_{0.01(n-2)}$。若 $|r| < r_{0.05(n-2)}$，$P > 0.05$，则相关系数 r 不显著，在 r 的右上方标记 "ns"；若 $r_{0.05(n-2)} \leq |r| < r_{0.01(n-2)}$，$0.01 < P \leq 0.05$，则相关系数 r 显著，在 r 的右上方标记 "*"；若 $|r| \geq r_{0.01(n-2)}$，$P \leq 0.01$，则相关系数 r 极显著，在 r 的右上方标记 "**"。

对于例子表 11-14 中资料：$df = n - 2 = 7$，计算并查临界 r 值得：$r_{0.05(7)} = 0.666$，$r_{0.01(7)} = 0.798$，而 $|r| = 0.8371 > r_{0.01(7)}$，$P < 0.01$，表明某地 3 月下旬至 4 月中旬积温 x 与水稻一代三化螟盛发期 y 的相关系数极显著。由于 $r = -0.8371 < 0$，所以，某地 3 月下旬至 4 月中旬积温 x 与水稻一代三化螟盛发期 y 极显著负相关，积温越高，一代三化螟盛发期越早。

11.3.4.3 应用直线回归和相关分析时需注意的事项

直线回归分析与相关分析在作物科学研究领域中已得到了广泛的应用，但在实际工作中却很容易被误用或作出错误的解释。使用直线回归和相关分析时应注意以下事项。

①变量间的直线回归和相关分析要有相关学科专业知识作为指导。直线回归和相关分

析是揭示变量间统计关系的一种数学方法，在将这些方法应用于生物科学研究时，必须考虑研究对象本身的客观情况。如果不以一定的客观事实、科学依据为前提，把风马牛不相及的资料随意凑到一起进行直线回归和相关分析，会发生根本性的错误。

②要严格控制研究对象（x和y）以外的有关因素。在直线回归和相关分析中必须严格控制被研究的两个变量以外的其他各个相关变量的波动范围，使其尽可能稳定一致。否则，直线回归、相关分析很可能导致完全虚假的结果。

③要正确判断直线回归和相关分析的结果。一个不显著的直线回归系数或相关系数并不一定意味着x和y没有关系。一个显著的直线回归系数或相关系数也并不一定具有实践上的预测意义。换句话说，不要将直线回归系数或相关系数的显著性与相关或回归关系的强弱混为一谈。

④在实际应用中要考虑到回归方程、相关系数的适用范围和应用条件；进行研究时样本容量n要尽可能大些，一般至少有5对的观测值，以提高直线回归和相关分析的准确性。

⑤利用回归方程进行预测时，预测自变量的取值范围一般应在用于建立回归方程的自变量取值范围内，除非能够证明否则不能外延；回归方程也不能逆转使用，不能由因变量估计自变量的取值。

11.3.4.4 常用非线性回归及其直线化

直线关系是两变量间最简单的一种关系。这种关系往往在变量一定的取值范围内成立，取值范围一扩大，散点图就明显偏离直线，此时两个变量间的关系不是直线而是曲线。例如，细菌的繁殖速率与温度关系，畜禽在生长发育过程中各种生理指标与年龄的关系，乳牛的泌乳量与泌乳天数的关系等都属这种类型。可用来表示双变量间关系的曲线种类很多，但许多曲线类型都可以通过变量转换化成直线形式，先利用直线回归的方法配合直线回归方程，然后再还原成曲线回归方程。

曲线回归分析（curvilinear regression analysis）的基本任务是通过两个相关变量x与y的实际观测数据建立曲线回归方程，以揭示x与y间的曲线联系的形式。

曲线回归分析最困难和首要的工作是确定变量与x间的曲线关系的类型。通常通过两个途径来确定：①利用生物科学的有关专业知识，根据已知的理论规律和实践经验。例如，细菌数量的增长常具有指数函数的形式：$y=ae^{bx}$；幼畜体重的增长常具有"S"形曲线的形状，即Logistic曲线的形式等。②若没有已知的理论规律和经验可资利用，则可用描点法将实测点在直角坐标纸上描出，观察实测点的分布趋势与哪一类已知的函数曲线最接近，然后再选用该函数关系式来拟合实测点。

对于可直线化的曲线函数类型，曲线回归分析的基本过程是：先将x或y进行变量转换，然后对新变量进行直线回归分析——建立直线回归方程并进行显著性检验和区间估计，最后将新变量还原为原变量，由新变量的直线回归方程和置信区间得出原变量的曲线回归方程和置信区间。

许多试验的两个变量之间并不呈线性关系，而是呈非线性关系，这就需要用曲线来描述。用来表示两变量间关系曲线的种类很多，并且许多曲线类型可以转化成直线形式，利用直线回归方法拟合直线回归方程，然后还原成曲线回归方程，这就是曲线回归分析。

(1) 曲线类型的确定和直线化方法

①图示法。根据所获试验资料绘出散点图，然后按散点趋势画出能够反映它们之间变化规律的曲线，并与已知的曲线相比较，找出较为相似的曲线图形，该曲线即为选定的类型。

②直线化法。根据散点图进行直观的比较，选出一种曲线类型，将曲线方程直线化，并将原变量转换，用转换后的数据绘出散点图，若该图形为直线趋势，即表明选取的曲线类型是恰当的，否则将重新进行选择。

③多项式回归法。若找不到已知的函数曲线与数据的分布趋势相接近，可利用多项式回归通过逐渐增加多项式的次数来拟合，直到满意为止。

(2) 曲线直线化方法

曲线方程的直线化指通过变量代换，将曲线方程转化为直线回归方程求解的过程。直线化的方法有直接引入新变量和变换后再引入新变量两种方法，具体根据曲线类型而确定。下面介绍几种常用的曲线函数及其直线化方法：

①双曲线函数。

$$\frac{1}{y}=b_0+\frac{b_1}{x} \quad (b_0>0) \tag{11-65}$$

若令 $y'=\frac{1}{y}$，$x'=\frac{1}{x}$，则可将双曲线函数直线化为：$y'=b_0+b_1x'$。

②幂函数。

$$y=b_0x^{b_1} \quad (b_0>0) \tag{11-66}$$

若对幂函数 $y=b_0x^{b_1}$ 两端求自然对数，得：$\ln y=\ln b_0+b_1\ln x$，令 $y'=\ln y$，$b_0'=\ln b_0$，$x'=\ln x$，则可将幂函数直线化为：$y'=a'+b_1x'$。

③指数函数。

$$y=b_0e^{b_1x} \quad (b_1>0) \tag{11-67}$$

若对指数函数 $y=b_0e^{b_1x}$ 两端求自然对数，得 $\ln y=\ln b_0+b_1x$，并令 $y'=\ln y$，$b_0'=\ln b_0$，则可将其直线化为：$y'=b_0'+b_1x$。

④对数函数。

$$y=b_0+b_1\lg x \tag{11-68}$$

令 $x'=\lg x$，则将其直线化为，$y=b_0+b_1x'$。

⑤Logistic 生长曲线。

$$y=\frac{k}{1+b_0e^{-b_1x}} \quad (k、b_0、b_1 均大于 0) \tag{11-69}$$

将 Logistic 生长曲线两端取倒数，得 $\frac{k}{y}=1+b_0e^{-b_1x}$，$\frac{k-y}{y}=b_0e^{-b_1x}$；对两端取自然对数，得 $\ln\frac{k-y}{y}=\ln b_0-b_1x$，令 $y'=\ln\frac{k-y}{y}$，$a'=\ln b_0$，$b'=-b_1$；可将其直线化为：$y'=a'+b'x$。

其中，k 为极限生长量（上界），通常选取满足条件 $x_2=\frac{x_1+x_3}{2}$（即 x_1、x_2、x_3 为等间隔）的 3 对实际观察值 (x_1, y_1)、(x_2, y_2)、(x_3, y_3) 求 k 的估计值，计算公式如下：

$$k = \frac{y_2^2(y_1+y_3) - 2y_1y_2y_3}{y_2^2 - y_1y_3} \tag{11-70}$$

11.3.5 其他多元统计分析

多元统计分析是指导研究客观事物中多个变量(或多个因素)之间相互依赖的统计规律性的分析方法。多元统计分析是从经典统计学中发展起来的一个分支,是一种综合分析方法,它能够在多个对象和多个指标互相关联的情况下分析它们的统计规律,很适合农业科学研究的特点。主要内容包括多元正态分布及其抽样分布、多元正态总体的均值向量和协方差阵的假设检验、多元方差分析、直线回归与相关、多元线性回归与相关、主成分分析与因子分析、判别分析与聚类分析、Shannon 信息量及其应用。

聚类分析、判别分析和因子分析都是对研究对象进行分类的多元统计分析技术。聚类分析属于描述性统计技术,是一种根据研究对象的数量特征对其进行分类的多元统计分析方法,主要用于探测性研究,如农业资源区划、环境评价、农村经济区分类等方面的研究中得到应用。判别分析通过建立判别函数来识别和检验影响分类的因素,其结果具有解释意义,不仅可用于对已知研究对象做分类,也可用于对新观察对象做分类。因子分析是一种用于对数据进行降维处理的多元统计分析方法。农业科学研究中应用最多的因子分析是主成分分析法。

11.3.6 数据分析中常用的软件

数据分析统计分析软件必不可少。各行各业中常用的软件有:Excel、SPSS、SAS、Origin、Sigm Plot、GraphPad Prism、MATLAB、DPS、Python、R 等。

11.3.6.1 Excel 软件

Microsoft Excel 是微软公司开发的 Windows 环境下的电子表格系统,是微软办公套装软件中一个重要的组成部分,它是目前应用最广泛的表格处理软件之一,它具有强有力的数据库管理功能、丰富的宏命令和函数,强有力的图表功能,随着版本的不断提高,Excel 的强大数据处理功能、操作的简易性和智能化程度不断提高。Excel 还提供了多种非常实用的数据分析工具,可以进行各种数据的处理、统计分析和辅助决策操作,广泛地应用于管理、统计财经、金融等众多领域。Excel 能实现大部分二维图表的绘制与基础的数据处理与分析。

11.3.6.2 SAS 软件

SAS(Statistical Analysis System)是一个统计软件系统,由 SAS Institute 开发,用于数据管理,高级分析,多元分析,商业智能,刑事调查和预测分析。SAS 由北卡罗来纳州立大学在 1966 至 1976 年之间开发,并于 1976 年成立了 SAS Institute。SAS 系统具有十分完备的数据访问、数据管理、数据分析功能。在国际上,SAS 被誉为数据统计分析的标准软件。SAS 系统是一个模块组合式结构的软件系统,共有三十多个功能模块。SAS 软件功能强大而且可以编程,很受高级用户的欢迎。也正是基于此,它是最难掌握的软件之一。使用 SAS 时,你需要编写 SAS 程序来处理数据,进行分析。

11.3.6.3 SPSS 软件

SPSS(Statistical Package for the Social Science)翻译成汉语是社会学统计程序包,20 世纪 60 年代末由美国斯坦福大学的三位研究生研制,SPSS 是用 FORTRAN 语言编写而成,

1975年在芝加哥组建SPSS总部。SPSS系统操作简便，界面友好，点击"菜单""按钮"和"对话框"来完成；编程方便，具有第四代语言的特点，告诉系统要做什么，无须告诉怎样做。只要了解统计分析的原理，无须通晓统计方法的各种算法，即可得到需要的统计分析结果；功能强大。SPSS非常容易使用，故最为初学者所接受。它有一个可以点击的交互界面，能够使用下拉菜单来选择所需要执行的命令。SPSS通常应用于自然科学、技术科学、社会科学的各个领域。IBM SPSS软件平台提供高级统计分析、大量机器学习算法、文本分析，具备开源可扩展性，可与大数据的集成，并能够无缝部署到应用程序中。它的易用性、灵活性和可扩展性使得各种技能水平的用户均能使用SPSS。

11.3.6.4 DPS软件

DPS(Data Processing System)数据处理系统是目前国内外唯一一款实验设计及统计分析功能齐全、资料信息方面可确保用户安全、国产的具有自主知识产权、可在Windows和各种国产操作系统下使用的统计分析软件。DPS是能进行高级实验设计、复杂统计分析和现代数据挖掘的多功能统计分析软件。该系统研发始于1988年，一直不断地升级、完善，采用多级下拉式菜单，系统操作简便，在统计分析和模型模拟方面功能齐全，易于掌握，尤其对于广大国内用户，其工作界面友好，只需熟悉它的一般操作规则就可灵活应用。

11.3.6.5 R语言

R语言在统计领域广泛使用。R语言是一套完整的数据处理系统，其功能包括数据存储、数组运算、数学建模、统计检验，以及统计制图。优点是有数据存储和处理系统，数组运算工具，完整连贯的统计分析工具，优秀的统计制图功能，简便而强大的编程语言，可操纵数据的输入和输出，可实现分支、循环，用户可自定义功能。相较于其他的所有软件，R语言的优势之一在于，它是专为数据分析而设计的，它是主要用于统计分析、绘图的语言和操作环境。R语言是一个免费的自由软件，是一个用于统计计算和统计制图的优秀工具。

11.3.6.6 Python

Python是一种面向对象、解释型计算机程序设计语言。自1991年问世以来，成为当下最流行的解释语言之一。由于Python语言的简洁性、易读性以及可扩展性，在国外用Python做科学计算的研究机构日益增多，一些知名大学已经采用Python来教授程序设计课程；在国内Python语言被纳入初高中以及大学教材。现在Python越来越流行，尤其应用在机器学习、机器视觉、深度学习、网络爬虫等方面。Python语言也有一系列的数据可视化包。Python提供了快速数组处理、数值运算以及绘图功能。

本章小结

本章在总结作物学研究的一般方法的基础上，重点对作物学"中观"水平上的实验研究所涉及的试验设计的基本原理、田间设计的基本要求、试验误差及其控制方法、常用的试验设计进行了论述，并对作物学研究中常用的数据的描述性分析、各种统计假设检验、方差分析、回归和相关分析等统计分析方法的原理和步骤进行了展示，同时对常用的数据分析软件进行了介绍。可为运用作物学研究方法进行相关研究奠定基础。

经典案例

单因素随机区组设计试验的设计与方差分析

有一水稻品比试验,有 A1、A2、A3、A4、A5、A6、A7、A8,8 个品种($k=8$)。其中 A2 为对照品种,采用随机区组设计,重复 3 次($n=3$),小区计产面积 40 m^2,其田间排列和产量结果列于下图,试对该试验的试验设计进行评述,并分析各品种产量是否有显著差异?

A1	A2	A3	A4	A5	A6	A7	A8	区组Ⅰ
20.8	22.8	21.3	20.1	26.8	21.1	19.4	20.5	
A5	A7	A8	A6	A1	A3	A4	A2	区组Ⅱ
25.2	18.9	22.3	22.1	22.3	23.2	19.8	21.8	
A2	A4	A6	A3	A8	A7	A1	A5	区组Ⅲ
22.9	22.2	18.9	25.3	20.8	23.1	23.5	27.5	

土壤肥力梯度方向 ↓

水稻品种比较试验的田间排列和产量

1. 该试验为三次重复的随机区组试验设计

随机区组设计的特点是根据"局部控制"的原则,将试验地按肥力程度划分为等于重复次数的区组,一区组亦即一重复,区组内各处理都独立地随机排列。要求各区组内环境变异尽可能小,而各区组间的变异可以较大,可通过方差分析将误差从组间变异中分离出来。区组数与重复数相同,区组内小区数与试验处理数相同,试验处理在区组内随机排列。

田间条件下常会遇到供试地块的某些环境因素呈现趋势性变化,如供试地块是坡地,或地力有方向性增加或递减的趋势等,为减少这类环境变异带来的误差,常设置小区形状呈长方形,并使其长边与地力变化的方向保持一致,而在设置区组时则使区组内小区的排列方向与地力或坡度变化方向保持垂直,并沿着地力或坡度方向设置各个区组,目的是使同区组内小区间的地力变异最小,而使各区组间的地力变异最大。

随机区组设计很好地满足了重复、随机、局部控制三个试验设计的基本原则。随机区组设计有以下优点:①设计简单,容易掌握;②富于伸缩性,单因素、多因素以及综合性的试验都可应用;③能提供无偏的误差估计,并有效地减少单向的肥力差异,降低误差;④对试验地的地形要求不严,必要时,不同区组亦可分散设置在不同地段上。

2. 数据整理和方差分析

可按照本章"11.3.3.1 方差分析的原理"中的方法,进行自由度和平方和的分解,并进行 F 检验,列出产量比较的方差分析表。

水稻品种比较试验产量结果方差分析

变异来源	自由度 df	平方和 SS	均方 MS	F 值	$F_{0.05}$	$F_{0.01}$	P
区组间	2	8.82	4.41	2.24	3.74	6.51	0.142 8
品种间	7	84.67	12.10	6.15	2.77	4.28	0.002 0
误差	14	27.52	1.97				
总变异	23	121.02					

临界值 $F_{0.05}$，$F_{0.01}$ 和 P 值一般的统计分析软件可以给出。

对区组间 MS 作 F 测验，在此有 H_0：$\mu_1 = \mu_2 = \mu_3$，H_A：μ_1、μ_2、μ_3 不全相等（μ_1、μ_2、μ_3 分别代表区组Ⅰ、Ⅱ、Ⅲ的总体平均数），得 $F = 4.41/1.97 = 2.24 < F_{0.05}$，所以接受 H_0，说明 3 个区组的非处理因素比较一致，试验地的土壤肥力较均匀。如果 3 个区组间的土壤肥力有显著差别，说明区组作为局部控制的一项手段，对于减少误差是相当有效的（一般区组间的 F 测验可以不必进行，因为试验目的不是研究区组效应）。

对品种间 MS 作 F 测验，有 H_0：$\mu_{A1} = \mu_{A2} = \cdots = \mu_{A8}$，$H_A$：$\mu_{A1}$，$\mu_{A2}$，…，$\mu_{A8}$ 不全相等（μ_{A1}，μ_{A2}，…，μ_{A8} 分别代表品种 A1，A2，…，A8 的总体平均数），得 $F = 12.10/6.15 = 6.15 > F_{0.01}$，所以 H_0 应予否定，说明 8 个供试品种的总体平均数有显著差异。需进一步作多重比较。

3. 品种间平均数的多重比较

参照本章"11.3.3.1 方差分析的原理"中的方法，可自行进行最小显著差数法（LSD）进行品种间平均数的比较。同样，也可进行 Duncan 检验法（新复极差法）进行比较，其结果见表。

水稻品种比较试验产量结果的新复极差测验结果

品种	小区平均产量（kg）	差异显著性	
		0.05	0.01
A5	26.5	a	A
A3	23.3	b	AB
A2(CK)	22.5	bc	B
A1	22.2	bc	B
A8	21.2	bc	B
A4	20.7	bc	B
A6	20.7	bc	B
A7	20.5	c	B

结果表明：仅有 A5 品种的平均产量极显著高于对照 A2，其他品种的平均产量与对照无显著差异。A5 品种的平均产量显著高于其他品种，极显著高于对照 A2 和 A1、A8、A4、A6、A7；A3 品种的平均产量显著高于 A7；而其他品种小区平均产量间均无显著差异。

思考题

1. 作物学研究的一般方法有哪些？
2. 举例说明田间试验的基本要求有哪些？
3. 什么是试验误差？试验误差与试验的准确度、精确度以及试验处理间比较的可靠性有什么关系？
4. 以完全随机区组设计为例说明方法设计三原则和它们之间的关系。
5. 比较完全随机区组设计、拉丁方设计和裂区设计的主要特点和应用范围。
6. 什么是统计假设？统计假设有哪几种？各有何含义？假设测验时直接测验的统计假设是哪一种？为什么？
7. 方差分析的基本原理和事项是什么？如何进行自由度和平方和的分解？如何进行 F 测验和多重比较？
8. 什么叫作回归分析？直线回归方程和回归截距、回归系数的统计意义是什么？如何计算？如何对直线回归进行假设测验和区间估计？

9. 什么叫作相关分析？相关系数、决定系数各有什么具体意义？如何计算？如何对相关系数作假设测验？

10. 数据分析中常用的软件有哪些？

参考文献

樊龙江，曹永生，刘旭，等，2011. 作物科学方法[M]. 北京：科学出版社.

刘旭，戴小枫，樊龙江，等，2011. 农业科学方法概论[M]. 北京：科学出版社.

盖钧镒，2015. 试验统计方法[M]. 4版. 北京：中国农业出版社.

刘永建，明道绪，2013. 田间试验与统计分析[M]. 4版. 北京：科学出版社.

李春喜，2013. 生物统计学[M]. 5版. 北京：科学出版社.

林元震，2017. R与ASReml-R统计学[M]. 北京：中国林业出版社.

彭明春，陈其新，2022. 生物统计学[M]. 2版. 武汉：华中科技大学出版社.